AUF DEN SPUREN

DER AMEISEN

|| Tafel 1. Afrikanische Weberameisen (*Oecophylla longinoda*) bilden mit ihren Körpern eine Kette, mit deren Hilfe sie beim Nestbau große Zwischenräume überbrücken und Blätter zusammenziehen können. (© Bert Hölldobler.)

AUF DEN SPUREN DER AMEISEN

Die Entdeckung einer faszinierenden Welt

BERT HÖLLDOBLER

UND

EDWARD O. WILSON

3., korrigierte Auflage

Autoren

Prof. Dr. Bert Hölldobler
Arizona State University
School of Life Sciences
Tempe AZ 85287, USA
und
Julius-Maximilians-Universität
Biozentrum, Zoologie II
D-97074 Würzburg

Prof. Dr. Edward O. Wilson
Harvard University
Museum of Comparative Zoology
Cambridge MA 02138, USA

ISBN 978-3-662-48406-7
DOI 10.1007/978-3-662-48407-4

ISBN 978-3-662-48407-4 (eBook)

Die Deutsche Nationalbibliothek verzeichnet diese Publikation in der Deutschen Nationalbibliografie; detaillierte bibliografische Daten sind im Internet über http://dnb.d-nb.de abrufbar.

Springer Spektrum
Übersetzung der 1. Auflage: Susanne Böll, Würzburg
© Bert Hölldobler und Edward O. Wilson 1994, 2013, 2016
Titel der Originalausgabe: Journey to the Ants - A Story of Scientific Exploration, Harvard University Press, 1994, zuerst in deutscher Sprache publiziert unter dem Titel Ameisen - die Entdeckung einer faszinierenden Welt, Birkhäuser, Basel, 1995

Umschlagfoto: Bert Hölldobler

Lektorat: Dr. Birgit Jarosch, Aachen

Gedruckt auf säurefreiem und chlorfrei gebleichtem Papier.

Springer-Verlag GmbH Berlin Heidelberg ist Teil der Fachverlagsgruppe Springer Science+Business Media
(www.springer.com)

Für Friederike Hölldobler
und
Renee Wilson

VORWORT

D ie Monografie *The Ants*, die wir 1990 veröffentlichten und von der es keine deutsche Übersetzung gibt, hatte bei den Kritikern großen Erfolg und fand eine erstaunlich große Beachtung in der breiten Öffentlichkeit. Es handelt sich aber um ein rein wissenschaftliches Buch, das sich in erster Linie an Biologen richtet und als Enzyklopädie und Handbuch der Myrmekologie, der wissenschaftlichen Erforschung der Ameisen, dienen soll. Da sein Hauptziel die erschöpfende Behandlung dieses Fachgebietes war, sprengt das Werk den normalen Rahmen: Es umfasst mit allen Tabellen, Abbildungen und dem zweispaltigen Text 732 Seiten, misst in gebundener Form 26 × 31 cm und wiegt 3,4 kg. Kurzum, *The Ants* ist kein Buch, das man sich mal eben kauft und von vorne bis hinten durchliest, noch macht es den Versuch, das Aufregende der Forschungsarbeit an diesen erstaunlichen Insekten zu vermitteln.

Das Buch *Journey to the Ants*, das in deutscher Sprache unter dem Titel *Ameisen – Die Entdeckung einer faszinierenden Welt* erschienen ist, fasst das Interessanteste der Ameisenforschung auf überschaubarer Länge zusammen, ist in einem weniger wissenschaftlichen Jargon geschrieben und behandelt verständlicherweise vorrangig solche Themen und Ameisenarten, an denen wir selbst gearbeitet haben. Seit dem ersten Erscheinen der deutschen Auflage des Buches im Jahre 1995 gab es im Jahr 2001 eine unveränderte Paperback-Auflage. Beide Auflagen sind seit vielen Jahren vergriffen, doch das öffentliche Interesse an Ameisen und die Nachfrage nach dem Buch sind nach wie vor groß. Deshalb sind wir der Anregung des Springer-Verlages gerne nachgekommen, eine überarbeitete und wesentlich erweiterte neue Auflage des Buches unter dem Titel *Auf den Spuren der Ameisen* zu schreiben.

Auf den Spuren der Ameisen baut zwar auf der Vorauflage auf, dessen Text seinerzeit von Susanne Böll aus dem Amerikanischen in die deutsche Sprache übertragen und von Friederike und Bert Hölldobler sprachlich überarbeitet worden ist. Die meisten Kapitel im neuen Buch haben wir jedoch erweitert, einige wurden umgeschrieben oder neu verfasst, wobei wir uns teilweise auf früher publizierte, allgemein verständliche Vorträge und auf Teile unseres Buches *Der Superorganismus*, das ebenfalls im Springer-Verlag erschienen ist, gestützt und sie für den interessierten Laienleser aufbereitet haben. Einige der Illustrationen und Farbtafeln sind übernommen worden, allerdings wurden sie durch zahlreiche zusätzliche Abbildungen ergänzt und eine Reihe neuer Farbtafeln wird erstmals in diesem Buch publiziert.

Auch in *Auf den Spuren der Ameisen* ist unser Ansatz themenbezogen, wobei die Naturgeschichte der Ameisen stets im Mittelpunkt steht. Zu Beginn erläutern wir, warum die Ameisen so erstaunlich erfolgreich sind. Nach unserer Meinung liegt das an der wirkungsvoll eingesetzten und überwältigenden Stärke, deren Basis die einzigartige Kooperation der Koloniemitglieder ist (Tafel 1). Eine derart effektive Zusammenarbeit ist nur über eine hoch entwickelte, chemische Verständigung möglich: Ein Substanzgemisch, das aus einer Vielzahl von Drüsen im Körper der Ameisen stammt, wird von den Nestgenossinnen über den Geschmacks- und Geruchssinn wahrgenommen und löst bei ihnen, je nach Zusammensetzung des Gemisches und den Umständen, unter denen es abgegeben wurde, eine Vielzahl verschiedener Verhaltensweisen aus, wie Alarmierung oder Anlockung, Brutpflege- oder Fütterungsverhalten. Oft werden diese chemischen Signale mit mechanischen Reizen wie Berührung oder Vibration kombiniert. Mit anderen Worten: Ameisen sind, wie der Mensch, so erfolgreich, weil sie sich so gut mitteilen können.

Im Leben der Ameisen zählt in erster Linie der Erfolg ihrer Kolonie. Die Arbeiterinnen zeigen ihr gegenüber eine nahezu grenzenlose Loyalität. Vielleicht gibt es deshalb so häufig organisierte Auseinandersetzungen zwischen Kolonien einer Ameisenart, viel häufiger, als es bei uns Menschen zu Kriegen kommt. Um ihre Feinde zu besiegen, werden von den Ameisen, je nach Art, Propagandamittel, Täuschungsmanöver, routinemäßige Überwachung und Massenüberfälle, entweder einzeln oder in Kombination, eingesetzt. Besonders bizarre Beispiele liefern einige Ameisen, die bei Auseinandersetzungen Steine auf ihre Gegner fallen lassen, während andere Sklavenraubzüge durchführen, um ihre Arbeits- und Kampfstärke zu vergrößern. Aber auch innerhalb der Ameisenstaaten herrscht nicht immer reine Harmonie. Bei einigen Arten ist egoistisches Verhalten an der Tagesordnung, vor allem bei Auseinandersetzungen um Fortpflanzungsrechte. Es kommt vor, dass fortpflanzungsfähige Arbeiterinnen mit der Königin in Konkurrenz treten und ihre eigenen Eier in die gemeinschaftlichen Brutkammern schmuggeln. Sie kämpfen in Abwesenheit der Königin, ja manchmal sogar in ihrer Anwesenheit, um eine dominante Stellung. Der Erhalt der Ameisenkolonie, so haben Insektenforscher herausgefunden, wird dadurch gewährleistet, dass ein evolutionäres Gleichgewicht zwischen der Überlebensfähigkeit durch die Loyalität zur Kolonie einerseits und dem Kampf um die Kontrolle innerhalb der Kolonie andererseits besteht. Allerdings ist die soziale Ordnung der sozial hoch entwickelten Ameisenstaaten komplex und so straff organisiert, dass man durchaus von einem gewaltigen, gut funktionierenden Organismus, dem berühmten Superorganismus, sprechen darf.

Die Ameisen entstanden, wie wir zeigen werden, vor ungefähr 120 Mio. Jahren mitten unter den Dinosauriern und breiteten sich schnell über die ganze Erde aus. Wie die meisten der besonders vorherrschenden Lebensformen – die Menschheit bildet da eine auffallende Ausnahme – haben sich die Ameisen zu einer Fülle von Arten weiterentwickelt. Die Gesamtzahl der heute lebenden Ameisenarten liegt wahrscheinlich bei mehreren Zehntausend. Während ihrer Ausbreitung haben sie eine beeindruckende Vielfalt adaptiver Formen entwickelt. Diese Vielfalt der evolutionären Errungenschaften ist Gegenstand unseres Buches. Wir hoffen, einen Eindruck vom Ausmaß der Artenvielfalt unter den Ameisen vermitteln zu können, angefangen bei den Sozialparasiten über die Treiberameisen, nomadischen Hirten und getarnten Jäger bis hin zu den Baumeistern riesiger, klimatisierter Behausungen.

Wir haben im Laufe unseres Arbeitslebens gemeinsam mehr als 100 Jahre der Erforschung von Ameisen gewidmet und so können wir einiges, sowohl in Form persönlicher Anekdoten als auch aus der Naturgeschichte der Ameisen, erzählen. Vieles haben wir auch den Untersuchungen von Hunderten anderer Insektenforscher zu verdanken. Wir wollen Sie an der Spannung und dem Vergnügen teilhaben lassen, die wir, wie die anderen Wissenschaftler, erlebt haben, und hoffen, unsere Darstellung wird Sie überzeugen, dass diese Insekten in vieler Hinsicht für die menschliche Existenz von Bedeutung sind.

Bert Hölldobler
Edward O. Wilson

DANKSAGUNG

Wir möchten besonders der National Geographic Society für die Erlaubnis danken, einige der fantastischen Zeichnungen und Bilder von John D. Dawson drucken zu dürfen, die im Juni 1984 in dem Artikel *The Wonderfully Diverse Ways of the Ant* von Bert Hölldobler in dem Magazin *National Geographic* auf den Seiten 778 bis 813 erschienen sind. Ein besonderer Dank gilt Turid Hölldobler-Forsyth und Katherine Brown-Wing für ihre hervorragenden künstlerischen Darstellungen der Ameisen. Ebenso danken wir Margaret C. Nelson für ihre Illustrationen, die sie für unser Buch *Der Superorganismus* angefertigt hat; einige davon haben wir auch in diesem Buch verwendet. Für die freundliche Überlassung von Fotografien danken wir Dieter Bretz, Frank Carpenter, Martin Dill, Walter Federle, Konrad Fiedler, Sabine Frohschammer, Wulfila Gronenberg, Hubert Herz, Turid Hölldobler-Forsyth, David Hu, Christina Klingenberg, Jürgen Liebig, Norbert Lipski, Mark Moffet, Nathan Molt, David Nash, Tim Nowak, Dan Perlman, Naomi Pierce, Christian Rabeling, Carl Rettenmeyer, Flavio Roces, Robert Taylor, Wolfgang Thaler, Manfred Verhaag, Rüdiger Wehner, Axel Wild, Volker Witte, und Matthias Wittlinger. Jacob Sahertian gebührt unser herzlicher Dank für seine Beratung beim Design der Bildtafeln. Kathleen Horton danken wir für ihre große Hilfe bei Literatursuche und Manuskriptherstellung unserer Bücher, von der auch dieses Buch profitierte. Schließlich gilt unser besonderer Dank Frau Birgit Jarosch, die als Lektorin das Buchmanuskript sehr kompetent bearbeitete. Frau Stefanie Wolf danken wir für die angenehme Zusammenarbeit mit dem Springer-Verlag.

INHALT

AUF DEN SPUREN

DER AMEISEN

ǁ Tafel 2. Ameisenhaufen der Kahlrückigen Waldameise *Formica polyctena* in einem deutschen Wald. Im Vordergrund töten Arbeiterinnen eine Blattwespenlarve, nur eines von 100 000 Beutetieren, die bisweilen pro Tag gefangen werden. Die Bauweise des Hügels beschleunigt seine Erwärmung zu Beginn des Frühjahrs und verschafft den Ameisen dadurch einen deutlichen Konkurrenzvorteil. (Von John D. Dawson, mit freundlicher Genehmigung der National Geographic Society.)

1

DIE VORHERRSCHAFT DER AMEISEN

Unsere Leidenschaft sind die Ameisen und unsere wissenschaftliche Disziplin ist die Myrmekologie. Wie alle Myrmekologen – weltweit gibt es mittlerweile etwa 1000 – betrachten wir die Erdoberfläche gerne als ein Netzwerk von Ameisenkolonien. In unseren Köpfen haben wir eine Weltkarte dieser unermüdlichen, kleinen Insekten. Wo immer wir uns aufhalten, begegnen wir ihnen und fühlen uns ganz zu Hause, weil wir ihre Eigenschaften kennen und ihre Verständigungsweisen und sozialen Organisationen besser verstehen als irgendjemand das Verhalten unserer Mitmenschen.

Wir bewundern das unabhängige Leben dieser Insekten. Ameisen überleben inmitten der vom Menschen ständig neu verursachten Umweltschäden und es scheint sie nicht zu kümmern, ob es Menschen um sie herum gibt oder nicht, solange ihnen nur ein kleines Plätzchen relativ ungestörter Natur bleibt, wo sie ihr Nest bauen, nach Futter suchen und sich fortpflanzen können. Zu unseren Forschungsstätten der vergangenen Jahre gehören der Regenwald von Costa Rica und Queensland (Australien), die Wüstensteppen Arizonas, die Grassteppen Argentiniens und Afrikas, aber auch Parkanlagen in Aden (Jemen) und San José (Costa Rica), die Stufen eines Mayatempels von Uxmal (Mexiko) und ein Rinnstein in den Straßen von San Juan (Puerto Rico). Hier haben wir diese kleinen Kreaturen, die Gegenstand unserer lebenslangen Neugier und unseres ästhetischen Vergnügens sind, auf unseren Händen und Knien beobachtet, ohne dass sie uns dabei bemerkten.

Die Vielzahl der Ameisen ist wahrlich sagenhaft (Abbildung 1-1). Eine Arbeiterin ist nicht einmal ein Millionstel so groß wie ein Mensch und dennoch sind die Ameisen neben dem Menschen die vorherrschenden Landorganismen überhaupt. Wenn Sie sich irgendwo an einen Baum lehnen, so wird das erste Lebewesen, das auf Ihnen herumkrabbelt, höchstwahrscheinlich eine Ameise sein. Schlendern Sie mal in einem Wohngebiet einen Gehweg entlang und zählen Sie, Ihre Augen auf den Boden gerichtet, die verschiedenen Tierarten, die Sie sehen. Die Ameisen

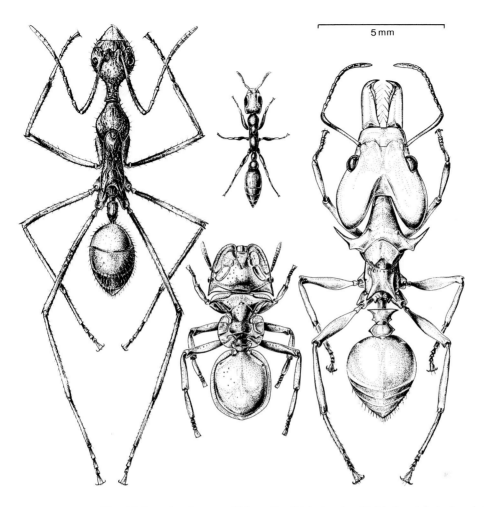

5 mm

ABBILDUNG 1-1. Verschiedene Ameisen aus Südamerika. *Links* ist eine *Dolichoderus*-Arbeiterin mit langgestrecktem Hals abgebildet, *rechts* eine *Daceton*-Arbeiterin mit Dornen und Schnappkiefern. *Oben* in der *Mitte* sieht man eine *Pseudomyrmex*-Arbeiterin, darunter *Zacryptocerus*, eine platte Schildkrötenameise. (Mit freundlicher Genehmigung von Turid Hölldobler-Forsyth.)

werden, ohne einen Finger – oder genauer, ohne eines ihrer Tarsalglieder – zu krümmen, das Rennen machen. Der britische Entomologe Carrington B. Williams hat einmal berechnet, dass sich die Anzahl der lebenden Insekten auf eine Trillion (10^{18}) beläuft. Wenn man, vorsichtig geschätzt, annimmt, dass davon **1 %** Ameisen sind, dann beträgt ihre Gesamtpopulation 10 000 Billionen. Eine einzelne Arbeiterin wiegt im Schnitt nur 1 bis 15 mg, je nachdem, zu welcher Art sie gehört. Wenn man jedoch das Gewicht aller Ameisen weltweit addiert, ist es etwa ebenso viel wie das Gewicht aller Menschen. Da aber diese Biomasse aus so winzigen Tieren besteht, ist die gesamte terrestrische Umwelt von ihnen durchsetzt.

5

Nur wenn man sein Blickfeld auf den Millimeter über der Erdoberfläche konzentriert, wird klar, welchen enormen Einfluss die Ameisen auf die restliche Pflanzen- und Tierwelt haben. Sie beeinflussen das Leben und bestimmen die Evolution von zahllosen anderen Pflanzen und Tieren. Ameisenarbeiterinnen sind die Hauptfeinde der Insekten und Spinnen. Für Lebewesen ihrer Größenordnung sind sie die Friedhofsarbeiter, da sie über 90 % der toten Tiere als Futter in ihre Nester eintragen. Zudem sind sie für die Verbreitung einer großen Anzahl von Pflanzenarten verantwortlich, weil sie einige der zu Futterzwecken gesammelte Samen in der Nähe der Nester oder in den Nestern selbst ablegen, ohne sie zu fressen. Sie bewegen mehr Erde als Regenwürmer und bringen dabei enorme Nährstoffmengen, die lebenswichtig für die Landökosysteme sind, in Umlauf.

Ameisen besetzen aufgrund ihrer vielfältigen anatomischen und verhaltensbiologischen Spezialisierungen sehr unterschiedliche ökologische Nischen. In den Wäldern Zentral- und Südamerikas züchten stachelige, rote Blattschneiderameisen Pilze auf frischen Blatt- und Blütenstückchen, die sie in ihre unterirdischen Kammern eingetragen haben. Winzige *Acanthognathus* stellen mit ihren langen Schnappfallenkiefern Springschwänzen nach. Fast blinde, schlauchförmige *Prionopelta* winden sich durch die Ritzen vermodernder Baumstämme, um Silberfischchen zu fangen. Treiberameisen rücken in Scharen in fächerförmigen Formationen vorwärts und räumen dabei fast mit jeglicher Form tierischen Lebens auf. Und so geht es weiter – in nahezu endlosen Variationen, je nach Art, jagen sie nach Beute, sammeln tote Tiere, Nektar oder Pflanzenmaterial. Sie nutzen sämtliche Lebensräume zu Lande, die Insekten zugänglich sind. Es gibt Arten, die an ein Leben in tiefer Erde angepasst sind und die fast nie an die Oberfläche kommen, und hoch über ihnen leben großäugige Ameisen in den Baumkronen. Einige dieser Arten bewohnen filigrane Nester aus Blättern, die mit Seide verwoben sind.

Die Vorherrschaft der Ameisen ist uns bei unseren Besuchen in Finnland besonders deutlich geworden. Wir stellten fest, dass diese Insekten auch noch in den kühlen Wäldern, die sich nordwärts bis jenseits des arktischen Kreises ausdehnen, die Erdoberfläche dominieren. Es war Mitte Mai an der Südküste. Die Blätter der meisten Laubbäume waren noch nicht ganz ausgetrieben, der Himmel war bedeckt, leichter Regen fiel und die Temperatur stieg nicht über 12 °C, unbehaglich kühl für unzureichend bekleidete Naturforscher – und trotzdem waren überall Ameisen unterwegs. Auf den Waldwegen, moosbedeckten Steinen und in den Grasbüscheln des Sumpfgeländes wimmelte es nur so von ihnen. Wir fanden auf

TAFEL 3. Großer Ameisenhügel der Kahlrückigen Waldameise *Formica polyctena* im Urwald Südfinnlands. Das Bild wurde 1960 während Bert Hölldoblers erstem Finnlandaufenthalt aufgenommen, der der Erforschung der einheimischen Ameisenwelt diente, und zeigt seinen finnischen Freund und Kollegen Heikki Wuorenrinne. (© Bert Hölldobler.)

wenigen Quadratkilometern 17 Arten – ein Drittel der bekannten Ameisenfauna Finnlands.

Auf der Bodenoberfläche waren überwiegend rotschwarze, hügelbauende Waldameisen (*Formica*), etwa so groß wie Hausfliegen, zu sehen. Die kegelförmigen Nester einiger Arten, die mit Teilen von dürren Blättern und Zweigen bedeckt waren und jeweils Hunderttausende von Arbeiterinnen beherbergten, waren 1 m hoch oder noch höher; übertragen auf die Körpergröße eines Menschen entspricht dies einem 40 Stockwerke hohen Hochhaus. Auf der Oberfläche des Ameisenhügels wimmelte es überall von Ameisen (Tafel 2 und 3). Sie marschierten in Kolonnen, die jeweils Dutzende von Metern lang waren, zwischen benachbarten Ameisenhügeln, die zu derselben Kolonie gehörten, hin und her. Ihre wohlgeordneten Legionen erinnerten an eine Autoschlange auf einer Schnellstraße, wie man sie von einem niedrig fliegenden Flugzeug aus sieht. Andere Kolonnen strömten an nahegelegenen Kiefernstämmen empor, an denen die Ameisen Blatt-

7

läuse hielten und deren zuckerhaltigen Exkremente einsammelten. Ein kleiner Trupp Futtersucherinnen schwärmte in dem dazwischenliegenden Gelände zur Beutesuche aus. Einige konnten wir dabei beobachten, wie sie mit Raupen und anderen Insekten zurückkamen. Wieder andere attackierten die Kolonien kleinerer Ameisen – wenn sie gesiegt hatten, trugen sie die toten Körper der Verteidigerinnen als Futter nach Hause.

Ameisen sind in den Wäldern Finnlands die wichtigsten Räuber, Aasfresser und Bodenumsetzer. Als wir zusammen mit finnischen Entomologen unter Steinen, in der obersten Humusschicht und in vermodernden Holzstücken, die auf dem Waldboden verstreut lagen, nach Ameisen suchten, fanden wir kaum einen Flecken ohne Ameisen, der größer als ein paar Quadratmeter war. Exakte Erhebungen stehen noch aus, aber es sieht so aus, als ob die Ameisen über 10 % der tierischen Biomasse in dieser Region ausmachen.

In tropischen Lebensräumen findet man eine genauso große oder sogar noch größere Menge lebender Ameisen. Die deutschen Ökologen Ludwig Beck, Ernst J. Fittkau und Hans Klinge haben in einem Regenwald in der Nähe von Manaus, der Hauptstadt Zentralamazoniens in Brasilien, festgestellt, dass die Ameisen und Termiten dort zusammen ungefähr ein Drittel der gesamten tierischen Biomasse ausmachen: Wenn man alle Tierarten, egal ob klein oder groß, von den Jaguaren und Affen bis zu den Würmern und Milben, wiegen würde, läge der Anteil der Ameisen und Termiten bei fast einem Drittel des Gesamtgewichtes. Zusammen mit den beiden anderen, weitverbreiteten, koloniebildenden Formen der stachellosen Bienen und polybiinen Wespen machen sie beachtliche 80 % der gesamten Biomasse der Insekten aus. In Südamerika dominieren die Ameisen vollständig die Baumkronen der Regenwälder. In der obersten Kronenschicht in Peru stellen sie ganze 70 % der dort lebenden Insekten.

In tropischen Gegenden ist die Vielfalt der Ameisen wesentlich größer als in Finnland und anderen Ländern der gemäßigten Zone. Wir fanden zusammen mit anderen Wissenschaftlern in einem 8 ha großen Untersuchungsgebiet im peruanischen Regenwald über 300 Arten. Nicht weit davon entfernt bestimmten wir 43 Arten auf einem einzigen Baum; das sind fast so viele, wie es in ganz Finnland oder auf den Britischen Inseln gibt.

Obwohl bisher nur wenige solcher Schätzungen unternommen wurden, die Häufigkeit und Artenvielfalt von Ameisen zu erfassen, sind wir überzeugt, dass Ameisen und andere soziale Insekten fast überall auf der Welt in ähnlicher Weise die terrestrischen Lebensräume dominieren. Insgesamt scheinen diese Kreaturen mindestens die Hälfte der Biomasse aller Insekten darzustellen obgleich sie nur ungefähr 2 bis 3 % aller Insektenarten ausmachen.

Wir glauben, dass dieses Phänomen vor allem auf einen harten Existenzkampf zurückzuführen ist, der auf direktem Konkurrenzausschluss beruht. Die hochsozialen Insekten, insbesondere die Ameisen und Termiten, spielen die Hauptrolle in der terrestrischen Umwelt. Sie haben die Silberfischchen, Grab- und Wegwespen, Schaben, Blattläuse, Wanzen und die meisten anderen Insekten, die solitär leben, von den besten und sichersten Nestplätzen verdrängt. Die solitär lebenden Formen findet man meist an entlegeneren und unbeständigeren Rastplätzen wie auf äußeren Zweigen, besonders nassen, trockenen oder stark zerfallenen Holzstücken, auf Blattoberflächen und auf freigespülter Erde von Flussbänken. In der Regel sind diese Insekten entweder sehr klein, sehr schnell, gut getarnt oder stark gepanzert. Selbst wenn wir riskieren, alles zu sehr zu vereinfachen, glauben wir doch ein allgemeines Prinzip zu erkennen, nämlich dass die Ameisen und Termiten im ökologischen Zentrum und die solitären Insekten an der Peripherie leben.

Wie aber haben es Ameisen und andere soziale Insekten geschafft, die Landlebensräume zu beherrschen? Nach unserer Meinung hat dieser Erfolg unmittelbar etwas mit ihrer sozialen Natur zu tun. Sind alle Arbeiterinnen auf Zusammenarbeit programmiert, gewinnen sie durch ihre Anzahl enorm an Stärke. Dies gilt natürlich nicht nur für die Insekten. Soziales Zusammenleben war eine der insgesamt erfolgreichsten Strategien in der ganzen Evolutionsgeschichte. Man bedenke, dass die Korallenriffe, die den Boden der flachen tropischen Meere zum größten Teil bedecken, aus koloniebildenden Organismen bestehen, um ganz genau zu sein, aus Teppichen von Korallentieren, die entfernte Verwandte der solitär lebenden und weit selteneren Quallen sind. Nicht zuletzt sind die Menschen, die die vorherrschenden Säugetiere der Erdgeschichte sind, auch mit Abstand die sozialsten.

Die am höchsten entwickelten sozialen Insekten, das heißt solche, die die größten und kompliziertesten Gesellschaften bilden, haben diesen Schritt durch die Kombination dreier biologischer Merkmale erreicht: Die erwachsenen Tiere kümmern sich um die Brut, zwei oder mehrere Generationen leben zusammen in einem Nest und die Mitglieder einer Kolonie lassen sich in eine fortpflanzungsaktive Königinnenkaste und eine sterile Arbeiterinnenkaste unterteilen (Tafel 4). Zu dieser Elitegruppe, die die Entomologen als eusozial, das heißt „wirklich" sozial, bezeichnen, gehören vergleichsweise wenige Arten, denn die Entstehung von Eusozialität ist ein relativ seltener Vorgang in der Evolutionsgeschichte.

TAFEL 4. Ausschnitt einer Kolonie der südamerikanischen Schnappkieferameise *Daceton armigerum*. Die große Königin in der Mitte des Bildes ist umgeben von verschieden großen Arbeiterinnen. (© Bert Hölldobler.)

Von den ungefähr 2600 lebenden taxonomischen Insektenfamilien und anderen Gliederfüßern (Arthropoda) sind weniger als 20 mit eusozialer Lebensweise bekannt. Sämtliche Ameisen, die in der formalen, taxonomischen Klassifizierung die Familie der Formicidae in der Ordnung der Hymenoptera darstellen, sind eusozial. Die Familie enthält ungefähr 14 000 bekannte Arten und mindestens die doppelte Anzahl bisher nicht beschriebener Arten, die es zumeist in den Tropen noch zu entdecken gilt. Man nimmt an, dass die Eusozialität der Ameisen von einem gemeinsamen Ursprung ausgeht.

Sowohl bei den Bienen als auch bei den Wespen ist Eusozialität jeweils dreimal unabhängig entstanden, doch lebt eine viel größere Anzahl von Bienen- und Wespenarten solitär. Termiten, die allesamt der Ordnung der Isoptera angehören, sind eusozial. Sie stammen von schabenähnlichen Vorfahren ab, die vor mehr als 150 Mio. Jahren gelebt haben. Diese interessanten Insekten haben sich während des frühen Mesozoikums in ihrem oberflächlichen Erscheinungsbild und in ihrem Sozialverhalten konvergent zu den Ameisen entwickelt; ansonsten haben sie nichts mit ihnen gemein. Es sind weniger als 3000 Termitenarten bekannt. Eusoziale Arten sind außerdem bei den Blattläusen, bei Ambrosiakäfern, bei Garnelen und bei zwei deutlich eusozialen Säugetiergruppen entdeckt worden, dem Nacktmull und der Zwergmanguste.

Nach unserer Ansicht ist es die hochentwickelte altruistische, soziale Lebensweise, die den Ameisen den Konkurrenzvorteil erbracht und zu ihrer ökologischen Dominanz geführt hat. Das Individuum gilt nichts, alles wird für den Erfolg der Gemeinschaft geopfert. Es scheint, dass Sozialismus unter ganz bestimmten Umständen doch funktioniert. Karl Marx hatte es nur mit der falschen Art zu tun.

Der Vorteil der sozialen Lebensweise zeigt sich am deutlichsten bei ihrer Arbeitseffizienz. Stellen Sie sich folgendes Szenario vor: 100 solitäre Wespenweibchen werden einer Ameisenkolonie gegenübergestellt, die ebenfalls aus 100 Arbeiterinnen besteht. Diese beiden Gruppen nisten Seite an Seite. Jeden Tag gräbt eine der Wespen ein Nest und fängt eine Raupe, eine Heuschrecke, eine Fliege oder irgendeine andere Beute, die für ihre Brut als Proviant dient. Als nächstes legt sie ein Ei auf die Beute und verschließt das Nest. Aus dem Ei schlüpft eine madenähnliche Larve, die sich von dem eingetragenen Insekt ernährt und später als eine neue, erwachsene Wespe schlüpft. Wenn die Wespenmutter auch nur in einer der aufeinanderfolgenden Aufgaben bis zum Verschließen des Nestes versagt oder wenn sie versucht, die Aufgaben in einer falschen Reihenfolge durchzuführen, dann scheitert das ganze Unternehmen.

Die Ameisenkolonie nebenan bewältigt all diese Schwierigkeiten ganz automatisch, weil sie als soziale Einheit funktioniert. Eine Arbeiterin baut eine Brutkammer, um das Gemeinschaftsnest zu vergrößern. Später werden die Larven dorthin gebracht und gefüttert, um so weitere Koloniemitglieder heranzuziehen. Wenn die Ameise in einer ihrer aufeinanderfolgenden Aufgaben versagt, werden alle notwendigen Arbeiten mit großer Wahrscheinlichkeit trotzdem zu Ende geführt, sodass die Kolonie weiter wächst. Eine Schwester der Arbeiterin wird einfach an ihre Stelle treten und die Ausgrabung fortführen. Sie kann sich auf andere Schwestern verlassen, die die Larven in die Kammer transportieren, und auf wieder andere, die sie mit Futter versorgen. Viele der Ameisen sind sogenannte Patrouillen. Rastlos laufen diese Tiere in ständiger Bereitschaft durch die Gänge und Kammern, wenden sich jedem unvorhergesehenen Ereignis zu und wechseln, je nach Bedarf, von einer Aufgabe zur anderen. Sie beenden aufeinanderfolgende Aufgaben verlässlicher und erledigen sie schneller, als es solitäre Arbeiterinnen könnten. Sie sind wie eine Gruppe von Fabrikarbeitern, die, je nach momentanem Bedarf und passender Gelegenheit, zwischen den Fließbändern hin- und herwechseln und so die Effizienz der gesamten Produktion erhöhen.

Die Stärke des Soziallebens wird bei territorialen Auseinandersetzungen und bei der Konkurrenz um Futter am deutlichsten. Ameisenarbeiterinnen gehen draufgängerischer in eine aggressive Auseinandersetzung als solitäre Wespen. Sie können sich gleichsam wie sechsbeinige Kamikazekämpfer verhalten. Eine einzeln lebende Wespe hat dagegen nicht diese Möglichkeit. Wenn sie verletzt oder getötet wird, ist das evolutionäre Spiel vorbei; nicht anders, als ob sie während ihrer Arbeiten einen groben Schnitzer gemacht und den notwendigen Kreislauf des Nestbaus und der Brutversorgung abgebrochen hätte. Nicht so bei der Ameise. Sie pflanzt sich sowieso nicht selbst fort und wenn sie umkommt, wird sie schnell von einer neugeborenen Schwester im Nest ersetzt. Solange die Königinmutter geschützt ist und weiterhin Eier legt, wirkt sich der Tod von einer oder wenigen Arbeiterinnen kaum auf die Vertretung der Koloniemitglieder im zukünftigen Genpool aus. Was hier zählt, ist nicht die gesamte Population der Kolonie, sondern die Anzahl der paarungsbereiten Königinnen und der Männchen, die nach dem Hochzeitsflug erfolgreich neue Kolonien gründen. Nehmen wir an, der Zermürbungskrieg zwischen Ameisen und solitären Wespen ginge weiter, bis fast alle Ameisenarbeiterinnen vernichtet wären. Solange die Königin die Auseinandersetzung überlebt, gewinnt die Ameisenkolonie. Die Königin und die überlebenden Arbeiterinnen werden die Arbeiterinnenpopulation schnell wieder aufbauen und es damit der Kolonie ermöglichen, sich fortzupflanzen, indem sie neue Königinnen und Männchen produziert. Die solitäre Wespe, die das Äquivalent einer ganzen Kolonie darstellt, wird bis dahin längst gestorben sein.

Diese grundsätzliche Konkurrenzüberlegenheit der Ameisenkolonien gegenüber Wespen und anderen solitären Insekten bedeutet, dass sich die Kolonien während der natürlichen Lebensspanne der Königinmutter die besten Nest- und Futterplätze sichern können. Bei einigen Arten lebt die Königin über 20 Jahre. Bei anderen, bei denen die jungen Königinnen wieder heimkehren, nachdem sie sich gepaart haben, hat die Kolonie sogar ein noch größeres Potenzial: Die Nester und Territorien können von einer Generation an die nächste weitergegeben werden. Zu der Weitergabe genetischer Anlagen kommt nun noch die Vererbung von Besitz. Die Nester bestimmter Arten der hügelbauenden Ameisen wie der europäischen Kahlrückigen Waldameise (*Formica polyctena*; siehe Tafel 2 und 3), bestehen oft über mehrere Jahrzehnte und produzieren Jahr für Jahr Königinnen und Männchen. Solche Kolonien sind in der Tat unsterblich, auch wenn die individuellen Königinnen sterben und immer wieder durch neue ersetzt werden.

Dieser Superorganismus, den eine Ameisenkolonie darstellt, kann aber noch mehr. Da Ameisenkolonien größere Nester bauen als solitäre Wespen und diese über längere Zeiträume nutzen, verwenden sie so komplizierte Konstruktionen, dass sie sogar der Klimaregulierung dienen. Die Arbeiterinnen einiger Arten graben direkt unter der Erdoberfläche Tunnel, um an feuchtere Erde zu gelangen. Arbeiterinnen anderer Arten bauen unterirdische Gänge und Kammern, die strahlenförmig nach außen führen und damit den Durchzug von Frischluft in den Wohnbereichen erhöhen. In akuten Notfallsituationen wird die Nestarchitektur mithilfe schneller Massenreaktionen von Arbeiterinnen verstärkt. Bei vielen Arten formieren sie sich, wenn das Nest während einer Dürreperiode oder Hitzewelle austrocknet, zu einer lose organisierten Feuerwehr, indem sie in kurzen Abständen hin- und herrennen, Wasser von Mund zu Mund weitergeben und es schließlich auf den Boden und an die Wände des Nestes spucken. Wenn Feinde durch die Nestwand einbrechen, greifen einige Arbeiterinnen die Eindringlinge an, während andere die Brut in Sicherheit bringen oder sich schnell daranmachen, den Schaden zu reparieren.

Andererseits kann es sein, dass Nester von Ameisen, die in Überschwemmungsgebieten leben, von Wassermassen überflutet werden. Alleine würden die Tiere sterben, doch im Kollektiv der Kolonie überleben sie. So haben kürzlich die amerikanischen Biomechaniker Nathan J. Mlot, Craig A. Tovey und David L. Hu gezeigt, wie sich die Kolonien der Roten Feuerameise, *Solenopsis invicta*, bei Überflutung in lebende Flöße verwandeln. Diese Feuerameisen, die aus Südamerika in den Süden der Vereinigten Staaten von Amerika eingeschleppt worden waren, sind dort mittlerweile zu einer echten Landplage geworden. In ihrem ursprünglichen Lebensraum im südamerikanischen Regenwald sind sie immer wieder Überschwemmungen ausgesetzt. Die Kolonien reagieren mit massenhafter Evakuierung ihrer Nester, aber die Nestgenossinnen bleiben eng zusammen. Mit ihren Beinchen und Mandibeln verhaken sich Tausende Ameisenarbeiterinnen zu einem lebenden Floß, in dessen Zentrum die Königin sicheren Schutz findet. Ein solches Floß kann mehrere Wochen auf dem Wasser treiben, bis es trockenes Land erreicht. Möglich wird dies durch die wasserabstoßenden Wachse auf dem Chitinpanzer der Ameisen und Luftblasen im unteren Teil des Floßes (Tafel 5 und 6).

Soziales Zusammenleben mag nach menschlichen Maßstäben ein uraltes Phänomen sein, aber in der gesamten Evolution der Insekten stellt es eine relativ

TAFEL 5. *Oben:* Nach einer Überschwemmung ihres Nestes bildet die Kolonie der Roten Feuerameise *Solenopsis invicta* ein lebendes Floß, mit dem die Ameisen an trockenes Land treiben können. *Unten:* Nahaufnahme des Ameisenfloßes. Die Ameisen am Rande des Floßes inspizieren das Wasser, als ob sie nach Land suchten, um anlanden zu können. (Foto oben mit freundlicher Genehmigung von Nathan Molt und David Hu; Foto unten mit freundlicher Genehmigung von Tim Nowack und David Hu, Georgia Institute of Technology.)

TAFEL 6. *Oben:* Das Ameisenfloß wird von Luftblasen getragen, die sich am Ameisenkörper bilden. *Unten:* Luftkissen, die das Ameisenfloß über Wasser halten. (Mit freundlicher Genehmigung von Tim Nowack und David Hu, Georgia Institute of Technology.)

neue Entwicklung dar, die erst seit der Hälfte ihrer gesamten erdgeschichtlichen Existenz besteht. Die Insekten gehörten zu den ersten Lebewesen, die vor gut 400 Mio. Jahren während des Devons das Land besiedelten. In den Sümpfen des darauffolgenden Kohlezeitalters entwickelten sie eine reiche Artenvielfalt. Während des Perms vor ungefähr 250 Mio. Jahren wimmelten die Wälder neben käferähnlichen Protelytropteren von Schaben, Wanzen, Käfern und Libellen, die sich von den heutigen nur wenig unterschieden; es gab Protodonaten, die wie riesige Libellen aussahen und eine Flügelspannweite von bis zu 1 m hatten, und weitere Insektenordnungen, die heute ausgestorben sind. Die ersten Termiten tauchten wahrscheinlich vor 200 Mio. Jahren während des Juras oder der frühen Kreidezeit auf; die Ameisen, sozialen Bienen und Wespen erschienen etwa 100 Mio. Jahre später in der Kreidezeit. Erst zu Beginn des Tertiärs vor 50 bis 60 Mio. Jahren begannen die eusozialen Insekten und vor allem die Ameisen und Termiten unter den Insekten vorzuherrschen.

Allein das Ausmaß dieser geschichtlichen Entwicklung, die über das Hundertfache der gesamten Existenzdauer der menschlichen Gattung *Homo* umfasst, stellt ein Paradoxon dar. Wenn nämlich das soziale Zusammenleben so große Vorteile für Insekten hat, warum hat sich sein Durchbruch dann um 200 Mio. Jahre hinausgezögert? Und warum sind heute, 200 Mio. Jahre nachdem sich diese Neuerung schließlich durchgesetzt hat, nicht alle Insekten eusozial? Besser ist es, diese Frage umgekehrt zu stellen: Welche Vorteile, die bis jetzt noch nicht genannt wurden, könnte solitäres gegenüber sozialem Leben haben? Nach unserer Ansicht ist die Antwort darauf, dass sich solitäre Insekten schneller fortpflanzen und besser mit begrenzten und kurzlebigen Ressourcen zurechtkommen. Sie nutzen die vorübergehend verfügbaren Nischen, die von den Ameisen und anderen sozialen Insekten übriggelassen wurden.

Es mag eigenartig klingen, dass sich die hochsozialen Insekten langsamer als ihre solitären Verwandten fortpflanzen. Kolonien sind schließlich kleine Fabriken voller Arbeiterinnen, die sich ganz der Massenproduktion neuer Nestgenossen verschrieben haben. Der wesentliche Punkt ist aber, dass die Kolonie und nicht die Arbeiterinnen die Fortpflanzungseinheit darstellt. Jede solitäre Wespe ist eine potenzielle Mutter beziehungsweise ein potenzieller Vater, während nur eines von Hunderten oder Tausenden von Koloniemitgliedern diese Rolle erfüllen kann. Um neue Königinnen produzieren zu können, die in der Lage sind, neue Kolonien zu gründen, muss die Mutterkolonie – der Superorganismus, der die reproduktive Einheit darstellt – zuerst eine Menge Arbeiterinnen hervorbringen. Nur dann kann die Kolonie das Stadium erreichen, das der Geschlechtsreife eines solitär lebenden Organismus entspricht.

Da die Kolonie ein gewaltiger Organismus ist, braucht sie auch eine breite Basis, von der aus sie wirken kann. Sie dominiert die gefällten Baumstämme und heruntergefallenen Äste, überlässt aber die verstreuten Blätter und Rindenstückchen den schnellfüßigen und sich rasch fortpflanzenden solitären Insekten. Sie kontrolliert die befestigten Flussbänke und zieht sich dafür von den nur vorübergehend existierenden Schlammbänken weiter draußen zurück. Sie zieht langsamer von einem Futterplatz zum nächsten, da die gesamte Population mobilisiert werden muss, bevor die einzelnen Mitglieder sicher losziehen können.

Solitäre Insekten sind deshalb die besseren Pioniere. Sie können weit entfernte, zufällige Ressourcen wie einen Sämling auf einem Stückchen frischer Erde, einen Zweig, der flussabwärts getrieben wurde, oder einen frisch getriebenen Spross schneller besiedeln und länger nutzen. Ameisenkolonien sind dagegen, ökologisch betrachtet, sehr schwerfällig. Sie brauchen Zeit, um heranzuwachsen, und sind weniger beweglich, aber wenn sie einmal in Bewegung gekommen sind, lassen sie sich nur noch sehr schwer aufhalten.

‖ Tafel 7. *Camponotus perthiana*. Eine Königin
dieser australischen Rossameisenart lebte 23
Jahre in einem Labornest. Während dieser Zeit
produzierte sie unzählige Arbeiterinnen.
(© Bert Hölldobler.)

2

AUS LIEBE ZU AMEISEN

Dank der allgemeinen revolutionären Veränderungen, die in der Biologie stattfanden, machten die wissenschaftlichen Untersuchungen an Ameisen in den 1960er- und 1970er-Jahren große Fortschritte. Innerhalb kurzer Zeit entdeckten Insektenforscher, dass sich Koloniemitglieder meist über den Geschmack und den Geruch von chemischen Stoffen untereinander verständigen. Diese Substanzen werden aus speziellen Drüsen abgegeben, die über den ganzen Körper der Tiere verteilt sind. Auch begann man zu verstehen, wie sich Altruismus im Laufe der Evolution über Verwandtenselektion entwickeln kann. Der evolutionäre Vorteil ergibt sich aus der selbstlosen Versorgung der Geschwister, die dieselben altruistischen Gene besitzen und sie damit an zukünftige Generationen weitergeben. Man stellte außerdem fest, dass die komplizierten Kastensysteme, die aus Königinnen, Soldatinnen und Arbeiterinnen bestehen und typisch für viele Ameisenstaaten sind, meistens nicht genetisch, sondern durch Futterqualität und andere Umwelteinflüsse bestimmt werden.

Im Herbst 1969, inmitten dieser aufregenden Zeit, klopfte Bert Hölldobler zu Beginn seines Aufenthaltes als Gastforscher in den Vereinigten Staaten an die Tür von Edward O. Wilsons Arbeitszimmer an der Harvard University. Obwohl wir uns damals nicht so sahen, lernten wir uns als Vertreter zweier verschiedener wissenschaftlicher Fachrichtungen kennen, die aus unterschiedlichen wissenschaftlichen Traditionen entstanden waren und deren Synthese bald zu einem besseren Verständnis von Ameisenkolonien und anderen komplexen Tiergesellschaften führen sollte. Eine der Fachrichtungen war die Ethologie und Verhaltensphysiologie, das heißt die Erforschung des Verhaltens und der zugrunde liegenden physiologischen Mechanismen unter natürlichen Bedingungen. Dieser Zweig der Verhaltensbiologie, dessen Entwicklung in den 1940er- und 1950er-Jahren in Europa begonnen hatte, unterschied sich durch den Nachdruck, mit dem die Bedeutung der Instinkte (das heißt der angeborenen Verhaltensweisen) hervorgehoben wurde, deutlich von der traditionellen vergleichenden Psychologie, die man in den Vereinigten Staaten vertrat. Besonders betont wurde auch, wie sich Tiere im Laufe der Evolution durch bestimmte Verhaltensweisen an Gegebenheiten ihrer Umgebung anpassen, von denen das Überleben und erfolgreiche Fortpflanzung abhängen. Ethologen fanden heraus, welche Feinde vermieden und welche Beutearten gejagt werden, welches die besten Nestplätze sind, wo, mit wem und auf welche Weise Paarungen stattfinden, wie sich Tiere in ihrer Umwelt orientieren, wie sie miteinander kommunizieren und vieles mehr aus allen Bereichen der komplizierten Lebenszyklen. Diese Verhaltensforscher waren vor allem (und viele sind es noch) Naturforscher der alten Schule, ausgerüstet mit schlammverdreckten Stiefeln, wasserfesten Notizbüchern und Ferngläsern, deren schweißdurchtränkte Riemen ihnen den Hals wundscheuerten. Aber sie waren gleichzeitig moderne Biologen, die instinktives Verhalten experimentell in seine Einzelbestandteile zerlegten. Durch die Verbindung dieser beiden Ansätze, die ein wissenschaftlicheres Arbeiten ermöglichte, entdeckte man die sogenannten Schlüsselreize, relativ einfache Signale, die bei Tieren stereotype Verhaltensweisen auslösen und steuern. So ruft beispielsweise der rote Bauch eines männlichen Stichlings, der für das Tierauge nur als ein roter Punkt erscheint, ein volles Territorialverhalten beim rivalisierenden Männchen hervor. Die Männchen sind darauf programmiert, auf den Farbfleck und nicht auf das Aussehen des gesamten Fisches zu reagieren, oder zumindest nicht auf das, was wir Menschen als ganzen Fisch betrachten.

Die Annalen der Biologie sind mittlerweile voll von solchen Beispielen für Schlüsselreize. Der Geruch von Milchsäure führt die Gelbfiebermücke zu ihrem Opfer; das wartende Weibchen des Zitronenfalters erkennt das Männchen am Aufleuchten der Flügel, die ultraviolettes Licht reflektieren; eine winzige Konzentration von Glutathion im Wasser veranlasst den Süßwasserpolypen (*Hydra*), seine Tentakel in Richtung der vermeintlichen Beute auszustrecken. So gibt es endlos viele Beispiele aus dem riesigen Repertoire tierischer Verhaltensweisen, die von den Verhaltensforschern mittlerweile recht gut verstanden werden. Den Wissenschaftlern wurde klar, dass Tiere nur dadurch überleben, indem sie schnell und präzise auf kurzfristige Umweltveränderungen reagieren und sich deshalb auf einfache Ausschnitte ihrer Sinneswelt verlassen. Im Gegensatz zu den Auslösern müssen die Antwortreaktionen jedoch häufig komplex sein und in exakter Abfolge verlaufen. Tiere bekommen selten eine zweite Chance. Da es kaum eine Möglichkeit gibt, dieses Verhaltensrepertoire vorher zu erlernen, muss es stark stereotypisiert und genetisch verankert sein. Das Nervensystem der Tiere muss demnach, um es vereinfacht auszudrücken, zu einem Großteil genetisch bestimmt sein. Wenn das alles zutrifft, überlegten sich die Ethologen, wenn Verhalten also vererbbar und auf jede einzelne Art speziell zugeschnitten ist, dann kann man es mit den bewährten Methoden der experimentellen Biologie Stück für Stück wie ein anatomisches Präparat oder einen physiologischen Prozess untersuchen.

In der Zeit um 1969 wurde die Generation von Verhaltensbiologen, der wir angehören, von der Vorstellung angespornt, dass man Verhaltensweisen in winzig kleine Komponenten zerlegen könnte. Bestärkt wurden wir von einem großen österreichischen Zoologen, Karl von Frisch, der Professor an der Universität München und einer der Begründer der Verhaltensforschung war und ganz ähnliche Interessengebiete verfolgte wie wir. Von Frisch, der durch seine Entdeckung des Schwänzeltanzes der Bienen berühmt wurde, galt damals wie heute als einer der hervorragendsten Biologen weltweit. Dieser Schwänzeltanz besteht aus kunstvollen Bewegungsabläufen im Bienenstock, mit denen die Bienen ihren Nestgenossinnen die Lage und Entfernung von Futterquellen mitteilen, und stellt bis heute die stärkste Annäherung an eine Symbolsprache dar, die man im Tierreich kennt. Von Frisch wurde unter Biologen generell für die Genialität und Eleganz seiner vielen sinnesphysiologischen und verhaltensbiologischen Experimente geschätzt. 1973 wurde er zusammen mit seinem österreichischen Landsmann Konrad Lorenz, dem ehemaligen Direktor des Max-Planck-Instituts für Verhaltensphysiologie in Deutschland, und dem Niederländer Nikolaas Tinbergen, einem Professor an der University of Oxford, mit dem Nobelpreis für Physiologie oder Medizin für die führende Rolle ausgezeichnet, die diese drei Männer bei der Entwicklung der Verhaltensbiologie innehatten.

Die zweite einflussreiche Schule, die zu einem neuen Verständnis von Tiergesellschaften führte, war im Wesentlichen amerikanischen und britischen Ursprungs und ging von einem ganz anderen Ansatz als die Verhaltensforschung aus. Es handelt sich um die Populationsbiologie, das heißt um die Erforschung der Eigenschaften ganzer Populationen von Organismen: wie sie als Ganzes wachsen, sich ausbreiten und zwangsläufig wieder abnehmen und verschwinden. Diese Fachrichtung ist auf mathematische Modelle ebenso sehr angewiesen wie auf Labor- und Freilanduntersuchungen an lebenden Organismen. Ähnlich wie in der Bevölkerungslehre leitet man das Schicksal von Populationen aus den Geburten, Todesfällen und den Wanderbewegungen der einzelnen Individuen ab, um allgemeine Trends zu erkennen. Auch werden das Geschlecht, das Alter und die genetische Ausstattung der Organismen in den Populationen erfasst.

Als wir mit unserer Zusammenarbeit an der Harvard University begannen, wurde uns klar, dass sich die Verhaltensforschung und die Populationsbiologie bei der Untersuchung von Ameisen und anderen sozialen Insekten wunderbar ergänzen. Insektenkolonien sind kleine Populationen. Man kann sie am besten verstehen, indem man den Lebenslauf der Heerscharen verfolgt, aus denen sie sich zusammensetzen. Ihre genetische Ausstattung und insbesondere die Verwandtschaftsverhältnisse ihrer Mitglieder sind die Grundvoraussetzungen für ihre soziale Lebensweise. Die Ethologie liefert Details über Kommunikation, Koloniegründung und Kastensysteme, doch ergeben diese Details nur dann ein verständliches Gesamtbild, wenn man sie als die evolutionären Resultate ganzer Koloniepopulationen begreift. Dies ist, kurz gesagt, der Grundgedanke der damals neuen Fachrichtung Soziobiologie, die die biologischen Grundlagen des Sozialverhaltens und der Organisation komplexer Gesellschaften systematisch untersucht.

Als wir begannen, uns über diese Synthese und unsere Forschungsvorhaben zu unterhalten, war Wilson 40 Jahre alt und Professor an der Harvard University; Hölldobler, damals 33 Jahre alt, war vorübergehend von seinen Lehrverpflichtungen an der Universität Frankfurt befreit. Drei Jahre später bekam Hölldobler, nachdem er kurz als Professor der Zoologie nach Frankfurt zurückgekehrt war, einen Ruf als Professor für Verhaltensphysiologie nach Harvard. Seitdem teilten wir Freunde uns den dritten Stock im neuerrichteten Laborgebäude des Museums für vergleichende Zoologie bis zu dem Zeitpunkt, als Hölldobler 1989 nach Deutschland zurückkehrte. Er übernahm an der Universität Würzburg die Leitung eines Lehrstuhls im neugegründeten Biozentrum, der sich ausschließlich der Untersuchung sozialer Insekten widmet. Mit der Harvard University blieb er, nachdem er Ende 1990 endgültig von seiner Alexander-Agassiz-Professur zurücktrat, weiterhin als Forscher verbunden.

Die Wissenschaft, so sagt man, ist das einzige Kulturgut, das sich völlig von den üblichen kulturellen Unterschieden freimachen kann und vielfältige Erkenntnisse zu einem allgemeinen Gesamtwissen vereint, das sich einfach und klar darstellen lässt und an dessen Wahrheitsgehalt im Allgemeinen keiner zweifelt. Wir kamen zwar aus sehr verschiedenen akademischen Schulen, aber beide verspürten wir schon als Kinder den Drang, Insekten zu sammeln und zu beobachten, und beide wurden wir während einer wichtigen geistigen Entwicklungsphase von Erwachsenen darin bestärkt und ermuntert. Einfach gesagt: Wir hatten das Glück, die Leidenschaft für Insekten, die uns im Kindesalter gepackt hat, nie aufgeben zu müssen.

Für Bert Hölldobler begann diese Leidenschaft an einem schönen Frühsommertag in Bayern, kurz bevor der Zweite Weltkrieg mit massiven Luftangriffen zurück nach Deutschland gebracht wurde. Er war damals etwa sieben Jahre alt und war gerade mit seinem Vater Karl wieder vereint, der als Arzt in der deutschen Armee in Finnland diente und Fronturlaub bekommen hatte, um seine Familie in Ochsenfurt zu besuchen. Er nahm Bert auf einen Waldspaziergang mit, um ihm die Natur zu zeigen und sich mit ihm zu unterhalten. Aber es war kein gewöhnlicher Spaziergang. Karl, der ein begeisterter Zoologe war, hatte ein besonderes Interesse an Ameisengesellschaften. Er war ein international anerkannter Experte für die vielen interessanten kleinen Wespen und Käfer, die in Ameisennestern leben. So war es ganz selbstverständlich für ihn, auf diesem Spaziergang Steine und kleinere Holzstücke entlang des Weges umzudrehen, um zu sehen, was darunter lebte. In der Erde zu wühlen, um wimmelndes Leben zu beobachten, war für ihn eines der Vergnügen der Insektenforschung.

Unter einem dieser Steine verbarg sich eine Kolonie großer Rossameisen. Die glänzend schwarzbraunen Arbeiterinnen, die für einen Augenblick vom Sonnenlicht getroffen wurden, rannten hektisch umher, um die madenähnlichen Larven und die in Kokons eingesponnenen Puppen (ihre halberwachsenen Schwestern) zu packen und in die unterirdischen Gänge und Kammern des Nestes zu tragen (Tafel 7 und 8). Dieses unerwartete Schauspiel fesselte den jungen Bert. Was für eine seltsame und wunderbare Welt. Wie vollkommen und wohlgestaltet sie war! Eine ganze Gesellschaft hatte sich für einen Augenblick enthüllt, dann verlor sie sich wie durch ein Wunder, wie Wasser auf trockener Erde, und nahm wieder ihr eigenes, unvorstellbar fremdartiges Leben in den Tiefen des Bodens auf.

Nach dem Krieg war das Hölldoblersche Heim in der kleinen mittelalterlichen Stadt Ochsenfurt nahe Würzburg voller Haustiere. Zu verschiedenen Zeitpunkten befanden sich Hunde, Mäuse, Meerschweinchen, ein Fuchs, Fische, ein großer Salamander, der Axolotl genannt wird, ein Reiher und eine Dohle darunter. Ein Hausgast, dem Bert ein besonderes Interesse entgegenbrachte, war ein Menschenfloh, den er in einem Glasfläschchen hielt. Dieser Floh durfte sich von seinem eigenen Blut ernähren. Dies war einer seiner ersten wissenschaftlichen Versuche.

Vor allem aber hielt Bert, durch das Beispiel seines Vaters und die liebevolle Geduld seiner Mutter ermutigt, Ameisen. Er sammelte lebende Kolonien und beobachtete sie in künstlichen Nestern, wodurch er die einheimischen Arten kennenlernte. Er zeichnete ihre anatomischen Erkennungsmerkmale und beobachtete ihr Verhalten. Er war mit Begeisterung bei der Sache und sammelte außerdem

TAFEL 8. Eine *Camponotus ligniperdus*-Arbeiterin hilft einer jungen Arbeiterin, aus ihrer Puppenhülle zu schlüpfen. Es war diese Rossameisenart, die zum Schlüsselerlebnis für den sieben- oder achtjährigen Bert Hölldobler wurde, als er mit seinem Vater einen naturkundlichen Spaziergang machte. (© Bert Hölldobler.)

unter anderem noch Schmetterlinge und Käfer. Die Vielfalt des Lebens hatte ihn geprägt, die Würfel waren gefallen und seine ganzen Hoffnungen konzentrierten sich nun darauf, eine berufliche Laufbahn in der Biologie einzuschlagen.

Im Herbst 1956 begann Bert an der nahegelegenen Universität Würzburg mit dem Biologie- und Chemiestudium, um Gymnasiallehrer für Biologie und andere naturwissenschaftliche Fächer zu werden. Als er seine Abschlussprüfungen machte, hatte er sich jedoch schon andere Ziele gesetzt. Er erhielt ein Stipendium und strebte nun eine Dissertation an. Während dieser neuen Phase war Karl Gößwald, ein Spezialist für Waldameisen, sein Lehrer. Diese großen rotschwarzen Insekten, die millionenfach pro Hektar vorkommen, bauen Hügelnester, die die Wälder Nordeuropas übersäen. Gößwald bemühte sich, diese Waldameisen auch wieder in Mitteleuropa anzusiedeln. Er hoffte mit deren Hilfe Raupen und andere Schädlinge der Waldvegetation unter Kontrolle zu bringen, sodass man auf Insektizide würde verzichten können. Über Generationen hinweg hatten Insektenforscher immer wieder festgestellt, dass Bäume in der Nähe von Ameisenhügeln bei einem Massenbefall durch blattfressende Insekten gesund blieben und nahezu intakte Blätter behielten. Der Schutz war eindeutig den Ameisen zu verdanken, die die

Schädlinge jagten. Zählungen ergaben, dass eine Waldameisenkolonie innerhalb eines Tages über 100 000 Raupen vernichten kann.

Karl Escherich, ein früher Pionier der Forstinsektenkunde, sprach von „grünen Inseln", die unter dem Schutzschild der Waldameisen existieren. Escherich war in den 90er-Jahren des vorletzten Jahrhunderts Student an der Universität Würzburg und arbeitete unter der Anleitung von Theodor Boveri, dem damals weltweit berühmtesten Embryologen. Durch einen glücklichen Zufall war William Morton Wheeler, der später Amerikas führender Ameisenforscher wurde, seinerzeit ebenfalls Embryologe und kam als junger Wissenschaftler für einige Zeit nach Würzburg. Bald darauf konzentrierten sich Wheelers Forschungen hauptsächlich auf die Ameisen. (1907 wurde er Professor für Insektenkunde und Kurator der Ameisensammlung am Museum für Zoologie an der Harvard University und war somit Edward O. Wilsons Vorgänger.) Wheeler, der fließend deutsch sprach, weckte in dem jungen Escherich das Interesse für die Ameisen, sodass dieser sein Medizinstudium aufgab und sich fortan ganz der Forstentomologie widmete. Sein mehrbändiges Meisterwerk (Eschrich 1914–1942) hierzu, das er in seinem späteren Leben vollendete, beeinflusste eine ganze Generation deutscher Forscher, darunter auch Karl Gößwald. Ursprünglich war es jedoch kein anderer als Bert Hölldoblers Vater Karl, der Gößwald als fortgeschrittener Student der Medizin und Zoologie in die Ameisenforschung einführte. Karl Hölldobler ermutigte den jüngeren Studenten, die artenreiche Ameisenwelt der Kalksteingegend entlang des fränkischen Maintals zu erkunden. Diese Arbeit wurde die Grundlage für Gößwalds Doktorarbeit. Das Interesse für Ameisen von Bert Hölldobler und Ed Wilson wurde also über zwei Wege geweckt: Der erste verläuft von Wheeler über Escherich, Karl Hölldobler und Gößwald zu Bert Hölldobler und der zweite von Wheeler über Frank M. Carpenter zu Wilson (Carpenter war Wilsons Lehrer an der Harvard University). Beide Wege beginnen in Würzburg mit Wheeler, teilen sich dann, um schließlich, wie Sie sehen werden, an der Harvard University wieder mit der deutschen Forschertradition in Berührung zu kommen. In solch netzartigen Strukturen wird das wissenschaftliche Erbe weitergegeben.

Bert war weit davon entfernt, während seiner Würzburger Zeit nur von Gößwald angeleitet zu werden. In der Nachkriegszeit lernte er noch vor seinem Studium über seinen Vater viele begeisterte Ameisenforscher kennen. Unter ihnen waren Heinrich Kutter aus der Schweiz und Robert Stumper aus Luxemburg. Bert fühlte sich zur Forstinsektenkunde hingezogen, aber die geistige Prägung, die er als Kind erfahren hatte, brachte ihn unweigerlich zu den Ameisen zurück. Während dieser Zeit haben ihm vor allem die Zoologievorlesungen von Hansjochem Autrum viele Anregungen gegeben, der, als einer der führenden Neurophysiologen weltweit, inspirierendes Vorbild war.

Eine der ersten Aufgaben, mit denen Bert noch während seines Grundstudiums betraut wurde, war eine Exkursion nach Finnland, um dort eine sich von Nord nach Süd erstreckende Bestandsaufnahme der Waldameisenarten vorzunehmen. Obwohl er damit vollauf beschäftigt war, konnte Bert seine Augen nicht von den gleichermaßen häufig vorkommenden Rossameisen lassen, zu denen auch die Art unter dem Stein in Ochsenfurt gehörte, die ihn damals so in ihren Bann gezogen hatte. Als er die Wälder von Karelien besuchte, wo sein Vater unter schwierigen und oft gefährlichen Bedingungen den Krieg verbracht hatte, überkam ihn eine gewisse Wehmut. Nun war diese Landschaft der Schauplatz für die friedliche Erforschung einer wenig bekannten Tierwelt. Große Teile Finnlands, vor allem die nördlichsten Bereiche, waren damals reine Wildnis und sind es zum Teil noch heute. Die Streifzüge durch Finnlands Wälder und Lichtungen mit all den Insekten, viele davon noch nicht beschrieben, bestärkten Bert in seiner Vorliebe für die Freilandbiologie.

Er nahm Abschied von der angewandten Insektenkunde, wie sie von Gößwald vertreten wurde, und wandte sich stärker der Grundlagenforschung zu, die ihm mehr lag und vertrauter war. Bereits als junger Student im Jahre 1959 hatte Bert das Glück, auf einem Kongress in Bern einen Vortrag des jungen Münchner Dozenten Martin Lindauer zu hören. Lindauer berichtete damals über seine neuen Ergebnisse zur Verständigung der stachellosen Bienen, die er in Brasilien erforscht hatte. Obgleich Hölldobler von der Forschungsrichtung, die Lindauer so eindrucksvoll präsentierte, begeistert war, war für ihn ein Umzug an die Universität München aus finanziellen Gründen nicht möglich. Ungefähr vier Jahre nach seinem Finnlandaufenthalt hörte er dann von einer Forschergruppe an der Universität Frankfurt, die von Martin Lindauer geleitet wurde. Lindauer war einer der Begabtesten unter den von-Frisch-Schülern und galt allgemein als sein intellektueller Nachfolger. In den 1960er-Jahren befanden sich Lindauer und seine Gruppe gerade mitten in einer aufregenden, neuen Untersuchungsphase an Honigbienen und stachellosen Bienen, und Frankfurt war das Zentrum der zu Recht von-Frisch-Lindauer-Schule genannten Richtung der Verhaltensforschung geworden. Ihre Tradition lebte nicht nur von fähigen Mitarbeitern und einer Reihe innovativer Untersuchungstechniken, sondern vor allem von ihrer Forschungsphilosophie. Diese basierte auf einem tiefgehenden und liebevollen Interesse und

Gespür für den ganzen Organismus und war besonders an seinen Anpassungen an die natürliche Umwelt interessiert. Nach diesem ganzheitlichen Ansatz sollten Sie das Tier Ihrer Wahl auf jede Ihnen mögliche Art und Weise kennenlernen. Versuchen Sie zu verstehen oder sich zumindest vorzustellen, wie sein Verhalten und seine Physiologie an die natürliche Umwelt angepasst sind. Suchen Sie sich dann eine Verhaltensweise heraus, die man für sich allein analysieren kann, als ob sie ein anatomisches Präparat sei. Wenn Sie einem bisher unbekannten Phänomen auf der Spur sind, dann lenken Sie Ihre Untersuchung in die Richtung, die am Vielversprechendsten erscheint. Und zögern Sie nicht, dabei immer wieder neue Fragen zu stellen.

Jeder erfolgreiche Wissenschaftler hat ein paar ganz eigene Methoden, mit deren Hilfe er der Natur Entdeckungen zu entlocken vermag. Von Frisch selbst verwendete vor allem zwei Methoden, die er meisterhaft beherrschte. Die erste bestand darin, detailliert die Hin- und Rückflüge von Bienen zwischen Bienenstock und Futterblumen zu untersuchen, ein Ausschnitt aus dem Leben einer Biene, der sich einfach beobachten und manipulieren ließ. Die zweite war die Methode der Verhaltenskonditionierung, mit deren Hilfe von Frisch Reize miteinander verknüpfte, beispielsweise die Farbe einer Blume oder den Geruch eines Duftstoffes mit einer nachfolgenden Mahlzeit in Form von Zuckerwasser. In späteren Versuchen reagieren die Bienen oder andere Versuchstiere dann auf diese Reize, vorausgesetzt, dass sie stark genug sind, um wahrgenommen zu werden. Mit dieser einfachen Technik gelang es von Frisch als erstem, überzeugend nachzuweisen, dass Bienen Farben sehen können. Er entdeckte, dass Honigbienen, im Gegensatz zum Menschen, auch polarisiertes Licht wahrnehmen können. Die Bienen nutzen polarisiertes Licht, um die Position der Sonne abzuschätzen, und richten sich sogar dann noch nach dem Sonnenstand, wenn die Sonne hinter den Wolken versteckt ist.

Nachdem Hölldobler 1965 die Anforderungen für seinen Doktortitel in Würzburg erfüllt hatte, zog er nach Frankfurt, um bei Lindauer zu arbeiten. Die Doktoranden und jungen Assistenten, denen er sich dort anschloss, waren eine herausragende Gruppe junger Wissenschaftler, die dazu bestimmt waren, später die Führung in der Forschung an sozialen Insekten und in der Verhaltensbiologie zu übernehmen. Zu ihnen gehören Eduard Linsenmair, Hubert Markl, Ulrich Maschwitz, Randolf Menzel, Werner Rathmayer und Rüdiger Wehner. Wehner ging später an die Universität Zürich, wo er bahnbrechende Arbeit auf dem Gebiet der visuellen Physiologie und der Orientierung von Bienen und Ameisen leistete, und

Randolf Menzel hat an der Freien Universität in Berlin eine internationale Forschergruppe aufgebaut, die eine Vielfalt hervorragender Arbeiten zur Neuroethologie, zum Farbensehen und Gedächtnis und zur Orientierung bei Honigbienen publizierte. Hubert Markl hat Lehrstühle an den Universitäten Darmstadt und Konstanz geleitet, wo er und seine Mitarbeiter brillante Forschungen zur Sinnes und Verhaltensphysiologie der Insekten publizierten. Später war Markl Präsident der Deutschen Forschungsgemeinschaft und der Max-Planck-Gesellschaft.

Dieser Kreis und sein Umfeld wurden zu Hölldoblers geistiger Heimat. Da er mit den Tieren arbeiten konnte, die ihn seit seiner frühesten Jugend begeistert hatten, und er durch von Frisch persönlich dazu ermutigt wurde, machte er sich voller Tatendrang an neue Projekte, um das Verhalten und die Ökologie von Ameisen zu erforschen. Im Herbst 1969 habilitierte er sich, wodurch er berechtigt war, nun selbst an der Universität zu lehren. Er begann seine neue Laufbahn mit einem zweijährigen Besuch als Gastforscher an der Harvard University. Dort hat er enge persönliche und wissenschaftliche Kontakte mit dem führenden Insektenphysiologen Carroll Williams und seinen Mitarbeitern, mit dem großen Evolutionsbiologen Ernst Mayr und natürlich mit Ed Wilson knüpfen können. Dann kehrte er für kurze Zeit an die Universität Frankfurt zurück, als er dort zum Professor ernannt wurde. 1972 erhielt er einen Ruf als Professor an die Harvard University und wechselte dorthin. Damit begann der Hauptabschnitt unserer langjährigen Zusammenarbeit (Tafel 9).

1945, wenige Jahre nach Hölldoblers einschneidendem Kindheitserlebnis mit der Ochsenfurter Ameisenkolonie, war Ed Wilson gerade von seiner Geburtsstadt Mobile nach Decatur umgezogen. Decatur liegt im Norden Alabamas und ist nach Stephen Decatur, dem Kriegshelden von 1812, benannt, der für seinen Trinkspruch bekannt geworden ist: „Unser Land! Möge es immer im Recht sein; aber, ob im Recht oder nicht, es bleibt immer unser Land." Ganz im Sinne ihres geehrten Vorbildes war Decatur eine Stadt, wo auf Recht und Ordnung Wert gelegt wurde. Im Alter von 16 Jahren fand Ed, der unter Freunden „Bugs" (Krabbeltier) oder „Snake" (Schlange) genannt wurde, dass er sich nun ernsthaft auf seine Zukunft vorbereiten sollte. Es war an der Zeit, von den Pfadfindern, bei denen er es bis zum Eagle Scout gebracht hatte, Abschied zu nehmen, nicht mehr nur Schlangen zu fangen oder Vögel zu beobachten, sich auch nicht mehr mit Mädchen einzulassen – für eine Weile zumindest – und vor allem ernsthaft über seine Zukunft als Insektenforscher nachzudenken.

TAFEL 9. *Oben:* Bert Hölldobler (*links*) als 14-jähriger Insektenforscher auf der Jagd nach Schmetterlingen auf einer bayerischen Wiese (1950) und Ed Wilson (*rechts*) mit 13 Jahren auf Insektenpirsch in der Nähe seines Elternhauses in Mobile, Alabama (1942). *Unten:* Hölldobler (*links*) und Wilson (*rechts*) untersuchen im Mai 1993 ein Rossameisennest in Bayern. (Foto oben links mit freundlicher Genehmigung von Karl Hölldobler; Foto oben rechts mit freundlicher Genehmigung von Ellis Mac-Leod; Foto unten mit freundlicher Genehmigung von Friederike Hölldobler.)

Wilson glaubte, dass es am besten sei, sich auf eine Insektengruppe zu spezialisieren, die für wissenschaftliche Entdeckungen vielversprechend erschien. Zuerst suchte er sich die Dipteren (Zweiflügler) aus und hier speziell die Familie der Dolichopodidae, die man auch Langbeinfliegen nennt. Diese metallisch grün und blau glänzenden Insekten sieht man im Sonnenlicht in Paarungsritualen über den Blattoberflächen tanzen. Gelegenheiten zur Beobachtung gab es genug: Allein in den Vereinigten Staaten gibt es über 1000 Arten und in Alabama selbst waren bisher kaum Untersuchungen angestellt worden. Aber Eds Pläne für sein ehrgeiziges erstes Projekt wurden durchkreuzt. Durch den Krieg wurde die Versorgung mit Insektennadeln unterbrochen – die Standardausrüstung zur Aufbewahrung einzelner Fliegenexemplare. Diese speziellen, schwarzen Stecknadeln wurden in der Tschechoslowakei hergestellt, die sich zu dieser Zeit noch unter deutscher Besatzung befand.

Wilson brauchte also eine Insektenart, die er mit einer Ausrüstung aufbewahren konnte, welche er direkt zur Hand hatte. Deshalb wandte er sich den Ameisen zu. Seine Jagdgründe waren die Waldstücke und Felder entlang des Tennessee River. Seine Ausrüstung, die er in jeder Kleinstadtapotheke besorgen konnte, bestand aus Fünf-Dram-Apothekerfläschchen, vergälltem Alkohol und Pinzetten. Und sein Lehrbuch war William Morton Wheelers Klassiker *The Ants* (Ameisen) von 1910, das er sich von dem Geld gekauft hatte, welches er beim morgendlichen Austragen der Lokalzeitung *Decatur Daily* verdiente.

Sechs Jahre zuvor war der Grundstein für seine Naturforscherlaufbahn gelegt worden, aber nicht in der freien Natur von Alabama. Damals lebten Ed und seine Familie in Washington D.C., nicht weit vom Zentrum entfernt, sodass sie mit dem Auto einen Sonntagsausflug zur Mall machen konnten und, was für den heranwachsenden Naturforscher noch viel wichtiger war, sowohl den Nationalzoo als auch den Rock Creek Park zu Fuß erreichen konnten. Für Erwachsene war dieser Stadtteil nichts anderes als ein heruntergekommenes Viertel in der Nähe des pulsierenden Regierungszentrums. Für einen Zehnjährigen jedoch war es eine Gegend, die stellvertretend und bruchstückhaft eine zauberhafte Naturwildnis darstellte. An sonnigen Tagen streifte Ed, mit einem Schmetterlingsnetz und einem Einmachglas mit tödlichem Zyanid bewaffnet, zuerst durch den Zoo, um so nahe wie möglich bei den Elefanten, Krokodilen, Kobras, Tigern und Nashörnern zu stehen, und lief dann ein paar Minuten später zu den Nebenstraßen und Waldwegen des Parks, um dort Schmetterlinge zu fangen. Für Ed war der Rock Creek Park der Amazonasdschungel im Kleinformat, in dem er in seiner Fantasie, oft in

31

Begleitung seines besten Freundes Ellis MacLeod (später Professor für Insektenkunde an der University of Illinois), als angehender Forscher leben konnte.

An anderen Tagen fuhren Ellis und Ed mit der Straßenbahn zum Museum für Naturgeschichte. Dort erkundeten sie die Ausstellungen über Tiere und Lebensräume und zogen Schubladen heraus, die mit Schmetterlingspräparaten und anderen Insekten aus der ganzen Welt bestückt waren. Die Vielfältigkeit des Lebens, die sich in dieser großartigen Institution darbot, war einfach überwältigend und ehrfurchtgebietend. Die Kuratoren des Museums erschienen ihnen als die Ritter eines erlauchten Ordens, die unvorstellbar hoch gebildet waren. Der Direktor des Nationalzoos, William M. Mann, war für sie eine noch unerreichbarere und fantastischere Persönlichkeit dieser Stadt, die 1939 alle Aufstiegsmöglichkeiten bot. Mann war, durch einen seltsamen Zufall, selbst Ameisenforscher und ein früherer Student von William Morton Wheeler an der Harvard University. Er hatte am Nationalmuseum Ameisen untersucht und war später als Direktor zum Nationalzoo gewechselt.

1934 hatte Mann einen Artikel aus seinem ursprünglichen wissenschaftlichen Interessengebiet mit dem Titel *Ameisen auf der Jagd, wild und zivilisiert zugleich* im *National Geographic Magazine* veröffentlicht. Ed verschlang den Artikel und zog danach los, um im Rock Creek Park nach einigen der Arten zu suchen, wobei er ganz aufgeregt war bei dem Gedanken, dass der Autor selbst gleich in der Nähe arbeitete. Eines Tages hatte er ein ähnliches Schlüsselerlebnis wie Bert mit der Rossameisenkolonie in Ochsenfurt. Als er mit Ellis MacLeod einen bewaldeten Hügel hinaufkletterte, entfernte er die Rinde von einem vermodernden Baumstumpf, um zu sehen, was darunter lebte. Schon strömte eine aufgebrachte Menge glänzend gelber Ameisen heraus, die einen starken Zitronenduft verbreiteten. Wie spätere Untersuchungen (und zwar 1969 von Ed selbst) zeigen sollten, war diese chemische Substanz Citronellal. Die Arbeiterinnen gaben sie aus Kopfdrüsen ab, um ihre Nestgenossinnen zu warnen und Feinde zu vertreiben. Es handelte sich um Zitronenameisen, die zur Gattung *Acanthomyops* gehörten. Ihre Arbeiterinnen leben ausschließlich unterirdisch. Die Masse der Ameisen in dem Baumstumpf nahm schnell ab und verschwand im inneren Dunkel. Aber sie hinterließ einen lebhaften und bleibenden Eindruck bei dem Jungen. Welche Unterwelt hatte er flüchtig erblickt?

Im Herbst 1946 ging Ed nach Tuscaloosa, an die University of Alabama. Schon nach wenigen Tagen begab er sich, mit einer Sammlung von Ameisenpräparaten unter dem Arm, zum Leiter des biologischen Instituts. Er sah es als völlig normal für einen Studienanfänger an, auf diese Weise seine Berufspläne mitzuteilen und sofort, als Teil des Grundstudiums, mit der Forschung auf dem Gebiet seiner Wahl zu beginnen. Der Dekan und die anderen Biologieprofessoren lachten ihn weder aus noch schickten sie ihn weg. Sie verhielten sich wohlwollend gegenüber dem 17-Jährigen. Sie gaben ihm einen Laborplatz, ein Mikroskop und unterstützten ihn. Sie nahmen ihn auf Exkursionen in die natürlichen Lebensräume um Tuscaloosa mit und hörten geduldig zu, wenn er das Verhalten von Ameisen erklärte. Diese entspannte und förderliche Atmosphäre prägte Ed ganz entscheidend. Wäre er nach Harvard gegangen, wo er jetzt lehrt, und wäre er in einer Gruppe von reinen Überfliegern gelandet, dann hätte er sich vielleicht anders entwickelt. (Aber vielleicht auch nicht. Es gibt viele seltsame Nischen in Harvard, wo Exzentriker gedeihen können.)

1950, nachdem Ed seinen Bachelor und seinen Master abgeschlossen hatte, ging er an die University of Tennessee, um dort mit seiner Doktorarbeit zu beginnen. Dort wäre er vielleicht geblieben, denn die Südstaaten und ihre reiche Ameisenwelt genügten ihm völlig. Aber er war unter den Einfluss eines fernen Ratgebers, William L. Brown, geraten, der sieben Jahre älter war als er und gerade seine Doktorarbeit an der Harvard University beendete. Onkel Bill, wie er später liebevoll von seinen Kollegen genannt wurde, war ein Seelenverwandter, der sich ganz den Ameisen verschrieben hatte. Brown verfolgte das Ziel, diese Insekten weltweit zu untersuchen, denn er war der Meinung, dass die Tierwelt aller Länder gleichermaßen interessant war. Er hatte ein starkes Berufsethos und suchte endlich Anerkennung für diese kleinen Kreaturen, die nur allzu oft vernachlässigt wurden. „Es ist die Aufgabe unserer Generation", so erklärte er Ed, „die Kenntnis der Biologie und die systematische Klassifizierung dieser außerordentlichen Insekten voranzutreiben und ihnen einen größeren wissenschaftlichen Stellenwert einzuräumen. „Und", fügte er hinzu, „lass dich nicht von den Errungenschaften Wheelers und anderer berühmter Insektenforscher der Vergangenheit einschüchtern. Diese Leute werden auf absurde Weise überbewertet. Wir können und werden, wir müssen besser als sie sein. Sei stolz auf deine Arbeit, sei vorsichtig beim Präparieren deiner Tiere, halte dich in der Literatur auf dem Laufenden, erweitere deine Untersuchungen auf eine Vielzahl von Ameisenarten und konzentriere deine Interessen nicht nur auf die Südstaaten. Und wenn du schon dabei bist, finde heraus, wovon sich die Dacetinen (eine Untergruppe der Knotenameisen) ernähren. (Ed wies später nach, dass Dacetinen Springschwänze und andere weichhäutige Gliedertiere als Beute fangen.) Und vor allem, komm an die Harvard University, wo es die weltweit größte Ameisensammlung gibt, und mach deine Doktorarbeit hier."

Im darauffolgenden Jahr, nachdem Brown sich nach Australien aufgemacht hatte, um diesen kaum untersuchten Kontinent zu erforschen, wechselte Ed tatsächlich nach Harvard. Dort sollte er im Weiteren auch bleiben. Er erhielt nach einer Weile eine leitende Professorenstelle und die Aufsicht über die Insektensammlung, beides Positionen, die auch Wheeler innegehabt hatte. Ja, er erbte sogar Wheelers alten Schreibtisch, in dem sich in der unteren rechten Schublade noch seine Pfeife und der Tabakbeutel befanden. 1957 besuchte er Mann im Nationalzoo in Washington. Dieser ältere Herr, der kurz vor seiner Pensionierung stand, übergab Ed seine Bibliothek über Ameisen. Dann machte er mit Ed und seiner Frau Renee einen Rundgang durch den Zoo, vorbei an den Elefanten, Leoparden, Krokodilen, Kobras und all den anderen wunderbaren Tieren und am Rand des Rock Creek Parks entlang, und versetzte ihn so für eine zauberhafte Stunde in seine Kindheitsträume zurück. Mann konnte natürlich nicht ahnen, welch erhebendes Gefühl es für den jungen, aufstrebenden Professor war, diesen Kreis in seinem Leben zu schließen.

Die kommenden Jahre an der Harvard University waren mit Freiland- und Laborarbeit ausgefüllt. Das Ergebnis waren mehr als 200 wissenschaftliche Publikationen. Wilsons Interessen erstreckten sich gelegentlich auch auf andere Fachgebiete wie menschliches Verhalten und Erkenntnisphilosophie, aber die Ameisen blieben seine bevorzugten Forschungsobjekte und die nie versiegende Quelle seines geistigen Selbstvertrauens. Zwanzig seiner produktivsten Jahre mit diesen Insekten verbrachte er in engem Kontakt mit Hölldobler. Meist arbeiteten die beiden Insektenforscher getrennt an ihren eigenen Projekten, immer wieder auch als ein Team, doch fast täglich tauschten sie ihre Gedanken aus. 1985 begannen deutsche und schweizer Universitäten Hölldobler äußerst attraktive Angebote zu unterbreiten. Als klar wurde, dass er tatsächlich gehen würde, beschlossen er und Wilson, eine möglichst vollständige Abhandlung über Ameisen zu schreiben, die als Handbuch und grundlegendes Nachschlagwerk für andere dienen sollte. Das Ergebnis war das Buch *The Ants*, das 1990 veröffentlicht wurde. Das Buch ist der „nächsten Generation von Ameisenforschern" gewidmet und ersetzte schließlich Wheelers 80 Jahre altes Riesenwerk. Es gewann 1991 überraschend den Pulitzerpreis für allgemeine Sachliteratur und war damit das erste und bisher einzige wissenschaftliche Werk, das mit diesem Preis ausgezeichnet worden ist.

Zu diesem Zeitpunkt trennten sich unsere Wege. Die Untersuchung der sozialen Insekten hatte, wie das meiste in der Biologie, einen hohen Entwicklungsstand erreicht und bedurfte einer immer komplizierteren und teureren Ausrüstung. Wo früher ein einzelner Forscher mit wenig mehr als einem Paar Pinzetten, einem Mikroskop und einer ruhigen Hand schnelle Fortschritte mit Verhaltensexperimenten erzielen konnte, braucht man heute zunehmend Forschergruppen, die auf der Zell- und Molekülebene arbeiten. Besonders bei der Erforschung des Ameisengehirns ist solch ein Aufwand notwendig. Das gesamte Verhaltensrepertoire einer Ameise wird von ungefähr 1 Mio. Nervenzellen vermittelt, die dicht gepackt in einem Organ liegen, das kleiner als ein Buchstabe auf dieser Seite ist. Nur mit modernen, mikroskopischen Methoden und mit elektrophysiologischen Zellableitungen kann man in dieses winzige Universum vordringen. Man ist auch auf modernste Technologie und die Zusammenarbeit von Wissenschaftlern verschiedener Spezialgebiete angewiesen, wenn man die kaum wahrnehmbaren Vibrations- und Berührungssignale, die Ameisen bei der sozialen Kommunikation einsetzen, analysieren will. Nur mithilfe einer komplizierten mikroanalytischen Ausrüstung lassen sich Drüsensekrete, die als Signale benutzt werden, nachweisen und identifizieren; einige der Hauptkomponenten kommen bei einer Arbeiterin nur in Konzentrationen von weniger als einem milliardstel Gramm vor. Für die Analyse der genetischen Familienverwandtschaft, das heißt der Vaterschafts- und Mutterschaftsnachweise in Ameisenkolonien, und für die Erfassung populationsgenetischer Strukturen sind spezielle molekulargenetische Methoden erforderlich.

Die Universität Würzburg bot die Möglichkeiten, diesen Grad der interdisziplinären Zusammenarbeit zu erreichen. Martin Lindauer, Hölldoblers Mentor, war 1973 hierher gegangen und emeritierte nun. Die Universität entschied sich, das Forschungsgebiet des Sozialverhaltens von Insekten zu erweitern, und bot Hölldobler die Leitung einer neuen Arbeitsgruppe für Verhaltensphysiologie und Soziobiologie an. Hölldobler entschloss sich anzunehmen, und so wurde die Verbindung zwischen Harvard und Würzburg ein Jahrhundert nach William Morton Wheelers Gastforscheraufenthalt wiederhergestellt. Kurz nach seiner Ankunft wurde ihm der Leibnizpreis verliehen, ein Forschungspreis der Deutschen Forschungsgemeinschaft, der mit über 3 Mio. Deutsche Mark (etwa 1,5 Mio. Euro) dotiert war. Die Würzburger Arbeitsgruppe beschäftigte sich nun vorrangig mit experimentellen Untersuchungen auf dem Gebiet der Genetik, Physiologie, Neurobiologie und Verhaltensökologie sozialer Insekten.

Eine andere Dringlichkeit führte Wilson auf einen völlig anders verlaufenden Weg. Die biologische Vielfalt – ihr Ursprung, ihr Ausmaß und ihr Einfluss auf die Umwelt – hatte ihn schon immer beschäftigt. In den 1980er-Jahren wurde den Biologen klar, dass die menschlichen Aktivitäten zu einer zunehmend schnelleren Zerstörung der Artenvielfalt führen. Sie hatten die ersten groben Schätzungen für dieses Artensterben gemacht und sagten voraus, dass innerhalb der nächsten 30 bis 40 Jahre, hauptsächlich durch die Zerstörung natürlicher Lebensräume, ein ganzes Viertel aller Arten auf der Erde verschwinden würde. Es wurde offensichtlich, dass die Biologen die Artenvielfalt auf der Welt viel genauer als bisher erfassen und vor allem die Lebensräume, die die größte Artenanzahl und zugleich die gefährdeten Arten enthalten, bestimmen mussten, um dieser Gefahr zu begegnen. Diese Information ist notwendig, um bei der Rettung und der wissenschaftlichen Untersuchung vom Aussterben bedrohter Arten Hilfestellung zu leisten. Diese Aufgabe drängt und ist gerade erst in Angriff genommen worden. Nur 10 % aller Pflanzen-, Tier- und Mikroorganismenarten haben einen wissenschaftlichen Namen und selbst über die Verbreitung und Biologie dieser Gruppen weiß man wenig. Die meisten Untersuchungen zur Artenvielfalt beschränken sich auf die bekanntesten Zielgruppen, im Wesentlichen auf Säugetiere, Vögel und andere Wirbeltiere, Schmetterlinge und Blütenpflanzen. Ameisen sind weitere Kandidaten für diesen Sonderstatus, denn sie sind wegen ihrer Vielzahl und ihrer auffälligen Lebensweise während der warmen Jahreszeit besonders dafür geeignet.

Die Harvard University verfügt heute nach wie vor über die umfangreichste und vollständigste Ameisensammlung auf der Welt. Wilson fühlte sich, ganz abgesehen von seinem eigenen Interesse an dieser Aufgabe, verpflichtet, die Sammlung zu nutzen, um aus den Ameisen eine Zielgruppe für die Erforschung der Artenvielfalt zu machen. Er hat, aufbauend auf den umfangreichen Sammlungen des verstorbenen Bill Brown, eines der großen Pioniere der modernen Ameisensystematik und ehemals Professor an der Cornell University, in einem Gewaltakt die bisher größte Ameisenklassifizierung geschaffen: eine Monografie über die Gattung *Pheidole* der Neuen Welt. Alle 624 Arten mussten analysiert und in taxonomischen Zeichnungen dargestellt werden und 337 neue Arten wurden erstmals beschrieben. Die Monografie mit dem Titel *Pheidole in the New World* umfasst 794 Seiten und Hunderte taxonomische Zeichnungen und erschien im Jahre 2003.

Hölldobler und Wilson gelang es immer wieder, sich in Costa Rica zu treffen und im Freiland zusammenzuarbeiten. Dort waren sie auf der Suche nach neuen und wenig bekannten Ameisenarten – Wilson, um sie dem Gesamtausmaß der

Artenvielfalt hinzuzufügen, und Hölldobler, um die interessantesten Arten für nähere Untersuchungen nach Würzburg mitzunehmen. Mittlerweile wächst unter den Wissenschaftlern das Ansehen der Ameisenforschung. Sie hat das Flair eines Orchideenfachs verloren, obwohl ihre Unterwelt fremdartig und geheimnisvoll wie eh und je ist.

Im Jahre 1997 hat sich Wilson entschieden, von seiner Universitätsprofessur zurückzutreten, um als Emeritus und Forschungsprofessor all seine Zeit und Kraft der wissenschaftlichen Synthese und dem Schreiben von Büchern zu widmen. Im Herbst 2004 ist Hölldobler von der Leitung des Lehrstuhls für Verhaltensphysiologie und Soziobiologie an der Universität Würzburg abgetreten, ist aber dem Lehrstuhl bis heute verbunden. Nach sieben Jahren hat die Universität mit dem Neurobiologen Wolfgang Rößler endlich einen sehr fähigen Nachfolger gefunden, dessen Forschungen sich ebenfalls mit den sozialen Insekten beschäftigen. Nach seiner Emeritierung forscht Hölldobler wieder vorwiegend in den Vereinigten Staaten an der großen School of Life Sciences der Arizona State University in Tempe. Dort hat er zusammen mit dem Bienenforscher und Verhaltensgenetiker Robert Page eine große internationale Wissenschaftlergruppe aufgebaut, deren Schwerpunkt die Erforschung der sozialen Insekten ist. Die sozialen Insekten und insbesondere die Ameisen und Honigbienen sind heute aufgrund der Erschließung ihrer Genome (das heißt ihrer gesamten genetischen Information) wichtige Objekte für die experimentelle Analyse von Entwicklungsprozessen geworden. Weiterhin dienen sie als Modelle für die Erforschung der spezifischen Anpassungen komplexer Systeme.

Die Kolonie ist die Einheit, die es zu untersuchen gilt, wenn wir Biologie und Evolution sowohl der Kolonie als auch der Ameise, die der Kolonie angehört, verstehen wollen. Es ist nicht nur eine Analogie oder eine Metapher, wenn man den Begriff des Superorganismus ins Spiel bringt und auf diese Weise einen Vergleich zwischen einem Insektenstaat und einem einzelnen Organismus initiiert. Über viele Jahre haben wir über dieses Thema diskutiert und schließlich den Entschluss gefasst, gemeinsam ein Buch darüber zu schreiben, das 2009 unter dem Titel *The Superorganism* erschienen ist; die deutsche Auflage *Der Superorganismus* kam noch im selben Jahr auf den Markt (Hölldobler und Wilson 2009). In den ersten Kapiteln dieses Buches beschreiben wir die theoretischen Grundlagen zur Evolution der Eusozialität und der Superorganismen. Obgleich wir in weiten Bereichen übereinstimmen, haben wir unterschiedliche Auffassungen zu einigen Kernpunkten der Evolution von Eusozialität. Während Hölldobler den ökologischen Selektionsdruck und die genetische Familienverwandtschaft für den Beginn der Evolution der Eusozialität für entscheidend hält, argumentiert Wilson neuerdings, genetische Familienverwandtschaft sei von geringer oder gar keiner Bedeutung für die Evolution von Eusozialität. An dieser Stelle weiter auf diese Debatte einzugehen, würde den Rahmen dieses Buches sprengen. Nur so viel soll gesagt sein: In diesem Buch schildert Kapitel 4 über den Ursprung des Altruismus weitgehend die Sicht von Hölldobler, während Wilsons Meinung ausführlich in seinem neuen Buch *The Social Conquest of Earth* (Wilson 2012) dargestellt ist. Wir versichern dem Leser aber, dass wir bei allem wissenschaftlichen Streit weiterhin enge Freunde geblieben sind. Der faire Streit um die richtigen Antworten auf wissenschaftliche Fragen gehört zum Geschäft der Wissenschaft.

⫿ Tafel 10. Eine junge Kolonie der Honigtopfameisenart *Myrmecocystus mexicanus*. Die große Königin ist von ihren ersten Nachkommen, den jungen Arbeiterinnen, Puppen und Larven, umringt. Der Hinterleib der Königin ist prall aufgetrieben. Darin befinden sich die Eierstöcke und auch der Kropf (der erste Darmabschnitt im Abdomen) der Königin, der mit flüssiger Nahrung gefüllt ist. In diesem Stadium der Kolonieentwicklung scheint die junge Königin auch als Speichertier zu fungieren. (© Bert Hölldobler.)

3

LEBEN UND TOD EINER KOLONIE

Ameisenköniginnen genießen in ihren solide gebauten Nestern, in denen sie wie in einer Festung verborgen leben und von ihren emsigen Töchtern geschützt werden, ein außergewöhnlich langes Leben (Tafel 10 und 11). Sieht man von Unglücksfällen ab, werden die Königinnen der meisten Arten mindestens fünf Jahre alt. Ein paar von ihnen übertreffen in ihrer Langlebigkeit alles, was sonst von Millionen anderer Insektenarten bekannt ist, darunter sogar die legendären Zikaden mit ihrem 17-jährigen Lebenszyklus. Die Königin einer australischen Rossameisenart erreichte in einem Labornest ein Alter von 23 Jahren und produzierte Tausende von Nachkommen, bevor sie in ihrer Fortpflanzung nachließ und ganz offensichtlich an Altersschwäche starb. Mehrere Königinnen der Gelben Wiesenameise, *Lasius flavus*, einer kleinen europäischen Art, die auf Wiesen Kuppelnester baut, lebten in Gefangenschaft zwischen 18 und 22 Jahren. Der Weltrekord in Langlebigkeit für Ameisen, und damit ganz allgemein für alle Insekten, hält eine Königin der Schwarzgrauen Wegameise, *Lasius niger*, die auch in Wäldern vorkommt: Durch die liebevolle Pflege eines Schweizer Insektenforschers erreichte sie ein Alter von 29 Jahren.

Während einer kurzen Zeitspanne im Verlauf eines Jahres findet man in einer ausgewachsenen Ameisenkolonie neben Königin und Arbeiterinnen auch geflügelte Geschlechtstiere – die Männchen und nicht begatteten Königinnen (Tafel 12 und 13). Die geflügelten Tiere verlassen das Nest zum Paarungs- oder Hochzeitsflug. Danach sterben die Männchen und die begatteten jungen Königinnen brechen ihre Flügel ab. Vor ihnen steht nun die Aufgabe, eine neue Kolonie zu gründen, was, je nach Art, auf sehr unterschiedliche Weise ablaufen wird. Allerdings werden nur wenige der unzähligen Königinnen, die zum Paarungsflug aufgebrochen sind, erfolgreich sein und eine Kolonie gründen, die den voll ausgewachsenen Status erreicht.

Die Fruchtbarkeit erfolgreicher Königinnen während ihrer langen Lebensspanne ist von Art zu Art sehr unterschiedlich, aber sie ist nach menschlichen

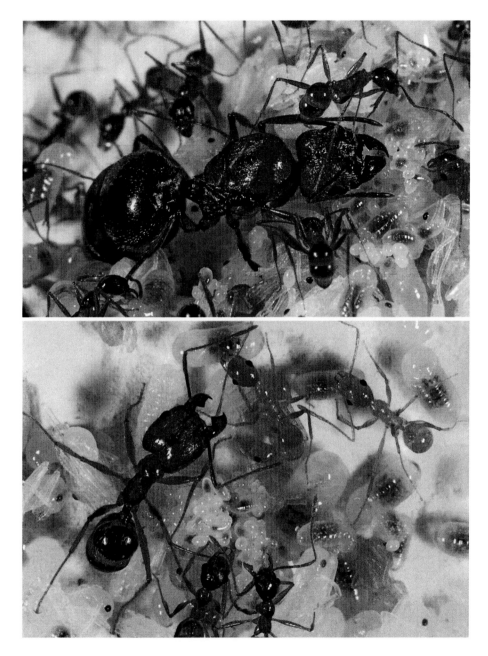

TAFEL 11. Sobald die Gründerkönigin die ersten Arbeiterinnen aufgezogen hat, wächst die Kolonie rasch heran. *Oben:* Eine *Pheidole desertorum*-Königin aus Arizona ist von ihren ersten Arbeiterinnen, Larven und Eiern umgeben. *Unten:* Eine der ersten Soldatinnen, an ihrem quadratischen Kopf erkennbar, und einige frisch geschlüpfte, noch blass gefärbte Arbeiterinnen. (© Bert Hölldobler.)

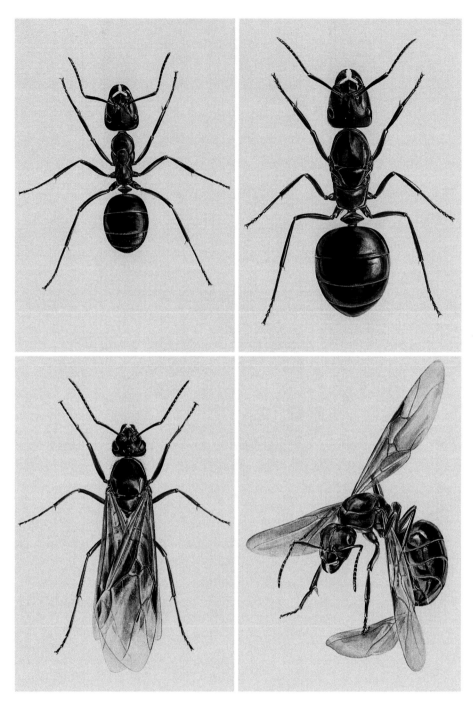

TAFEL 12. Arbeiterin (*oben links*), Königin (*oben rechts*) und geflügeltes Männchen (*unten links*) der europäischen hügel-bauenden Kahlrückigen Waldameise *Formica polyctena.* Auch die jungen Königinnen der Waldameisen sind geflügelt. Nach der Begattung brechen sie ihre Flügel ab (*unten rechts*). (Mit freundlicher Genehmigung von Turid Hölldobler-Forsyth; aus Gößwald 1964.)

TAFEL 13. Einmal im Jahr produzieren geschlechtsreife Ameisenkolonien geflügelte Männchen und Weibchen. Hier sieht man die großen Weibchen und die wesentlich kleineren Männchen der Honigtopfameisen *Myrmecocystus mendax* aus Arizona. (© Bert Hölldobler.)

Maßstäben in jedem Fall beeindruckend. Die Königinnen einiger langsam wachsender, räuberischer Arten produzieren nur ein paar Hundert Arbeiterinnen und dazu vielleicht noch ein gutes Dutzend Königinnen und Männchen. Das andere Extrem bilden die Königinnen der Blattschneiderameisen Süd- und Mittelamerikas, die ungefähr 150 Mio. Arbeiterinnen zur Welt bringen, von denen jeweils 2 bis 3 Mio. gleichzeitig leben. Den Spitzenplatz nehmen aber wahrscheinlich Königinnen der afrikanischen Treiberameisen, die die doppelte Anzahl an Nachkommen produzieren können, ein: Die ungeheure Anzahl ihrer Töchter übertrifft die gesamte Bevölkerung der Vereinigten Staaten.

Wie erwähnt, bringen erfolgreiche Kolonien während der Fortpflanzungsperiode massenweise nicht begattete Königinnen und Männchen hervor, die davonfliegen, um sich auf die Suche nach Fortpflanzungspartnern aus anderen Kolonien zu machen. Die meisten werden schnell von Räubern erbeutet, fallen ins Wasser oder kommen einfach von ihrem Weg ab und sterben später. Wenn eine junge Königin lange genug lebt, um begattet zu werden, sucht sie nach einer geeigneten Stelle für ihr Nest, aber ihre Chancen stehen immer noch schlecht. Meistens wird sie von Räubern bemerkt, bevor sie den passenden Ort für die Gründung einer neuen Kolonie gefunden hat.

Welch erbarmungsloses Lotteriespiel eine Koloniegründung darstellt, wird schnell ersichtlich, wenn man ein typisches Beispiel betrachtet: Nehmen wir an, dass Kolonien eine Existenzdauer von fünf Jahren haben und im Durchschnitt pro Jahr von fünf Kolonien nur eine junge Königin eine neue Kolonie gründet. Wenn jede Kolonie im Schnitt 100 neue Königinnen pro Jahr entlässt, dann wäre es nur einer von 500 tatsächlich möglich, eine neue Kolonie zu gründen.

Die Männchen haben dagegen eine noch viel geringere Chance sich fortzupflanzen. Jedes von ihnen stirbt innerhalb weniger Stunden oder Tage, nachdem es das mütterliche Nest verlassen hat. Nur ganz wenige dieser Männchen werden in der evolutionären Lotterie das große Los ziehen, und, auch wenn sie danach sterben, eine der seltenen erfolgreichen Königinnen begatten. Aber die überwiegende Mehrzahl der Männchen verliert sowohl ihr Leben als auch ihre Gene. Jeder Gewinner dagegen wird Hunderte oder Tausende von Nachkommen hinterlassen, von denen die meisten erst Monate oder Jahre nach seinem Tod geboren werden. Möglich ist dies durch eine Art Spermabank, die im Verlauf der Evolution der Ameisen schon vor Millionen von Jahren entstanden ist, lange bevor die Menschheit überhaupt von solch einer Technik zu träumen begann. Nachdem die Königin das Sperma von dem Männchen erhalten hat, speichert sie es in einer ovalen, sackförmigen Ausstülpung im Bereich ihrer Hinterleibsspitze. Die Spermien werden in diesem Organ, das man Spermatheca nennt, auf physiologischem Wege ruhiggestellt und können so über Jahre ohne Funktionsverlust aufbewahrt werden. Wenn die Königin die Spermien schließlich, einzeln oder zu mehreren, wieder in ihren Fortpflanzungstrakt entlässt, erhalten sie ihre alte Beweglichkeit zurück und können so die Eizellen befruchten, die aus den Eierstöcken kommend die Eileiter herunterwandern.

Am Ende jeden Sommers kann man im Osten der Vereinigten Staaten das grausame Ende erfolgloser Geschlechtstiere sehen, wenn die Braune Wegameise, *Lasius neoniger*, schwärmt. Dies ist eine der häufigsten Insektenarten, die man auf städtischen Gehwegen und Rasenflächen, auf Wiesen, Golfplätzen und an den Rändern der Landstraßen findet. Ihre kleinen, braunen Arbeiterinnen bauen unauffällige, kraterförmige Hügel aus Erde, die die Eingangslöcher der Nester umgeben, sodass sie an winzige Vulkankegel erinnern. Wenn die Arbeiterinnen aus den Nestern kommen, suchen sie zwischen Grasbüscheln, auf niedrigen Grashalmen und kleinen Büschen nach toten Insekten und Nektar. Für ein paar Stunden im Jahr wird diese Alltagsroutine jedoch unterbrochen und das Leben in der Umgebung der Ameisenhügel verändert sich drastisch. In den letzten Augusttagen oder während einer der beiden ersten Septemberwochen kommen an einem sonnigen Nachmittag gegen 17 Uhr, falls es kurz vorher geregnet hat und die Luft windstill, warm und feucht ist, riesige Schwärme nicht begatteter Königinnen und Männchen aus den *Lasius neoniger*-Nestern hervor und fliegen auf. Für ein bis zwei Stunden ist die Luft voll geflügelter Ameisen, die dort oben aufeinandertreffen und sich paaren. Viele verenden jedoch an Windschutzscheiben und zusätzlich lichten Vögel, Libellen, Raubfliegen und andere fliegende Räuber ihre Reihen. Einige Tiere verirren sich über Seen, sind gezwungen, auf dem Wasser zu landen, und ertrinken. Wenn die Dämmerung hereinbricht, ist das Schauspiel zu Ende und die letzten Überlebenden flattern zu Boden. Die Königinnen brechen ihre Flügel ab und suchen nach einer geeigneten Stelle, um ihr Erdnest zu graben. Nur die wenigsten kommen bei dieser letzten Etappe weit. Für sie beginnt ein furchtbarer Spießrutenlauf, vorbei an Vögeln, Kröten, Raubwanzen, Schwarzkäfern, Hundertfüßern, Springspinnen und anderen Räubern, die solch schutzlose Beute jagen. Die größte Todesgefahr aber droht von den Ameisenarbeiterinnen, einschließlich jener der allgegenwärtigen *Lasius neoniger*, die gegenüber territorialen Eindringlingen in ständiger Angriffsbereitschaft sind. Ein ähnliches Geschehen kann man im Frühsommer in Mitteleuropa beobachten, wenn dort die Hochzeitsflüge der schwarzen Wegameisen stattfinden.

Fast noch eindrucksvoller sind die Hochzeits- oder Paarungsflüge der in Europa beheimateten Schwarzen Rossameise, *Camponotus herculeanus*, die ihre Nester in den Stämmen toter oder lebender Bäume baut. Die geflügelten Männchen verlassen das Nest vor den Weibchen, wenngleich sich die Abflüge der beiden Geschlechter zeitlich etwas überschneiden. Männchen und Weibchen, die zu früh startbereit sind, werden von den Arbeiterinnen zurückgehalten. Sobald die Arbeiterinnen aber grünes Licht für den Abflug geben, heben die Männchen unmittelbar in der Nähe des Nesteingangs ab und geben gleichzeitig aus ihren Kiefer-(Mandibel-)drüsen einen Duftstoff (Pheromon) ab. Zum Zeitpunkt der höchsten Abflugaktivität der Männchen ist die Konzentration des Duftstoffes in der Luft am höchsten. Das scheint das Signal für die am Nesteingang wartenden Weibchen zu sein, ebenfalls den Abflug vorzubereiten. Die schweren, mit einem prallen Fettkörper ausgestatteten, geflügelten Weibchen laufen den Baumstamm empor, bevor sie von hoch oben zum Flug abheben. Hölldobler hat zusammen mit seinem Freund Ulrich Maschwitz dieses Schwarmverhalten der Schwarzen Rossameisen in einem Forst in der Nähe von Würzburg genau analysiert.

Die geflügelten Geschlechtstiere der vielen, über das ausgedehnte Waldstück verstreuten Kolonien der Rossameisenpopulationen starteten an denselben Tagen und zur selben Tageszeit zum Paarungsflug. Sie bildeten deutlich sichtbare Schwarmwolken in der Luft, meist über besonders hohen Bäumen. Tausende Männchen und Weibchen trafen sich dort zur Paarung. Allerdings wurden viele von ihnen von Vögeln gefressen, die in großer Zahl in die Schwarmwolken hineinflogen.

Die Hochzeitsflüge sind der Höhepunkt im Lebenszyklus der Ameisen. Kolonien können in einen Hungerzustand geraten, von Feinden eines Teils ihrer Arbeitstruppe beraubt und durch zahlreiche andere Schicksalsschläge auf einen Bruchteil ihrer Leistungsfähigkeit reduziert werden. Immer bleibt jedoch die Möglichkeit, dass sich die Kolonie davon erholt. Wenn aber der Hochzeitsflug verpasst wird oder zu einem falschen Zeitpunkt stattfindet, war die ganze Anstrengung der Kolonie vergeblich. Während des Hochzeitsfluges spielt die Kolonie verrückt. Nicht begattete Königinnen und Männchen drängen unter der Mithilfe von Scharen hektischer Arbeiterinnen vorwärts und fliegen los (Tafel 14). Die Fortpflanzungstaktiken der beiden Geschlechter sind je nach Art verschieden, aber immer hastig und riskant. Als Hölldobler an einem späten Nachmittag im Juli 1975 durch die Wüstenebene im Süden Arizonas wanderte, entdeckte er wohl eines der spektakulärsten Beispiele für das massenhafte Paarungsverhalten bei Ameisen überhaupt; dabei handelte es sich um eine große Ernteameise der Art *Pogonomyrmex rugosus*. Mitten im offenen Gelände, das keinerlei auffällige Landmarken aufwies, tummelten sich auf einer Fläche von der Größe eines Tennisplatzes große Mengen von Königinnen und Männchen auf dem Boden (Tafel 15). Von 17 Uhr bis zur Dämmerung zwei Stunden später flogen geflügelte Königinnen ein, offensichtlich angelockt durch ein Duftsignal, das die Männchen aus ihren Mandibeldrüsen abgaben. Sobald die Königinnen landeten, wurde jede von ihnen von drei bis zehn Männchen bedrängt, die sie alle besteigen und begatten wollten. Nach mehreren Kopulationen beendete die Königin das Geschehen mit einem Zirplaut, den sie durch das Reiben ihrer dünnen Taille gegen das anschließende Hinterleibssegment erzeugte. Sobald die Männchen die Vibrationen dieses „Befreiungssignals" wahrnahmen, erlosch ihr Interesse und sie rannten weiter, um nach einem anderen paarungsbereiten Weibchen zu suchen. Manchmal allerdings war die Hektik der um paarungswillige Weibchen konkurrierenden Männchen so groß, dass dabei die

TAFEL 14. Die Ernteameisen der Art *Pogonomyrmex maricopa* aus Arizona bereiten sich auf den Hochzeitsflug vor. Nachdem fast alle der viel kleineren, schwarzen Männchen abgeflogen sind, folgen die rötlich braun gefärbten Weibchen. (© Bert Hölldobler.)

Weibchen in Stücke gerissen wurden. Nichtsdestotrotz versuchten sich paarungswütige Männchen mit einem verkrüppelten Weibchen, dem der Hinterleib abgebissen worden war, zu paaren (Tafel 16).

Die begatteten Weibchen starteten noch einmal zum Flug weg von den Paarungsplätzen. Nachdem sie ein zweites Mal gelandet waren, brachen sie ihre Flügel ab und suchten einen geeigneten Platz, wo sie ihre erste Nestkammer ausgraben und ihre neue Kolonie gründen konnten (Tafel 17). Die meisten der jungen, begatteten Weibchen wurden vorher jedoch von Räubern wie Spinnen oder anderen Ameisen gefressen (Tafel 18). Die Männchen, die es noch nicht geschafft hatten, sich mit einem Weibchen zu paaren, sammelten sich in Löchern oder unter kleinen Büschen, wo sie eng zusammengedrängt übernachteten. Am nächsten Tag, genau zu der Tageszeit, an der die Paarungsflüge ihrer eigenen Ameisenart stattfanden,

TAFEL 15. Die geflügelten Geschlechtstiere der Ernteameisen *Pogonomyrmex rugosus* versammeln sich in Paarungsarenen auf dem Wüstenboden in Arizona, wo es zu einer regelrechten Begattungsorgie kommt. Auf ein Weibchen stürzen sich mehrere Männchen. (Von John D. Dawson, mit freundlicher Genehmigung der National Geographic Society.)

liefen sie wieder in Suchschleifen über den Wüstenboden und warteten auf neue Weibchen, die dort landeten. Dieses spektakuläre Schauspiel kann sich mehrere Tage wiederholen.

Mehrere Jahre kehrte Hölldobler im Juli und August an dieselbe Stelle zurück und fand dort schwärmende Ernteameisen vor. Obwohl es sich jeweils um neue Weibchen und Männchen handelte, die im selben Jahr geboren waren, fanden sie trotzdem irgendwie ihren Weg zu diesem Stückchen Boden. Diese Stelle hatte Ähnlichkeit mit den Leks von Vögeln und Antilopen, das heißt Plätzen, zu denen die Männchen jedes Jahr zurückkehren, um dort zu singen und sich gegenseitig und all den herbeigelockten Weibchen zur Schau zu stellen. Im Gegensatz zu den Ameisen sind einige dieser lekbesuchenden Wirbeltiermännchen alt genug, um sich aus früherer Erfahrung daran zu erinnern, wohin sie gehen müssen. Ameisen dagegen müssen sich auf ihren Instinkt und auf bestimmte Reize, die von den Lekplätzen ausgehen, verlassen, das heißt auf Stimuli und Zeichen, die ihre angestammten, genetisch festgelegten Erinnerungen auslösen. Bisher hat noch

TAFEL 16. *Oben:* Drei *Pogonomyrmex*-Männchen klammern sich an dem Weibchen fest und konkurrieren miteinander darum, wer als nächstes mit dem Weibchen kopulieren darf. *Unten:* Dieser Konkurrenzkampf der Männchen um das Weibchen kann auch äußerst gefährlich für das Weibchen werden. Hier wurde dem Weibchen durch den kräftigen Klammergriff der Männchen der Hinterleib abgetrennt. Dennoch versucht ein Männchen, auch noch mit diesem halben Weibchen zu kopulieren. (© Bert Hölldobler.)

TAFEL 17. Eine soeben begattete *Pogonomyrmex*-Königin gräbt ein Nest in den Wüstenboden, um eine neue Kolonie zu gründen. (© Bert Hölldobler.)

niemand herausgefunden, wie diese Zusammenkunft zustande kommt, denn die Leks besitzen weder auffällige Blickpunkte noch Gerüche oder Geräusche, die sie von dem umgebenden Gelände unterscheiden.

In diesem Wüstengebiet, wo Hölldobler seine Untersuchungen machte, leben mindestens fünf Arten der Ernteameise *Pogonomyrmex*. Obgleich oft alle Arten an denselben Tagen zum Hochzeitsflug ausschwärmen, starten sie zu unterschiedlichen Tageszeiten. Am Vormittag schwärmen beispielsweise *P. californicus* und *P. maricopa*, am frühen Nachmittag ist es *P. barbatus* und am späten Nachmittag *P. rugosus*. Während sich *P. californicus* und *P. maricopa* auf kleinen Mesquitebäumchen zur Paarung treffen (Tafel 19), versammeln sie *P. barbatus* und *P. rugosus* in großen Paarungsarenen auf dem Wüstenboden. In jedem Fall sind aber die Paarungsplätze artspezifisch getrennt, wenngleich es zuweilen besonders bei *P. barbatus* und *P. rugosus* zu Vermischungen kommen kann – so sind gelegentlich einzelne *P. rugosus*-Männchen in *P. barbatus*-Arenen anzutreffen.

Die meisten Ameisengesellschaften, einschließlich der *Lasius*-Arten, Rossameisen und Ernteameisen, verfolgen eine Fortpflanzungsstrategie, die an Pflanzen

TAFEL 18. Die Stunden nach der Paarung sind die gefährlichste Zeit für die jungen Königinnen. Während sie die Flügel abbrechen und nach einer geeigneten Stelle für die Nestgründung suchen, wird die überwiegende Mehrzahl von anderen Ameisen, Eidechsen oder Spinnen gefressen. *Oben:* Eine Krabbenspinne erbeutet eine *Pogonomyrmex*-Königin. *Unten:* Ameisen der Art *Aphaenogaster cockerelli* erlegen eine Ernteameisenkönigin. (© Bert Hölldobler.)

TAFEL 19. Während der Hochzeitsflüge fliegen die Männchen einiger Ernteameisenarten, hier *Pogonomyrmex desertorum*, gegen den Wind und sammeln sich auf Akazienbüschen. Bei ihrer Ankunft geben die Männchen einen starken Duft ab, der weitere Männchen und Weibchen zu dem gemeinsamen Paarungsplatz lockt. (© Bert Hölldobler.)

erinnert. Sie produzieren eine große Anzahl kolonisierender Königinnen, so wie Pflanzen große Mengen von Samen hervorbringen damit zumindest ein oder zwei von ihnen wurzeln beziehungsweise Fuß fassen (Tafel 20). Ein paar Ameisenarten investieren jedoch vorsichtiger. Die jungen Königinnen einiger europäischer Waldameisen wagen sich nur bis an die Nestoberfläche und halten sich dort nur so lange auf, bis sie begattet wurden; dann hasten sie in ihre unterirdischen Kammern zurück. Die Kolonie vervielfältigt sich erst später, wenn sich eine oder mehrere der begatteten Königinnen in Begleitung eines Teils der Arbeitertruppen zu neuen Nestplätzen aufmachen.

Nicht begattete Königinnen der Treiberameisen werden sogar noch stärker beschützt. Sie sind völlig flügellos und dienen als reine Eilegemaschinen; sie verlassen das Mutternest nie, sondern warten stattdessen auf die Ankunft geflügelter Männchen anderer Kolonien. Dies ist eines der seltenen Beispiele, wo Ameisen Vertreter fremder Kolonien aufnehmen und die Arbeiterinnen den Freiern so lan-

TAFEL 20. Eine koloniegründende Königin der Honigtopfameise *Myrmecocystus mimicus* gräbt eine Gründungsnestkammer in den Wüstenboden von Arizona. (© Bert Hölldobler.)

ge Zutritt zur Kolonie gewähren, bis die jungen Königinnen begattet sind. Die Königinnen der Treiberameisen paaren sich mit vielen Männchen und doch sind es die Arbeiterinnen, die bestimmen, welche der fremden Männchen zur Paarung zugelassen werden und welchen der Zugang verwehrt wird. Was sind wohl die Kriterien, nach denen die Arbeiterinnen ihre Auswahl treffen? Hölldobler und seine Mitarbeiter haben entdeckt, dass die Treiberameisenmännchen mit ungewöhnlich großen Drüsen im Hinterleib ausgestattet sind, die über zahlreiche Ausgänge ihr Sekret nach außen abgeben können. Es ist gut möglich, dass die Arbeiterinnen anhand dieser Drüsensekrete die Qualität der Männchen „abschätzen" können und entsprechend die Partnerwahl für ihre Königinnenschwestern treffen.

Schließlich wollen wir noch einen ganz besonderen Fall des Fortpflanzungsverhaltens bei Ameisen besprechen. Es betrifft Arten der Gattung *Cardiocondyla*, die zu den Knotenameisen (Myrmicinae) gehören und heute weltweit in den Tropen und Subtropen verbreitet sind (Tafel 21). In den relativ kleinen Kolonien (einige Hundert Arbeiterinnen) gibt es zwei völlig verschiedene Formen von Männchen – oder sollten wir sie vielleicht sogar Männchenkasten nennen? Da sind zum einen die ganz normalen, geflügelten Männchen, die, abgesehen von einigen Ausnahmen, das Nest verlassen, um sich mit fremden Weibchen zu paaren. Wie bei allen Ameisenarten üblich, sterben die Männchen bald nach dem Paarungsflug, und wie bei nahezu allen Männchen der Hautflügler (Hymenopteren; Bienen, Wespen und Ameisen) ist ihre Spermaproduktion abgeschlossen, kurz nachdem sie aus der Puppe geschlüpft sind, und die Gonaden verkümmern. Die Männchen können also, nachdem sie sich mit einem oder wenigen Weibchen gepaart haben, in der Regel keine neuen Spermien bilden. Das ist nichts Ungewöhnliches und würde in diesem Buch gar nicht erwähnt, wäre da nicht diese andere Männchenkaste. Es handelt sich um flügellose Tiere, die beim ersten Blick wie größere Arbeiterinnen aussehen. Bei genauerem Hinsehen erkennt man aber die äußeren männlichen Kopulationsorgane und die ungewöhnlich kräftigen, dolchartigen Mandibeln (Tafel 22). Der japanische Wissenschaftler Katsusuke Yamauchi wie auch Jürgen Heinze und seine Mitarbeiter von der Universität Regensburg haben in langwierigen Studien die unterschiedlichen Paarungstaktiken bei *Cardiocondyla*-Arten und ihre Evolution untersucht und Erstaunliches entdeckt. Die erste große Überraschung war, dass diese flügellosen Männchen eine wesentlich längere Lebensdauer haben als ihre geflügelten Brüder und dass sie auch als erwachsene Tiere fortlaufend neue Spermien produzieren können. Das ist unseres Wissens bisher der einzige Fall bei den Hymenopteren, bei dem eine fortlaufende Spermatogenese (Spermienproduktion) nachgewiesen worden ist. Die flügellosen Männchen der *Cardiocondyla*-Ameisen behalten auch als adulte Tiere weiterhin ihre Fähigkeit, sich vielfach zu paaren, denn es stehen ihnen immer wieder neue Spermien zur Verfügung. In der Tat ließ sich beobachten, dass sich flügellose *Cardiocondyla*-Männchen mit bis zu 50 und möglicherweise noch mehr jungen Weibchen im Nest paarten. Daher ist es auch nur logisch, dass sich diese Männchen untereinander äußerst aggressiv verhalten. Sie kämpfen mit ihren gefährlichen Dolchmandibeln um einen Harem von Königinnen und dieser Kampf kann tödlich enden (Tafel 23). Allerdings gibt es eine *Cardiocondyla*-Art, bei der sich die flügellosen Männchen im Nest gegenseitig tolerieren, aber das ist sicher ein Sonderfall.

TAFEL 21. Blick in eine Kolonie der Knotenameise *Cardiocondyla wroughtoni.* Rechts unten ist die Königin zu erkennen. Sie ist etwas größer als die Arbeiterinnen, hat einen kräftigeren Thorax, an dem man die Stummel der abgebrochen Flügel erkennen kann. Außerdem sieht man Puppen mit unterschiedlich starker Pigmentierung, Larven und Eier. (© Bert Hölldobler.)

Eine genaue Analyse des Verhaltens dieser Kampfmännchen in Kolonien von *Cardiocondyla venustula* wurde kürzlich von Sabine Frohschammer und Jürgen Heinze vorgelegt. Diese Art ist besonders interessant, da bei ihr alle Verhaltenselemente der Kampfmännchen vereint sind, die man bei anderen Arten nur teilweise beobachten kann. Kolonien von *Cardiocondyla venustula* produzieren eine relativ große Anzahl (bis zu 100) junge reproduktive Weibchen und 1 bis 25 flügellose Männchen. Die Männchen besetzen kleine Territorien innerhalb des Nestes, inspizieren dort regelmäßig die Brut und paaren sich mit frisch geschlüpften Weibchen. Wenn sich Männchen an den persönlichen Territorialgrenzen begegnen, betasten sie sich rasch mit ihren Fühlern und gelegentlich bedrohen sie sich auch mit geöffneten Mandibeln, was sogar zu kurzen Kämpfen führen kann. Einige Männchen, die kein persönliches Territorium besetzen, vermeiden Begegnungen mit anderen

TAFEL 22. Die zwei Formen von Männchen der Knotenameise *Cardiocondyla obscurior. Oben:* Ein Präparat der geflügelten Form. *Unten:* Ein Präparat der ungeflügelten Form (ergatomorphes Männchen), deren dolchartige Kampfmandibeln deutlich zu erkennen sind. (Mit freundlicher Genehmigung von Sabine Frohschammer und Christina Klingenberg.)

TAFEL 23. Ergatomorphe Männchen von *Cardiocondyla wroughtoni* kämpfen um ihre Vorrangstellung bei der Begattung der Weibchen. *Oben:* Das dunklere Männchen tötet ein noch hell gefärbtes Männchen, das eben aus der Puppe geschlüpft ist. *Unten:* Ein ergatomorphes Männchen sitzt direkt bei der Brut. Seine dolchartigen Kampfmandibeln sind gut zu erkennen. (Nach Untersuchungen von Robin Stuart; mit freundlicher Genehmigung von Mark Moffett.)

Männchen und werden des Öfteren von dominanten Männchen vertrieben. Das alles ficht die Arbeiterinnen und Weibchen nicht an; sie bewegen sich frei im Nest. Frisch geschlüpfte Männchen sind oft in Kämpfe mit ihren männlichen Nestgenossen verwickelt, die bisweilen tödlich ausgehen können. Dabei packen sich die Männchen mit den Mandibeln und versuchen den Gegner mit einem Sekret aus der Hinterleibsspitze zu beschmieren. Wurde ein Gegner mit dem Sekret kontaminiert, wird der Kampf durch eifriges Selbstputzen der Männchen unterbrochen.

Bei den verschiedenen *Cardiocondyla*-Arten gibt es Kolonien, die ausschließlich flügellose Kampfmännchen erzeugen, andere haben ausschließlich geflügelte Männchen und wieder andere produzieren beide Männchenkasten. Warum ist das so? Genau weiß man das noch nicht, aber die Untersuchungen von Sylvia Cremer und Jürgen Heinze für die Art *Cardiocondyla obscurior* bieten zumindest eine plausible Erklärung. Sie fanden, dass sich die jungen Königinnen in Zeiten günstiger ökologischer Bedingungen vorwiegend mit den flügellosen Männchen im Mutternest paaren und mithilfe der Arbeiterinnen rasch neue Arbeiterinnen und Geschlechtstiere produzieren, wodurch die Mutterkolonie schnell an Größe gewinnt. Hat die Kolonie eine gewisse Größe erreicht, spaltet sie sich, das heißt, sie bildet Ableger, die offene Nestplätze in der Nachbarschaft besetzen. Herrschen aber schlechte ökologische Bedingungen, dann produzieren die Kolonien viele weibliche Geschlechtstiere und geflügelte Männchen und nur wenige oder gar keine flügellosen Männchen. Einige der geflügelten Männchen paaren sich mit Schwestern im Nest, die meisten aber fliegen aus, um sich mit Weibchen aus anderen Nestern zu paaren. Bei solch ungünstigen ökologischen Bedingungen ist eine Kolonievermehrung durch Ablegerbildung nicht die richtige Strategie; günstiger ist, wenn die frisch begatteten jungen Königinnen davonfliegen, um in neuer Umgebung eigene Kolonien zu gründen. Schließlich haben Alexandra Schrempf und Jürgen Heinze herausgefunden, dass Weibchen, die sich mit geflügelten Männchen gepaart haben, erfolgreicher in der Gründung unabhängiger Kolonien sind und länger leben als Weibchen, die sich mit flügellosen Männchen gepaart haben. Das alles ist evolutionsbiologisch gut zu verstehen, doch weiß man noch nicht, welche physiologischen Mechanismen diesen Unterschieden zugrunde liegen.

Die soziale Lebensweise der Ameisen hängt nicht nur stark von dem Lebenszyklus der Kolonie, sondern auch von jedem einzelnen Koloniemitglied ab. Die einzelne Ameise macht während ihres Wachstums und ihrer Entwicklung, wie alle anderen Mitglieder der Insektenordnung Hymenoptera und überhaupt die Mehrzahl aller Insekten, eine vollständige Metamorphose durch, wobei sie eine Folge

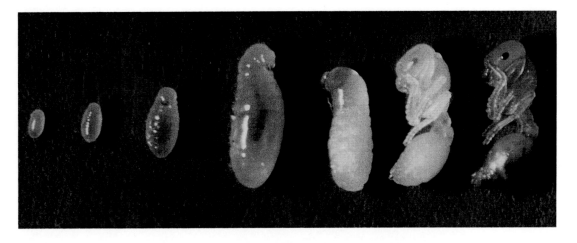

TAFEL 24. Entwicklungsstadien einer Arbeiterin der europäischen Ameise *Leptothorax acervorum. Von links nach rechts:* Ei, frisch geschlüpfte Larve (erstes Larvenstadium), halb herangewachsene Larve, voll ausgewachsene Larve, Vorpuppe (Beginn der Umwandlung des Körpergewebes zur Erwachsenenform), farblose Puppe und pigmentierte Puppe kurz vor dem Schlupf zur fertigen, sechsbeinigen Ameise. (Mit freundlicher Genehmigung von Norbert Lipski.)

von vier völlig verschiedenen Stadien durchläuft: Die Königin legt ein Ei, aus dem eine Larve schlüpft. Diese wächst und verwandelt sich in eine Puppe, aus der schließlich das erwachsene Tier hervorgeht (Tafel 24). Die Bedeutung dieser mehrfachen Wiedergeburt liegt in der hohen Divergenz zwischen der Larve und dem erwachsenen Tier begründet. Die Larve (Raupe oder Made) ist eine Fressmaschine, die keine Flügel und nur ein kleines Gehirn besitzt. Ihre Anatomie und das Repertoire ihrer biologischen Reaktionen wurden während der Evolution darauf abgestimmt, ein schnelles Wachstum zu ermöglichen und sich gleichzeitig vor Feinden zu schützen. Das erwachsene Tier ist ein völlig anderes Geschöpf. Meistens ist es mit Flügeln, starken Laufbeinen oder beidem ausgestattet und damit für die Fortpflanzung und die Erkundung neuer Jagdgründe gebaut. Seine Nahrung unterscheidet sich häufig von der des Larvenstadiums und besteht hauptsächlich aus Kohlenhydraten. Anders als Proteine, die das Wachstum fördern, dienen sie der Energieerhaltung. In Extremfällen frisst das erwachsene Tier überhaupt nichts und lebt von den Energiereserven, die es während der Larvalperiode gespeichert hat. Die Puppe schließlich ist nur ein Ruhestadium, in dem das Gewebe von der Larval- in die Erwachsenenform umgebaut wird.

Die madenähnlichen Ameisenlarven können so gut wie keine Arbeit verrichten und müssen wie Kinder gefüttert werden. Ihre Abhängigkeit von den erwachsenen Tieren wird durch ihre begrenzte Beweglichkeit zusätzlich erhöht; selbst wenn sie sich selbst ernähren könnten – und Larven einiger primitiver Ameisenarten haben

TAFEL 25. Arbeiterinnen der Ernteameise *Aphaenogaster cockerelli* (*oben*) und *Camponotus planatus* (*unten*) bei der Brutpflege. (© Bert Hölldobler.)

TAFEL 26. Arbeiterinnen der australischen Weberameise *Oecophylla smaragdina* bei der Brutpflege. Man sieht Puppen der Arbeiterinnen und Larven; besonders auffällig ist die große Königinlarve, die von drei Arbeiterinnen gereinigt und gefüttert wird. (© Bert Hölldobler.)

diese Fähigkeit – hindert ihr fetter, beinloser Körper sie daran, sich zu weiter entfernten Nahrungsquellen zu begeben. Aus demselben Grund muss ein Großteil der Arbeit der erwachsenen Arbeiterinnen auf die Pflege der Larven verwendet werden. Die Adulten suchen außerhalb des Nestes nach Futter für ihre hilflosen Geschwister und beschützen und säubern sie voller Hingabe (Tafel 25 und 26). Diese Abhängigkeit der Jungen von ihren erwachsenen Schwestern bildet bei den Ameisen den Kern des Soziallebens, so wie die Hilflosigkeit menschlicher Kinder Familien verbindet und zu vielen anderen sozialen Gepflogenheiten führt.

Nachdem die junge Königin das Erwachsenenstadium erreicht hat, macht sie noch eine weitere radikale Verwandlung durch. Sie verwandelt sich von einem sehr gewandten, selbstständigen Tier in eine hilflose Bettlerin ihrer Kolonie. Solange sie als nicht begattete Königin noch in ihrem Geburtsnest lebt, ist sie jederzeit in der Lage, alleine loszufliegen und sich mit geflügelten Männchen zu paaren. Anschließend lässt sie sich nieder, wirft ihre Flügel ab, baut ganz alleine ein Nest und

TAFEL 27. Königin, große (Majors) und kleine (Minors) Arbeiterinnen, Puppen und Larven der afrikanischen Weberameise *Oecophylla longinoda*. Die großen Arbeiterinnen füttern die Königin mit Nähreiern (trophische Eier), die von jungen Arbeiterinnen gelegt werden; sie kümmern sich um die großen Larven und Puppen, während die kleinen Arbeiterinnen die Eier und kleinen Larven pflegen. (Mit freundlicher Genehmigung von Turid Hölldobler-Forsyth.)

zieht über Wochen oder Monate ohne fremde Hilfe die erste Brut von Arbeiterinnen auf. Dann findet innerhalb von wenigen Wochen ein Rollentausch statt und die Arbeiterinnen beginnen, sich um sie zu kümmern (Tafel 27). Sie degradieren sie mehr oder weniger zu einer reinen Eilegemaschine, die ständig von den Arbeiterinnen geleckt und gefüttert wird. Da die Königin in ihren Verhaltensmöglichkeiten stark eingeschränkt ist, kann sie auch im eigentlich physischen Sinne keine Herrscherin sein. Sie gibt keine Befehle, aber sie steht trotzdem im Mittelpunkt des Interesses der Arbeiterinnen, deren Leben ihrem Wohlergehen und ihrer Fortpflanzungsaktivität gewidmet ist. Die treibende Kraft, die hinter dieser Beziehung steht, ist evolutionären Ursprungs: Die Arbeiterinnen können nur durch eine Flut neuer Königinnen und Männchen, die gleichzeitig ihre Schwestern beziehungsweise Brüder sind und Genkopien tragen, welche mit ihren eigenen identisch sind, wirklich erfolgreich sein.

Die Arbeiterinnen einer typischen Ameisenkolonie sind alle Töchter dieser Königin. Die Männchen, das heißt ihre Söhne, werden erst produziert, wenn sich eine stattliche Arbeiterinnenpopulation aufgebaut hat und die Fortpflanzungsperiode naht. Sie leben nur über wenige Wochen oder Monate und arbeiten nur in ganz speziellen Ausnahmefällen, und auch dann nur in ganz bestimmten Situationen. Männchen sind demnach Drohnen, in der ursprünglichen, altenglischen Bedeutung des Wortes: Drohnen sind Schmarotzer, die von der Arbeit anderer leben. Sie sind auch Drohnen im modernen, technischen Sinne, das heißt spermabeladene Flugkörper, die nur für den Moment der Kontaktaufnahme und der Samenübertragung konstruiert sind. Solange sie jedoch im Nest leben, sind sie völlig von ihren Schwestern abhängig und werden offensichtlich nur wegen ihrer Fähigkeit, die Gene der Kolonie weiterzugeben, geduldet.

Die Geschlechtsbestimmung von Ameisen erfolgt wie bei anderen Hautflüglern (Hymenoptera) wie Bienen und Wespen auf die denkbar einfachste Art und Weise: Wenn ein Ei befruchtet ist, wird daraus ein Weibchen und wenn es unbefruchtet bleibt, ein Männchen. Mit diesem Verfahren kann das Weibchen das Geschlecht ihrer Nachkommen bestimmen. Sie produziert Söhne, indem sie die Öffnung ihrer eigenen Spermaausführgänge verschließt. Über die meiste Zeit des Jahres hält sie sie jedoch offen, damit Befruchtungen stattfinden können, und produziert so lauter Töchter. In den Anfangsstadien der Kolonieentwicklung ist das Wachstum aller Töchter sehr stark begrenzt: Sie sind klein und flügellos. Ihre Eierstöcke, wenn sie überhaupt welche haben, zeigen nur eine relativ geringe Produktivität. Und so wachsen sie zu einfachen Arbeiterinnen heran, die der Kolonie dienen. Später, wenn die Kolonie groß geworden ist, entwickeln einige der weiblichen Larven Flügel und ausgereifte Eierstöcke und werden so zu jungen Königinnen, die zu neuen Koloniegründungen fähig sind.

Die fortpflanzungsfähigen Tiere, sowohl die Königinnen als auch die Männchen, sind dazu bestimmt, zu Hochzeitsflügen auszufliegen und den nächsten Kolonielebenszyklus zu beginnen. Die Mutterkolonie verliert zwar die für diese Tiere aufgewandte Energie und das Körpergewebe, aber aus evolutionärer Sicht stellt dieser Ablauf eine entscheidende Investition dar. In der Sprache der Ökonomen zieht die Kolonie aus sich selbst Kapital, um ihre Gene zu kopieren und zu verbreiten.

Was, ist dann die Frage, bestimmt die Investitionen einer Kolonie? Was ist die Ursache dafür, dass ein Weibchen zu einer fruchtbaren Königin und nicht zu einer sterilen Arbeiterin heranwächst? Die entscheidenden Faktoren sind eher umweltabhängig als genetisch bedingt. Alle Weibchen einer Kolonie besitzen in der Regel, soweit es ihre Kastenzugehörigkeit betrifft, dieselben Gene – das heißt, aus jedem Weibchen kann nach seiner Zeugung entweder eine Königin oder eine Arbeiterin werden. Die Gene stellen lediglich das Potenzial dar, sich zu einer Arbeiterin oder einer Königin zu entwickeln. Die ausschlaggebenden Umweltfaktoren sind zahlreich und von Art zu Art verschieden. Ein Faktor ist die Menge und die Qualität der Nahrung, die die Larven erhalten, ein anderer die Nesttemperatur während der Zeit, in der die Larve aufwächst. Als weiterer Faktor spielt der körperliche Zustand der Königin eine Rolle. Wenn die Ameisenmutter gesund ist, gibt sie über die meiste Zeit des Jahres Sekrete ab, die verhindern, dass sich Larven zu Königinnen entwickeln. In diesem Fall verdient die Mutter den Namen, den wir ihr gegeben haben – Königin oder Herrscherin der Kolonie. Sie bestimmt nicht nur darüber, ob ein Nachkomme männlich oder weiblich wird, sondern auch, zu welcher Kaste ihre Töchter gehören. Aber sogar hier üben die Arbeiterinnen eine Art letzte parlamentarische Kontrollfunktion aus. Sie allein entscheiden darüber, welche ihrer heranwachsenden Brüder und Schwestern leben oder sterben werden, und bestimmen damit auch die endgültige Größe und Zusammensetzung der Kolonie.

Eigentlich ist damit zu rechnen, dass die natürliche Selektion einer genetischen Steuerung der Auseinanderentwicklung von Königinnen und Arbeiterinnen entgegenwirkt, denn die sterile Arbeiterinnenkaste kann ihre Gene nicht ohne weiteres an die nächste Generation weitergeben. Zu den wenigen Ausnahmen gehören einige Populationen der Ernteameisen *Pogonomyrmex barbatus* und *Pogonomyrmex rugosus* aus den Wüsten im Südwesten Nordamerikas. Mehrere Forschergruppen aus Arizona und Kalifornien haben unabhängig etwa zur gleichen Zeit entdeckt, dass in bestimmten Populationen der beiden Ernteameisenarten die Kasten streng vom Genotyp festgelegt werden. Die genetischen Faktoren, die für die Differenzierung von Arbeiterinnen und Königinnen sorgen, werden in zwei unterschiedlichen, reproduktiv isolierten Abstammungslinien aufrechterhalten. Junge Königinnen müssen sich mindestens mit jeweils einem Männchen aus beiden Linien paaren, um die Arbeiterinnenkaste und die fortpflanzungsfähige Königinnenkaste hervorzubringen. Die Arbeiterinnenkaste entsteht aus der Paarung zweier genetisch unterschiedlicher Abstammungslinien und besteht demnach ausschließlich aus Hybriden der beiden Linien. Die Königinnenkaste dagegen geht aus der Paarung innerhalb derselben Abstammungslinie hervor. Eine junge Königin, die sich zufällig nur mit Männchen ihrer eigenen Abstammungslinie paart, wird nie eine Kolonie heranziehen können: Alle ihre Nachkommen sind darauf programmiert, zu Königinnen zu werden, und damit fehlen die Arbeiterinnen, die für den Aufbau einer ausgereiften, funktionierenden Kolonie notwendig sind. Paart sich eine Königin dagegen nur mit Männchen aus der anderen Abstammungslinie, kann sie Arbeiterinnen hervorbringen und die Kolonie erreicht den ausgereiften Zustand. Eine solche Königin produziert aber nur männliche fortpflanzungsfähige Ameisen (die sich aus unbefruchteten Eiern entwickeln). Da sie keine Samenzellen von Männchen ihrer eigenen Abstammungslinie aufgenommen hat, ist sie nicht in der Lage, fortpflanzungsfähige Weibchen zu erzeugen.

Zweifellos ist diese genetisch determinierte Kastenbestimmung eine große Ausnahme bei den Ameisen und selbst bei den Ernteameisen herrscht die umweltbedingte Kastenbestimmung vor. Im Gegensatz zu dieser seltenen, möglicherweise anormalen genetischen Grundlage für die Unterschiede bei der Entstehung von Königinnen und Arbeiterinnen, lässt sich die genetische Determination verschiedener Formen der Königinnen durchaus mit der Theorie der natürlichen Selektion vereinbaren. Das hat Alfred Buschinger von der Universität Darmstadt sehr überzeugend bei einigen Arten der Knotenameisen gezeigt, so zum Beispiel bei der Ameisenart *Myrmecina graminicola*.

Die Besonderheiten des Lebenszyklus und des Kastensystems der Ameisen ergeben sich aus der Tatsache, dass die Kolonie aus einer Familie besteht. Bei den meisten Arten ist sie so straff organisiert, dass der Ausdruck „Superorganismus" gerechtfertigt ist. Wenn man sich eine Kolonie aus 1 bis 2 m Entfernung anschaut und das Bild leicht verschwimmen lässt, scheinen die Körper der einzelnen Ameisen zu einem überdimensionalen, kaum abgrenzbaren Organismus zu verschwimmen. Die Königin ist das Kernstück dieses Gebildes, im genetischen wie im physiologischen Sinne. Sie ist für die Fortpflanzung der Gruppe verantwortlich, sowohl für ihren Aufbau als auch für die Bildung neuer Superorganismen. Der normale Stammbaum einer Kolonie verläuft dementsprechend von der Königin zur Tochterkönigin zur Enkelkönigin, und potenziell geht es immer so weiter. Die Arbeiterinnen sind die sterilen Schwestern jeder neuen Generation von Königinnen und haben im Wesentlichen die Funktion von Körperteilen. Sie stellen den Mund, den Darm, die Augen, das ganze Körpergewebe des Superorganismus dar, das um die Eierstöcke, die von der Königin verkörpert werden, verteilt liegt. Und obwohl es stimmt, dass die Arbeiterinnen den Großteil der kurzfristigen Entscheidungen treffen, haben ihre Handlungen nur einen einzigen Zweck, nämlich ihrer Mutter die Produktion neuer Königinnen zu ermöglichen. Auf diese Weise geben sie ihre eigenen Gene durch ihre Schwesterköniginnen weiter.

Man kann die Ameisenkönigin also als ein Insekt betrachten, das von einem Heer fanatischer Helferinnen unterstützt wird und sich in tödlicher Konkurrenz zu Wespenweibchen und anderen solitären Insekten befindet, die diesen Vorteil des Soziallebens nicht besitzen. Wenn alle anderen Voraussetzungen stimmen, kann man erwarten, dass sich dieses soziale Gebilde aus Königin und Arbeiterinnen gegenüber solitären Feinden durchsetzt. Ihre Gene werden überleben und sich überall ausbreiten, während die ihrer solitären Konkurrentinnen dementsprechend weniger werden.

Existiert die Kolonie zum Wohle der Königin, was geschieht, wenn die Königin stirbt? Für die Arbeiterinnen wäre es nur logisch, wenn sie eine andere Königin aufziehen würden, um die alte zu ersetzen. Die Arbeiterinnen sind theoretisch fähig, Ersatz zu schaffen, denn einige der weiblichen Eier und jungen Larven, die noch leben, können sich zu Königinnen entwickeln, wenn sie die richtige Nahrung erhalten. Das wäre aus der Sicht der Arbeiterinnen sicher eine sinnvolle Handlungsweise, denn es ist besser, eine Schwester als Königin zu haben und Nichten und Neffen großzuziehen, als gar keine Nachkommen aufzuziehen. Aber das passiert normalerweise nicht, wenn die Arbeiterinnen ihre Mutter verlieren. Sie folgen nicht der einfachen Logik der Biologen. In den meisten Fällen gelingt es der Kolonie nicht, eine königliche Nachfolgerin zu produzieren, und sie nimmt ab, bis die letzte einsame Arbeiterin stirbt. Die Arbeiterinnen vieler Arten besitzen Eierstöcke und während die Kolonie stirbt, legen einige von ihnen unbefruchtete Eier, aus denen sich Männchen entwickeln. Die Anwesenheit einer großen Anzahl von Männchen bei gleichzeitiger Abwesenheit von geflügelten Königinnen und jungen Arbeiterinnen ist ein sicheres Zeichen dafür, dass die Tage einer Kolonie gezählt sind. Aber sogar diese letzte Fortpflanzungsanstrengung muss nicht auftreten. Die Arbeiterinnen einiger Arten wie die der Feuerameisen besitzen keine Eierstöcke, sodass die Fortpflanzungsaktivität nach dem Tod der Königin abrupt endet.

In einigen Fällen allerdings haben Ameisenforscher entdeckt, dass sich Ersatzköniginnen entwickeln. Walter Tschinkel von der Florida State University, der die Feuerameisen wie kein anderer Wissenschaftler kennt, fand zusammen mit seinen Mitarbeitern immer wieder Feuerameisenkolonien, in denen sich begattete Königinnen im Wartezustand befanden. Sobald die eigentliche Königin stirbt, wird eine dieser Ersatzköniginnen die Rolle der reproduzierenden Königin übernehmen. Oft ist die neue Königin gar nicht nahe verwandt mit den derzeitigen Arbeiterinnen. Man nimmt an, dass bei der Koloniegründung zwei bis drei junge Königinnen zusammenarbeiteten. Eine von ihnen wurde schließlich die dominante Königin und nach ihrem Ableben übernimmt eine andere, die sich bislang geschont hat, ihre Rolle. Solche Fälle hat man auch bei anderen Ameisenarten gefunden. Man nennt das in der Fachsprache funktionelle Monogynie. Sie wurde vor allem von Alfred Buschinger bei mehreren Ameisenarten beschrieben und analysiert.

In jüngerer Zeit gibt es auch Hinweise darauf, dass bei einigen Ameisenarten Kolonien, die ihre Königin verloren haben oder deren Königin keine Eier mehr produziert, fremde junge Königinnen adoptieren. Das scheint vor allem bei solchen Arten vorzukommen, die in großen und sehr aufwendig gebauten Nestern leben, und bei denen oft die Larven und Puppen der Geschlechtstiere eine lange Entwicklungszeit benötigen. Zur vollen Aufzucht der Geschlechtstierbrut werden Arbeiterinnen gebraucht, die auch eine fremde Königin liefern kann. Wo liegt aber der Vorteil der Königin, Arbeiterinnen zur Aufzucht fremder Geschlechtstierbrut zu liefern? Die adoptierte Königin hat offensichtlich keinen Vorteil davon, allerdings erwirbt sie durch ihre Adoption ein großes, voll etabliertes Nest und eine bereits existierende Schar von Arbeiterinnen, und die kommenden Generationen von Geschlechtstieren werden dann aus ihren Eiern aufgezogen. Genau diesen interessanten Fall hat Jürgen Gadau, damals von der Universität Würzburg und jetzt Professor an der Arizona State University, bei den Rossameisen entdeckt.

Doch es gibt noch weitere lehrreiche Ausnahmen. Die Pharaoameise, eine winzige, tropische Art, die sich überall auf der Welt in den Häusern der Menschen einnistet, besitzt Königinnen, die mit ungefähr drei Monaten die kürzeste bekannte Lebensspanne unter den Ameisenköniginnen aufweisen. Die großen, weitläufigen Kolonien produzieren ständig neue Königinnen, die sich im Nest mit ihren Brüdern und Vettern verpaaren und nicht wegfliegen, sondern in der Fortpflanzungsgemeinschaft bleiben. Dank dieser Strategie sind die Kolonien eigentlich unsterblich. Sie sind auch in der Lage, sich durch einfache Teilung fortzupflanzen: Eine Gruppe trennt sich und wandert mit einer oder mehreren befruchteten Königinnen ab. Dadurch war es den Pharaoameisen möglich, über Gepäck und Frachtgut in weit entfernte Gegenden zu gelangen – zum Beispiel in Londoner Krankenhäuser oder in die Vorstädte von Chicago – und dort zu gedeihen, ohne dass sich ihre Königinnen und Männchen über Hochzeitsflüge verbreiten müssen.

Warum haben nicht alle Ameisen denselben Weg zur Kolonieunsterblichkeit eingeschlagen? Vielleicht, weil der dafür zu zahlende Preis ein stark erhöhtes Risiko für Inzucht ist, die Sterblichkeit und Unfruchtbarkeit mit sich bringt. Inzuchtformen zeigen auch eine geringere Anpassungsfähigkeit an Umweltveränderungen. Nur wenige Arten leben wie die Pharaoameisen in einer Nische, in der

der erzielte ökologische Vorteil größer ist als die genetischen Kosten, die gezahlt werden müssen. Wenn diese Erklärung stimmt, können wir daraus folgern, dass die alten Kolonien der meisten Ameisenarten sterben, um neuen Kolonien Platz zu machen.

Kolonien, die mehrere begattete Königinnen besitzen, haben nicht nur das Potenzial zur Unsterblichkeit, sondern können auch enorme Größen erreichen. Die Kolonien der Pharaoameisen, die sich in den Wänden von Krankenhäusern und Bürogebäuden ausbreiten, können eine Individuenzahl von mehreren Millionen Arbeiterinnen erreichen. Sie bestehen aus einer, wie man sie zu Recht nennt, Superkolonie, einem Gebilde von theoretisch unbegrenzter Größe. In den gemäßigten Breiten der nördlichen Erdhalbkugel bilden große, rotschwarze Ameisen der Gattung *Formica* Superkolonien, die in über die Landschaft verstreuten Ameisenhügeln leben. Während die jungen Königinnen kurz nach der Paarung für gewöhnlich in eines dieser Nester zurückkehren, erfolgen neue Nestgründungen durch die Abwanderung einiger begatteter Königinnen, die von Scharen von Arbeiterinnen begleitet werden. Dadurch entsteht ein weitverzweigtes Netz sozialer Einheiten, die sich selbstständig fortpflanzen und wachsen können. Aber gleichzeitig bleiben sie untereinander in Verbindung, indem ein ständiger Austausch von Arbeiterinnen über Duftspuren stattfindet, die die Nester miteinander verbinden. Eine solche Superkolonie der Starkbeborsteten Gebirgswaldameise, *Formica lugubris*, die 1980 von Daniel Cherix im schweizer Jura kartiert wurde und heute noch existiert, umfasst mehr als 25 ha. 1979 berichteten Seigo Higashi und Katsusuke Yamauchi von einer Superkolonie von *Formica yessensis*, die sich über 270 ha. der Ishikari-Küste von Hokkaido erstreckt und sicher die größte bisher bekannte Tiergesellschaft irgendeiner Art ist. Man schätzt, dass sie aus 306 Mio. Arbeiterinnen und 1 Mio. Königinnen besteht, die in 45 000 miteinander verbundenen Nestern leben.

Schließlich wollen wir noch von dem interessanten Fall der Argentinischen Ameise, *Linepithema humile*, berichten. In ihrem Ursprungsland Argentinien bildet die Art normale Kolonien. Benachbarte Kolonien bekämpfen sich, das heißt jede Kolonie verteidigt ihr eigenes Territorium; außerdem zeichnet sich die Art nicht durch eine besondere ökologische Dominanz aus. Wenn sie aber durch internationalen Gütertransport zufällig in neue fremde Habitate wie den mediterranen Raum oder nach Südkalifornien verschleppt werden, dann entwickeln sie eine gewaltige Dominanz und bringen oft die einheimische Ameisenfauna in arge Bedrängnis. Im neuen Siedlungsraum, der frei ist von heimischen Konkurrenten, Räubern und

Schädlingen, entwickeln sie gewaltige Superkolonien, die sich kilometerweit erstrecken können, mit Hunderten von Millionen Arbeiterinnen und Hunderttausenden Königinnen. Innerhalb dieser Superkolonien gibt es kaum oder gar keine Aggressionen, es herrscht ein intensiver Austausch, sowohl von Arbeiterinnen als auch von Königinnen; es handelt sich tatsächlich eher um ein riesiges unikoloniales System. Im Kampf gegen die einheimischen Ameisenarten sind diese Superkolonien absolut überlegen, denn sie können riesige Heerscharen für Kämpfe rekrutieren. Wie konnte ein solches unikoloniales System in der Evolution entstehen, wo doch gerade bei den Ameisen eine strenge Abgrenzung gegenüber koloniefremden Artgenossen herrscht? Der amerikanische Forscher Neil D. Tsutsui von der University of California und seine Kollegen haben experimentell gezeigt, dass nahe verwandte Kolonien in Argentinien sich viel weniger aggressiv gegeneinander verhalten als nicht oder entfernt verwandte Kolonien. Die eingeschleppte Kolonie ging gleichsam durch ein genetisches Nadelöhr, das heißt, die ursprünglich kleine Population hatte nur einen kleinen Anteil der genetischen Variabilität der Ursprungspopulation, sodass alle verschleppten Ameisen genetisch ziemlich ähnlich waren. Das wiederum bedeutet, dass eine Unterscheidung von genetisch codierten Kolonieabzeichen nicht mehr möglich war. Eine etwas andere Hypothese wird von Tatiana Giraud und ihren Kollegen von der Université de Lausanne in der Schweiz vertreten. Sie haben beobachtet, dass eine der Superkolonien der Argentinischen Ameise im mediterranen Raum eine Ausdehnung von über 6000 km hat; sie erstreckt sich von Italien bis zur spanischen Atlantikküste. Da die Forscher starke Aggressionen zwischen zwei Superkolonien beobachten und gleichzeitig innerhalb der Superkolonien große genetische Variabilität feststellen konnten, nehmen sie an, dass in den eingeschleppten Gründerpopulationen eine genetische „Reinigung" der Gene, die für die spezifischen Merkmale der Kolonieerkennung verantwortlich sind, erfolgt sein muss und sich in den Populationen der Superkolonien neue Erkennungsallele fest etabliert haben müssen. Sehr weit liegen diese beiden Hypothesen nicht auseinander.

Solche Beispiele, so beeindruckend sie erscheinen mögen, sind ziemlich selten. Sagt uns das nicht etwas über das Schicksal großer Imperien? David Queller von der Rice University in Houston hat diese Superkolonien einmal passend mit dem Römischen Reich des ersten und zweiten Jahrhunderts verglichen. Der Pax Romana hat Frieden innerhalb des römischen Riesenreiches garantiert. Das hat den Rücken und die Flanken der Grenzprovinzen freigehalten, die sich somit erfolgreich gegen alle Widersacher und Konkurrenten außerhalb des Reiches durchsetzen konnten. Am Ende ist aber auch dieses Riesenreich untergegangen.

3 LEBEN UND TOD EINER KOLONIE |

Tafel 28. Eine Königin der
Rossameisenart *Camponotus
socius* aus Florida, umringt von

4

VOM URSPRUNG DES ALTRUISMUS BEI AMEISEN

Das meiste in der Biologie lässt sich auf zwei Fragen reduzieren: Wie funktioniert etwas und warum funktioniert es. Anders ausgedrückt: Wie verläuft ein Prozess auf anatomischer, physiologischer und molekularer Ebene und warum entwickelte er sich im Verlauf der Evolution in diese und nicht in eine andere Richtung? Biologen glauben, dass sie im Prinzip wissen, wie Ameisenstaaten funktionieren und wann sie ungefähr entstanden sind: nämlich vor etwas mehr als 100 Mio. Jahren. Jetzt ist es an der Zeit, sich zu fragen: Warum hat dieses wichtige Ereignis stattgefunden und worin lag der Vorteil des sozialen Zusammenlebens, das die ursprünglichen Wespen eingeschlagen hatten, sodass sie sich zu Ameisen weiterentwickelt haben?

Das wichtigste Gut einer Ameisenkolonie ist der Besitz einer Arbeiterkaste, die aus lauter Weibchen besteht, welche sich den Bedürfnissen ihrer Mutter unterordnen und bereitwillig ihre eigene Fortpflanzung aufgeben, um ihre Schwestern und Brüder großzuziehen (Tafel 28). Ihr Instinkt führt bei ihnen nicht nur dazu, auf eigene Nachkommen zu verzichten, sondern auch ihr Leben für die Kolonie aufs Spiel zu setzen. Allein wenn sie die Sicherheit des Nestes verlassen, um auf Futtersuche zu gehen, setzen sie sich vielfältiger Gefahr aus. Forscher stellten beispielsweise fest, dass Ernteameisen der Art *Pogonomyrmex californicus*, die im Westen der Vereinigten Staaten vorkommt, während der Futtersuche pro Stunde 6 % ihrer Futtersammlerinnen in Auseinandersetzungen mit benachbarten Kolonien verlieren. Andere Arbeiterinnen werden von Räubern gefressen oder verlaufen sich. Diese Verlustraten sind hoch, aber nicht einzigartig. Als regelrechten Selbstmord kann man das Schicksal von Arbeiterinnen der Art *Cataglyphis bicolor* bezeichnen, die tote Insekten und andere Gliedertiere in der nordafrikanischen Wüste sammeln. Die schweizer Insektenforscher Paul Schmid-Hempel und Rüdiger Wehner fanden heraus, dass sich etwa 15 % aller Arbeiterinnen ständig auf langen und gefährlichen Suchexpeditionen abseits des Nestes befinden und dabei viele von ihnen von Spinnen und Raubfliegen gefressen werden. Im Schnitt lebt keine der futtersuchenden Arbeiterinnen länger als eine Woche, aber in dieser kurzen Zeit gelingt es ihr, das 15- bis 20-Fache ihres eigenen Körpergewichtes an Futter zu sammeln.

Warum aber, um auf die zweite grundlegende Frage in der Biologie zurückzukommen, verhalten sich Ameisen so selbstlos? Um diese Frage beantworten zu können, muss man sich zunächst die übergeordnete Frage nach dem Ursprung jeglichen Sozialverhaltens stellen. Worin liegt der evolutionäre Vorteil, in einer Gruppe zu leben? Die richtige Antwort ist auch die naheliegendste. Wenn ein Tier in einer Gruppe grundsätzlich bessere Überlebenschancen hat und dort während seines Lebens mehr gut ausgestattete Nachkommen produziert, dann sollte es besser mit anderen kooperieren, als weiter alleine zu leben. Wie sich zeigt, ist das tatsächlich sehr oft in der Natur der Fall. Beispielsweise haben Vögel, die in Schwärmen, oder Elefanten, die in Herden leben, eine höhere Lebenserwartung und mehr Nachkommen als einzeln lebende Vögel oder Elefanten. In der Gruppe finden sie schneller Futter und können sich mit einer größeren Erfolgschance gegen Feinde zur Wehr setzen.

Die Hypothese, dass die Gruppengröße mit Vorteilen verknüpft ist, wird am besten durch einfache Tiergesellschaften untermauert, deren Mitglieder zwar miteinander kooperieren, aber dennoch ihre eigenen Interessen verfolgen. Damit alleine lässt sich die erstaunliche Opferbereitschaft von Ameisenarbeiterinnen jedoch nicht ausreichend erklären. Diese selbstlosen Weibchen sterben früh und hinterlassen selten Nachkommen.

In der Verhaltensforschung hat das Rätsel um die Selbstlosigkeit der Ameisen eine historische Rolle gespielt. Biologen haben über Generationen versucht, dieses Phänomen mit der Evolutionstheorie Darwins in Einklang zu bringen. Dabei griffen sie oft auf die kompliziertesten Erklärungen zurück. Die heute am stärksten favorisierte Theorie ist die der Verwandtenselektion, einer modifizierten Form der natürlichen Selektion, wie sie in ihren Grundzügen schon von Darwin erkannt wurde. Verwandtenselektion bedeutet, dass durch das Verhalten einzelner Tiere bestimmte Gene bei Verwandten begünstigt oder benachteiligt werden. Nehmen wir zum Beispiel an, dass sich ein weibliches Familienmitglied dazu entschließt, unverheiratet zu bleiben und keine Kinder zu bekommen, sich aber umso mehr um das Wohlergehen seiner Schwestern zu kümmern. Wenn dieses Opfer dazu führt, dass die Schwestern mehr Nachkommen erzeugen und großziehen, als sie andernfalls in der Lage wären, dann werden solche Gene, die diese unverheiratete Frau und ihre Schwestern gemeinsam haben, von der natürlichen Selektion begünstigt und breiten sich rascher in der Population aus. Durch ihre gemeinsame Abstammung haben Schwestern normalerweise im Tierreich (und auch beim Menschen) durchschnittlich die Hälfte ihrer Gene gemeinsam. Oder anders ausgedrückt: Dadurch, dass sie von denselben Eltern stammen, ist die Hälfte ihrer Gene identisch. Die Altruistin muss nur dafür sorgen, dass sich die Anzahl der Kinder, die eine ihrer Schwestern aufzieht, mehr als verdoppelt, um die Gene wettzumachen, die sie in zukünftigen Generationen verliert, weil sie selbst keine Kinder hat. Wenn die Individuen außerdem durch einige der Gene, die sich auf diese Weise ausbreiten, zu selbstlosem Verhalten veranlasst werden, kann diese Eigenschaft zu einem allgemeinen Merkmal dieser Art werden. Wir werden später noch genauer darauf eingehen.

Diese Hypothese wurde bereits von Charles Darwin in sehr allgemeiner Form in seinem Buch *On the origin of species* (übersetzt: *Über die Entstehung von Arten*) formuliert, ohne dass er dabei Berechnungen über Genhäufigkeiten vornahm. Darwin war sehr stark an Ameisen und anderen Insekten interessiert. Er beobachtete sie in der Umgebung seines Landhauses in Downs in der Nähe von London und besuchte auch das Britische Museum für Naturgeschichte, um von dem Insektenforscher Frederick Smith mehr über die Tiere zu erfahren. Ameisen stellten für ihn eine besondere Hürde für seine Selektionstheorie dar, die ihm anfangs unüberwindlich erschien. Wie konnten, so fragte der große Naturforscher, extrem selbstlose Arbeiterinnenkasten der Insektengesellschaften im Laufe der Evolution entstanden sein, obwohl sie unfruchtbar sind und somit die Anlagen für Selbstlosigkeit nicht an Nachkommen weitergeben können?

Um seine Theorie zu retten, entwickelte Darwin die Hypothese, dass natürliche Selektion eher auf der Ebene der ganzen Familie als auf der des einzelnen Organismus wirksam ist. Wenn einige Tiere der Familie unfruchtbar sind, so überlegte er, aber dennoch eine wichtige Rolle für das Wohlergehen der fruchtbaren Verwandten spielen, wie es bei Insektenkolonien der Fall ist, dann ist Selektion auf der Ebene der Familie nicht nur möglich, sondern unvermeidlich. Wenn die ganze Familie als Selektionseinheit dient, das heißt mit anderen Familien um das Überleben und den Fortpflanzungserfolg konkurriert, wird die Fähigkeit, unfruchtbare, aber selbstlose Verwandte zu erzeugen, durch die Evolution genetisch begünstigt. „Rindviehzüchter wünschen das Fleisch vom Fett gut durchwachsen", schrieb Darwin (1858; übersetzt 1992), „ein durch solche Merkmale ausgezeichnetes Thier ist geschlachtet worden, aber der Züchter wendet sich voller Vertrauen wieder zur nämlichen Familie." So könnten sterile Arbeiterinnenkasten von Kolonien produziert und geopfert werden, wie man einen Apfel von einem Baum erntet oder einen Stier aus einer Herde aussucht und schlachtet, und trotzdem würden ihre Gene in den überlebenden Verwandten weiterexistieren. Indem er sich auf Soldaten und kleinere Arbeiterinnen einer Ameisenkolonie bezog, schrieb Darwin weiter: „Mit diesen Tatsachen vor mir glaube ich, dass natürliche Zuchtwahl, auf die fruchtbaren Ameisen oder Eltern wirkend, eine Art zu bilden im Stande ist, welche regelmäßig auch ungeschlechtliche Tiere hervorbringen wird, die entweder alle eine ansehnliche Größe und gleichbeschaffene Kinnladen haben, oder welche alle klein und mit Kinnladen von sehr verschiedener Bildung versehen sind, oder welche endlich (und dies ist die Hauptschwierigkeit) gleichzeitig zwei Gruppen von verschiedener Beschaffenheit darstellen, wovon die eine von einer gewissen Größe und Struktur und die andere in beiderlei Hinsicht verschieden ist."

Darwin hatte das Prinzip der Verwandtenselektion in seinen Grundzügen definiert, um zu erklären, wie Selbstaufopferung durch natürliche Selektion entstehen kann. Er zeigte, was vielleicht noch wichtiger war, dass Ameisenarbeiterinnen kein Hindernis für seine Theorie darstellen. Er legte diesen Haupteinwand *ad acta*. Über 100 Jahre waren sich Insektenforscher sicher, dass sterile Kasten kein großes theoretisches Problem darstellen. Warum entstehen Insektengesellschaften? Ihrer Meinung nach lagen die Gründe in den Vorteilen, die ein soziales Leben mit sich brachte, und sterile Kasten schienen einfach die logische Konsequenz dieser Entwicklung zu sein.

Im Wesentlichen gilt das auch heute noch, jedoch musste man Darwins Hypothesen mit den modernen populationsgenetischen Erkenntnissen in Einklang bringen, denn Darwin wusste ja nichts über Genetik, geschweige denn Populationsgenetik. Das ist vor allem das Verdienst des britischen Evolutionsbiologen William D. Hamilton. Hamilton entwickelte die überaus erfolgreiche, sogenannte Gesamtfitnesstheorie, mit der sich auch die Evolution von Eusozialität, also das selbstaufopfernde Verhalten der Ameisenarbeiterinnen erklären lässt. Um das besser verstehen zu können, müssen wir ein wenig ausholen und zunächst einige populationsgenetische Grundlagen zu Darwins Selektionstheorie darstellen, um dann dieses Grundwissen mit Hamiltons Gesamtfitnesstheorie zu verbinden.

In der Tat ist die Evolution von Altruismus eine der Grundfragen der Soziobiologie. Wie kann altruistisches Verhalten, das ja bis zur Selbstaufopferung der Arbeiterinnen geht, von der Selektion begünstigt werden? Wie wir schon besprochen haben, erfährt der Altruist durch sein Verhalten nicht bloß Fortpflanzungsnachteile, er hat selbst überhaupt keine Nachkommen. Wie kann sich dann sein Tun genetisch manifestieren?

Voraussetzung für das Ablaufen einer biologischen Evolution sind Unterschiede in den Erbeigenschaften der Individuen einer Population. Zwar besitzen alle Individuen einer Art dieselbe Anzahl von Genen, die auf den Chromosomen aufgereiht sind und die mehr oder weniger lange Abschnitte des Desoxyribonucleinsäuremoleküls (DNS) darstellen. Nun sind die meisten Arten diploid, das heißt, sie haben zwei Chromosomensätze, einen, der von der Mutter, und einen, der vom Vater stammt. Die jeweils einander entsprechenden Chromosomen nennt man homolog, und an einem bestimmten Chromosomenort befinden sich dementsprechend homologe Gene. Diese können infolge von Genmutationen verschieden sein; wenn das der Fall ist, sprechen wir von Allelen. Bei der zweigeschlechtlichen Fortpflanzung, die wir bei über 95 % aller tierischen Organismen vorfinden, werden diese Allele bei der Bildung der Keimzellen immer wieder neu kombiniert. Die Kombinationsmöglichkeiten liegen jenseits aller astronomischen Größenordnungen mit der Konsequenz, dass, abgesehen von eineiigen Mehrlingen, kein Individuum in einer Population, und sei sie noch so riesig, genetisch identisch mit einem anderen ist.

Die in aufeinanderfolgenden Generationen durch zufällige Mutationen und Neukombinationen der Gene bewirkte unendliche Variabilität der Individuen ist die Grundvoraussetzung für das Ablaufen einer Evolution. Aber es muss noch etwas anderes hinzukommen, und das ist nicht vom Zufall abhängig: die gerichtete Selektion der jeweils am besten angepassten Varianten. Bei der Selektion geht es weniger um Leben und Tod – hier ist Darwin oft falsch zitiert worden –, sondern vielmehr um den Beitrag, den ein bestimmtes Individuum zum Genbestand (Genpool) der nächsten Generation liefert. Mit anderen Worten: Selektionsbegünstigt ist derjenige Genotyp oder derjenige Organismus, der sich besser reproduziert, somit den größeren Anteil an Genen in den Genpool der nächsten Generation einbringt, und dessen Gene daher in größerer Häufigkeit vorliegen als die eines anderen, selektionsbenachteiligten Organismus derselben Art.

Es kann viele Gründe geben, warum sich ein Organismus besser vermehrt als ein anderer. Meistens ist er aber aufgrund seiner spezifischen genetischen Konstitution besser an die Umweltbedingungen angepasst, überlebt deshalb länger und hat die größere Chance, sich effektiver zu reproduzieren. Wir sagen in der Evolutionsbiologie, dass diese Individuen eine höhere genetische Individualfitness haben als andere Individuen, die sich weniger erfolgreich fortpflanzen. Es ist also nur logisch, dass die genetischen Programme, die beispielsweise Brutpflegeverhalten in Elternindividuen codieren, wodurch die Nachkommen besser ausgestattet werden und sicherer zur Reife kommen, von Generation zu Generation häufiger werden.

Man kann das Gesagte in folgenden Kernsätzen zusammenfassen: Diejenigen Gene, die den Organismus so programmieren, dass er sich erfolgreich fortpflanzt, bewirken ihre eigene Vervielfältigung. Allele von Individuen, denen das besonders gut gelingt, die also am besten angepasst sind, sind logischerweise als Kopien in der nächsten Generation zahlreicher vertreten als Allele, die ihre Organismen weniger erfolgreich steuern. Von der Selektion begünstigt ist also derjenige Organismus, der den größeren Anteil an Genen in den Genpool der nächsten Generation einbringt und dessen Gene daher häufiger vorliegen als die eines anderen, selektionsbenachteiligten Genotyps.

Nach dieser, zugegebenermaßen sehr vereinfachten Zusammenfassung von Darwins Selektionstheorie aus der Sicht der Verhaltens- und Populationsgenetik scheint es nun paradox, dass es eine lange Reihe von Beispielen im Tierreich gibt, wo Individuen Verhaltensweisen zeigen, die ihre Individualfitness senken und die Fitness des Nutznießers dieses Verhaltens steigern. Das ist präzise die soziobiologische Definition des Bioaltruismus. Die Ameisen, um die es in diesem Buch geht, sind hierfür prägnante Beispiele, man denke nur an das Verhalten einer Soldatin, die sich selbst aufopfert und dabei ihre eigene Individualfitness auf null senkt. Die Fitness der Königin, ihrer Mutter, wird aber durch die Aufopferung der Soldatin gesteigert, denn es sichert ihr das Leben, sodass sie noch mehr Nachkommen erzeugen kann. Wie kann man nun populationsgenetisch die Evolution solch altruistischen Verhaltens erklären?

Viele hervorragende Vertreter der Evolutionstheorie haben sich mit dieser Frage beschäftigt, so beispielsweise J. B. S. Haldane, der eigentlich schon die moderne Konzeption formuliert hatte. Den Knoten zu lösen blieb jedoch etwa 100 Jahre nach Darwin dem großen britischen Evolutionsbiologen William Hamilton vorbehalten. Hamilton hat mithilfe mathematischer Modelle nachgewiesen, dass aufgrund der natürlichen Selektion der Anteil der Gene eines Tieres im Genbestand (Genpool) der nächsten Generation zunehmen kann, wenn außer den direkten Nachkommen, also den Kindern, auch den Nachkommen von nahen Verwandten geholfen wird. Und damit war ein neues Konzept der Selektionstheorie geboren, das künftig die Soziobiologie entscheidend prägen sollte – die Verwandten- oder Sippenselektion.

Hamiltons Grundgedanke war, dass identische Gene, also Gene von derselben direkten Abstammung, nicht nur in Eltern und deren Nachkommen, sondern auch in Geschwistern und anderen Nahverwandten enthalten sind. Es kann also die Ausbreitung eines Gens begünstigen, wenn ein Individuum einem seiner Geschwister bei der Brutaufzucht hilft. Die Verbreitung von Kopien der eigenen Gene wird umso stärker gefördert, je wahrscheinlicher das unterstützte Individuum Träger von Kopien der eigenen Allele ist. Diese Wahrscheinlichkeit, mit der zwei Individuen identische Kopien von Allelen gemeinsam haben, nennen wir den Verwandtschaftsgrad oder Verwandtschaftskoeffizienten. Wie wir schon erörtert haben, erhält jeder diploide Organismus, also wir Menschen und die allermeisten Tiere, die eine Hälfte des Erbgutes vom Vater und die andere von der Mutter. Der Verwandtschaftsgrad r zwischen Eltern und Kindern ist also 0,5 oder anders ausgedrückt: Jeder Elternteil ist im Durchschnitt zur Hälfte, also zu 50 %, verwandt mit seinen Kindern. Wie Geschwister miteinander verwandt sind, lässt sich ganz einfach ausrechnen. Jedes Kind bekommt die Hälfte seiner Gene vom Vater, der einen von seinen beiden Gensätzen zu vergeben hat. Die Wahrscheinlichkeit, dass zwei Geschwister denselben Satz bekommen, ist 0,5. Das gleiche gilt für den Gensatz, der von der Mutter stammt. Das heißt also, der durchschnittliche Verwandtschaftsgrad von Geschwistern beträgt ebenfalls 0,5; sie sind also untereinander genauso nahe verwandt wie mit ihren Eltern.

Der Vollständigkeit halber sei noch angefügt, dass der Verwandtschaftsgrad von Halbgeschwistern 0,25 beträgt, ebenso wie der von Onkel und Nichten; Großeltern sind mit ihren Enkeln ebenfalls mit r = 0,25 verwandt und Cousinen untereinander mit r = 0,125, also einem Achtel.

Diese Verwandtschaftsverhältnisse haben zur Folge, dass genetisch codierte Verhaltensprogramme, die die Träger disponieren, den nächsten Verwandten bei der Aufzucht von Nachkommen zu helfen, von der Selektion begünstigt werden. Und zwar selbst dann, wenn die Individualfitness, also persönliche Fitness des Altruisten null ist, er selbst also überhaupt keine Nachkommen hat. Dies gilt natürlich nur unter der Voraussetzung, dass der ökologische Selektionsdruck Helferverhalten fördert und der Nutzen, den die Verwandten durch das Helferverhalten erfahren, entsprechend hoch ist, um diesen Verlust der Individualfitness zumindest auszugleichen. Was letztlich zählt, ist nicht die Individualfitness allein, es ist die Gesamtfitness. J. B. S. Haldane soll einmal in intuitiver Vorwegnahme der Verwandtenselektion scherzhaft gesagt haben, er würde sein Leben für die Rettung von zwei Brüdern, vier Neffen oder acht Vettern riskieren. Ein rein biologisch programmiert funktionierender Organismus nimmt die Kosten beziehungsweise das Risiko des altruistischen Helfens auf sich, wenn der Verwandtschaftsgrad zum unterstützten Individuum entsprechend groß und der Nutzen (bezüglich Reproduktion) für dieses Individuum ebenfalls relativ hoch ist.

Noch einmal zurück zur Gesamtfitness. Hamilton hat also gefunden, dass man bei der Bestimmung des Selektionserfolgs eines Gens, also der Zunahme seiner Häufigkeit in der Population, nicht nur die Individualfitness, also die direkten Nachkommen des Trägers des Gens berücksichtigen darf. Man muss zu den direkten Nachkommen auch die Nachkommen der Verwandten des Trägers, denen geholfen wurde, hinzuzählen, gewichtet natürlich mit den jeweiligen Verwandtschaftskoeffizienten. Nur so kommt man dann zur Gesamtfitness. Das ist das, was man die „Hamilton Regel" nennt. Ein Allel kann an Häufigkeit in der Population zunehmen, wenn die Kosten c (steht für *costs*) des Merkmals für den Träger des Allels im Hinblick auf die Individualfitness geringer sind als der Fitnessnutzen b (für *benefits*) für die Verwandten multipliziert mit den jeweiligen Verwandtschaftskoeffizienten r: $c < b \times r$.

Wenn also $c < b \times r$, dann kann die Häufigkeit des Allels in der Population zunehmen. Mit anderen Worten, die Individualfitness (oder direkte Fitness) kann null werden, wenn $b \times r$ sehr hoch ist. In diesem Falle verzichtet das helfende Individuum auf eigene direkte Nachkommen, dafür erreicht es aber eine hohe indirekte Fitness, indem es nahe Verwandten bei der Aufzucht von Nachkommen hilft. Konzentriert sich das helfende Individuum voll auf die Aufzucht beispielweise der Nachkommen seiner Schwester, dann kann sich ein Allel, das dieses altruistische Verhalten codiert, in der Population ausbreiten, denn die Nichten und Neffen tragen mit einer Wahrscheinlichkeit von 25% Kopien dieses Altruismusgens.

Die Theorie zur Verwandtenselektion ist mathematisch solide formuliert und es gibt für sie auch zahlreiche Beweise in der Natur, denn sie erlaubt bestimmte Vorhersagen, die überprüft werden können. Und hier kommen wiederum die sozialen Insekten und dabei insbesondere die sozialen Hautflügler, also Ameisen, Bienen und Wespen, ins Spiel. In der Tat haben sie bei der Entwicklung der Verwandtenselektionstheorie und deren Nachweis eine wesentliche Rolle gespielt. Sie haben sich als nützliche Modellobjekte erwiesen, um Voraussagen zu testen, die aufgrund dieser Theorie gemacht werden können.

Dabei ist Folgendes bedeutsam: Bei den Hymenopteren gibt es einen merkwürdigen Mechanismus zur Geschlechtsbestimmung, von dem wir schon berichtet haben. Alle weiblichen Tiere sind diploid, haben also einen doppelten Chromosomensatz, aber die Männchen sind haploid. Sie haben nur einen einfachen Chromosomensatz, denn sie entwickeln sich aus unbefruchteten Eiern. Wenn also eine Königin ein unbefruchtetes Ei legt, entsteht daraus ein Männchen, ist das Ei aber befruchtet, entsteht daraus ein Weibchen, das sich abhängig von der Ernährung der aus dem Ei schlüpfenden Larven, entweder zur Arbeiterinnenkaste oder zu einer Königinnenkaste entwickelt.

Da bei den Hautflüglern das Geschlecht auf diese Art und Weise bestimmt wird, die Männchen haploid und die Mütter wie auch die Arbeiterinnen diploid sind, sind letztere untereinander zu dreiviertel ($r = 0{,}75$) verwandt. Dies setzt allerdings voraus, dass sich die Königin nur mit einem Männchen gepaart hat, was sehr oft der Fall ist, vor allem bei den evolutionsbiologisch weniger abgeleiteten sozialen Hautflüglern. Die Hälfte ihres Chromosomensatzes bekommen die diploiden Arbeiterinnen in diesen Fällen vom Vater, der aber nur einen Satz zu vergeben hat. Also ist die Wahrscheinlichkeit, dass die Schwestern denselben Satz erhalten haben gleich 1, mit anderen Worten: 100 %. Die andere Hälfte des Genoms stammt von der diploiden Mutter, die zwei Chromosomensätze zu vergeben hat. Damit ist die Wahrscheinlichkeit, dass eine Arbeiterin denselben Satz besitzt wie ihre Schwester 0,5 (50 %), sodass sich ein durchschnittlicher Verwandtschaftskoeffizient von 0,75 ergibt. Eine merkwürdige Asymmetrie der Verwandtschaft: Die Mutter, also die Königin, ist mit ihren Töchtern, den Arbeiterinnen, mit $r = 0{,}5$ verwandt, genauso, wie wir es oben bei allen diploiden Arten gesehen haben. Ebenso beträgt der Verwandtschaftsgrad mit ihren Söhnen $r = 0{,}5$. Die Schwestern dagegen sind untereinander mit $r = 0{,}75$ verwandt, aber mit ihren Brüdern nur mit $r = 0{,}25$, also zu einem Viertel.

Nach einer populationsgenetischen Theorie, man nennt sie die Fischer's Sex Ratio Theory, sollte die Mutter so programmiert sein, dass gleich viel in ihre männlichen wie in ihre weiblichen Nachkommen investiert wird. So kann sie am besten ihre eigene Fitness maximieren. Wenn aber die Hauptinvestition von den Arbeiterinnen bewerkstelligt wird, was ja in einem Insektenstaat der Fall ist, denn die Königin kümmert sich überhaupt nicht um die Aufzucht der Jungen, dann müssten die Arbeiterinnen daran interessiert sein, dreimal so viel in ihre jungen Schwestern zu investieren wie in ihre Brüder. Das haben erstmals Robert Trivers und seine Mitarbeiterin Hope Hare, damals von der Harvard University, vor 40 Jahren postuliert und die Daten untermauern diese Hypothese weitestgehend. Man kann tatsächlich einen Trend zu einen Investitionsverhältnis von 3:1 feststellen, wenngleich es auch viele Abweichungen gibt.

Das führt nun aber zu einer Gegenfrage. Wenn sich die Mutter tatsächlich mit vielen Männchen paart, wie es beispielsweise bei den Honigbienen, den Blattschneiderameisen und den Treiberameisen der Fall ist, dann ist die Mutter zwar weiterhin mit r = 0,5 verwandt mit ihren Nachkommen, aber der durchschnittliche Verwandtschaftsgrad der Schwestern miteinander wird verdünnt, und zwar umso mehr, je mehr Väter vorhanden sind. Der Verwandtschaftsgrad tendiert, wie bei Halbgeschwistern üblich, gegen r = 0,25. Mit anderen Worten: Die Arbeiterinnen sind nunmehr ungefähr gleich verwandt mit ihren Brüdern wie mit ihren Schwestern. Man sollte daher annehmen, dass die Investitionsrate in solchen Kolonien 1:1 beträgt, und auf Populationsebene ist das auch bisweilen der Fall. Die Datenbasis ist jedoch noch sehr lückenhaft und die bisherigen Ergebnisse erlauben auch andere Interpretationen.

Wenngleich die große Mehrheit der Evolutionsbiologen die Bedeutung der Verwandtenselektion für die Evolution von extrem altruistischem (eusozialen) Verhalten bei den Insekten nicht infrage stellt, haben in jüngerer Zeit einige Wissenschaftler Zweifel angemeldet. So wurde gelegentlich behauptet, der häufig geringe Verwandtschaftsgrad der Tiere innerhalb der Kolonie hoch entwickelter, eusozialer Insekten wie bei den Honigbienen und den Treiberameisen sei ein Beweis dafür, dass enge Familienverwandtschaft keine Bedeutung für die Evolution von Eusozialität habe. In der Tat, ein hoher Verwandtschaftsgrad ist nicht Voraussetzung für die Aufrechterhaltung hoch entwickelter, eusozialer Gesellschaften. Nach einhelliger Auffassung der meisten Insektenforscher handelt es sich bei der mehrfachen Verpaarung sozialer Hautflüglerarten, die zu einer „Verdünnung" der Familienverwandtschaft führt, um ein evolutionär abgeleitetes Merkmal, und es gibt sehr gute experimentelle Befunde, die zeigen, dass genetische Variation innerhalb der Sozietäten große Vorteile bringen kann. Beispiele hierfür sind eine größere Resistenz gegen Krankheiten und allgemein höhere soziale Vitalität. Aber wie gesagt, das findet man nur bei evolutionär hoch entwickelten Insektensozietäten.

Auf der anderen Seite sind sich die meisten Evolutionsbiologen einig, dass für den evolutionären Beginn von eusozialem Verhalten eine enge Familienverwandtschaft Voraussetzung ist. Das hat auch, wie wir bereits erörtert haben, bereits Charles Darwin erkannt, denn auch er betont die Bedeutung von Familienverwandtschaft für die Evolution eines selbstaufopfernden Altruismus bei Ameisen und Bienen. Allerdings spricht Darwin auch von der Selektion auf der Ebene der Kolonie. Das ist nicht verwunderlich, denn Darwin hat stets betont, dass der Phänotyp (die Gesamtheit der Merkmale) eines Individuums oder einer Familie von der Selektion bewertet wird. Heute wissen wir natürlich, dass nur die Merkmale für die Evolution wichtig sind, die eine genetische Basis haben. Aber Darwin hat bereits erkannt, dass auch Kolonien Merkmale entwickeln, die durch das kollektive Verhalten der Arbeiterinnen zustande kommen, und wenn dieses Verhalten der Arbeiterinnen eine genetische Basis hat, dann unterliegen diese Koloniemerkmale der natürlichen Selektion. Alle Arbeiterinnen einer Kolonie erhalten ja ihre Gene von der Königin und deren Paarungspartnern. Das heißt, genetisch codierte Merkmale, die bei den Arbeiterinnen in Erscheinung treten, sind der „erweiterte Phänotyp" der Königin und ihrer Paarungspartner, und dieser erweiterte Phänotyp unterliegt natürlich auch der natürlichen Selektion. So gesehen kann man durchaus argumentieren, dass Selektion auch auf der Ebene der Kolonie stattfindet und dass dabei eusoziales Verhalten von der Selektion gefördert wird, vorausgesetzt, es herrschen ökologische Bedingungen, die eusozialen Gruppierungen einen Konkurrenzvorteil verschaffen. Man spricht in der Fachliteratur von *multi-level selection*, also einer Selektion auf mehreren Ebenen. Am Ende geht es bei Kolonien immer darum, möglichst viele gut ausgestattete Geschlechtstiere (Weibchen und Männchen) zu produzieren. Die Individuen, deren genetische Programme das effizientere Gruppenverhalten der sterilen Arbeiterinnen codieren, haben gegenüber anderen Varianten einen Selektionsvorteil.

Bisweilen hat man versucht, die eben geschilderte Kolonieselektionstheorie (oder *multi-level selection theory*) und die Verwandtenselektionstheorie gegeneinander auszuspielen. Das ist insofern sinnlos, als beide Ansätze völlig miteinander verträglich sind und mathematisch ineinander umgewandelt werden können. Die Entscheidung, welchen Modells man sich bedient, hängt vollkommen von den zu klärenden Fragestellungen ab.

Zu Beginn der neueren Diskussionen zur Evolution der Eusozialität bei Ameisen, Bienen, und Wespen nahm man an, dass der Zusammenschluss mehrerer begatteter Weibchen zur gemeinsamen Brutaufzucht eine Vorstufe der Eusozialität sei. In der Tat gibt es solche Weibchenkooperationen während der Koloniegründung (Pleometrosis) bei einigen Arten relativ häufig; oft entstehen dabei Hierarchien, das heißt, nur die dominanten Individuen können sich reproduzieren und die anderen fungieren als Helferinnen; sie kommen vielleicht später noch zum Zug. Die Individuen einer solchen Gründerassoziation sind häufig nicht sehr nahe miteinander verwandt. Heute wissen wir, dass solche semisozialen Gruppierungen meist nicht stabil sind und keine evolutionäre Vorstufe des eusozialen Verhaltens darstellen.

Dagegen ist man sich weitgehend einig in der Annahme, dass Eusozialität aus dem Brutfürsorgeverhalten hervorging, wie man es bei einigen brutversorgenden (subsozialen) Wespen- und Bienenarten findet. Die Weibchen der zu den Sphecidae gehörenden Dreiphasen-Sandwespe *Ammophila pubescens* bauen in der Erde in Kammern unterteilte Bruthöhlen. In jede Kammer schleppen sie eine erbeutete Insektenraupe und legen darauf ein Ei. Dann wird das Nest verschlossen und die Wespenmutter geht wieder auf Beutezug. Nach erfolgreicher Jagd wird das Nest wieder geöffnet, eine weitere Kammer wird angelegt, ein Ei deponiert und das Nest wieder verschlossen. Diese Prozedur wiederholt sich mehrere Male. Bei anderen Arten von brutversorgenden Wespen und Bienen wird die sich entwickelnde Brut laufend mit neuer Beute versorgt. Der britische Entomologe Jeremy Field hat diese subsozialen Arten zusammen mit seinen Mitarbeitern eingehend studiert und gefunden, dass beispielsweise *Ammophila*-Mütter durch das häufige Öffnen des Nestes viele ihrer Eier an räuberische Insekten verlieren.

Es ist völlig einleuchtend, dass bestimmte Varianten von brutpflegenden Bienen oder Wespen, bei denen die frisch geschlüpften Töchter zumindest eine Zeit lang bei der Mutter bleiben und ihr bei der Aufzucht von weiterem Nachwuchs helfen, unter solchen ökologischen Bedingungen einen Selektionsvorteil gegenüber strikt solitären Weibchen haben, denn sie verlieren weniger Brut, da das Nest immer bewacht werden kann. Begünstigen also die ökologischen Bedingungen wie starker Bruträuberdruck das Helferverhalten am Nest, dann werden Gruppen mit Helfern erfolgreich gegen solche ohne Helfer konkurrieren. Daraus schließt man, dass das Brutpflegeverhalten bei Hymenopteren, das man subsoziales Verhalten nennt, eine Voranpassung (Präadaptation) für die Evolution des eusozialen Verhaltens darstellt. Natürlich muss man dabei im Auge behalten, dass es sich in diesen sehr ursprünglichen eusozialen Gemeinschaften um enge Familienangehörige, nämlich Mutter und Töchter, handelt. Mit anderen Worten: Eine Tochter, die zur Helferin wird und möglicherweise selbst keine Nachkommen aufzieht, wird dennoch einen evolutionären Vorteil haben, denn als solitäre Brutpflegerin wäre das Risiko alles zu verlieren sehr groß. Das heißt also, solche Varianten, bei denen das Brutpflegeverhalten vorzeitig einsetzt, sodass junge Weibchen vor der Paarung als Helfer am Nest Schwesternaufzuchtverhalten zeigen, werden einen hohen indirekten Fitnessgewinn haben.

Dieses, zugegebenermaßen sehr vereinfacht dargestellte Beispiel zeigt, dass sich die frühe Evolution von Eusozialität sowohl mit einem Gruppenselektionsmodell als auch mit dem Verwandtenselektionsmodell erklären lässt.[1]

---

1 | Ein Teil dieses Kapitels wurde in veränderter Form aus Hölldobler (2009) übernommen.

‖ Tafel 29. Zwei Arbeiterinnen
der afrikanischen Weberameise
Oecophylla longinoda betasten
sich mit den Antennen, um
zu prüfen, ob sie derselben
Kolonie angehören.
(© Bert Hölldobler.)

5

DAS ERKENNEN VON NESTGENOSSINNEN

Die Theorie der Verwandtenselektion setzt voraus, dass sich Nestgenossinnen in Ameisenstaaten gegenseitig erkennen und Fremde ausschließen können. Tatsächlich stellt sich heraus, dass Ameisen dazu besonders fähig sind. Genau wie ein Mensch einen anderen durch den Anblick von Gesicht und Körpergestalt erkennt, ordnet eine Ameise eine Artgenossin nach dem Gemisch von Düften ein, das ihren Körper umgibt. Der ganze Vorgang spielt sich innerhalb von Sekundenbruchteilen ab.

Begegnen sich zwei Ameisen zwischen Nest und Futterquelle, so streichen sie gegenseitig mit den Fühlern über Teile des Körpers ihres Gegenübers (Tafel 29). Dabei übermitteln sie keine Signale, sondern überprüfen vielmehr den Körperduft. Gehören die beiden Tiere derselben Kolonie an und weisen somit den gleichen Familienduft auf, so rennen sie ohne anzuhalten weiter. Trifft eine Ameise jedoch auf eine fremde Artgenossin, ergreift sie entweder die Flucht oder bleibt stehen, um die Fremde näher zu untersuchen und sie möglicherweise zu attackieren. Gerät eine Arbeiterin einer Kolonie aus Versehen in das Nest einer anderen Kolonie, wird sie von den dort lebenden Ameisen sofort als Fremde erkannt. Die Bewohner zeigen ein breites Spektrum von Verhaltensreaktionen. Im günstigsten Fall wird der Eindringling aufgenommen, aber der fremden Ameise wird so lange kein oder nur wenig Futter angeboten, bis sie den Koloniegeruch angenommen hat. Im anderen Extremfall wird sie heftig angegriffen: Mit ihren Kiefern packen die Arbeiterinnen Beine, Antennen oder andere Körperteile des Eindringlings und stechen oder bespritzen ihn mit giftigen Sekreten. Dazwischen gibt es zahlreiche Abstufungen: Die Fremden werden gemieden, mit geöffneten Mandibeln bedroht, gekniffen oder auch aus dem Nest gezerrt und irgendwo außerhalb zurückgelassen (Tafel 30 und 31).

Der Koloniegeruch scheint sich bei den Ameisen über die ganze Körperoberfläche auszubreiten. Die analytischen und experimentellen Befunde deuten stark darauf

TAFEL 30. *Oben:* Zwei Arbeiterinnen von *Camponotus floridanus*, die zwar genetische Schwesten, aber in verschiedenen Kolonien aus ihren Puppen geschlüpft sind, begegnen einander mit Drohgebärden. *Unten:* Die feindliche Begegnung eskaliert; eine Arbeiterin packt die Gegnerin an den Antennen. (© Bert Hölldobler.)

TAFEL 31. Tödliche Aggression zwischen Arbeiterinnen von *Camponotus floridanus*, die zwar genetische Schwestern sind, aber auf den Kolonieduft verschiedener Kolonien geprägt wurden. Mit ihren kräftigen Mandibeln durchtrennen sie die Gliedmaßen der Gegnerin. (© Bert Hölldobler.)

hin, dass es sich bei den koloniespezifischen Erkennungsmerkmalen um Kohlenwasserstoffe der wachsartigen Schicht auf der Cuticula (Außenpanzer) des Körpers handelt. So ließ sich zum Beispiel eine Korrelation zwischen Unterschieden in den Kohlenwasserstoffgemischen und aggressivem Verhalten feststellen: Je unterschiedlicher die Kohlenwasserstoffprofile von Individuen beziehungsweise von Kolonien, desto aggressiver verhielten sich diese zueinander. So ist es den Arbeitsgruppen des israelischen Forschers Abraham Hefetz und des Amerikaners Robert Van der Meer experimentell gelungen, bei isolierten Arbeiterinnen der mediterranen Wüstenameise *Cataglyphis niger* das Profil auf der Cuticula zu verändern, was zu erhöhter Aggressivität gegenüber nicht manipulierten Nestgenossinnen führte.

In der Tat scheinen Kohlenwasserstoffe ideal geeignet, um als Unterscheidungsmerkmale zu dienen. Sie können ohne großen Aufwand produziert werden, sie werden leicht von der Epicuticula, der äußeren wachsähnlichen Schicht, die den Körper der Ameisen und anderer Insekten umgibt, aufgenommen und sie können durch unterschiedliche Kettenlänge, Verzweigungsmuster und Lage von Doppelbindungen eine enorme Kombinationsvielfalt hervorbringen. Der französische Wissenschaftler Alain Lenoir und seine Mitarbeiter haben in der Cuticula von Arbeiterinnen der Knotenameisenart *Myrmica incompleta* 111 verschiedene Kohlenwasserstoffverbindungen gefunden, bei *Cataglyphis*-Arten sogar 242. Die Vielfalt der Profile lässt sich noch steigern, indem verschiedene Verbindungen gemischt und ihr Mischungsverhältnis verändert wird, wodurch ein Bouquet unterschiedlicher Gerüche entsteht. Ameisen erzeugen auf diese Weise genauso einzigartige Düfte, die wir Menschen kaum wahrnehmen können, wie unsere Parfüms einzigartig sind. Darin steckt ein so großes Potenzial, dass Arbeiterinnen aus unterschiedlichen Kolonien oder auch aus derselben Kolonie ihre eigene Signatur haben können. Das gilt selbst dann, wenn in dem Gemisch nur relativ wenige verschiedene Kohlenwasserstoffe enthalten sind.

Heute können wir mit großer Sicherheit sagen, dass bei Ameisen der Koloniegeruch weitgehend von einem Gemisch aus Kohlenwasserstoffen bestimmt wird, das von der Kolonie produziert und mehr oder weniger gleichförmig in der Kolonie verteilt wird. Es bildet eine geruchliche Gestalt, auf die die Koloniemitglieder in vorhersagbare Weise reagieren. Die aus der Puppe frisch geschlüpften Ameisen erlernen in den ersten acht bis zehn Tagen den koloniespezifischen Duft. Offensichtlich werden die Verbindungen im Körper der Ameisen synthetisiert, gelangen in die blutähnliche Hämolymphe und von dort direkt durch die Haut (Epidermis) auf die Cuticula oder zur Speicherung und späteren Verteilung in die Postpharyngealdrüse (Tafel 32). Dieses große Organ befindet sich im Hinterkopf, besteht aus paarigen, handschuhförmigen Hälften und findet sich nur bei Ameisen. Abraham Hefetz, Alain Lenoir und ihre Mitarbeiter konnten zeigen, dass diese Drüse ein wichtiges Speicherorgan für Kohlenwasserstoffe darstellt. Bei der Pflege des eigenen Körpers oder des Körpers von Nestgenossinnen verteilen die Ameisen mit ihren Lippenpalpen die Verbindungen über die Körper. Die gerühmte Reinlichkeit der Ameisen, ihr häufiges gegenseitiges Putzen und Selbstreinigen, wurde als Hygienemaßnahme betrachtet, durch die möglicherweise krankheitserregende Keime beseitigt werden. Das mag durchaus stimmen, aber sicher hat diese fast schon frenetische Putzaktivität auch die Funktion, den Kolonieduft möglichst gleichmäßig zu verteilen. Trennt man Arbeiterinnen einige Tage lang von ihren Nestgenossinnen und bringt sie dann wieder zurück, so werden sie meist eingehend inspiziert und dann einer verstärkten Körperpflege unterzogen.

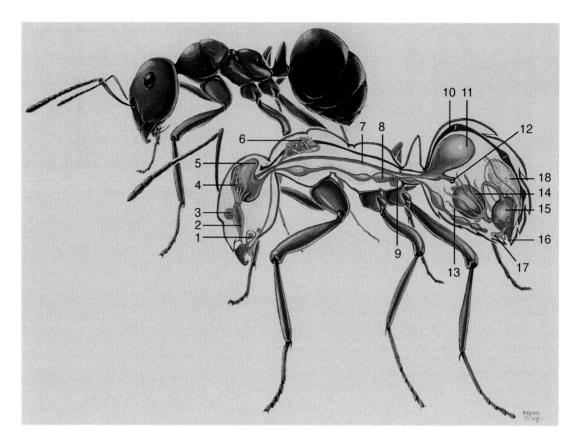

TAFEL 32. Ameisen sind vollgepackt mit Drüsen, in denen sie Abwehrsekrete und chemische Verständigungssignale produzieren. Ein solches Drüsensystem ist hier als Teil der inneren Anatomie einer *Formica*-Arbeiterin dargestellt. Das Gehirn und das Nervensystem sind *blau*, der Verdauungstrakt *rosa*, das Herz *rot* und die Drüsen mit den damit verbundenen Strukturen *gelb* dargestellt: *1*) Mandibeldrüsen, *2*) Schlund, *3*) Propharyngealdrüse, *4*) Postpharyngealdrüse, *5*) Gehirn, *6*) Labialdrüse, *7*) Speiseröhre, *8*) Nervensystem, *9*) Metapleuraldrüse, *10*) Herz, *11*) Kropf, *12*) Proventriculus, *13*) Malpighische Gefäße, *14*) Mitteldarm, *15*) Enddarm, *16*) After, *17*) Dufoursche Drüse, *18*) Giftdrüse mit Reservoir. (Mit freundlicher Genehmigung von Katherine Brown-Wing.)

Die Herkunft des Kolonieduftes ist vorwiegend endogen, das heißt, die Kohlenwasserstoffe werden von jeder Ameise gebildet, wobei wohl jede einzelne Ameise ihr eigenes Gemisch produziert. Die individuellen Verbindungen werden durch den fortlaufenden sozialen Putzvorgang und oralen Futteraustausch laufend mit den Kohlenwasserstoffen der Nestgenossinnen gemischt, wobei die bereits erwähnten „Handschuhdrüsen" eine wichtige Rolle als Mischorgan spielen (Tafel 33). Offensichtlich werden nämlich nicht nur die eigenen Verbindungen in der Drüse gelagert, sondern auch solche, die beim Putzen von Nestgenossinnen abgeleckt wurden. Gleichzeitig werden aber auch beim Putzen Kohlenwasserstoffe aus der Drüse abgegeben, sodass auf diese Weise eine koloniespezifische

TAFEL 33. Gegenseitige Körperpflege (*oben*) und Futteraustausch (*unten*) sind selbstlose Verhaltensweisen, die in fast allen Ameisengesellschaften vorkommen. Hier werden sie von Arbeiterinnen der südamerikanischen Schnappkiefer-ameise *Daceton armigerum* ausgeführt. (© Bert Hölldobler.)

Mischung entsteht. Es gibt allerdings auch Hinweise darauf, dass zusätzlich Duft-komponenten durch die Nahrung und aus der Nestumgebung dem Konieduft beigemischt werden können.

Unabhängig davon, ob der Geruch über die Umwelt aufgenommen oder gene-tisch manifestiert vom Körper produziert wird, stellt die ständig neue Herstellung dieses Stoffgemisches sicher, dass die Kolonie eine Geruchsgestalt besitzt, das heißt einen einzigartigen, allen gemeinsamen Geruch, der nur von dieser Kolonie ausgeht. Dieses Bouquet kann sich mit den Umweltbedingungen oder der gene-tischen Zusammensetzung der Kolonie verändern. Solche Unregelmäßigkeiten führen jedoch zu keinen ernsthaften Problemen. Experimente haben gezeigt, dass ausgewachsene Ameisen in der Lage sind, neue Koloniegerüche zu erlernen, be-sonders, wenn sie noch relativ jung sind.

Es gibt aber noch einen weiteren Weg, einen Koloniegeruch zu erzeugen, und dies ist sowohl der einfachste als auch der sicherste von allen: Man lässt die Kö-nigin die für die Erkennung wichtigen Geruchsstoffe produzieren und verlässt sich dann auf die Arbeiterinnen, die sie bei der gegenseitigen Körperpflege und beim Füttern weitergeben. Dieses System gibt es tatsächlich, vor allem bei jun-gen Kolonien, die noch nicht sehr volkreich sind. Es wurde von Bert Hölldobler und seinem damaligen Doktoranden, Norman Carlin, bei Rossameisenarten aus der Gattung *Camponotus* entdeckt. Durch eine Serie komplizierter Experimente, in denen sie Königinnen und Arbeiterinnen verschiedener Laborkolonien immer wieder umsetzten, fanden sie heraus, dass die Rossameisen nicht nur den Geruch der Königin, sondern auch die anderen beiden möglichen Geruchsquellen benut-zen, und zwar in hierarchischer Reihenfolge. Für die Arbeiterinnen spielen die Signalstoffe, die von der Königin ausgehen, mit Abstand die größte Rolle bei der Erkennung ihrer Nestgenossinnen, gefolgt von Geruchsstoffen, die von Arbeite-rinnen stammen; erst dann kommen aus der Umwelt stammende Gerüche zum Tragen.

Selbst wenn die chemische Uniform zur Erkennung von Nestgenossinnen in einer voll entwickelten Ameisenkolonie nicht mehr überwiegend von der Köni-gin stammt, so kommt der Königin dennoch eine zentrale Rolle zu. Mit ihrer Anwesenheit beeinflusst sie das Verhalten der Arbeiterinnen auf vielfältige und grundlegende Weise. Das wird besonders deutlich bei monogynen Kolonien, also solchen Ameisenstaaten, die nur eine Königin haben. So konnte man bei *Camponotus*-Arten und bei der Roten Feuerameise (*Solenopsis invicta*) zeigen, dass die Aggressivität gegenüber Arbeiterinnen anderer Kolonien nachlässt, wenn man die

Königin aus dem Nest entfernt. Nach einigen Tagen beziehungsweise Wochen ohne Königin kann man zwei feindselige Gruppen von Arbeiterinnen vereinen; die Tiere putzen sich gegenseitig und tauschen flüssige Nahrung durch Regurgitation. Selbst fremde Königinnen werden nach einiger Zeit der Weisellosigkeit angenommen.

Noch wichtiger für die Organisation der Ameisenstaaten ist die hemmende Wirkung einer fruchtbaren Königin auf die Fruchtbarkeit der Arbeiterinnen. In Abwesenheit der Königin aktivieren junge Arbeiterinnen bei vielen Ameisenarten ihre Ovarien und beginnen Eier zu legen. Von der Königin muss also ein Signal ausgehen, das der gesamten Kolonie ihre Anwesenheit verkündet. Annet Endler und Jürgen Liebig, damals an der Universität Würzburg, und ihre Kollegen haben herausgefunden, wie ein solches Königinnensignal in der Kolonie verbreitet werden kann. Für ihre Analysen haben sie sich auf die monogyne Ameisenart *Camponotus floridanus* konzentriert (Tafel 34). Voll entwickelte Kolonien dieser Rossameisenart umfassen mehrere Tausend Individuen. Wie sich herausstellte, produzieren Königinnen großer Kolonien ein charakteristisches Kohlenwasserstoffsignal, das die Fortpflanzung in der Kolonie reguliert. Dieses chemische Signal (ein Pheromon) findet sich sowohl auf der Cuticula der Königin als auch auf den von ihr gelegten Eiern. Den Arbeiterinnen zeigt es die Anwesenheit und Fruchtbarkeit der Königin an. Solange die Arbeiterinnen dieses Signal wahrnehmen, produzieren sie selbst keine Eier. Falls aber die eine oder andere es dennoch versuchen sollte, werden diese Eier von Nestgenossinnen vernichtet und aufgefressen (Tafel 35). Das liegt daran, dass die von Arbeiterinnen gelegten Eier nicht das Königinnensignal tragen.

Nun stellt sich aber die Frage, wie das Signal der Königin in den großen *Camponotus*-Kolonien verbreitet wird. Wie sich zeigte, verteilen die Arbeiterinnen das Pheromon, indem sie eine große Zahl von Eiern der Königin aus der Königinnenkammer in die anderen Nestbereiche der Kolonie transportieren. Auch wenn Arbeiterinnen selbst keinen Kontakt mit der Königin haben, werden sie trotzdem selbst nicht fruchtbar, wenn sie regelmäßig mit Eiern der Königin in Kontakt kommen.

Spezifische cuticuläre Kohlenwasserstoffgemische, die die Präsenz und Fertilität der Königin anzeigen, sind vermutlich recht weit verbreitet. Sie wurden bei mehreren Ameisenarten nachgewiesen, doch die Koloniespezifität dieser Signale wurde bisher kaum untersucht. Allerdings haben Patrizia D'Ettorre und Jürgen Heinze dazu eine erstaunliche Entdeckung gemacht: Koloniegründende Königin-

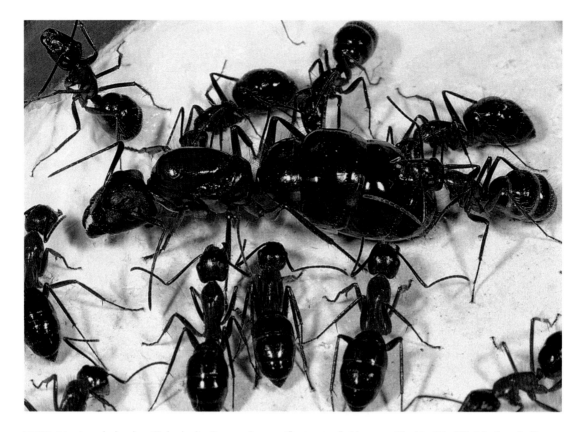

TAFEL 34. Ausschnitt einer Kolonie der Rossameisenart *Camponotus floridanus* aus Florida. Die Königin ist ständig von einer Gruppe ihrer Arbeiterinnen umgeben, die sie lecken und offensichtlich die von der Königin produzierten Duftgemische an andere Arbeiterinnen weitergeben. Auch die von der Königin gelegten Eier tragen ein spezifisches Königinnensignal. Über die Eier wird das Königinnensignal weiter in der Kolonie verbreitet. (© Bert Hölldobler.)

nen der ponerinen Art *Pachycondyla villosa* erkennen sich anhand von solchen spezifischen Kohlenwasserstoffprofilen sogar individuell. Das ist der erste Nachweis eines individuellen Erkennens bei Ameisen.

Aber nicht nur die Königinnen tragen chemische Erkennungszeichen, die ihren Fertilitätszustand signalisieren. Offensichtlich zeichnen sich auch die für verschiedene Aufgaben zuständigen Gruppen von Arbeiterinnen durch spezielle cuticuläre Kohlenwasserstoffsignaturen aus. Deborah Gordon und ihre Mitarbeiterinnen und Kollegen von der Stanford University haben herausgefunden, dass bei der Roten Ernteameise *Pogonomyrmex barbatus* zwischen den patrouillierenden Kundschafterinnen und jenen Arbeiterinnen, die für die Instandhaltung des Nestes zuständig sind, signifikante Unterschiede hinsichtlich der relativen Anteile bestimmter Klassen von Kohlenwasserstoffen wie auch einzelner Substanzen bestehen. Zwar unterscheiden sich auch die Kolonien deutlich in ihren allgemeinen Kohlen-

TAFEL 35. Eine Arbeiterin von *Camponotus floridanus* vernichtet Eier, die von anderen Arbeiterinnen ihrer Kolonie gelegt wurden. Solange die Königin selbst fruchtbar ist, tolerieren die Arbeiterinnen nicht, dass andere Nestgenossinnen lebensfähige Eier legen. (Mit freundlicher Genehmigung von Jürgen Liebig.)

wasserstoffprofilen, die verschiedenen Arbeiterinnengruppen sind jedoch bei jeder untersuchten Kolonie durch gleichbleibende Unterschiede charakterisiert. Da die Arbeitsteilung mehr oder weniger altersabhängig ist, stehen die aufgabenbezogenen Unterschiede der Kohlenwasserstoffprofile mit großer Wahrscheinlichkeit mit dem Alterungsprozess in Zusammenhang.

Tatsächlich ist die altersabhängige Änderung der cuticulären Kohlenwasserstoffmischung bei Arbeiterinnen in Ameisenkolonien weit verbreitet. Bei der mediterranen Rossameise *Camponotus vagus* wurde das erstmals von der französischen Wissenschaftlerin A. Bonavita-Cougourdan und ihren Kollegen entdeckt. Jüngere Arbeiterinnen, die sich um die Brut kümmern, und ältere, die auf Nahrungssuche gehen, lassen sich eindeutig anhand ihrer Profile unterscheiden.

Schließlich wollen wir noch eine Frage stellen. Können Arbeiterinnen derselben Kolonie ihre eigenen nahen Verwandten erkennen – zum Beispiel in Kolonien mit einer Königin, die sich mit mehreren Männchen gepaart hat, oder in Kolonien mit mehreren Königinnen? Um zwischen Nestgenossinnen unterscheiden zu können, muss die mit der Verwandtschaft korrelierte Geruchsspezifität in die Anonymität der Koloniesignatur eingebaut sein. Bisher gibt es allenfalls einige wenig eindeutige Hinweise und der exakte experimentelle Beweis für die Unterscheidung von nahen und entfernteren verwandten Nestgenossinnen bei Ameisen ist bisher noch nicht erbracht.

Die Geruchswelt der Ameisen ist so fremdartig und kompliziert für uns, als ob diese Insekten vom Mars kämen. Wie sehr sie ihrer Geruchswelt verhaftet sind, lässt sich vielleicht am besten daran ablesen, dass sie mithilfe weniger chemischer Verbindungen sogar ihre toten Nestgenossinnen erkennen und entfernen, während sie andere Zeichen, die auf deren Tod hindeuten, völlig übersehen. Wenn eine Ameise im Nest stirbt, fällt sie einfach um, ihre Beine unter ihren Körper gekrümmt. Zuerst wird sie von ihren Nestgenossinnen überhaupt nicht beachtet, da sie immer noch so ähnlich wie eine lebende Arbeiterin riecht. Nach ein oder zwei Tagen, wenn die Zersetzung beginnt, wird sie von anderen Arbeiterinnen aufgehoben, aus dem Nest getragen und auf den Abfallhaufen geworfen. Ameisen, das sollte man vielleicht nebenbei erwähnen, haben keine Friedhöfe, obwohl einige Schriftsteller aus dem alten Griechenland und Rom anderer Meinung waren und der Mythos, den sie damals begründeten, sich bis heute gehalten hat. Leichen werden einfach auf dem Abfallhaufen der Kolonie entsorgt oder auf barer Erde irgendwo außerhalb des Nestes fallen gelassen. Manchmal entreißen Raubameisen einer anderen Art den Arbeiterinnen die toten Tiere und tragen sie als Futter in ihr Nest.

Wilson machte sich 1958 mit zwei Kollegen daran herauszufinden, welche chemischen Verbindungen von den Ameisen benutzt werden, um ihre Toten zu identifizieren. Diese Zusammenarbeit stellte eine der ersten Anstrengungen dar, die Geruchscodes dieser Insekten zu knacken. Dabei benutzten die Forscher eine äußerst einfache Methode. Als erstes kauften sie eine Auswahl chemischer Komponenten in rein synthetischer Form, von denen bekannt war, dass sie sich in toten Insekten ansammeln; zum Glück war dieser wenig bekannte Zweig der Chemie schon von anderen Wissenschaftlern gut untersucht worden. Wilson und seine Mitarbeiter bestrichen quadratische Papierblätter mit winzigen Mengen dieser Substanzen und legten sie in die Labornester von Ernte- und Feuerameisen. Dann beobachteten sie, welche Blätter draußen zum Abfallhaufen getragen wurden. Wochenlang stank das Labor nach fauligen Gerüchen, wie sie tote Tiere verbreiten, unter anderem nach unangenehm riechenden Fettsäuren, Aminen, Indolen und Schwefelmerkaptanen. Überraschenderweise reagierten die Ameisen nur auf eine kleine Gruppe dieser chemischen Verbindungen, während die Forscher den unangenehmen Geruch aller Substanzen wahrnahmen. Langkettige Fettsäuren, besonders die Ölsäure oder ihre Ester beziehungsweise beide zusammen, lösten eine vollständige Verhaltensreaktion aus, nämlich das vermeintlich tote Tier zu entfernen. Laugte man dagegen echte tote Tiere gründlich aus und wusch die Ölsäure mit Lösungsmitteln ab, wurden sie nicht mehr aus dem Nest getragen. Das beweist, dass sich ein totes Tier nicht allein durch seine Unbeweglichkeit auszeichnet, zumindest nicht in der Wahrnehmung der Ameisen.

Ein Tier wird demnach von Arbeiterinnen als tot eingestuft, wenn es Ölsäure oder eine sehr ähnliche chemische Verbindung auf seinem Körper trägt. Ihre Zuordnung zu toten Tieren betrifft sogar lebende Nestgenossinnen, wenn sie diesen Geruch tragen: Sobald man eine kleine Menge Ölsäure auf lebende Arbeiterinnen auftrug, wurden sie aufgehoben und, ohne Gegenwehr, zum Abfallhaufen getragen. Nachdem sie fallengelassen worden waren, säuberten sich die Tiere und kehrten zum Nest zurück. Hatten sie sich aber nicht gründlich genug geputzt, wurden sie wieder hinausgetragen und erneut weggeworfen.

Folgende Lektionen haben die Insektenforscher aus diesen und anderen Freiland- und Laborversuchen an Ameisen gelernt: Erstens, dass die Fähigkeit der Ameisen, andere Individuen schnell und präzise einzuordnen, eine entscheidende Rolle für ihr soziales Zusammenleben spielt, und zweitens, dass das Verhalten der Ameisen auf einigen wenigen einfachen Regeln beruht, denn die Weiterverarbeitung einer riesigen Informationsmenge wahrgenommener Gerüche und Geschmäcker erfolgt in einem Gehirn, das nicht größer ist als ein Salzkorn – oder sogar noch kleiner. Deshalb zeigen Ameisen eine fast automatische Verhaltensreaktion auf eine festgelegte Auswahl chemischer Verbindungen und scheinen die meisten der zahlreichen anderen Gerüche, die der Mensch wahrnimmt, völlig zu ignorieren. Dies mag vielleicht ein unerwartetes Ergebnis der Evolution sein, aber es hat vorzüglich funktioniert.

|| Tafel 36. Die Afrikanischen Weberameisen (*Oecophylla longinoda*) errichten in den Baumkronen riesige Territorien. *Links* im Vordergrund bedroht eine Arbeiterin das Mitglied einer Nachbarkolonie. Hinter ihr bringen Nestgenossinnen eine weitere Gegnerin zur Stecke, während rechts von ihr eine Arbeiterin eine Duftspur zu einem der Blattnester legt, um weitere Nestgenossinnen zur Verstärkung herbeizuholen. *Rechts unten* überwältigen andere Koloniemitglieder eine große, Ameise der Gattung *Pachycondyla*. (Von John D. Dawson, mit freundlicher Genehmigung der National Geographic Society.)

6

WIE SICH AMEISEN VERSTÄNDIGEN

Eines unserer größten Abenteuer, nämlich die Untersuchung der Afrikanischen Weberameisen (*Oecophylla longinoda*), begann an jenem Tag, als eine Kolonie dieser Insekten Wilsons Arbeitszimmer in Besitz nahm. Kathleen Horton und Robert Silberglied, zwei unserer Mitarbeiter, hatten 1975 die Ameisen aus Kenia mitgebracht. Eine ganze Kolonie mit Königinmutter einzufangen, ist eine bemerkenswerte Leistung, wie wir gleich näher erklären werden. Horton und Silberglied hatten eine junge Kolonie gefunden, die in den Ästen eines kleinen, einzeln stehenden Grapefruitbaumes lebte, und hatten das gesamte Nest abgeschnitten und in eine Plastiktüte gepackt, ohne allzu oft gebissen zu werden. Dann schlossen sie die Kolonie sicher in einen Behälter ein, klebten ihn zu und nahmen ihn in ihrem Handgepäck mit in die Vereinigten Staaten.

Wilson öffnete den Behälter, damit die Ameisen Luft bekamen, und stellte ihn auf einen Tisch am anderen Ende des Raumes. Dann setzte er sich an seinen Schreibtisch, um seine Post und Telefongespräche zu erledigen. Als er zwei Stunden später von seinem Papierstapel aufblickte, sah er eine verstreute Gruppe Weberameisen von der anderen Seite des Tisches auf sich zukommen. Die großäugigen, hellgelben Ameisen, die ungefähr so groß wie ein Radiergummi am Ende eines Bleistifts sind, näherten sich ihm vorsichtig, während sie gleichzeitig jede seiner Bewegungen beobachteten.

Als Wilson sich vorbeugte, um sie sich genauer anzusehen, zogen sie sich nicht zurück, sondern forderten ihn im Gegenteil heraus: Sie hoben ihre Antennen und testeten die Luft, während sie gleichzeitig ihre Hinterleiber hoch aufrichteten und ihre Kiefer weit öffneten, eine typische Drohgebärde dieser Art. Hölldobler fotografierte später dieselbe Drohgebärde im Freiland. Diese Aufnahme wurde als Einbandillustration für unser umfassendes Buch *The Ants* verwendet und diente als Vorlage für das wunderbare Gemälde von John Dawson (Tafel 36).

Insektenforscher sind ein solches Selbstvertrauen, um nicht zu sagen solch eine Anmaßung, von Tieren nicht gewohnt, die nur ein Millionstel ihrer eigenen Größe besitzen. Aber Unverfrorenheit ist nur ein Teil des Charmes, den die Afrikanischen Weberameisen besitzen. Die Unerschrockenheit und Entschlossenheit, mit der sie zu Werk gehen, ihre – für eine Ameise – beachtliche Größe und die Tatsache, dass sie ihr Sozialverhalten am helllichten Tag zeigen, wo man es einfach beobachten und fotografieren kann, machten sie für uns Forscher unwiderstehlich. Wir nutzten die Gelegenheit und unternahmen eine gründliche Untersuchung der Art, die sich, mit Unterbrechungen, über die späten 1970er- bis in die beginnenden 1980er-Jahre hinzog. Unsere Odyssee begann in unserem Labor und endete mit Hölldoblers Freilanduntersuchungen in Kenia. Im Laufe der Zeit dehnte Hölldobler seine Forschungen auch auf die andere lebende Weberameisenart *Oecophylla smaragdina* aus, die in Asien und Australien vorkommt. In Australien wird sie „grüne Baumameise" (*green tree ant*) genannt, denn dort sind die Hinterleiber der Ameisen smaragdgrün gefärbt, vor allem bei der Königin (Tafel 37).

Wir fanden bei den Weberameisen eine Reihe der komplexesten Sozialverhaltensweisen, die man aus dem Tierreich kennt. Es stellte sich heraus, dass sie ein hochentwickeltes multimodales Kommunikationssystem besitzen, in dem chemische Signale (Pheromone) mit taktilen und anderen mechanischen Signalen kombiniert werden. Wir können nicht ausschließen, dass sogar visuelle Signale bei ihrer Kommunikation eine Rolle spielen, denn sie haben große Augen. All die vielen Stunden, die wir mit diesen Ameisen verbrachten, wurden reich belohnt.

Die Weberameisen gehören in den südlich der Sahara gelegenen Wäldern zu den Herrschern in den Baumkronen. Ihre ausgewachsenen Kolonien erreichen gewaltige Ausmaße und bestehen, soweit man bis heute weiß, aus einer einzigen Königinmutter und mehr als einer halben Million Töchtern, ihren Arbeiterinnen. In den Shimba-Hills Kenias, wo Hölldobler seine Freilanduntersuchungen durchführte, verteidigen einige Kolonien Territorien, die sich über die Kronendächer und Baumstämme von bis zu 17 großen Bäumen erstrecken. Wenn die Menschen ähnlich organisiert wären und wenn man die Ausdehnung der Territorien auf ihre Körpergröße beziehen würde, dann würde die Hegemonie der Weberameisen der Herrschaft einer Mutter und ihrer Kinder über ein Gelände von mindestens 100 km² entsprechen. Wir sagen mindestens, denn das wirkliche Gebiet der Ameisen besteht nicht nur aus der Waldbodenfläche, auf der sie leben und die wir üblicherweise zweidimensional messen, sondern aus der gesamten riesigen

TAFEL 37. Koloniegründung der Weberameise *Oecophylla smaragdina*. *Oben:* Eine einzelne junge Königin zieht ihre erste Brut auf. *Unten:* Die Mehrzahl der *O. smaragdina*-Kolonien wird von mehreren Königinnen gegründet. Selbst in ausgewachsenen Kolonien findet man oft mehrere Königinnen bei *O. smaragdina*, während die meisten Kolonien der afrikanischen *O. longinoda* wahrscheinlich nur eine Königin haben. (Foto oben © Bert Hölldobler; Foto unten mit freundlicher Genehmigung von Walter Federle.)

TAFEL 38. *Oben:* Arbeiterinnen der Afrikanischen Weberameisen greifen eine riesige Arbeiterin der Afrikanischen Stinkameise, *Pachycondyla tarsata*, an. Dabei bilden die Weberameisen ähnlich wie beim Nestbau kurze lebende Ketten, um das viel stärkere Beutetier festzuhalten. *Unten:* Schließlich wird die große Stinkameise überwunden und in Gemeinschaftsarbeit zu einem der Blattnester transportiert. (© Bert Hölldobler.)

Vegetationsoberfläche, die jeden Quadratmillimeter sämtlicher Blätter, Äste und Stämme von den Baumspitzen bis zum Boden umfasst.

Die Weberameisen verteidigen ihr Gebiet, als ob es sich um eine Festungsanlage handeln würde. Säugetiere und andere Eindringlinge werden sofort heftig angegriffen und Angehörige benachbarter Weberameisenkolonien, die in ihr Gebiet eindringen, zur Strecke gebracht. Sie vernichten auch die Arbeiterinnen der meisten anderen Ameisenarten und nahezu jede andere Insektenart, derer sie Herr werden können (Tafel 38, 39, 40 und 41). Fast alle ihrer kleinen Opfer werden dann ins Nest

TAFEL 39. Sogar sehr schnelle und starke Eindringlinge wie die langbeinigen *Leptomyrmex*-Arbeiterinnen können von den australischen Weberameisen (*Oecophylla smaragdina*) überwunden werden. (© Bert Hölldobler.)

TAFEL 40. *Oben:* Eine Arbeiterin der Afrikanischen Weberameisen hat eine Termite erbeutet. *Unten:* Arbeiterinnen der Weberameisen haben eine Soldatin der afrikanischen Treiberameisen ergriffen und halten sie mit vereinten Kräften fest. (© Bert Hölldobler.)

TAFEL 41. *Oben:* Australische Weberameisen halten eine Soldatin der kleinen, aber sehr gefährlichen *Pheidole megacephala,* die mit ihren riesigen Heerscharen die Weberameisen sehr in Bedrängnis bringen können, fest. *Unten:* Australische Weberameisen haben eine riesige Wespe erlegt. (© Bert Hölldobler.)

gebracht und aufgefressen. Kämpfe zwischen benachbarten Weberameisenkolonien sind so schwerwiegend, dass sich dadurch schmale, unbesetzte Grenzkorridore, eine Art von Ameisenniemandsland, bilden (Tafel 42 und 43).

Die nahe verwandte, nichtafrikanische Weberameisenart *Oecophylla smaragdina* (möglicherweise auch die afrikanische Art) unterhält Kasernennester an den Grenzlinien, in denen alternde Arbeiterinnen Wache halten. Diese Tiere, die bei der Jungenaufzucht, Nestreparaturen und anderen häuslichen Aufgaben nicht mehr so viel leisten können wie jüngere Arbeiterinnen, postieren sich so, dass sie Feinden, die die territoriale Grenze der Kolonie übertreten, als Erste begegnen. So setzen sie sich gegen Ende ihres nützlichen Lebens zugunsten der Kolonie den größten Gefahren aus. Während wir unsere jungen Männer in den Krieg schicken, schicken Weberameisenstaaten ihre alten Damen, könnte man sagen.

Um das Verhalten der afrikanischen Art unter kontrollierten Bedingungen näher zu untersuchen, ließen wir in unserem Labor kleine Kolonien aus Kenia eingetopfte Zitronenbäume besiedeln. Gleich zu Anfang fiel uns eine seltsame Gewohnheit der Ameisen auf, die früheren Forschern entgangen war. Die meisten Ameisen entleeren ihren Darm entweder in einer abgelegenen Ecke ihres Nestes oder außerhalb des Nestes auf einem speziellen Abfallhaufen. Die Weberameisen sind da nicht so genau. Sie lassen, wo sie gehen und stehen, ihre Exkremente fallen, und scheinen vielmehr entschlossen zu sein, ihren Kotgeruch über das gesamte Territorium zu verbreiten. Als wir unserer Laborkolonie Zugang zu einem eingetopften Baum oder einer papierbedeckten Bodenfläche gestatteten, die sie zuvor noch nie betreten hatten, stieg die Rate ihrer Kotabgabe drastisch an. In kurzen Abständen, viel häufiger, als es ihrem physiologischen Bedürfnis entsprechen konnte, berührten die Arbeiterinnen mit der Spitze ihres Abdomens (Hinterteil des Ameisenkörpers) die Unterlage und ließen Tropfen einer braunen Flüssigkeit aus ihrem After austreten. Die Substanz wurde schnell von der Unterlage aufgesogen oder verhärtete zu glänzenden, schellackähnlichen Käppchen. Beim Betrachten dieser mit Spritzer bedeckten Flächen, die an Jackson Pollocks moderne Gemälde erinnerten, fragten wir uns, ob es möglich war, dass Weberameisen ihre Exkremente benutzten, um ihre Gebietsansprüche in ähnlicher Weise zu signalisieren, wie Hunde und Katzen durch das Verspritzen ihres Urins ihre Territorien markieren.

Wir überprüften diese Idee, indem wir im Labor experimentell Ameisenkriege inszenierten. Wir stellten zwei Weberameisenkolonien nebeneinander und

TAFEL 42. Territoriale Kämpfe bei den Afrikanischen Weberameisen. *Oben:* Treffen Arbeiterinnen auf einen Feind, halten sie ihn mit vereinten Kräften fest. *Unten:* Die beim Kampf ums Leben gekommenen Feinde und Nestgenossinnen werden gleichermaßen in das Nest transportiert und dort als Futter verwertet. (© Bert Hölldobler.)

TAFEL 43. Auch die australischen Weberameisen sind extrem territorial und mehrere Arbeiterinnen attackieren eine fremde Artgenossin, die in ihr Territorium eingedrungen ist. (© Bert Hölldobler.)

verbanden ihre Nester durch eine Arena, einen nach oben hin offenen Raum, in den sich beide Parteien begeben konnten. Jede Kolonie hatte über Brücken Zugang zu der Arena, die, wie die Zugbrücken einer Burg, eingesetzt oder entfernt werden konnten. Zu Beginn des Experiments ließen wir die Arbeiterinnen der einen Kolonie über den Arenaboden laufen und ihn gründlich mit Kotflecken markieren. Nach einigen Tagen nahmen wir ihnen die Brücke weg und setzten die Ameisen, eine nach der anderen, in ihr Nest zurück. Dann ließen wir die Arbeiterinnen der zweiten Kolonie das gemeinsame Areal betreten und erkunden. Als sie auf die Kotflecken stießen, zögerten sie und zeigten die für sie typische Drohgebärde – gespreizte Kiefer und erhobene Hinterleiber, bisweilen heben sie auch die Vorderbeine. Einige rannten nach Hause und rekrutierten eine Truppe von Nestgenossinnen (Tafel 44). Mit ihren Duftspuren und Berührungssignalen schienen sie zu rufen: „Folgt mir, schnell! Wir haben feindliches Territorium entdeckt!" Wenn man, im Gegensatz dazu, Späherinnen eine Arena auskundschaften ließ, die zuvor von Mitgliedern ihrer eigenen Kolonie markiert worden war, so fiel die Rekrutierungsrate viel geringer aus. Offensichtlich ging von den Kotsubstanzen ein für jede Kolonie ganz typischer Geruch aus.

Jeder kennt den Vorteil eines Heimspiels; wenn ein Spiel zu Hause ausgetragen wird, hat die Heim- gegenüber der Gastmannschaft einen psychologischen Vorteil,

111

TAFEL 44. *Oben:* Verständigung innerhalb einer Weberameisenkolonie bei der Rekrutierung zu anderen Zielorten. Mit dem Sekret aus der Rektaldrüse an der Spitze des Hinterleibes legt eine Arbeiterin eine Duftspur, um den Nestgenossinnen den Weg zum Zielort zu weisen. *Unten:* Werden Nestgenossinnen zur Territorialverteidigung rekrutiert, reagieren alarmierte Weberameisen mit aggressivem Drohverhalten; sie spreizen die Kiefer und richten den Hinterleib nach oben. (© Bert Hölldobler.)

und bei einem ebenbürtigen Wettkampf reicht dies manchmal aus, um den Sieg davonzutragen. Als wir unsere beiden Weberameisenkolonien gleichzeitig die Versuchsarena betreten ließen, benutzten die Späherinnen beider Seiten neben ihren eigenen Spuren noch weitere Signale, um eine große Schar ihrer Nestgenossinnen zusammenzurufen, worauf heftige Kämpfe entbrannten. Im Regelfall kämpften sie von Kiefer zu Kiefer, entweder im Zweikampf oder indem sich zwei oder mehrere Kämpferinnen gegen einzelne Gegnerinnen verbündeten (siehe Tafel 42 und 43). Die ersten Ameisen, die auf einen Feind stießen, versuchten, ihn an seinen Beinen und Antennen zu packen, sie auseinanderzuziehen und ihn bewegungsunfähig zu machen, während andere ihn würgten und ihm Teile seines Körpers abschnitten. In zehn solcher Auseinandersetzungen, die wir in unserer Rolle als allmächtige Provokateure initiierten, gewann schließlich immer die Kolonie, die die Arena zuerst mit ihren Kotduftmarken markieren durfte, bevor die gegnerischen Armeen aufeinanderstießen. Sie siegte, indem ihre Armee die feindlichen Kämpfer zurück auf die Brücke und in ihr Nest hineintrieb.

Je vertrauter wir mit den kriegerischen Auseinandersetzungen und dem Alltagsleben der Weberameisen wurden, umso ausgeklügelter erschien uns ihr Kommunikationssystem. Wir entdeckten, dass sich die Arbeiterinnen nicht nur gegenseitig zu außerhalb des Nestes gelegenen Stellen führen, sondern dass sie sogar fünf verschiedene Botschaften verwenden, mit deren Hilfe sie genauere Angaben über die Art ihres Zieles machen. Jede Botschaft ist aus mehreren Signalen zusammengesetzt. Eine chemische Substanz wird als Spur gelegt, und diese wird, wann immer die Spurlegerin eine Nestgenossin trifft, mit einer bestimmten Körperbewegung kombiniert, entweder mit einem kurzen Tanz oder einem Betrillern mit den Antennen. Bei den chemischen Verbindungen handelt es sich um Sekrete aus einer der beiden Drüsen, die sich an der Spitze des letzten Körpersegmentes neben dem After befinden (Abbildung 6-1). Diese beiden Drüsen waren der Wissenschaft zuvor unbekannt und wurden zum ersten Mal während unserer Untersuchung entdeckt. Wenn eine Arbeiterin beispielsweise sagen möchte: „Folge mir, ich habe Futter entdeckt", legt sie mit dem Sekret aus einer dieser Drüsen, der Rektaldrüse, eine Spur, während sie von der Futterstelle zurück zum Nest läuft. Trifft sie dabei auf andere Arbeiterinnen, bewegt sie ihren Kopf hin und her und betrillert sie mit ihren Antennen. Gleichzeitig öffnet sie die Mandibeln und stülpt das Labium (Unterlippe) nach vorne, als ob sie ihren Nestgenossinnen einen Futtertropfen anbieten möchte (Abbildung 6-2). Manchmal kommt es auch zu einem kurzen Futteraustausch, indem die rekrutierende Ameise einen Futtertropfen hervorwürgt (Tafel 45). Die Nestgenossin probiert möglicherweise kurz das angebotene Futter

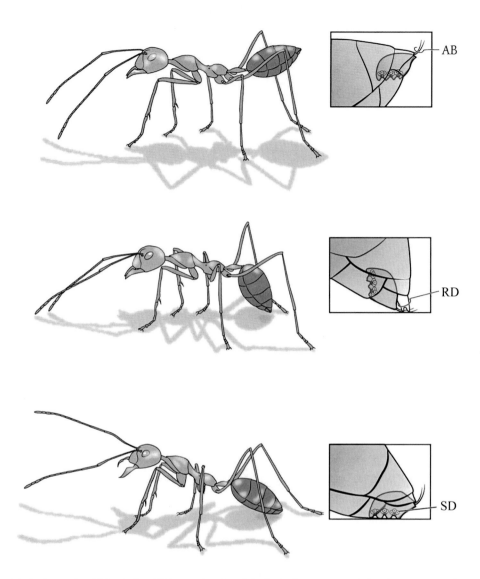

ABBILDUNG 6-1. Arbeiterinnen der Afrikanischen Weberameise *Oecophylla longinoda* nutzen zur Rekrutierung zu neuen Nahrungsquellen, Nestorten und anderen Zielen (also zur Rekrutierung über größere Entfernungen) ein Spurpheromon aus der Rektaldrüse (RD; *Mitte*), das sie mithilfe einer Analbürste (AB; *oben*) auf den Boden abgeben. Um Nestgenossinnen auf große Beute aufmerksam zu machen (Rekrutierung über kurze Entfernungen), legen sie eine Spur mit Sekreten aus der Sternaldrüse (SD; *unten*). (Mit freundlicher Genehmigung von Margaret Nelson; nach einer Originalzeichnung von Turid Hölldobler-Forsyth aus Hölldobler und Wilson 1978.)

und läuft dann auf der Spur zu der neu entdeckten Futterquelle. Eine zweite Rekrutierungsbotschaft hat eine völlig andere Bedeutung. Wenn eine Späherin eine Stelle ausmacht, wo ein neues Nest gebaut werden könnte, legt sie wiederum eine Spur aus der Rektaldrüse. Diesmal verbindet sie dies jedoch mit anderen Berüh-

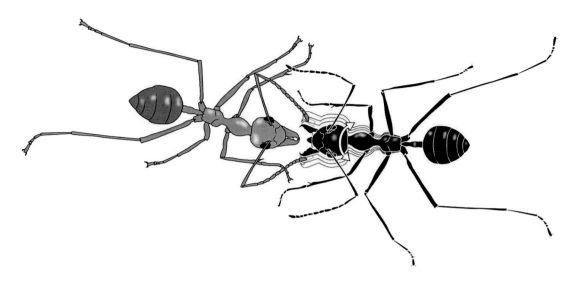

ABBILDUNG 6-2. Bei der Weberameise *Oecophylla longinoda* spezifiziert die zu neuen Futterstellen rekrutierende Ameise (*schwarz*) das chemische Spursignal mit einem charakteristischen Verhalten (Wackelbewegung), das sich von einem Futteranbieteverhalten ableiten lässt. (Mit freundlicher Genehmigung von Margaret Nelson.)

rungssignalen, die der Nestgenossin anzeigen, dass sie in die Richtung des neuen Nestplatzes laufen sollen. Eine dritte Botschaft wird vermittelt, wenn eine Arbeiterin in der Nähe auf einen Feind stößt. Dann schlägt sie Alarm, indem sie um den Eindringling oder großes Beuteobjekt kurze, schleifenförmige Spuren legt. Diese werden mit Substanzen aus der Sternaldrüse, der zweiten Quelle der Rekrutierungssubstanzen, auf dem Boden aufgetragen und gleichzeitig Alarmpheromone aus der Kieferdrüse abgegeben (siehe Abbildung 6-1). In diesem Fall finden keine speziellen Berührungen statt. Mithilfe von zwei weiteren Rekrutierungssignalen, die die Arbeiterinnen in wieder anderen Kombinationen verwenden, werden Nestgenossinnen zur Territorialverteidigung rekrutiert (Abbildung 6-3; Tafel 45). Die rekrutierende Arbeiterin zeigt ein scheinbar aggressives Verhaltensmuster gegenüber ihrer Nestgenossin, das sehr stark der sogenannten Intentionsbewegung gleicht, das die Ameisen kurz vor der Attacke gegenüber einer fremden Ameise zeigen (Tafel 46). Offensichtlich dient das Bewegungsmuster als Zeichen, mit dem die rekrutierende Ameise ihre Nestgenossinnen alarmiert, entlang der von ihr gelegten Rektaldrüsenspur zu Invasionsstelle zu laufen.

Den Evolutionsprozess solcher Bewegungssignale aus Verhaltensweisen, deren ursprüngliche Funktion eine andere ist oder war, nennt man Ritualisierung. Der Begriff bezeichnet die evolutionäre Umwandlung von Gebrauchshandlungen in Signalhandlungen, die zu einer verbesserten Informationsübertragung führt. Wir

115

TAFEL 45. *Oben:* Wenn bei der Rekrutierung zur Territorialverteidigung die rekrutierende Ameise eine Nestgenossin trifft, zeigt sie ein stereotypisches Aggressionsverhalten, wobei sie ihren Hinterleib hebt, die Mandibel spreizt und mit ihrem Körper hin- und herzuckt. *Unten:* Bei der Rekrutierung zu Futterquellen zeigt die rekrutierende Ameise ein Verhalten, das dem Futteranbieten zu Beginn des Futteraustausches zwischen zwei Ameisen gleicht. (© Bert Hölldobler.)

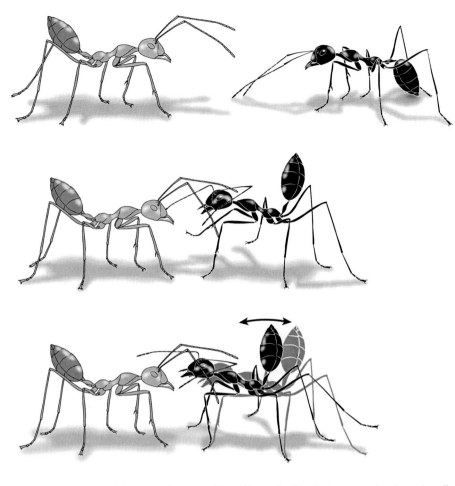

ABBILDUNG 6-3. Um Nestgenossinnen zur Verteidigung des Territoriums zu rekrutieren, legt die rekrutierende Weberameisenarbeiterin (*schwarz*) Duftspuren mit der Rektaldrüse und betrillert ihre Nestgenossin mit den Fühlern, während sie gleichzeitig in aggressiver Haltung mit dem Körper zuckt. (Mit freundlicher Genehmigung von Margaret Nelson.)

haben das bereits bei der Rekrutierung zu Futterstellen kennengelernt und wir werden später noch anderen Beispielen begegnen.

In den 1970er-Jahren entdeckten der britische Insektenforscher John Bradshaw und zwei seiner Mitarbeiter noch ein weiteres Alarmsystem bei den Afrikanischen Weberameisen, das in diesem Fall auf einer Kombination von mehreren Pheromonen beruht, die unterschiedliche Bedeutungen haben. Wenn eine Arbeiterin am Nest oder auf dem Territorialgebiet der Kolonie auf einen Feind stößt, gibt sie aus relativ großen Kopfdrüsen, die an der Basis der Kiefer nach außen münden, eine Mischung aus vier chemischen Substanzen ab. Diese verflüchtigen sich in der Luft mit unterschiedlicher Geschwindigkeit und werden von den Ameisen bei unter-

TAFEL 46. Kampf zwischen zwei Weberameisenarbeiterinnen und Intentionsbewegungen, die gewöhnlich einem Kampf vorausgehen. Die Ameisen bedrohen sich mit weit gespreizten Mandibeln und erhobenen Gastern, bevor sie sich mit den Mandibeln packen und versuchen, sich gegenseitig wegzuziehen. (Mit freundlicher Genehmigung von Turid Hölldobler-Forsyth.)

schiedlichen Konzentrationen wahrgenommen, sodass ihre Nestgenossinnen die Substanzen erst nach und nach, das heißt eine nach der anderen, bemerken. Zuerst versetzt das Aldehydhexanal die Ameisen in Erregung und damit in einen Alarmzustand. Auf der Suche nach weiteren Geruchsstoffen bewegen sie ihre Antennen hin und her. Dann gelangt Hexanol, der entsprechende Alkohol (deshalb das o anstelle des a), in wahrnehmbaren Konzentrationen zu ihnen und veranlasst sie, sich auf die Suche nach der Gefahrenquelle zu begeben. Darauf folgt Undecanon, wodurch die Arbeiterinnen näher zu dieser Quelle gelockt und dazu stimuliert werden, jedes fremdartige Objekt zu beißen. Zum Schluss, ganz in der Nähe des Zieles, nehmen sie Butyloctenal wahr, das ihren aggressiven Drang anzugreifen und zu beißen noch erhöht.

Die Forschung der letzten 35 Jahre hat zusammenfassend ergeben, dass die Weberameisen fast einen primitiven „Satzbau" in ihrer chemischen „Sprache" verwenden, das heißt die chemischen „Wörter" in verschiedenen Weisen mit Bewegungsmustern kombinieren und damit unterschiedliche Inhalte mitteilen. Außerdem haben kürzlich die französischen Wissenschaftler um Olivier Roux und der belgische Myrmekologe Johan Billen eine bislang unbekannte Markierungs- und Rekrutierungsmethode bei *Oecophylla* beschrieben. Arbeiterinnen reiben die Unter- und Oberseite ihrer Mandibeln über die Blattoberfläche. Offensichtlich deponieren sie auf diese Weise Drüsensekrete, die durch Poren in der Cuticula der Mandibeln nach außen abgegeben werden. Die Verhaltensbeobachtungen legen den Schluss nahe, dass auch dieses Verhalten zur Rekrutierung im Nahbereich dient.

Meist beobachtet man außerhalb der Blattzeltnester nur die großen, sogenannten Major-Arbeiterinnen. In den Nestern findet man aber auch viele der wesentlich kleineren Minor-Arbeiterinnen (Tafel 47 und 48). Ihre Aufgabe ist im Wesentlichen die Pflege der Eier und kleinen Larven, und in den besonderen Nestern, in denen die honigtauproduzierenden Hemipteren, zum Beispiel Schildlausherden, gehalten werden, sind vor allem die Minors mit dem Melken dieser Haustiere beschäftigt. Wenn die Minors in anderen Nestern gebraucht werden, werden sie ganz einfach von den Majors hochgehoben und dorthin getragen.

Diese bemerkenswerten Insekten sind von uralter Abstammung. Es gibt von ihnen wunderbar erhaltene, 30 Mio. Jahre alte Bernsteinfunde aus der Ostsee. Ihr Erfolgsgeheimnis in der heutigen Zeit, das heißt ihre Vorherrschaft in den Kronendächern der tropischen Tieflandwälder der gesamten Alten Welt, von Afrika bis nach Queensland und zu den Salomonischen Inseln, muss etwas mit ihrer effizienten chemischen Verständigung zu tun haben. Noch stärker aber ist der Schlüssel zum Erfolg in einem weit komplizierteren Kooperationsverhalten verankert, das den Ameisen die Fertigung großer Nestpavillons in den Baumkronen ermöglicht. Nur mit diesen speziellen Nestern können die Kolonien ihren großen Völkern sicheren Schutz gewähren. Um oberirdisch leben zu können, brauchen die meisten Ameisen, die so groß wie *Oecophylla* sind, besondere Pflanzenhöhlungen wie Zwischenräume unter großen Stücken sich schälender Rinde oder verlassene Gangsysteme, die von Käfern ins Holz genagt worden sind. Solche Plätze sind relativ selten und liegen weit verstreut, und außerdem sind sie meistens auch nicht geräumig genug, um einer Kolonie mit mehreren Hunderttausend großen Ameisen Platz zu bieten. Die *Oecophylla* haben dieses Problem gelöst, indem sie im Laufe der Evolution die Fähigkeit entwickelt haben, ihre eigene Behausung

TAFEL 47. *Oben:* Blick in das Blattnest einer großen Kolonie der Afrikanischen Weberameise *Oecophylla longinoda*, in dem die Königin lebt. Sie ist umgeben von großen Arbeiterinnen (Majors), die sie lecken und füttern. Links sieht man die kleinen Arbeiterinnen (Minors), die sich um die kleinen Larven und die Eier kümmern. *Unten:* Eine große Arbeiterin der Afrikanischen Weberameise trägt eine Minor in ein anderes Nest, wo sie gebraucht wird. (© Bert Hölldobler.)

120

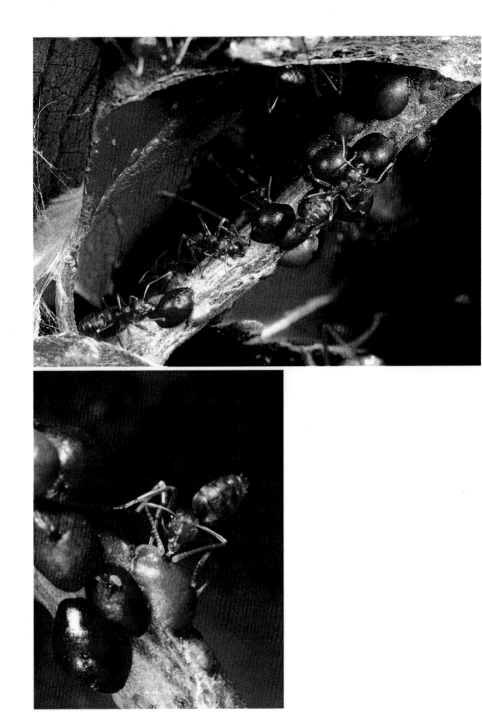

TAFEL 48. Blick in das „Stallnest", in dem die Schildläuse, die den Honigtau liefern, von den Minors gepflegt und gemolken werden. (© Bert Hölldobler.)

TAFEL 49. Blattnest der Afrikanischen Weberameise *Oecophylla longinoda*. (© Bert Hölldobler.)

herzustellen. Sie verweben kleine Zweige und Blätter miteinander und errichten so große Nester mit Wänden, Böden und Dächern (Tafel 49).

Joseph Banks war als erster Europäer Zeuge bei einem Nestbau von *Oecophylla*. Als er Kapitän Cook 1768 auf seiner Reise nach Australien begleitete, fand er, dass die Weberameisen „auf Bäumen leben, wo sie ein Nest in der Größe eines Männerkopfes und seiner Faust bauen, indem sie die Blätter zusammenbiegen und mit einer weißlichen papierartigen Substanz zusammenkleben, die sie fest zusammenhält. Wie sie das bewerkstelligen, ist höchst eigenartig: Sie biegen vier Blätter, die breiter als eine Männerhand sind, herunter und bringen sie in eine von ihnen gewünschte Richtung, wobei eine viel größere Kraft dafür notwendig ist, als die, zu der diese Tiere fähig scheinen. Tatsächlich sind viele Tausend an dieser gemeinsamen Arbeit beteiligt; ich habe sie dabei beobachtet, wie sie solch ein Blatt niederhalten. So viele wie nur konnten standen beieinander, und jede Ameise zog das Blatt mit all ihrer Kraft herunter, während andere von innen damit beschäftigt waren, den Klebstoff aufzubringen." (Beaglehole 1962)

Auch wenn Banks' Bericht früheren Lesern merkwürdig erschienen sein mag, entsprach er in den meisten Punkten doch der Realität. Eine Schar von Weberameisen stellen sich in Reih und Glied auf. Sie halten den einen Blattrand mit den Klauen und Tarsalsohlen ihrer Hinterbeine und den anderen mit ihren Kiefern und Vorderbeinen fest und ziehen die beiden Blattränder zusammen (siehe Tafel 1). Wenn der Abstand zwischen den Blättern breiter als eine Ameisenlänge ist, bedienen sich die Arbeiterinnen einer anderen, noch eindrucksvolleren Taktik, von der Banks allerdings nicht Zeuge wurde (er war ja schließlich auch mit all den anderen Wundern des neuentdeckten Australiens beschäftigt): Sie ketten ihre Körper aneinander und bilden so lebende Brücken (Tafel 50, 51, 52 und 53). Die Anführerin ergreift mit ihren Hinter- und Mittelbeinen oder mit ihren Kiefern einen Blattrand und hält ihn fest. Dann klettert die nächste Arbeiterin an ihrem Körper herab, packt ihre Taille und hält sich daran fest. Danach klettert eine dritte Arbeiterin herunter und ergreift die Taille der vorherigen Arbeiterin. So reiht sich Ameise an Ameise, bis sich Ketten von zehn oder mehr Arbeiterinnen gebildet haben, die oft frei im Wind hin- und herschwingen. Wenn eine Ameise am Ende der Kette schließlich den Rand eines entfernten Blattes erreicht, hält sie ihn mit ihren Kiefern oder Beinen fest und schließt damit die Spannweite der lebenden Brücke, worauf die ganze aneinandergekettete Truppe beginnt, sich rückwärts zu bewegen, um die beiden Blätter zusammenzubringen. Manchmal lässt sich der Spalt mit einer einzigen Kette schließen, aber meistens sind mehrere solcher großen Kolonnen notwendig, in denen Nestbewohnerinnen Seite an Seite arbeiten. Einige der Arbeiterinnen laufen von der Arbeitsstelle zum Nest zurück, um weitere Nestbewohnerinnen mithilfe von Duftspuren zu rekrutieren. Sie geben die Spursubstanzen nicht nur auf den Blättern und Zweigen, sondern auch auf den Körpern der Ameisen ab, die die Ketten bilden. Bald entsteht ein lebender Ameisenteppich und es ist ein aufsehenerregendes Schauspiel, wenn seine Oberfläche durch die geringfügige Bewegung von Tausenden von Beinen und Antennen förmlich vibriert. Endlich sind die Blattränder eng genug zusammengezogen, sodass sie jetzt von einer Reihe von Arbeiterinnen zusammengehalten werden können (Tafel 53).

Eine wichtige Frage aber blieb bisher unbeantwortet: Wie entscheiden die Ameisen eigentlich, welches Blatt sie herunterziehen? Die Vorgehensweise, die der englische Insektenforscher John Sudd 1963 herausfand, ist nicht nur denkbar einfach, sondern auch sehr wirkungsvoll. Einzelne Ameisen, die, vielleicht durch beengte Lebensbedingungen in den alten Nestpavillons motiviert, den Bau neuer

TAFEL 50. *Oben:* Eine Arbeiterin von *Oecophylla longinoda* versucht mit den Vorderbeinen, festen Halt am Rande eines Blattes zu finden. *Unten:* Gelingt ihr das nicht, bilden die Ameisen mit ihren Körpern Ketten, mit deren Hilfe sie Zwischenräume überbrücken. Ameisen laufen über diese lebende Brücke hin und her und einige legen dabei sogar Duftspuren. (© Bert Hölldobler.)

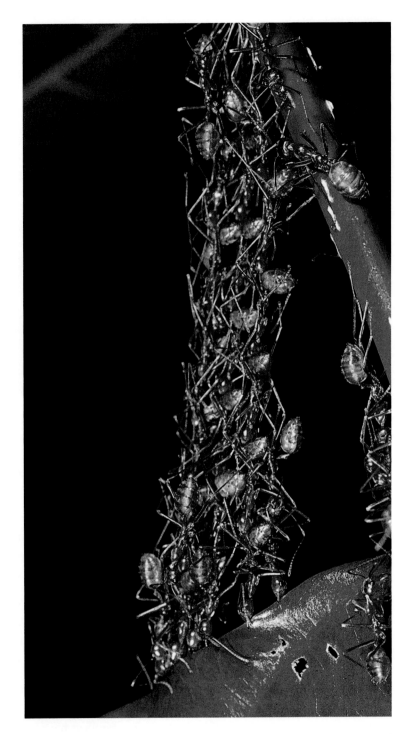

TAFEL 51. Australische Weberameisen beim Nestbau. Die Ameisen formieren sich zu nebeneinanderliegenden Ketten. Durch die gemeinsame Anstrengung bringen sie genügend Kraft auf, um die steifen Blattränder zusammenzuziehen. (© Bert Hölldobler.)

TAFEL 52. Australische Weberameisen beim Nestbau. Mit vereinten Kräften haben die Ameisen die Blätter des neuen Nestes fast in die passende Position gebracht. (© Bert Hölldobler.)

Pavillons in Angriff nehmen, laufen suchend an den Blatträndern entlang und halten gelegentlich an, um an den Rändern zu ziehen. Wenn es ihnen auch nur ansatzweise gelingt, ein Blatt nach oben zu rollen, lassen sie es nicht mehr los und ziehen weiter daran. Dies bedeutet schon einen kleinen Erfolg und zieht die Aufmerksamkeit anderer Arbeiterinnen in der Nähe auf sich. Sie kommen herbei und ergreifen das Blatt ebenfalls. Je stärker sich das Blatt biegt, umso mehr Arbeiterinnen strömen an der Stelle zusammen. Das Rezept basiert auf simpler Wiederholung: Arbeit bringt Erfolg, daraus entsteht mehr Arbeit und im Weiteren noch mehr Erfolg. Bald wird sich so eine kleine Truppe gebildet haben, bis schließlich zwei, drei oder noch mehr Blätter in die richtige Stellung gebracht worden sind und dort ausschließlich von der kollektiven Kraft der Ameisen zusammengehalten werden.

Jetzt begeben sich andere Weberameisenarbeiterinnen an ihre Plätze, um den weißen „Klebstoff" aufzutragen, den Joseph Banks beschrieben hatte. Die bindende Substanz ist kein Klebstoff, wie er dachte, sondern besteht – wie der deutsche Zoologe Franz Doflein 1905 herausfand – aus Seidenfäden, die von den

TAFEL 53. *Oben:* Arbeiterinnen der australischen Weberameisen halten das Blatt fest in Position. *Unten:* Andere Arbeiterinnen halten die Larven des letzten Stadiums zwischen den Mandibeln und weben die Blätter zusammen. Die Weberin berührt die Blätter mit dem Kopf der Larve und gleichzeitig betrillert sie sie mit ihren Antennen, woraufhin diese einen Seidenfaden aus ihrer Labialdrüse abgibt. Die Arbeiterin bewegt die Larve zwischen den Blatträndern hin und her. So werden Tausende Fäden angebracht und die Blätter fest zusammengefügt. (© Bert Hölldobler.)

madenähnlichen Larven der Kolonie produziert werden. Das Auftragen der Seide ist wohl die erstaunlichste aller Verhaltensweisen der Weberameisen, von der sich sicher auch ihr allgemeinverständlicher Name ableitet. Die herbeigeholten Larven befinden sich in den letzten Entwicklungsstadien, die auf die vorletzte Häutung als Teil des Wachstumsprozesses folgen, bevor sie sich dann nach der letzten Häutung in Puppen verwandeln und damit ihre Umwandlung zur sechsbeinigen erwachsenen Körperform eingeleitet wird. Während der Nestbauphase tragen die Arbeiterinnen Larven dieser Stadien zu den Blatträndern. Sie halten sie vorsichtig mit ihren Kiefern und bewegen ihre jungen Schützlinge zwischen den Blatträndern hin und her. Die Larven reagieren darauf, indem sie Seidenfaden aus einer schlitzförmigen Öffnung direkt unterhalb ihrer Mundöffnung absondern (Tafel 53). Tausende solcher Fäden werden nebeneinander angebracht und bilden insgesamt ein Seidentuch zwischen den Blatträndern, das mit der Zeit zu einem festen Stoff erhärtet und so die Blätter zusammenhält (Tafel 54).

Dadurch, dass sich die Larven ganz ihrer Rolle ergeben und sich selbst in lebende Weberschiffchen verwandeln lassen, geben sie die ganze Seide her. Dagegen verwenden die Larven anderer Ameisenarten, die mit den Weberameisen stammesgeschichtlich nahe verwandt sind, diese Seide zum Spinnen ihrer eigenen Kokons, um ihre Körper zu schützen. Die Weberameisenlarven bringen dieses Opfer jedoch nicht aus purer Selbstlosigkeit. Sie finden in dem Nest, das durch ihre Körpersekrete zusammengehalten wird, Schutz und können dadurch ohne Kokons in größerer Sicherheit zu Arbeiterinnen heranwachsen.

Um die feinen Einzelheiten des Spinnvorgangs dokumentieren zu können, verfolgten wir seinen Gesamtablauf mithilfe einer Einzelbildanalyse eines Films. Die starre Körperhaltung der Larve ist, neben der Abgabe ihrer Seide, das auffälligste Verhaltensmerkmal, das wir beobachten konnten. Kein kunstvolles Winden und Strecken des ganzen Körpers, kein Hochwerfen oder Hin-und-her-bewegen des Kopfes ist zu sehen, wie es für das Kokonspinnen in den frühen Entwicklungsstadien von Ameisen, Schmetterlingen und anderen holometabolen Insekten sonst so typisch ist. Die Weberameisenlarve verwandelt sich zu einem weitgehend passiven Instrument der erwachsenen Arbeiterin, die sie aus dem Inneren des Nestes herausgetragen hat. Wenn die Larve in die Nähe der Blattoberfläche kommt, streckt sie gelegentlich ihren Kopf ein wenig nach vorne, ganz offensichtlich, um sich selbst kurz vor der Berührung mit dem Blatt zu orientieren. Ansonsten bleibt sie völlig unbeweglich und macht nichts weiter, als ihre Seide zu spinnen.

TAFEL 54. *Oben:* Fertiges Blattzeltnest, in dem auch eine ganze Wand aus Seide besteht. *Unten:* Geöffnetes Blattzeltnest, in dem Puppen und Larven von den Arbeiterinnen gepflegt werden. (© Bert Hölldobler.)

Die nun folgende Choreografie des Seidespinnens ist ein rascher, präziser Pas de deux. Die Arbeiterin nähert sich dem Blattrand und hält dabei die Larve mit weit vorgestrecktem Kopf in ihren Kiefern, als ob sie eine Verlängerung ihres eigenen Körpers wäre. Sie senkt ihre Antennenspitzen und lässt sie auf dem Blattrand zusammenlaufen. Für zwei zehntel Sekunden spielen sie entlang der Blattoberfläche, ganz ähnlich wie die Hände eines Blinden eine Tischkante abtasten, um ein Gefühl für die Lage und Form des Tisches zu bekommen. Dann bringt die Arbeiterin den Kopf der Larve nahe genug an die Blattoberfläche heran, dass sie sie leicht berührt. Eine Sekunde später hebt sie die Larve hoch. Dabei betrillert die Arbeiterin den Kopf der Larve mit ihren Antennenspitzen. Dieses leichte Antippen dient der Larve anscheinend als Signal, Seide abzugeben. Wir sind nicht sicher, dass diese Bewegung solch einen Befehl beinhaltet, aber genau im selben Moment gibt die Larve eine winzige Menge Seide ab, die von selbst auf der Blattoberfläche kleben bleibt.

Kurz bevor die Larve von dem Blattrand hochgehoben wird, richtet sich die Arbeiterin auf und spreizt ihre Antennen. Dann dreht sie sich um und trägt die Larve direkt zum Rand des gegenüberliegenden Blattes, wobei sich die Seide wie ein Faden zieht. An dieser zweiten Blattoberfläche wiederholt sie fast die gleichen Bewegungen wie zuvor. Auch dieses Mal befestigt die Larve durch ihre Berührung den Seidenfaden am Blattrand. Dann kehren beide, Arbeiterin und Larve, wie Tangotanzende zur ersten Blattkante zurück und beginnen die Runde von neuem. Und so geht es immer fort. Scharen sich rhythmisch bewegender Arbeiterinnen und Larven plagen sich Tag für Tag, ziehen Blätter zusammen und verkleben Hunderte von Pavillons in dem riesigen Baumkronenbereich. Die Ameisen fügen im Inneren der Pavillons noch seidene Gangsysteme und Kammern hinzu, wodurch noch kleinräumigere und kunstvollere Unterkünfte entstehen.

1964 schickte Mary Leakey, das Familienoberhaupt einer kenianischen Familie von Paläontologen, die sehr viel zu unserem Wissen über die Herkunft des Menschen beigetragen hat, Wilson eine teilweise versteinerte Kolonie einer ausgestorbenen *Oecophylla*-Art, die sie auf ihrer Suche nach frühmenschlichen Überresten gefunden hatte. Das Alter der Ameisen betrug ungefähr 15 Mio. Jahre. Die Fossilien enthielten zahllose Bruchstücke verschiedener Lebensstadien und Kasten, die denen der heutigen afrikanischen und asiatischen Weberameisen sehr ähneln. Die Puppen waren nackt, das heißt, die Larven haben, wie bei den jetzt lebenden Arten, keine Kokons gesponnen. Unter den Ameisen befanden sich auch Bruchstücke von versteinerten Blättern. Es scheint also, als ob vor langer Zeit ein

Weberameisenpavillon vom Baum herab ins Wasser gefallen ist und von einem schnell erstarrenden Kalksediment überdeckt wurde. Wenn das zutrifft, dann scheint das einzigartige Sozialsystem, mit dessen Hilfe Weberameisen heutzutage die tropische Kronenregion dominieren, bereits 10 Mio. Jahre vor der Entstehung der Menschheit existiert zu haben.

In Ameisenkolonien spielen Pheromone (chemische Verständigungssubstanzen) allgemein eine wichtige Rolle, aber einige Signale, die ihre Verständigung fördern, werden auch über verschiedene andere Wahrnehmungskanäle übermittelt. Bei den meisten Arten werden einfache Botschaften durch Antippen oder Streicheln des Körpers von einer Ameise zur anderen weitergegeben. Die Bewegungen sind einfach und unmittelbar. Eine Arbeiterin kann beispielsweise eine Nestgenossin dazu veranlassen, flüssiges Futter hervorzuwürgen (Abbildung 6-4), indem sie die andere Ameise mit ihrem Vorderbein an einem Kopfteil berührt, den man Labium nennt und der ungefähr unserer Zunge entspricht. Die Reaktion auf diese Berührung lässt sich mit dem Würgereiz vergleichen, allerdings mit dem Unterschied, dass die abgegebene Flüssigkeit – zumindest für andere Ameisen – genießbar ist und gierig aufgeleckt wird (Tafel 55 und 56). Hölldobler fand heraus, dass er diesen Reflex ganz einfach auslösen konnte, indem er das Labium im Labor gehaltener Arbeiterinnen mit einem feinen Haar berührte, das er sich ausgerissen hatte. Die Ameisen hatten eine prall gefüllten Kropf und die zuckende Berührung ihrer Unterlippe waren ganz offensichtlich ausreichend, das Hervorwürgen eines Futtertropfens zu bewirken.

Viele Ameisenarten verständigen sich auch mithilfe von Lauten. Sie produzieren ein hochfrequentes, schrilles Geräusch, indem sie einen dünnen, quer verlaufenden Schaber an ihrer Taille gegen eine fein gerillte, waschbrettartige Oberfläche des Hinterleibes reiben. Insektenforscher nennen dieses Verhalten Stridulation. Für das menschliche Ohr ist das Signal kaum und auch nur dann wahrnehmbar, wenn die Ameise sehr erregt ist und aus Leibeskräften ruft. Man kann es am besten hören, wenn man eine Arbeiterin oder Königin mit der Pinzette packt und sie nah ans Ohr bringt. Die Ameisen können die Laute nicht hören, wie der deutsche Verhaltensphysiologe Hubert Markl gezeigt hat. Aber sie nehmen die Vibrationen des Substrats wahr, auf dem sie stehen oder das sie mit ihren Antennen berühren.

Die hohen Rufe haben, je nach Art und Situation, verschiedene Bedeutungen. Einige Ameisenarten benutzen sie, um nach Hilfe zu rufen, wie Hubert Markl als erstes bei den Blattschneiderameisen der Gattung *Atta* herausfand. Bei heftigen

ABBILDUNG 6-4. Austausch flüssiger Nahrung zwischen zwei Schuppenameisen. Die rechte Ameise gibt flüssige Nahrung aus ihrem Kropf (K), einem Vorratsorgan, das als sozialer Magen fungiert, über ihre Speiseröhre bis in den Mund und den Kropf der Empfängerin weiter. Kleine Futtermengen werden aus dem Kropf auch an den Mitteldarm (M) geleitet und dienen der Ernährung der Arbeiterin. Verdauungsprodukte werden über den Enddarm (R) ausgeschieden. (Mit freundlicher Genehmigung von Turid Hölldobler-Forsyth; aus Hölldobler 1973.)

TAFEL 55. *Oben:* Futteraustausch (Trophallaxis) zwischen zwei Arbeiterinnen der Rossameise *Camponotus castaneus* aus Florida. Das Tier rechts gibt Futter ab, das es in seinem Kropf gesammelt hat. *Unten:* Trophallaxis bei *Camponotus sericiventris* aus Südamerika. (© Bert Hölldobler.)

Regenfällen werden Arbeiterinnen oft durch Erdeinbrüche in Teilen ihres labyrinthartigen, unterirdischen Nestes begraben. Durch ihre schrillen Laute werden Nestgenossinnen herbeigerufen, die die verschütteten Arbeiterinnen dann ausgraben. Wie erwähnt, hat der Anteil der durch die Luft übertragenen Schallenergie

TAFEL 56. Trophallaxis zwischen Major und Minor von *Daceton armigerum* aus Südamerika. Die kleine Arbeiterin (Minor) füttert die große Nestgenossin (Major). (© Bert Hölldobler.)

hat keine Wirkung auf die Helferinnen. Sie nehmen nur die Vibrationen auf, die in der Erde weitergeleitet und von hochempfindlichen Sensoren in ihren Beinen wahrgenommen werden.

Vor einigen Jahren entdeckte der argentinisch-deutsche Insektenforscher Flavio Roces, der mit Bert Hölldobler in Würzburg zusammenarbeitete und jetzt selbst als Professor in Würzburg forscht und lehrt, eine weitere Funktion der Stridulation bei den Blattschneiderameisen. Die Arbeiterinnen sind sehr wählerisch, was das Pflanzenmaterial betrifft, das sie eintragen. Sobald eine futtersuchende Arbeiterin ein sehr begehrtes Blatt gefunden hat, „singt" sie, damit andere Arbeiterinnen aus der Nähe herbeikommen (Abbildung 6-5). Die Vibrationen, die im Stridulationsorgan produziert werden, laufen durch den Körper der Ameise hindurch und über ihren Kopf weiter auf die Blattoberfläche und werden von Arbeiterinnen in einer Entfernung bis zu 25 cm aufgenommen. (Die Wahrnehmungsentfernung hängt von den Vibrationseigenschaften des Pflanzenmaterials ab). Je höher der Nährwert des Blattes ist, umso häufiger werden diese Vibrationssignale ausgesendet.

Ameisen der Gattung *Aphaenogaster*, die in der Wüste leben, geben noch aus einem anderen Grund hohe Laute ab. Wenn eine Arbeiterin auf der Futtersuche ein großes Beutestück, beispielsweise eine tote Schabe oder einen Käfer, findet, ruft sie, um ihre Nestgenossinnen in Erregung zu versetzen. Dieser Laut ist kein auslösendes Signal, sondern ein Verstärker. Für sich allein lockt er keine weiteren

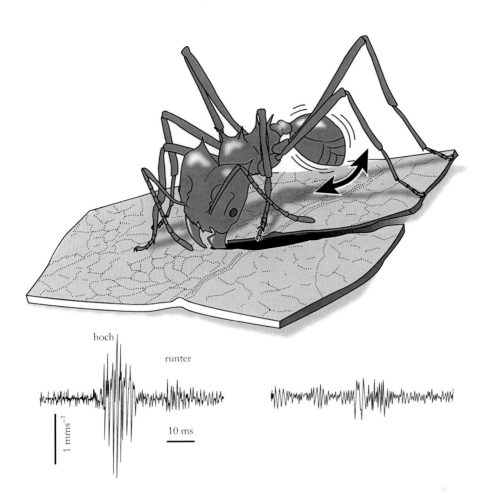

hoch

runter

1 mms⁻¹

10 ms

ABBILDUNG 6-5. Während eine Arbeiterin der Blattschneiderameisen ein Blatt schneidet, bewegt sie ihren Hinterleib auf und ab und erzeugt dadurch Stridulationslaute. Die durch das Substrat übertragenen Vibrationen locken ihre Nestgenossinnen aus der Umgebung an. Die Stridulationsvibrationen wurden mittels Laser-Doppler-Vibrometrie aufgezeichnet. *Unten links.* Vom Substrat übertragene Vibrationen werden während des Schneidens über die Mandibeln weitergeleitet. *Unten rechts.* Von den Beinen übertragene Vibrationen, wenn die Mandibel nicht das Blatt berühren. (Mit freundlicher Genehmigung von Margaret Nelson; nach Roces et al. 1993.)

Arbeiterinnen herbei, sondern veranlasst sie, selbst schneller chemische Rekrutierungssignale abzugeben oder auf sie zu reagieren.

Eine andere Art der akustischen Verständigung, die zum Beispiel von Rossameisen der Gattung *Camponotus* eingesetzt wird, besteht einfach darin, mit dem Kopf auf eine harte Oberfläche zu klopfen. Das Geräusch wird über die Unterlage übertragen und dient dazu, die Nestgenossinnen auf Gefahren aufmerksam zu machen. Die meisten Arten, die sich dieser Methode bedienen, leben in abgestorbenem Holz oder in papierartigen Nestern, die sie aus zerkautem Pflanzenmaterial herstellen.

Es ist eindrucksvoll, solche Verhaltensweisen wie das Antippen, das Streicheln des Körpers, die Abgabe hoher Laute oder das Tanzen mit Körperkontakt zu beobachten, aber sie reichen nicht aus, um ein voll funktionsfähiges Vokabular zu bilden. Ameisen scheinen sich zur Verständigung nicht oder nur wenig auf ihr Sehvermögen zu verlassen, das bei vielen Arten nur schwach entwickelt ist, da die Tiere vorwiegend unterirdisch leben. In der kaum bewegten Luft im inneren Dunkel eines Erdnestes eignen sich Pheromone am besten zur Verständigung. Ameisen sind praktisch wandelnde Drüsenpakete, die eine große Vielfalt solcher Substanzen herstellen (siehe Tafel 32). Wir schätzen, dass Ameisen im Allgemeinen zwischen 10 und 20 oder mehr solcher chemischer „Wörter" oder „Wortkombinationen" nutzen, mit jeweils einer anderen, aber stets sehr allgemeinen Bedeutung. Folgende Verhaltensweisen sind von den Verhaltensforschern am besten untersucht: das Anlocken, die Rekrutierung und Alarmierung von Nestgenossinnen, die gezielte Rekrutierung von Hunderten oder Tausenden von Nestgenossinnen zu entfernten Zielorten mittels chemischer Spuren (Tafel 57), das Erkennen anderer Kasten, das Erkennen der Fruchtbarkeit der Königin oder von anderen reproduktiven Tieren in der Kolonie, von larvalen und anderen Lebenszyklusstadien und die Unterscheidung zwischen Nestgenossinnen und Fremden. Andere Pheromone von der Königin verhindern sowohl das Eierlegen ihrer eigenen Töchter als auch, dass sich ihre heranwachsenden Töchter zu konkurrierenden Königinnen entwickeln. Wieder andere Pheromone, die wahrscheinlich von der Soldatenkaste (besonders großen Ameisen, die auf die Verteidigung der Kolonie spezialisiert sind) erzeugt werden (Tafel 58 und 59), haben möglicherweise auch eine hemmende Wirkung und schränken den prozentualen Anteil der Larven ein, die sich zu Soldaten entwickeln. Die Soldaten tun das nicht etwa aus egoistischen Gründen, um Konkurrenz bei ihren Aufgaben zu vermeiden. Im Gegenteil, diese Beschränkung dient dem Wohle der ganzen Gemeinschaft. Die Verteidigungsstärke wird durch eine negative Rückkopplungsschleife konstant gehalten; damit wird sichergestellt, dass die anderen Kasten, die für das ständige Funktionieren der Kolonie verantwortlich sind, immer zahlreich genug vertreten sind, um ihre Aufgaben erfüllen zu können.

Dennoch haben zahlreiche Studien im Laufe der letzten drei Jahrzehnte nachgewiesen, dass Bewegungsmuster und Berührungssignale für die Rekrutierungskommunikation vieler Ameisenarten eine wichtige Rolle spielen. Die sogenannte multimodale Kommunikation, bei der die Signale vom Empfänger über mehrere Sinneskanäle gleichzeitig oder in eng abgestuften Schritten aufgenommen wer-

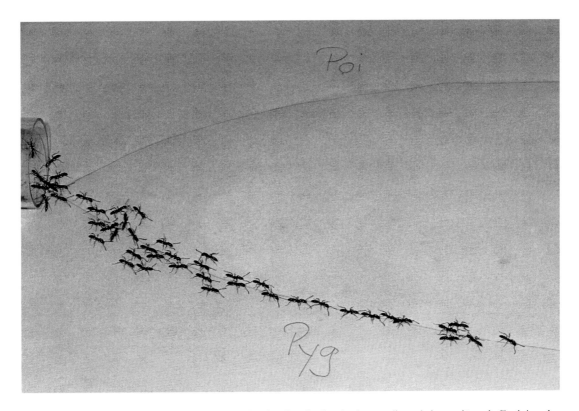

TAFEL 57. Das Anlegen künstlicher Duftspuren ist eine Standardmethode, um die verhaltenauslösende Funktion der von den Ameisen produzierten Sekrete zu testen – in diesem Fall einer australischen *Leptogenys*-Art. Die Arbeiterinnen produzieren sowohl in ihrer Giftdrüse als auch in ihrer Pygidialdrüse Spurpheromone. Die Sekrete aus der Pygidialdrüse haben eine wesentlich stärkere Wirkung: Wenn man künstliche Spuren mit beiden Pheromonen auf den Bleistiftlinien aufträgt, folgen alle Ameisen der Pygidialdrüsenspur (Pyg). Andere Versuche zeigten, dass Spuren, die mit Sekreten aus der Giftdrüse (Poi) gelegt wurden, hauptsächlich der weiteren Orientierung dienen, wenn Ameisen bereits durch das Pygidialdrüsenpheromon rekrutiert worden sind. (© Bert Hölldobler.)

den, spielt auch bei Ameisen eine wichtige Rolle. Beispielhaft hierfür sind die Bewegungsmuster (oder Bewegungsdisplays) bei den Weberameisen, von denen wir bereits gesprochen haben. Sie dienen als Zeichen und übermitteln eine Botschaft über den spezifischen Zielort, zum Beispiel eine neue Futterquelle oder eine territoriale Verteidigung.

Bewegungsmuster können im Rahmen der multimodalen Kommunikation als abgestufte Signalkomponenten bei der Gruppenrekrutierung fungieren, einem bei verschiedenen Arten der Ameisengattungen *Camponotus* und *Polyrhachis* und einigen anderen Ameisenarten verbreiteten Verhalten. Die rekrutierende Ameise versammelt auf diese Weise jeweils 2 bis 30 Nestgenossinnen um sich, die ihr dann zum Zielort folgen (Tafel 60). Hölldobler hat dieses Verhalten erstmals bei der

TAFEL 58. *Oben.* Minors und Majors von *Carebara urichi* aus Costa Rica. Die vergleichsweise gigantischen Soldatinnen (Majors) verteidigen das Nest und zerkleinern größere Beuteobjekte. Sie fungieren auch als lebende Vorratsbehälter, denn sie speichern Nahrung in ihrem Hinterleib, die sie bei Bedarf mit ihren Nestgenossinnen teilen. *Unten.* Majors und Minors der Ernteameise *Pheidole militicida* aus Arizona. Nur die Minors tragen die gesammelten Pflanzensamen in riesigen Kolonnen ins Nest. Die Majors zermalmen die Samenkörner mit ihren kräftigen Mandibeln und verteidigen das Nest. (© Bert Hölldobler.)

TAFEL 59. Die Kolonien der asiatischen *Pheidologeton*-Ameisen haben mehrere Arbeiterinnensubkasten. *Oben:* Eine Super-Major und eine Major. *Unten:* Eine Minor reitet auf dem Kopf einer Super-Major. (© Bert Hölldobler.)

TAFEL 60. Gruppenrekrutierung bei afrikanischen *Polyrhachis*-Ameisen. Die Arbeiterin an der Spitze der Gruppe legt eine Spur mit Sekreten aus dem Enddarm und möglicherweise auch aus der Giftdrüse. (© Bert Hölldobler.)

Rossameise *Camponotus socius* aus dem Südosten der Vereinigten Staaten untersucht (Tafel 61). Die Kundschafterin setzt zunächst chemische „Wegweiser" um neu entdeckte Nahrungsquellen herum und legt dann mit dem Inhalt ihres Enddarms eine Spur von der Futterquelle bis zum Nest. Das Spurpheromon löst für sich alleine noch keine nennenswerte Rekrutierung aus. Im Nest zeigt die rekrutierende Ameise, wann immer sie auf eine Nestgenossin trifft, ein laterales Wackelverhalten (Abbildung 6-6). Jede dieser Wackelepisoden dauert etwa 0,5 bis 1,5 s und wird mehrfach wiederholt. Offensichtlich werden dadurch die Nestgenossinnen stimuliert, der rekrutierenden Ameise zur Futterquelle zu folgen (Abbildung 6-7). Welche Bedeutung das Wackelverhalten hat, konnte Hölldobler experimentell nachweisen. Er verschloss die Rektalöffnung der rekrutierenden Ameise mit einem Wachspfropf, sodass die Wackelbewegung nun unabhängig vom Spurpheromon erfolgte. Einer ausschließlich experimentell erzeugten chemischen Spur folgten signifikant mehr Arbeiterinnen, wenn sie vorher durch die Wackelbewegung der manipulierten Nestgenossin stimuliert worden sind. Außerdem konnte gezeigt werden, dass sowohl die Intensität dieses von der Kundschafterin gezeigten Bewegungsmusters als auch die Reaktion der Nestgenossinnen positiv mit dem Nahrungsbedarf der Kolonie korreliert ist und dass dieses Wackelverhalten als abgestuftes Signal wirken kann. Seine Intensität ist abhängig vom Motivationszustand der rekrutierenden Ameise, sowie von der Empfänglichkeit der Kolonie für dieses Signal, die vom jeweiligen Sättigungsgrad der Kolonie abhängt.

Während dieses Bewegungsdisplays haben rekrutierende Arbeiterinnen die Mandibeln in der Regel geöffnet und die Unterlippe ausgestreckt. Wie bei den

TAFEL 61. *Oben:* Arbeiterinnen der Rossameisenart *Camponotus socius* aus Florida mit Brut. *Unten:* Eine Arbeiterin legt eine chemische Spur mit Flüssigkeit aus dem Enddarm. (© Bert Hölldobler.)

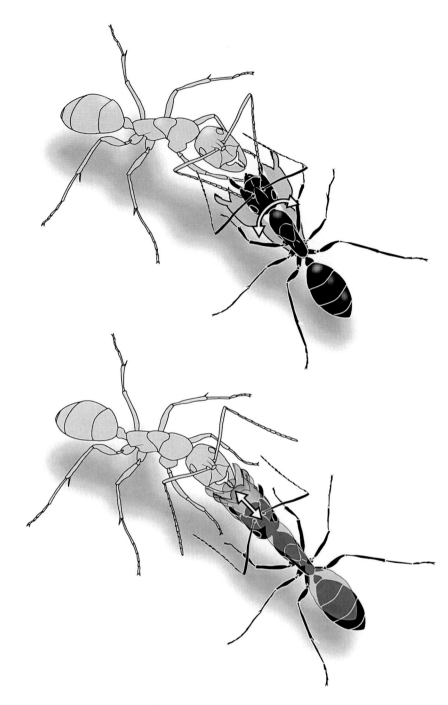

ABBILDUNG 6-6. *Camponotus socius* (*schwarz*) unterstützt die Rekrutierung zur Nahrungsquelle (*oben*) mit einladenden latera-
len Wackelbewegungen des Körpers, die sich vermutlich als ritualisierte Verhaltensweise aus der Nahrungsübergabe entwickelt haben. Die Bewegung unterscheidet sich von dem zur Abwanderung auffordernden Signal (*unten*). Die rekrutierende
Camponotus socius-Arbeiterin (*schwarz*) fordert eine Nestgenossin mit Vor- und Zurückbewegungen zum Nestumzug auf.
Dieses Verhalten hat sich vermutlich aus dem Verhalten entwickelt, mit dem das Tragen von Nestgenossen eingeleitet
wird. (Mit freundlicher Genehmigung von Margaret Nelson nach einer Originalzeichnung von Turid Hölldobler-Forsyth;
aus Hölldobler 1971.)

142

ABBILDUNG 6-7. Gruppenrekrutierung von *Camponotus socius.* Die vorauslaufende Rekrutierameise legt zur Orientierung eine Duftspur mit Sekret aus dem Enddarm und eine kurzlebige Rekrutierungsspur aus der Giftdrüse. (Mit freundlicher Genehmigung von Margaret Nelson; nach Hölldobler 1971.)

Weberameisen ähnelt dieses Verhalten dem Bewegungsmuster einer Ameise, die einer Nestgenossin Futter anbietet. Tatsächlich bieten auch die Kundschafterinnen von *Camponotus socius* den Nestgenossinnen beim Rekrutierungsprozess häufig Nahrungsproben an. Deshalb nehmen wir an, dass die Wackelbewegung ursprünglich eine Intentionsbewegung war, die der sozialen Übergabe von Nahrung vorausging, welche dann im Laufe der Signalevolution ritualisiert wurde und nun als Kommunikationssignal dient, das die Entdeckung von Nahrung anzeigt.

Ein anderes Bewegungsdisplay beobachtet man bei Arbeiterinnen von *Camponotus socius*, wenn sie Nestgenossinnen zu neuen Neststandorten rekrutieren. Wenn die rekrutierende Ameise einer Nestgenossin gegenübersteht, nimmt sie eine leicht erhöhte Stellung ein, packt sie am Kopf und zieht sie ruckartig nach vorne. Es kann aber auch nur ein leichtes Berühren des Kopfes sein, das mit einem schnellen Hin-und-herzucken verbunden ist (siehe Abbildung 6-6). Dieses Bewegungsdisplay signalisiert speziell die Rekrutierung zur Abwanderung in ein neues Nest. Entstanden ist es offenbar aus der Intentionsbewegung, die dem Transport erwachsener Tiere vorausgeht, einer sozialen Verhaltensweise, die man bei Nestumzügen von Kolonien häufig beobachtet.

Das lässt sich besonders gut bei einer anderen Rossameisenart (*Camponotus sericeus*) zeigen, die Nestgenossinnen mit der Tandemlauftechnik zu neuen Neststandorten rekrutiert. Die erfolgreiche Kundschafterin nähert sich einer Nestgenossin frontal, packt sie an den Mandibeln und zieht sie energisch nach vorne. Dann lockert sie den Griff, das Tier dreht sich um 180 ° und es präsentiert der Nestgenossin ihre Gaster (der hinterste Teil des Hinterleibes). Reagiert diese darauf mit Berührung der Gaster oder der Hinterbeine, so startet die rekrutierende Kundschafterin den Tandemlauf (Abbildung 6-8). Nach einigen solchen Tandemläufen werden viele der rekrutierten Ameisen selbst zu Rekrutierenden. Vor allem jüngere Nestgenossinnen werden zum Nest getragen.

Vergleicht man nun die Verhaltensabläufe, die bei einem Umzug den Tandemlauf und den Transport einleiten, so zeigt sich sehr anschaulich, dass beide

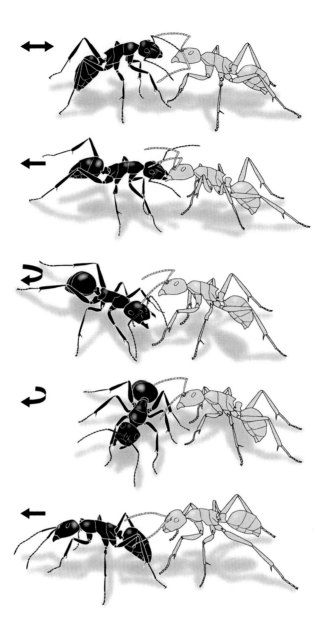

ABBILDUNG 6-8. Beim Umzug der asiatischen Art *Camponotus sericeus* in ein neues Nest beginnt die Rekrutierung durch Tandemlauf damit, dass die Kundschafterin (*schwarz*) ein ritualisiertes Aufforderungsverhalten zeigt. Daraufhin folgt ihr die Nestgenossin zum neuen Neststandort. Die Bilder zeigen von oben nach unten den gesamten Verhaltensablauf: Die rekrutierende Ameise nähert sich einer Nestgenossin und zuckt 1 bis 3 s lang mit dem Körper vor und zurück. Anschließend packt sie die Nestgenossin an den Mandibeln und zerrt sie 2 bis 20 cm weit mit. Dann lässt die rekrutierende Ameise los und dreht sich um. Schließlich gibt sie ein Orientierungspheromon aus dem Enddarm ab und führt die Nestgenossin zum neuen Nest; dabei hält diese den direkten Berührungskontakt aufrecht, indem sie mit ihren Antennen den Hinterleib und die Beine der vorauslaufenden Ameise berührt. (Mit freundlicher Genehmigung von Margaret Nelson; nach einer Originalzeichnung von Turid Hölldobler-Forsyth aus Hölldobler et al. 1974.)

Rekrutierungsweisen aus den gleichen Verhaltensbausteinen aufgebaut sind, wobei offensichtlich die Aufforderung zum Tandemlauf durch Ritualisierung des Verhaltens, das das Trageverhalten initiiert, entstanden ist. Das wird aus dem Vergleich der Abbildung 6-8 und 6-9 deutlich.

Rekrutieren durch Tandemlaufen und Gruppenrekrutierung, beide Verhaltensweisen findet man bei sehr verschiedenen Ameisenarten, repräsentieren in der Evolutionsskala sicherlich weniger abgeleitete Stufen der Komplexität. Man findet sie auch besonders häufig bei ursprünglichen Ameisenunterfamilien, beispielsweise bei den poneromorphen Gattungen, den Urameisen (Tafel 62).

Die Massenrekrutierung durch Spurpheromone, bei denen das Spurpheromon allein genügt, ein massenhaftes Spurfolgeverhalten auszulösen, wurde erstmals von Wilson in den frühen 1960er-Jahren an der Roten Feuerameise *Solenopsis invicta* untersucht. Die Reaktion der Nestgenossinnen auf das Spurpheromon ist in erster Linie abhängig von der Konzentration des Pheromons auf der Spur. Aber selbst bei diesen Ameisen, bei denen das Pheromon allein das gesamte Verhalten auslösen kann, hat man spezifische Bewegungsmuster im Rekrutierungsverhalten gefunden, und Deby Cassill von der University of South Florida konnte zeigen, dass diese Verhaltensweisen den Rekrutierungsprozess „Angebot und Nachfrage" entsprechend feinregulieren. Diese Untersuchung ist ein weiteres Beispiel dafür, dass wir anscheinend nebensächlichen Verhaltensweisen wie ein Zuck- oder Wackelverhalten durchaus Beachtung schenken sollen. In der Tat – heute wissen wir, dass solche Verhaltensweisen wichtige Modulatoren in der chemischen Kommunikation der Ameisen darstellen.

Nichtsdestotrotz ist es kein großes Rätsel, warum die chemische Kommunikation bei Ameisen so vorherrschend ist. Dass uns dies zunächst so fremd erscheint, liegt einfach an unseren eigenen physiologischen Grenzen. Wir sind in unserer Geruchswahrnehmung sehr beschränkt und können nur wenige Gerüche unterscheiden. Unser Wortschatz enthält daher auch nur wenige Worte, mit denen wir unsere Geschmacks- und Geruchsempfindungen ausdrücken können: süß, stinkend, scharf, sauer, moschusartig, beißend und noch wenige weitere, dann ist er bereits erschöpft und wir müssen auf Analogien zurückgreifen, die wir visuellen Eigenschaften entlehnen, um Gegenstände näher zu beschreiben, wie ein kupferartiger, rosenähnlicher, bananenartiger oder zedernhafter Geruch und so weiter. Dafür haben wir hervorragende akustische und visuelle Fähigkeiten, auf denen unsere ganze Zivilisation aufgebaut ist. Ameisen haben einen anderen evolutionären Weg eingeschlagen als wir. Auf akustischer Kommunikationsebene richten sie wenig

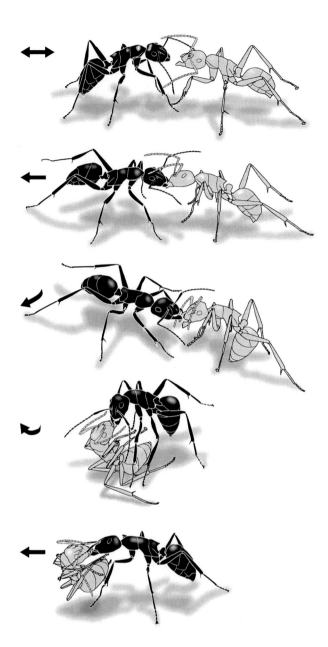

ABBILDUNG 6-9. Initiation des Transportes adulter Tiere bei *Camponotus sericeus*. Die rekrutierende Arbeiterin (*schwarz*) nähert sich einer Nestgenossin und zuckt 1 bis 3 s ruckartig vor und zurück. Dann packt sie die Nestgenossin mit den Mandibeln und zieht sie 2 bis 20 cm weit mit. Die Mandibeln weiter fest im Griff, hebt die rekrutierende Arbeiterin ihre Nestgenossin leicht an und beginnt, sich umzudrehen. Dabei legt die Nestgenossin Fühler und Beine fest an den Körper und klappt die Gaster (letzter Teil des Hinterleibes) nach unten ein. So kann die rekrutierende Arbeiterin ihre Nestgenossin zum neuen Nest tragen. (Mit freundlicher Genehmigung von Margaret Nelson; nach einer Originalzeichnung von Turid Hölldobler-Forsyth aus Hölldobler et al. 1974.)

TAFEL 63. Die Wüstenameise *Cataglyphis setipes*, deren Arbeiterinnen Einzeljäger sind und niemals Nestgenossinnen rekrutieren. (Mit freundlicher Genehmigung von Rüdiger Wehner.)

fen haben, laufen sie in gerader Linie zum Nest zurück (Tafel 64). Die Ameisen wissen also genau, in welcher Himmelsrichtung das Nest liegt. Sie haben einen Sonnenkompass, mit dessen Hilfe sie mittels des polarisierten Himmelslichtes den Sonnenstand wahrnehmen und mit ihrer „inneren Uhr" die subjektive Sonnenwanderung registrieren können. Mithilfe dieser Wahrnehmungen können Arbeiterinnen von *Cataglyphis* und einigen anderen Ameisenarten eine Wegintegration vornehmen, das heißt, sie müssen nicht entlang aller Kurven und Wendungen, die sie beim Auslaufen vollzogen haben, zurücklaufen. Sie sind fähig, all diese Vektoren des Auslaufweges zu einem geraden Rückweg zu integrieren. Aber das ist noch nicht alles. Die Arbeiterinnen von *Cataglyphis fortis* können mithilfe eines „Schrittzählers" genau die Entfernung abmessen, die sie auf dem Heimweg zurücklegen müssen, um das Nest zu erreichen. Man hatte schon länger gute Hinweise aus Freilandbeobachtungen, dass Ameisen irgendwie die Länge der zurückgelegten Strecke messen können. Matthias Wittlinger hat in seiner Doktorarbeit, die er bei dem Ulmer Verhaltensphysiologen Harald Wolf und bei Rüdiger Wehner durchführte, herausgefunden, dass die Ameisen anhand der ausgeführten „sechsbeinigen" Schritte ziemlich genau abschätzen können, wie groß die Entfernung ist, die

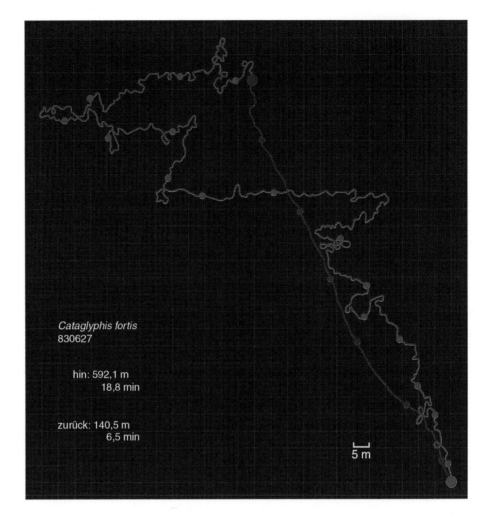

Cataglyphis fortis
830627

hin: 592,1 m
18,8 min

zurück: 140,5 m
6,5 min

5 m

TAFEL 64. Der Lauf vom Nest in das Jagd- und Futtersammelgebiet verläuft bei *Cataglyphis* meist in vielen Kurven und Suchschleifen (*gelbe Linie*). Sobald ein Insekt oder eine Spinne gefunden oder erlegt wurde, läuft die Ameise in nahezu gerader Linie direkt zum Nest zurück (*orangefarbene Linie*). (Mit freundlicher Genehmigung von Rüdiger Wehner.)

sie zurückgelegt haben. Allerdings müssen sie die Anzahl der Schritte ebenfalls mit den Vektoren des Auslaufes integrieren, denn die gesamte beim Auslauf zurückgelegte Strecke ist ja wesentlich länger als der gerade Heimweg. Wie das Gehirn der Ameisen diese Aufgabe genau bewerkstelligt, weiß man noch nicht. Aber der Nachweis des Schrittzählers ist Matthias Wittlinger mit einem genial einfachen Versuch gelungen. Er hat den Ameisen entweder die Beine verkürzt, indem er die Tarsen abgeschnitten hat, oder er hat die Beine verlängert, indem er dünne Stelzen den Beinen befestigte (Tafel 65). Ameisen haben keine Schmerzrezeptoren, somit konnte man diese Experimente ohne Gewissensbisse durchführen. Tiere

TAFEL 65. Um den Schritt-Weg-Messer von *Cataglyphis* zu testen, hat Matthias Wittlinger bei einigen futtersuchenden Arbeiterinnen die Beine mittels künstlich angebrachter Stelzen verlängert. Hier sieht man eine solche Ameise, die einer Nestgenossin begegnet, deren Beinlänge nicht verändert wurde. (Mit freundlicher Genehmigung von Matthias Wittlinger.)

mit verkürzten Beinen suchten zu früh, das heißt nach einer zu kurzen zurückgelegten Strecke, nach einem Nesteingang, denn sie hatten mit den kurzen Beinen mit derselben Schrittzahl eine geringere Strecke zurückgelegt als es ihnen mit den längeren Beinen möglich gewesen war. Ameisen mit verlängerten Beinen legten dagegen eine längere Strecke mit derselben Schrittzahl zurück als die kurzbeinigen Tiere und liefen am Nesteingang vorbei, bevor sie mit der Suche begannen.

|| Tafel 66. Super-Major und Mini-Arbeiterin der
Blattschneiderameise *Atta cephalotes*. Obgleich diese beiden Ameisen Schwestern sind, sind sie sehr unterschiedlich
groß. Entsprechend unterschiedlich sind ihre Funktionen im
Arbeitsteilungsnetz der Blattschneiderkolonie. (Foto mit freundlicher Genehmigung von Alex Wild/alexanderwild.com.)

7

ARBEITSTEILUNG IM SUPERORGANISMUS

Mit bloßem Auge sehen alle Ameisen gleich aus, wie sich auch Vögel aus 1 km Entfernung nur schwer voneinander unterscheiden lassen. Doch schon alleine die Größenunterschiede sind sagenhaft (Tafel 66). Eine gesamte Kolonie der kleinsten Ameisen, beispielsweise eine *Brachymyrmex*-Kolonie aus Südamerika oder eine *Oligomyrmex*-Kolonie aus Asien, könnte bequem in der Kopfkapsel eines Soldaten der größten Ameisenart, der Riesenameise von Borneo, *Camponotus gigas*, leben (Tafel 67). Betrachtet man Ameisen aber aus der Nähe, dann unterscheiden sich die in etwa 14 000 bekannten Ameisenarten so stark voneinander wie Elefanten, Tiger und Mäuse (Tafel 68).

Entsprechend variiert die Größe des Gehirns der Ameisen bis um das Hundertfache von Art zu Art, wenn man alle bekannten Ameisenarten berücksichtigt. Bedeutet das jedoch auch, dass die größten Ameisen intelligenter sind oder zumindest von komplizierteren instinktiven Verhaltensmustern geleitet werden? Die Antwort auf die Frage nach den Verhaltensmustern lautet „ja", aber die Unterschiede sind gering (für Intelligenz gibt es keine präzisen Maßstäbe). Die Anzahl verschiedener Verhaltensweisen wie Körperpflege, Versorgung der Eier, das Legen von Duftspuren und so weiter liegt bei all den Arten, die darauf untersucht wurden, zwischen 20 und 42. Die größten Ameisen zeigen nur ungefähr 50 % mehr solcher Verhaltensweisen als die kleinsten. Dieser Variabilitätsgrad lässt sich nur durch stundenlange, detaillierte Beobachtungen bestimmen.

Im Verlauf der Evolution hat die Leistungsfähigkeit des Gehirns einer einzelnen Ameise wahrscheinlich seine Grenzen erreicht. Die erstaunlichen Leistungen der Weberameisen und anderer hochentwickelter Arten werden nicht durch die komplexen Handlungen einzelner Koloniemitglieder vollbracht, sondern durch Gemeinschaftsaktionen, an denen viele Nestgenossinnen beteiligt sind. Beobachtet man eine einzelne Ameise getrennt vom Rest der Kolonie, so sieht man höchstens eine Beutejägerin auf der Pirsch oder eine kleine, unauffällige Kreatur, die ein

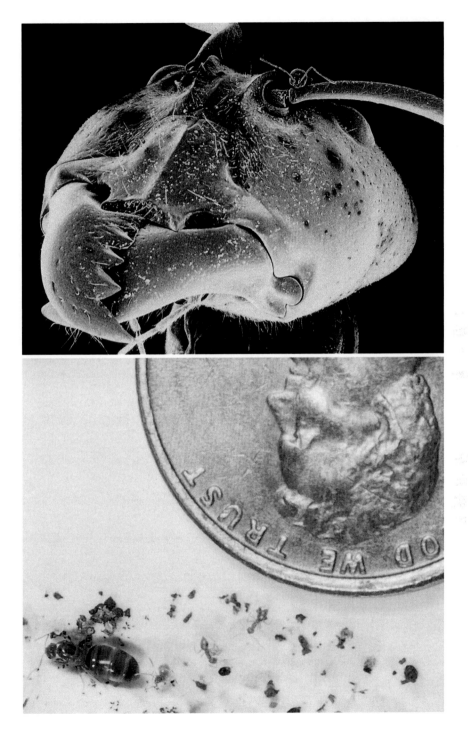

TAFEL 67. Die Größen der Ameisen und der Kolonien, das heißt der Superorganismen, die sie bilden, variieren enorm. *Oben:* Eine gesamte *Brachymyrmex*-Kolonie aus Südamerika – eine Arbeiterin dieser Gattung sieht man auf der rasterelektronischen Aufnahme hinter der Antenne der Rossameise *Camponotus gigas* aus Borneo hervorspähen – hätte in dem Kopf der große Arbeiterin Platz. *Unten:* Eine junge Kolonie – Königin und kleine gelbe Arbeiterinnen – von *Brachymyrmex* neben einer Ein-Cent-Münze der USA. (Aufnahme oben © Ed Seling und Bert Hölldobler; Foto unten © Bert Hölldobler.)

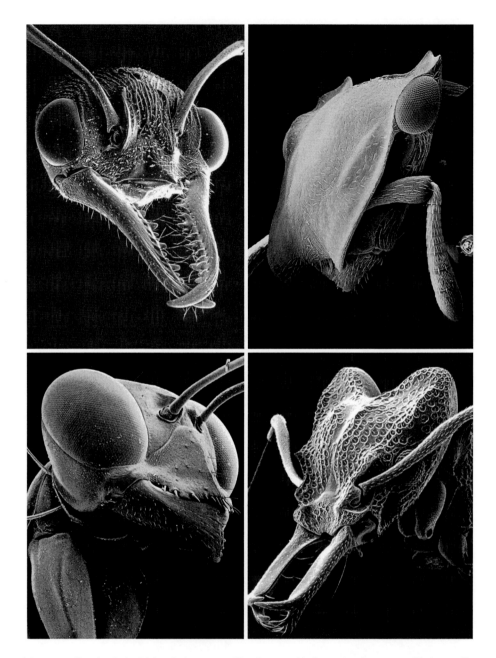

TAFEL 68. Rasterelektronenmikroskopische Nahaufnahmen von Köpfen verschiedener Ameisenarten offenbaren die enorme Vielfalt der Tiere. *Oben links.* Gattung *Myrmecia, oben rechts.* Gattung *Zacryptocerus, unten links. Gigantiops destructor* aus Südamerika; *unten rechts. Orectognathos versicolor* aus Australien. (© Ed Seling und Bert Hölldobler.)

ABBILDUNG 7-1. Der Treiberameisen-Superorganismus: ein Schwarm *Dorylus*-Treiberameisen auf Raubzug in Ostafrika. (Mit freundlicher Genehmigung von Katherine Brown-Wing.)

Loch in den Boden gräbt. Eine Ameise allein ist eine Enttäuschung; eigentlich ist sie gar keine richtige Ameise.

Die Kolonie ist der eigentliche Organismus, das heißt die Einheit, die man untersuchen muss, wenn man die Biologie kolonielebender Arten verstehen will. Stellen Sie sich die großen Kolonien der afrikanischen Treiberameisen vor, die von allen Insektenstaaten einem Organismus am nächsten kommen. Betrachtet man die räuberischen Kolonnen der Treiberameisenkolonie verschwommen aus der Ferne, so erscheinen sie einem wie ein einziges Lebewesen, das sich wie die Pseudopodien einer riesigen Amöbe 100 m über den Boden ausbreitet (Abbildung 7-1). Bei näherem Hinsehen zeigt sich, dass es sich um mehrere Millionen Arbeiterinnen handelt, die gemeinsam das unterirdische Biwak, das Nest, verlassen. Die Kolonne erscheint dem Beobachter zuerst wie ein sich ausbreitender Teppich und verwandelt sich dann in eine Formation, die an den Schattenwurf eines Baumes erinnert, dessen Stamm horizontal aus dem Nest herauswächst. Der „Schatten" der Baumkrone besitzt ungefähr die Breite eines kleinen Hauses und besteht aus der vorwärtsdrängenden Front von Arbeiterinnen, die durch unzählige sich verzweigende Äste mit dem Stamm verbunden ist. Dieser Schwarm hat keine Anführerin, sondern die Arbeiterinnen in der Vorhut laufen mit einer durchschnittlichen Geschwindigkeit von 4 cm pro Sekunde vor und zurück. Sie preschen für ein kurzes Stück voraus und kehren dann in das Gewühl der Menge zurück, um anderen Läuferinnen an der Spitze Platz zu machen. Die Kolonnen, die sich auf der Futtersuche befinden und wie dicke, schwarze, auf dem Boden liegende Seile aussehen, sind nichts anderes als Ströme kommender und gehender Ameisen (Tafel 69). Die Vorhut, die sich mit 20 m pro Stunde vorwärts bewegt, breitet sich flächendeckend auf dem Boden und der gesamten niedrigen Vegetation aus, wobei alle Insekten und sogar Schlangen und andere größere Tiere, die nicht flüchten konnten, gesammelt und getötet und in das Nest transportiert werden (zu den Opfern gehört ganz selten auch ein unbeaufsichtigtes Kind). Nach einigen Stunden fließt der Ameisenstrom in umgekehrter Richtung zurück in die Nestlöcher.

Wenn man von einer Treiberameisenkolonie oder von anderen sozialen Insekten von mehr als nur einer dichten Ansammlung von Individuen spricht, bezeichnet man sie als einen Superorganismus und lädt damit zu einem ausführlichen Vergleich zwischen einem Insektenstaat und einem Organismus ein. Die Vorstellung – der Traum – von einem Superorganismus war Anfang dieses Jahrhunderts sehr populär. William Morton Wheeler kam, wie viele seiner Zeitgenossen, in seinen Veröffentlichungen immer wieder darauf zurück. In seinem berühmten Aufsatz von 1911, der die Überschrift *Die Ameisenkolonie als ein Organismus* trug, stellte er fest, dass die Kolonie dieser Tiere wirklich einen Organismus darstellt und nicht nur eine Analogie dazu bildet. Die Kolonie, sagte er, verhält sich wie eine Einheit. Sie besitzt bestimmte Merkmale, die ihre Größe, ihr Verhalten und ihre Organisation betreffen, die von Kolonie zu Kolonie und von einer Generation zur nächsten weitergegeben werden. Die Königin ist das Fortpflanzungsorgan und die Arbeiterinnen stellen das unterstützende Gehirn, das Herz, den Verdauungstrakt und andere Körpergewebe dar. Der Austausch von flüssigem Futter unter den Koloniemitgliedern entspricht dem Blutkreislauf und dem Lymphsystem.

Wheeler und anderen Theoretikern der damaligen Zeit war klar, dass sie einer wichtigen Sache auf der Spur waren. Sie lagen mit ihrer Ansicht auch durchaus

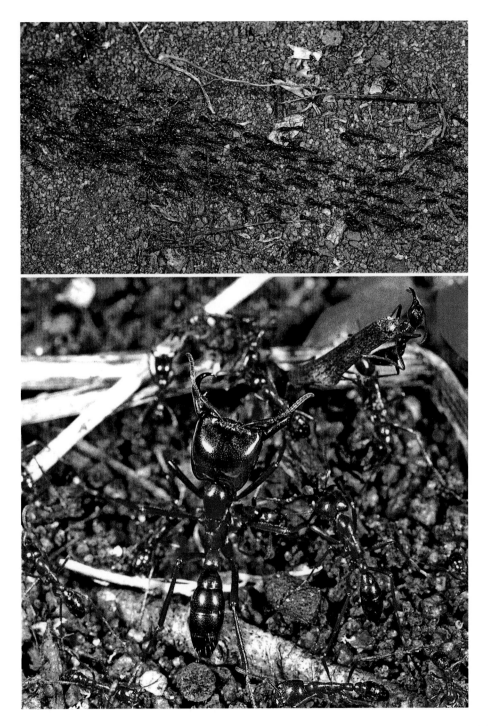

TAFEL 69. Heerscharen der afrikanischen Treiberameisen der Gattung *Dorylus* (*oben*), die von ihren Soldatinnen, die sich an den Seiten der Kolonne postieren, geschützt werden (*unten*). (© Bert Hölldobler.)

auf der wissenschaftlichen Linie. Nur wenige erlagen dem Mystizismus von Maurice Maeterlincks Buch *Der Geist im Bienenstock*, wonach eine übernatürliche Kraft aus den Insektengemeinschaften hervorgeht, die sie leitet und vielleicht für ihre Entstehung verantwortlich ist. Die meisten gingen jedoch nicht weiter, als naheliegende anatomische Analogien zwischen einem Organismus und einer Kolonie zu ziehen.

Dieser Ansatz, so tiefschürfend und anregend er auch war, hatte sich jedoch irgendwann in seinen Möglichkeiten erschöpft. Seine Grenzen wurden zunehmend ersichtlich, als Biologen immer feinere Details der Kommunikation und der Kastenbildung herausfanden, die den Kern der sozialen Organisation einer Kolonie bilden. Ab 1960 war der Ausdruck „Superorganismus" aus dem wissenschaftlichen Sprachgebrauch verschwunden.

In der Wissenschaft werden alte Ideen jedoch selten ganz begraben. Sie kehren nur zur Mutter Erde zurück, wie der Riese Antaios aus der griechischen Mythologie, um neue Kraft zu sammeln und wieder aufzuerstehen. Mit einer wesentlich besseren Kenntnis der Organismen und der Kolonien als noch vor 30 Jahren konnten neue detailliertere und präzisere Vergleiche auf diesen beiden Ebenen der biologischen Organisation angestellt werden. Dieses neue Unterfangen hatte ein höheres Ziel, als sich nur den intellektuellen Freuden von Analogschlüssen hinzugeben. Man zielte nun darauf ab, Informationen aus der Entwicklungsbiologie mit Erkenntnissen aus der Erforschung von Tiergesellschaften in Verbindung zu bringen, um allgemeingültige Prinzipien der biologischen Organisation aufzudecken. Auf der Ebene des Organismus wird heute die Morphogenese als einer der wichtigsten Entwicklungsprozesse betrachtet. Es handelt sich um Entwicklungsschritte, in deren Verlauf die Zellen ihre Gestalt und ihre Chemie verändern und Massenbewegungen durchführen, um den Organismus aufzubauen. Der wichtigste Entwicklungsprozess auf der Ebene der Kolonie ist die Soziogenese, das heißt die Entwicklungsschritte, die dazu führen, dass Individuen durch Veränderungen ihrer Kastenzugehörigkeit und ihres Verhaltens den Insektenstaat aufbauen. Es stellt sich die für Biologen allgemein interessante Frage, inwieweit Ähnlichkeiten – gemeinsame Regeln und Algorithmen – zwischen der Morphogenese und Soziogenese bestehen. Soweit sich solch allgemeine Regeln klar definieren lassen, haben sie gute Aussichten, als langgesuchte, allgemeingültige Gesetzmäßigkeiten in der Biologie anerkannt zu werden.

Daraus lässt sich leicht ablesen, dass die Wissenschaftler weit mehr als nur ein vorübergehendes Interesse an Ameisenkolonien haben. Wie weit die Entwicklung eines Superorganismus gehen kann, zeigt sich vielleicht noch besser an den ebenso spektakulären Blattschneiderameisen der Gattung *Atta* als an den Treiberameisen. Fünfzehn Arten sind bekannt, deren gesamtes Vorkommen sich auf die Neue Welt zwischen Louisiana beziehungsweise Texas und den Süden Argentiniens beschränkt. Zusammen mit der nahe verwandten Gattung *Acromyrmex* (sie umfasst 24 Arten, die ebenfalls auf die Neue Welt beschränkt sind) besitzen die *Atta*-Arten die unter Tieren seltene Fähigkeit, Pilze auf frischem Pflanzenmaterial zu züchten, das sie in ihr Nest eintragen. Sie sind richtige Gärtnerinnen. Sie ernten Pilze, die aus vielen fadenförmigen Hyphen bestehen und unserem Brotschimmel ähneln. Ihre Kolonien, die sich an diesem ungewöhnlichen Material gütlich tun, erreichen eine gewaltige Größe und zählen im Reifestadium mehrere Millionen Arbeiterinnen. Rainer Wirth und seine Kollegen, damals an der Universität Würzburg, haben in einer Langzeitstudie im Regenwald Panamas gefunden, dass ausgewachsene Kolonien von *Atta colombica* zwischen 85 und 470 kg (Trockengewicht) Pflanzenbiomasse pro Kolonie und Jahr ernten. Mehrere Arten, darunter die berüchtigte *Atta cephalotes*, *Atta sexdens* und die grasschneidenden *Atta vollenweideri* sind die schlimmsten Insektenschädlinge Süd- und Mittelamerikas, die jährlich Ernten im Wert von mehreren Milliarden Dollar zerstören. Gleichzeitig gehören sie jedoch auch zu den wichtigsten Grundbausteinen des Ökosystems. Sie bewegen und belüften enorme Mengen Erdreich in den Wäldern und Steppen und bringen dabei Nährstoffe in Umlauf, die lebenswichtig für die meisten dort lebenden Tiergesellschaften sind.

Die Blattschneiderameisen erhalten ihre Gärten durch kleine, mehr oder weniger gut aufeinander abgestimmte Schritte, die sie in ihren unterirdischen Kammern durchführen. Alle Arten folgen einem ähnlichen Lebenszyklus, mit dem sie Pilzzuchttechniken von Generation zu Generation weitergeben. Er beginnt mit den Hochzeitsflügen. Einige Arten wie *Atta sexdens* führen ihre Hochzeitsflüge nachmittags durch, während sich andere Arten wie *Atta texana* aus dem Südwesten der Vereinigten Staaten in der Dunkelheit der Nacht auf Hochzeitsflug begeben. Die schweren, jungfräulichen Königinnen schlagen wie wild mit ihren Flügeln und mühen sich ab, in die Luft aufzusteigen, wo sie auf Männchen treffen und sich nacheinander mit mindestens fünf von ihnen paaren. Jede Königin erhält noch in der Luft von ihren Freiern (sie sterben danach alle innerhalb von ein bis zwei Tagen) 200 bis 300 Mio. Spermien und speichert sie in ihrer Spermatasche. Dort werden die Spermien bis zu mindestens 14 Jahre, der längsten bisher bekannten Lebensspanne einer Königin, in inaktivierter Form aufbewahrt. Man schätzt, dass die Königinnen einiger Blattschneiderameisenkolonien bis zu 20 Jahre alt werden können. Die Spermien werden zur Befruchtung der Eier auf ihrem Weg durch die Eileiter einzeln nach außen abgegeben.

Eine Königin der Blattschneiderameisen kann während ihrer langen Lebenszeit bis zu 150 Mio. Töchter produzieren, von denen die überwiegende Mehrheit aus Arbeiterinnen besteht. Erst wenn sich ihre Kolonie dem ausgewachsenen Zustand nähert, wächst ein Teil dieser Weibchen nicht zu Arbeiterinnen, sondern zu Königinnen heran; jede von ihnen ist dann in der Lage, selbst eine neue Kolonie zu gründen. Andere Nachkommen entwickeln sich aus unbefruchteten Eiern zu kurzlebigen Männchen. Diese gewaltige Produktion beginnt, sobald eine frisch begattete Königin anfängt, ein Nest zu bauen und den ersten Schwung Arbeiterinnen aufzuziehen. Sie landet auf dem Boden und bricht ihre vier Flügel an der Basis ab, sodass sie von nun an zu einem erdgebundenen Leben gezwungen ist. Dann gräbt sie einen 12 bis 15 mm breiten Schacht senkrecht in die Erde. Nach ungefähr 30 cm erweitert sie den Schacht zu einer Kammer mit 6 cm Durchmesser. Schließlich lässt sie sich in dieser Kammer nieder, um einen neuen Pilzgarten anzulegen und ihre Brut aufzuziehen (Abbildung 7-2; Tafel 70).

Aber halt – wie kann die Königin einen Pilzgarten anlegen, wenn sie den symbiotischen Pilz im mütterlichen Nest zurückgelassen hat? Kein Problem – sie hat ihn mitgenommen! Kurz vor ihrem Hochzeitsflug hat sie sich ein Polster der fadenförmigen Hyphen in eine kleine Tasche am Boden ihrer Mundhöhle gesteckt. Jetzt spuckt sie das Paket auf den Boden ihrer Kammer. Ihr Garten ist nun angelegt und kurz darauf beginnt sie, drei bis sechs Eier zu legen.

Zuerst hält sie die Eier und den kleinen Pilzgarten getrennt, doch am Ende der zweiten Woche, nachdem sich mehr als 20 Eier angesammelt haben und die Pilzmasse das Zehnfache ihrer ursprünglichen Größe erreicht hat, legt sie beide zusammen. Gegen Ende des ersten Monats befindet sich die Brut, die nun aus Eiern, Larven und den ersten Puppen besteht, inmitten eines ständig wachsenden Pilzrasens. Die ersten Arbeiterinnen schlüpfen 40 bis 60 Tage nach der ersten Eiablage. Während dieser gesamten Zeit bearbeitet die Königin den Pilzgarten ganz alleine. In Abständen von ein bis zwei Stunden reißt sie ein kleines Stück ihres Garten heraus, biegt ihren Hinterleib zwischen ihren Beinen nach vorne, berührt das Stück mit der Spitze ihres Hinterleibes und tränkt es mit einem durchsichtigen, gelblichen oder bräunlichen Tropfen Kotflüssigkeit. Danach setzt sie das Stück in den Garten zurück. Die Königin opfert ihre eigenen Eier zwar nicht als Substrat für den Pilz, aber sie selbst frisst 90 % von ihnen. Und wenn die ersten Larven

ABBILDUNG 7-2 a–c. Koloniegründung der blattschneidenden Ameisengattung *Atta*. **a** Eine soeben begattete Blatt-schneiderameisenkönigin beginnt mit der Koloniegründung, indem sie einen senkrechten Schacht in die Erde gräbt. **b** In ihrem ersten Pilzgarten düngt sie das Polster der fadenförmigen Hyphen mit Tropfen ihrer Kotflüssigkeit. **c** Drei weitere Entwicklungsstadien des Pilzgartens und der Arbeiterinnenbrut. (Mit freundlicher Genehmigung von Turid Hölldobler-Forsyth; nach einer Originalzeichnung aus Wilson 1971.)

TAFEL 70. Die Königin der Kolonie der Blattschneiderameisen *Atta sexdens* residiert mitten im Pilzgarten. (© Bert Hölldobler.)

schlüpfen, werden sie mit Eiern gefüttert, die ihnen direkt in den Mund gestopft werden.

Während dieser ganzen Zeit lebt die Blattschneiderameisenkönigin ausschließlich vom Abbau ihrer Flugmuskulatur und ihres gespeicherten Körperfettes. Sie verliert täglich an Gewicht, gefangen in einem Wettlauf zwischen Verhungern und der Aufzucht einer genügend großen Gruppe von Arbeiterinnen, die ihr Überleben sichert. Sobald die ersten Arbeiterinnen erscheinen, fangen sie an, von dem Pilz zu fressen. Nach ungefähr einer Woche graben sie sich ihren Weg durch den verschlossenen Eingangsschacht ins Freie und beginnen in der unmittelbaren Nähe des Nestes auf dem Boden nach Futter zu suchen. Sie tragen kleine Blattstücke ein, zerkauen sie zu einer breiigen Masse und arbeiten sie in den Pilzgarten ein. Ungefähr zu dieser Zeit hört die Königin auf, sich um die Brut und den Garten zu kümmern. Sie verwandelt sich in eine regelrechte Eilegemaschine und verbringt in diesem Zustand ihr weiteres Leben.

Die Kolonie kann sich nun selbst erhalten, wobei ihre Versorgung von der Ernte draußen vorhandenen Pflanzenmaterials abhängt. Zuerst entwickelt sich die Kolonie nur langsam. Aber während des zweiten und dritten Jahres beschleunigt sich ihr Wachstum deutlich. Später lässt es wieder nach, wenn die Kolonie anfängt,

TAFEL 71. Nester von ausgewachsenen Kolonien der Blattschneiderameisen der Gattung *Atta* nehmen gigantische Ausmaße an. Das Foto zeigt ein Nest von *Atta vollenweideri* in Argentinien. (Mit freundlicher Genehmigung von Flavio Roces.)

geflügelte Königinnen und Männchen zu produzieren, die während der Hochzeitsflüge entlassen werden und somit nichts zur gemeinsamen Arbeit beitragen. Diese ausgewachsenen *Atta*-Kolonien, die aus einer Königin und einige Millionen Arbeiterinnen bestehen, leben in riesigen Nestern, deren Architektur je nach Art unterschiedlich ist (Tafel 71).

Die endgültige Größe ausgewachsener Blattschneiderameisenkolonien ist enorm. Der Rekord wird wohl von *Atta sexdens* mit 5 bis 8 Mio. Arbeiterinnen gehalten. Ein solches Nest, das in Brasilien ausgegraben wurde, enthielt über 1000 Kammern von der Größe einer geschlossenen Faust bis zu der eines Fußballs; 390 dieser Kammern waren mit Pilzgärten und Ameisen gefüllt. Als man die lockere Erde, die die Ameisen aus dem Nest geschafft und zu einem Erdhaufen aufgetürmt hatten, mit der Schaufel entfernte und die Menge vermaß, hatte sie ein Volumen von 22,7 m^3 und wog ungefähr 40 Tonnen. Die Konstruktion eines solchen Nestes lässt sich nach menschlichen Maßstäben leicht mit dem Bau

TAFEL 72. Ein Nest der ausgewachsenen Kolonie von *Atta laevigata* in Brasilien wurde ausgegraben, nachdem man 6 t Zement und 8000 l Wasser in die Nestöffnungen gegossen hat, um die Strukturen zu stabilisieren. Man musste mit dem Ausgraben etwa drei Wochen warten, bis sich der Zement verfestigt hatte. (Mit freundlicher Genehmigung von Wolfgang Thaler.)

der Chinesischen Mauer vergleichen. Dazu sind ungefähr eine Milliarde von den Ameisen getragene Ladungen Erde nötig, von denen jede vier- bis fünfmal so viel wie eine Arbeiterin wiegt. Jede Ladung wurde, wiederum nach menschlichem Maßstab, aus über 1 km Tiefe an die Erdoberfläche transportiert.

Mehrere Autoren haben Nester unterschiedliche Blattschneiderameisenarten ausgegraben und auf Papier rekonstruiert, doch stellt die neue, quantitativ ins Detail gehende Arbeit des brasilianischen Entomologen Luiz Forti und seinen Mitarbeitern einen Durchbruch im Verständnis der Megalopolisarchitektur von *Atta*-Kolonien dar.

Die Grundfläche von Nesthügeln ausgewachsener *Atta laevigata*-Kolonien in Brasilien, die von diesen Wissenschaftlern vermessen wurden, variiert zwischen 26,1 und 67,2 m². Zusätzlich zu einer vorsichtigen, schrittweisen Ausgrabung per-

TAFEL 73. Teil des zementgefüllten, unterirdischen Systems aus Tunneln, Kanälen und Pilzkammern eines Nestes von *Atta laevigata*. (Mit freundlicher Genehmigung von Wolfgang Thaler.)

fektionierte das Team ein Verfahren zur Herstellung eines Ausgusses des Nest-inneren. Um einen solchen Ausguss für ein großes Nest der Art *Atta laevigata* her-zustellen, schütteten die Forscher eine Mischung aus 6300 kg (6,3 t) Zement und 8200 l Wasser in das Nest. Das entspricht ungefähr der Menge, die für den Bau eines kleinen Wohnhauses benötigt wird. Nach etwa drei Wochen wurde die „ver-steinerte" Neststruktur vorsichtig freigelegt. Die Zahl der Kammern solch aus-gewachsener Kolonienester schwankt zwischen 1149 und 7864 und die Nester er-reichen eine Tiefe von etwa 8 m (Tafel 72, 73 und 74). Die Nester aller *Atta*-Arten haben eine komplexe Architektur; sie bestehen aus vielen Tunneln und Kammern unterschiedlicher Größe und Form, Entlüftungsschächten, Abfallkammern und aus bis zu 90 m langen, unterirdischen Gängen, die zu den Ernteplätzen führen.

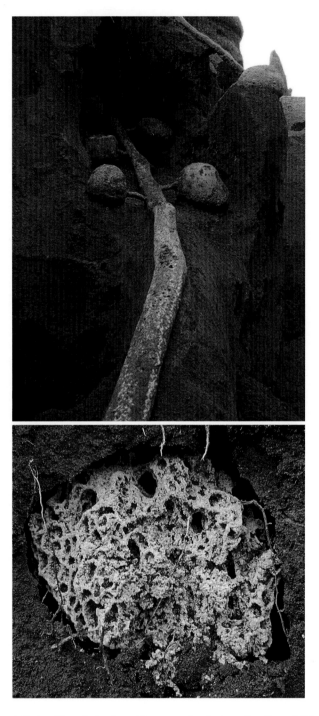

TAFEL 74. *Oben:* Ausguss eines unterirdischen Tunnels in einem Nest von *Atta laevigata*. Der Tunnel führt die Ameisen zu den Pilzkammern rechts und links des Tunnels. *Unten:* Eine lebende Pilzkultur in der Pilzkammer. (Mit freundlicher Genehmigung von Wolfgang Thaler.)

TAFEL 75. Eine *Atta sexdens*-Arbeiterin schneidet ein Fragment aus einem Laubblatt. Dabei fungiert nur eine Mandibel als „Schneidemesser", die andere übernimmt die Funktion des „Schrittmachers". (© Bert Hölldobler.)

Das Alltagsleben der Blattschneiderameisen gehört zu den großen Naturschauspielen in den Tropen der Neuen Welt. Obwohl die Akteure winzig klein sind, ist jeder Freilandbiologe zutiefst davon beeindruckt. Wilson war völlig gebannt, als er auf seiner ersten Reise in das brasilianische Amazonasgebiet, einem Regenwaldgebiet in der Nähe von Manaus, eine Futtersuchexpedition von *Atta cephalotes* zu Gesicht bekam. In der Dämmerung des ersten Tages draußen im Lager, als das Licht so schwach wurde, dass Wilson und seine Gefährten Schwierigkeiten hatten, kleine Gegenstände auf dem Boden zu unterscheiden, kamen die ersten Arbeiterinnen zielstrebig aus dem umgebenden Wald herbeigerannt. Sie hatten eine ziegelrote Färbung, waren ungefähr 6 mm lang und waren übersät mit kurzen, scharfen Stacheln. Innerhalb weniger Minuten waren mehrere Hundert Arbeiterinnen ins Zeltlager eingedrungen und bildeten zwei ungleichmäßige Kolonnen, die an jeder Seite des Lagers der Biologen vorbeizogen. Sie rannten in nahezu geraden Linien über die Lichtung und tasteten dabei mit ihren Antennen nach rechts und links, als ob sie durch irgendeinen gerichteten Strahl auf der anderen Seite

169

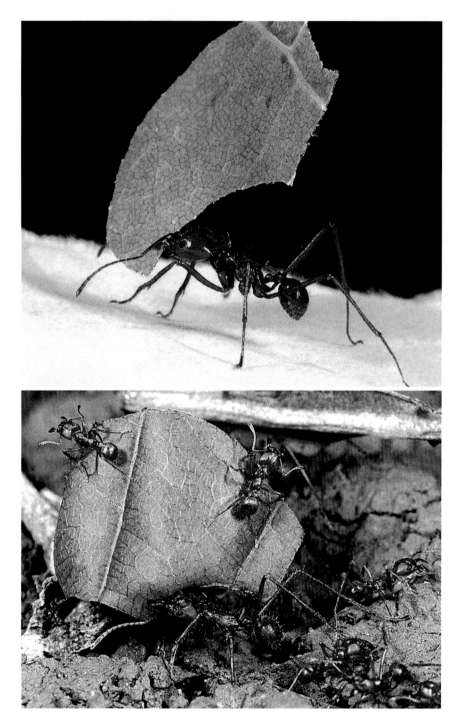

TAFEL 76. *Oben:* Eine Blattschneiderameise mittlerer Größe trägt die herausgeschnittenen Blattstücke ins Nest. *Unten:* Manchmal lassen sich Mitglieder der kleineren Kaste auf dem Blatt mittragen; ihre Hauptaufgabe scheint es zu sein, die Trägerin vor parasitischen Buckelfliegen zu schützen und die Blattstücke von schädlichen Mikroorganismen zu reinigen. (© Bert Hölldobler.)

TAFEL 77. Die Blatternte wird in langen Kolonnen auf den Ameisenstraßen zum Nest transportiert. Hier werden Fragmente von gelben Blüten eingetragen. (Mit freundlicher Genehmigung von Hubert Herz.)

der Lichtung angezogen würden. Innerhalb einer Stunde schwoll das Rinnsal zu parallelen Flüssen aus Zehntausenden Tieren an, die zu zehnt oder mehr nebeneinander herliefen. Mit einer Taschenlampe ließen sich die Kolonnen leicht zu ihrem Ursprung zurückverfolgen. Die Ameisen kamen aus einem riesigen Erdnest, das etwa 100 m vom Lager entfernt auf einem ansteigenden Hang lag, überquerten die Lichtung und verschwanden wieder im Regenwald. Wilson und seine Gefährten kämpften sich durch dichtes und undurchdringliches Gestrüpp und konnten eines der Hauptziele der Ameisen, einen großen Baum, ausfindig machen, der hoch oben in der Krone weiße Blüten trug. Die Ameisen strömten den Baumstamm empor, schnitten mit ihren scharf gezähnten Kiefern Stücke aus den Blättern und Blüten und machten sich dann damit auf den Heimweg, wobei sie die Fragmente wie kleine Sonnenschirme über ihren Köpfen trugen (Tafel 75, 76 und 77). Einige Arbeiterinnen ließen ihre Blattstücke scheinbar absichtlich auf den Boden fallen, wo sie von neu ankommenden Nestgenossinnen aufgehoben und weggetragen wurden. Kurz nach Mitternacht, als der Höhepunkt ihrer Aktivität erreicht war, herrschte auf den Ameisenstraßen ein hektisches Durcheinander von Ameisen, die mit ihren ruckartigen und zickzackförmigen Bewegungen an kleines mechanisches Blechspielzeug erinnerten.

Viele Regenwaldbesucher, sogar erfahrene Naturforscher, interessieren sich nur für diese Futtersuchexpeditionen, und einzelne Blattschneiderameisen sind für sie nicht mehr als belanglose, rötliche Punkte, die ziellos umherlaufen. Aber bei näherer Betrachtung verwandeln sich diese Punkte in erstaunlich komplexe Lebewesen. Nach menschlichen Maßstäben, das heißt, wenn man eine Ameise von 6 mm auf 1,5 m vergrößert, läuft eine futtersuchende Ameise ungefähr 15 km mit einer Geschwindigkeit von 26 km pro Stunde. Jeder Kilometer wird in 2 min und 21 s zurückgelegt; das entspricht ungefähr unserem derzeitigen Weltrekord. Die Arbeiterin trägt eine Last von mindestens 300 kg und rennt so beladen mit 24 km pro Stunde zum Nest zurück. Dieser schnelle Marathon wird während der Nacht viele Male wiederholt und in zahlreichen Gegenden auch tagsüber fortgesetzt.

Um den Ablauf vollständig verfolgen und den *Atta*-Superorganismus detaillierter untersuchen zu können, installierte Wilson im Labor Kolonien in Plastikkammern, die untereinander in Reihen verbunden waren, sodass er tief in die Pilzgärten hineinschauen konnte. Er stellte fest, dass der Pilzanbau von der Verarbeitung der Blätter und Blüten bis zur Pilzzucht von einer fein aufeinander abgestimmten Fließbandkolonne durchgeführt wird.

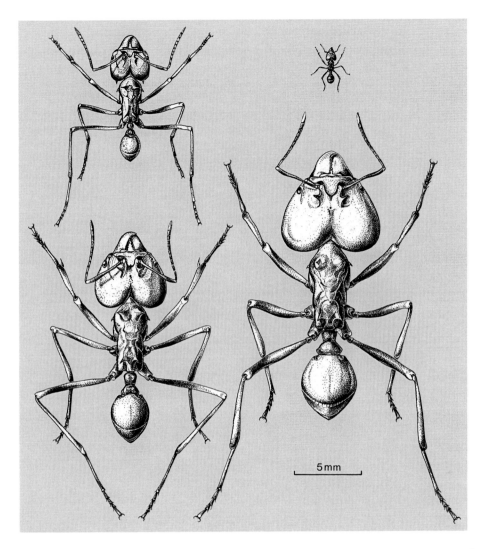

ABBILDUNG 7-3. Die Arbeiterinnensubkasten der Blattschneiderameise *Atta laevigata*. Arten der Gattung *Atta* haben das komplexeste bekannte System der Arbeitsteilung. (Mit freundlicher Genehmigung von Turid Hölldobler-Forsyth.)

Jeder dieser Schritte wird von einer anderen Kaste durchgeführt (siehe Tafel 66; Abbildung 7-3 und 7-4). Am Ende des Pfades lassen die beladenen Arbeiterinnen ihre Blattstücke fallen, wo sie von etwas kleineren Arbeiterinnen aufgehoben und dann in kleinere Stücke von 1 mm Durchmesser zerschnitten werden. Innerhalb weniger Minuten werden die Fragmente von noch kleineren Arbeiterinnen übernommen, zerkaut, zu kleinen feuchten Kügelchen geformt und vorsichtig zu einem Haufen ähnlichen Materials hinzugefügt. Diese Masse bildet für sich einen Garten, ist von Tunnelröhren durchzogen und sieht wie ein grauer Badeschwamm aus. Sie ist weich und zart in ihrer Konsistenz und bricht in den Händen leicht

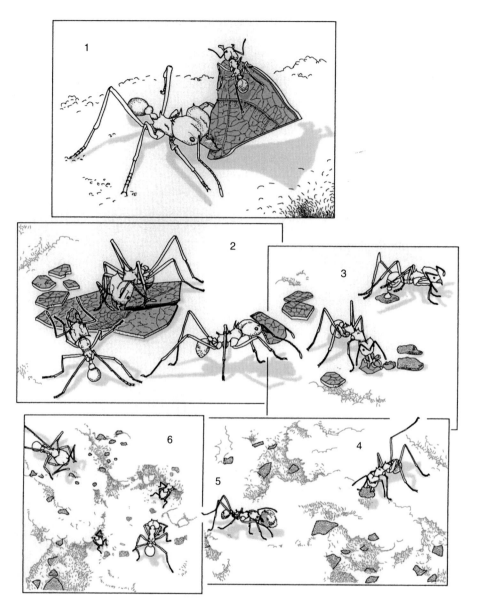

ABBILDUNG 7-4. Das „Fließband", mit dessen Hilfe Kolonien der Art *Atta cephalotes* Pilzgärten aus frisch geschnittenen Blättern anlegen. *1*) Die Transportameisen bringen frische Ernte in das Nest. *2*) Die Blattstücke werden von Nestarbeiterinnen zerkleinert. *3*) Die weiter zerkleinerten Blattstücke werden gedüngt und *4, 5*) in das Pilzmycel eingebaut. *6*) Der Pilz wird gereinigt und mit Antibiotika versehen. (Mit freundlicher Genehmigung von Margaret Nelson.)

auseinander. Der symbiotische Pilz wächst in den Pilzzuchtkammern und stellt, neben dem Saft der Blätter, die ausschließliche Ernährung der Ameisen und ihrer Larven dar. Gleichzeitig bildet das gekammerte Pilzmycel die Brutkammern für die Ameisenlarven und Puppen. Der Pilz breitet sich auf der durchgearbeiteten Pflanzenmasse aus und dringt mit seinen Hyphen in sie ein, um die reichlich vorhandenen Kohlenhydrate und die teilweise gelösten Proteine zu verdauen. Gleichzeitig stellt das gekammerte Pilzmycel die Brutkammern für die Ameisenlarven und Puppen dar (Tafel 78).

Der Anbauzyklus geht noch weiter. Arbeiterinnen, die noch kleiner als die eben beschriebenen sind, rupfen Pilzfäden an schwächer bewachsenen Stellen heraus und setzen sie auf frisch hergestelltes, zerkautes Pflanzensubstrat. Die Beete mit den Pilzhyphen werden schließlich mit den Fäkalien der Ameisen gedüngt. Vor allem die allerkleinsten Arbeiterinnen, die am häufigsten vorkommen, kontrollieren und pflegen den Pilz fortwährend. Mit ihren Antennen betasten sie vorsichtig die Oberfläche des Mycels und säubern es von Sporen und Hyphen fremder Schimmelpilzarten. Diese Zwergarbeiterinnen sind in der Lage, die engsten Tunnelröhren tief im Inneren der Gärten zu passieren. Ab und zu rupfen sie ein loses Stück Pilzrasen heraus und bringen es ihren größeren Nestgenossinnen als Futter.

Die Versorgung der Blattschneiderameisen ist auf dieser größenabhängigen Arbeitsteilung aufgebaut. Die futtersuchenden Arbeiterinnen, die so groß wie Hausfliegen sind, können Blätter zerschneiden, aber sie sind zu kräftig, um die fast mikroskopisch kleinen Pilzfäden zu bearbeiten. Die kleinen Gartenarbeiterinnen hingegen, die etwas kleiner als der Großbuchstabe „I" auf dieser Seite sind, können zwar Pilzkulturen anbauen, aber sind zu schwach, um Blätter zu schneiden. So bilden die Ameisen ein Fließband, wobei jeder weitere Schritt von entsprechend kleineren Arbeiterinnen ausgeführt wird: von der Sammlung der Blattstücke draußen über die Herstellung der breiähnlichen Blattmasse bis zum Anbau der als Futter dienenden Pilzkulturen tief im Inneren des Nestes.

Auch die Verteidigung der Kolonie ist entsprechend der Ameisengröße organisiert. Unter den umherlaufenden Arbeiterinnen kann man ein paar wenige Soldaten sehen, die das 300-Fache der Gartenarbeiterinnen wiegen und eine Kopfbreite von 6 mm haben. Diese Riesen benutzen ihre scharfen Kiefer, um damit feindliche Insekten in Stücke zu schneiden. Sie können durch Leder schneiden und schlitzen mit der gleichen Leichtigkeit menschliche Haut auf (Tafel 79). Wenn Insektenforscher in einem Nest graben und dabei keine Vorsichtsmaßnahmen treffen, sind ihre Hände überall zerkratzt, als ob sie in einen Dornenbusch gefasst hätten. Manchmal mussten wir unterbrechen, um das Blut von einem einzigen Biss zu stillen, und waren beeindruckt, dass uns eine Kreatur, die nur einem Millionstel unserer Größe besitzt, mit ihren bloßen Kiefern aufhalten konnte. Vor allem, wenn man beim Ausgraben eines Nestes das Glück hat, die Königin zu finden,

175

TAFEL 78. *Oben:* Es sind vor allem die kleineren Arbeiterinnen, die das Blattmaterial aufarbeiten und die Pilzkulturen pflegen. *Unten:* In einer im Pilzgarten gelegenen Brutkammer umgeben Pflegerinnen die Puppe eines pigmentierten Super-Majors von *Atta cephalotes* und versorgen sie. (© Bert Hölldobler.)

TAFEL 79. *Oben:* Ein Super-Major der Art *Atta cephalotes*. *Unten:* Kopf eines Super-Majors (Soldatin) der Art *Atta cephalotes*. Die scharfen Mandibeln werden von starken Muskeln bewegt. (Foto oben © Bert Hölldobler; Foto unten mit freundlicher Genehmigung von Alex Wild/alexanderwild.com.)

TAFEL 80. Eine Königin einer ausgewachsenen Kolonie von *Atta cephalotes* aus Panama, umringt von Arbeiterinnen, die sie beschützen. Man beachte die winzigen Mini-Arbeiterinnen, Individuen der kleinsten Arbeiterinnensubkaste, an der Seite der Königin und die Soldatinnen auf der linken Bildseite. (© Bert Hölldobler.)

macht man schmerzhafte Erfahrungen mit den gigantischen Leibwächtern, die die Königin schützen (Tafel 80).

Mary E. A. Whitehouse und Klaus Jaffe haben in Venezuela die Verteidigungsstrategien von *Atta*-Kolonien gegen Angriffe anderer Ameisenkolonien untersucht. Es stellte sich heraus, dass dabei zwar fast alle Größenklassen der Arbeiterinnen vertreten sind, es aber vorwiegend die älteren Arbeiterinnen sind, die Eindringlinge angreifen und Territorien verteidigen. Die einzelnen Größenklassen werden jedoch strategisch unterschiedlich eingesetzt. Wird die Kolonie durch ein räuberisches Wirbeltier bedroht, werden vor allem die riesigen Soldatinnen rekrutiert. Muss eine Kolonie jedoch ihr Nest oder Territorium gegenüber Artgenossen verteidigen, reagieren vor allem kleinere Arbeiterinnensubkasten. Diese sind zahlreicher und besser geeignet, um mit feindlichen Ameisen einen territorialen Kampf auszutragen.

Die Kolonie der Blattschneiderameisen entwickelt sich über verschiedene Lebensstadien auf einer genau festgelegten Entwicklungsbahn zu ihrer gewaltigen Größe mit sämtlichen Kasten, angefangen von den Riesensoldaten bis zu den Scharen der Miniaturgärtnerinnen. Unter den ersten Arbeiterinnen, die die Königin aufzieht, gibt es keine Soldaten oder größere Arbeiterinnen, sondern nur sehr kleine, futtersuchende Arbeiterinnen und noch kleinere Tiere, die für die Verarbeitung des Pflanzenmaterials und für die Pilzzucht benötigt werden. Wenn die Kolonie wächst und gedeiht, nimmt die Zahl der Größenklassen der Arbeiterinnen zu und umfasst immer größere Formen. Erst wenn das Volk eine Größe von ungefähr 100 000 Arbeiterinnen erreicht hat, werden die ersten Riesensoldaten produziert.

In der Regelmäßigkeit, mit der Blattschneiderameisenkolonien wachsen, sah Wilson eine Möglichkeit, die Hypothese vom Superorganismus zu überprüfen. Er konzentrierte seine Aufmerksamkeit vor allem auf die missliche Lage, in der sich eine koloniegründende Königin befindet. Diese große Ameise lebt von der Energie, die bei der Umwandlung ihres Fettdepots und ihrer Flugmuskulatur frei wird, und sie zieht damit die erste Brut von Arbeiterinnen groß. Da ihre Reserven nach wenigen Wochen erschöpft sind, muss sie auf Anhieb eine richtig zusammengesetzte Gruppe von Arbeiterinnen hervorbringen. Fehler kann sie sich nicht erlauben. Damit die erste Gruppe von Arbeiterinnen in der Lage ist, sämtliche gärtnerische Aufgaben zu übernehmen und der körperlich erschöpften Königin Futter zu bringen, müssen folgende Größenklassen vertreten sein: mehrere der winzigen Pilzgärtnerinnen, einige Tiere der verschiedenen Zwischengrößen, die für das Anlegen der Gärten aus der breiähnlichen Blattmasse benötigt werden, und ein paar Arbeiterinnen, die groß genug sind, um außerhalb des Nestes auf Futtersuche zu gehen und Blätter zu schneiden.

Wenn es der Königin nicht gelingt, Arbeiterinnen von jeder dieser wichtigen Größenklassen aufzuziehen, geht die kleine Kolonie zugrunde. Wenn sie beispielsweise einen Soldaten aufzieht oder auch nur eine etwas zu große, für die Futtersuche bestimmte Arbeiterin, wird ein so großer Anteil ihrer Energiereserven verbraucht, dass sie nicht mehr für alle der kleineren Kasten ausreichen. Die Folge ist, dass die Kolonie zugrunde geht. Wilson stellte fest, dass die kleinsten der erfolgreichen futtersuchenden Arbeiterinnen (das heißt die, die Blätter durchschnittlicher Dicke zu durchschneiden vermögen) eine Kopfbreite von 1,6 mm haben. In größeren Kolonien haben viele der futtersuchenden Arbeiterinnen doppelt so große Köpfe und sind dementsprechend auch um einiges schwerer (und energetisch aufwendiger in der Herstellung), als absolut notwendig wäre. Die minimale Kopfbreite der Gärtnerinnen beträgt dagegen 0,8 mm.

Somit ist klar, was eine Gründerkönigin zu tun hat: Sie muss in ihrer ersten Brut Arbeiterinnen aufziehen, deren Kopfbreite zwischen 0,8 und 1,6 mm liegt, und die Arbeiterinnen ziemlich gleichmäßig auf die dazwischenliegenden Größenklassen verteilen. Dabei muss sie aufpassen, dass sie keine dieser Größenklassen auslässt und nicht über die 1,6-mm-Grenze hinausgeht. Und genau das tut sie auch. Unabhängig davon, ob man junge Kolonien im Freiland für Untersuchungszwecke ausgräbt oder im Labor hält, sie ziehen immer (zumindest in den Fällen, die Wilson untersucht hat) eine Schar Arbeiterinnen auf, deren Kopfbreiten gleichmäßig zwischen 0,8 und 1,6 mm verteilt sind. Gelegentlich produziert eine Königin eine Arbeiterin mit 1,8 mm Kopfbreite, ein gewisses Überlebensrisiko, das sich aber nicht verhängnisvoll auswirkt. Größere Arbeiterinnen tauchten in den untersuchten Fällen nie auf.

Auf welche Weise wird dieser Superorganismus reguliert? Ist das Alter der Königin und der Kolonie oder die Populationsgröße der Kolonie ausschlaggebend? Um dies herauszufinden, ließ Wilson vier Blattschneiderameisenkolonien über drei bis vier Jahre im Labor heranwachsen, bis sie eine Größe von ungefähr 10 000 Arbeiterinnen erreicht hatten. Große futtersuchende Arbeiterinnen und sogar ein paar kleinere Soldaten hatten sich entwickelt. Als nächstes reduzierte er die Zahl der Arbeiterinnen in den Kolonien auf ungefähr 200 Tiere und änderte die Zusammensetzung der Größenklassen, sodass ihre relativen Häufigkeiten denen sehr junger Kolonien entsprachen. Auf diese Weise waren nun die Königin und die Koloniemitglieder, altersmäßig betrachtet, alt, der Superorganismus dagegen – hinsichtlich seiner Größe und Zusammensetzung – jung. Er war sozusagen wiedergeboren worden. Welche Zusammensetzung würde die nächste Gruppe produzierter Arbeiterinnen haben? Würden die Größen der Arbeiterinnen denen einer kleinen Kolonie entsprechen oder ginge es wie in der großen Kolonie weiter, bevor sie verkleinert worden war?

Die Antwort lautet: Der darauffolgende Aufbau der Größenklassen entsprach dem einer kleinen Kolonie. Mit anderen Worten: Die Größe der Kolonie und nicht ihr Alter bestimmt die Kastenverteilung. Die Versuchskolonien, die in gewissem Sinne wirklich neu entstanden sind, fingen auf ihrem stark kontrollierten Wachstums- und Entwicklungsweg wieder von vorne an. Wenn sie es nicht getan hätten, wären sie vielleicht zugrunde gegangen. Der Rückkopplungsmechanismus, der sich hinter dieser bemerkenswerten Regulation verbirgt, muss noch erforscht werden.

Die Verjüngung der Blattschneiderameisenkolonie und weitere Experimente, die von anderen Forschern mit verschiedenen Arten durchgeführt wurden, bestärken das Konzept des Superorganismus. Sie haben die Vorstellung bestätigt, dass eine Ameisenkolonie eine stark regulierte Einheit bildet, die in ihrem Ganzen tatsächlich mehr als ihre Teile darstellt. Andererseits hat der Superorganismus aber auch neue Forschungsansätze angeregt. So bieten zum Beispiel die Kolonien sozialer Insekten für die Untersuchung biologischer Organisationsformen gegenüber gewöhnlichen Organismen gewisse Vorteile. Man kann sie im Gegensatz zu einem Organismus in kleinere Gruppen zerlegen, die sich in ihrem Alter oder ihrer Größe unterscheiden. Diese Teile kann man für sich allein untersuchen und dann wieder zu einem Ganzen zusammenfügen, ohne dabei Schaden anzurichten. Am nächsten Tag kann man dieselbe Kolonie auf wieder eine andere Weise zerlegen, sie dann in ihrer ursprünglichen Form wiederherstellen und so weiter. Dieses Verfahren hat enorme Vorteile. Erstens ist es im Vergleich zu analogen Experimenten an Organismen sehr schnell und technisch einfach durchzuführen. Außerdem bietet es seine eigene, elegante Versuchskontrolle: Forscher schalten von vornherein jede Variabilität aus, die sich aus genetischen Unterschieden oder früheren Erfahrungen ergeben könnten, indem sie immer wieder dieselbe Kolonie benutzen.

Der Vorteil, eine Kolonie mehrfach auseinandernehmen und wieder zusammensetzen zu können, lässt sich vielleicht damit vergleichen, eine menschliche Hand wiederholt lebend zu zerteilen und ohne Schmerzen oder Unannehmlichkeiten wiederherzustellen, um ihren idealen anatomischen Aufbau zu ergründen oder – genauer gesagt – auf diese Weise experimentell herauszufinden, ob die fünffingerige Hand des Menschen die bestmögliche Anordnung aller Grundbausteine darstellt. An einem Tag würde man den Daumen (schmerzlos) entfernen und die Person bitten, mit der Hand einige Aufgaben wie Schreiben oder Flaschenöffnen auszuführen, und am Ende des Tages würde der Daumen wieder angefügt, damit er seine frühere Funktion wieder aufnehmen kann. Am nächsten Tag würden die letzten Fingerglieder abgenommen und am darauffolgenden Tag würden zusätzliche Finger hinzugefügt; und so ließen sich die Experimente in einer großen Anzahl weiterer Versuchsansätze fortführen.

Wilson betrachtete die Kasten der Blattschneiderameisen, als ob es sich um die Finger einer Hand handelte. Ihm fiel auf, dass die Arbeiterinnen, die außerhalb des Nestes auf Futtersuche gingen, um Blätter und Blüten zu ernten, meistens eine Kopfbreite von 2,0 bis 2,4 mm hatten. Ist dies die geeignetste Kaste für die Aufgabe, das meiste Pflanzenmaterial mit dem geringsten energetischen Aufwand zu sammeln? Wilson überprüfte diese Hypothese und damit gleichzeitig die stillschweigende Annahme, dass das Kastensystem durch natürliche Selektion entstanden ist, indem er die Kolonie auf folgende Weise zerlegte: Jeden Tag verließen futtersuchende Arbeiterinnen das Labornest und liefen in eine Arena, in der frische Blätter angeboten wurden. Während sich die Kolonne emsiger Arbeiterinnen durch den Nestausgang drängte, entfernte Wilson alle bis auf eine ganz bestimmte Größenklasse, zum Beispiel die Klasse mit dem 1,2, 1,4 oder 2,8 mm breiten Kopf oder irgend eine andere, in dem Moment zufällig gewählte Größenklasse. Die Kolonie wurde dadurch in eine Pseudomutante verwandelt, das heißt eine fingierte Mutante des Superorganismus, die sonst in jeder Hinsicht mit einer normalen Kolonie übereinstimmte, außer dass sie eine eingeschränkte, oft ganz besondere Kolonne futtersuchender Arbeiterinnen ausschickte. Von jeder dieser Pseudomutanten wurden die geernteten Blätter gewogen und der Sauerstoffverbrauch der Ameisen während der Ernte gemessen. Anhand dieser Kriterien stellte sich heraus, dass die Arbeiterinnen mit einer Kopfbreite von 2,0 bis 2,2 mm die effizienteste Gruppe darstellten, genau die Größenklasse also, die in der Kolonie mit der Futtersuche betraut war. Die Kolonien der Blattschneiderameisen tun, kurz gesagt, genau das Richtige für ihr eigenes Überleben. Der Superorganismus passt sich instinktiv an seine Umwelt an.

Äußerst wichtig für das Überleben und die Fortpflanzung der Blattschneiderameisenkolonie ist die Aufrechterhaltung einer hohen Vitalität des Pilzgartens und eines hohen Niveaus seiner hygienischen Bedingungen. Damit der Pilz gedeiht, müssen die dafür erforderlichen unterirdischen Pilzkammern hohe Luftfeuchtigkeit und tropische Temperaturen aufweisen. Die Ameisen halten ihre Gärten mithilfe einer Vielzahl beeindruckender Hygienemaßnahmen sauber: Sie entfernen fremde Pilze, beimpfen frisches Substrat mit Mycel des richtigen Pilzes, düngen das Substrat mit Kottröpfchen, geben Antibiotika ab, um das Wachstum konkurrierender Pilze und Mikroorganismen zu hemmen, und produzieren Wachstumshormone.

Ulrich Maschwitz und seine Mitarbeiter machten die bahnbrechende Entdeckung, dass in den Metapleuraldrüsen von Arbeiterinnen der Art *Atta sexdens* antibiotische Substanzen gebildet werden. Diese paarigen Drüsen befinden sich seitlich nahe dem distalen Ende des mittleren Körpersegments der Ameise, das als Mesosoma oder Alitrunk bezeichnet wird. Die Forscher nehmen an, dass die Bestandteile des Sekrets unterschiedliche Aufgaben in der Reinhaltung der symbiotischen Pilzkultur haben: Phenylessigsäure hemmt das Bakterienwachstum, Myrmicacin (Hydroxydecansäure) unterdrückt die Keimung fremder Pilzsporen und Indolessigsäure – ein Pflanzenhormon – stimuliert das Mycelwachstum. In einer neueren Untersuchung von Diete Ortius, Jacobus Boomsma und ihren Mitarbeitern von der Universität Kopenhagen wurden 20 zuvor unbekannte Verbindungen in den Metapleuraldrüsensekreten der Blattschneiderameisen *Acromyrmex octospinosus* gefunden. Sie decken die gesamte Bandbreite der Carbonsäuren ab, von der Essigsäure bis hin zu langkettigen Fettsäuren, zusätzlich zu Ketonsäuren, Alkoholen und Lactonen.

Die Metapleuraldrüsen der Arbeiterinnen von Blattschneiderameisen sind verhältnismäßig groß im Vergleich zu denen anderer Ameisenarten, und interessanterweise ist dies besonders bei den kleinsten Arbeiterinnen der Fall. Diese unverhältnismäßigen Proportionen lassen vermuten, dass die Bereitstellung der Metapleuraldrüsensekrete bei den kleinen Arbeiterinnen, die sich hauptsächlich um den Pilz und die Brutpflege kümmern, am wichtigsten ist.

Weitere neue Untersuchungen zeigen, dass Blattschneiderameisen bei der Reinhaltung ihrer Pilzgärten auch die Hilfe von symbiotischen Mikroorganismen in Anspruch nehmen. So konnten insbesondere Cameron Currie und seine Mitarbeiter von der University of Wisconsin zeigen, dass vor allem bei *Acromyrmex*-Arten auf der Cuticula (Außenhaut) der Arbeiterinnen das actinomycetische Bakterium der Gattung *Pseudonocardia* lebt. Dieses Bakterium produziert Substanzen, mit denen die Ameisen parasitische Pilze bekämpfen können.

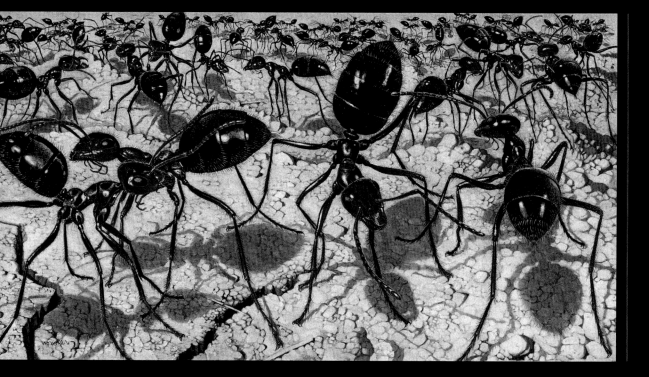

|| Tafel 81. Territoriale Turnierkämpfe der
Honigtopfameise *Myrmecocystus mimicus*. Die
Arbeiterinnen benachbarter Kolonien konfron-
tieren sich gegenseitig in rituellen Schaukämpfen,
bei denen sie mit hoch erhobenen Köpfen und
Hinterleibern gestelzt umherlaufen. (Von John D.
Dawson, mit freundlicher Genehmigung der National
Geographic Society.)

8

KRIEG UND

AUSSENPOLITIK

Das Schauspiel der Weberameisen, deren Kolonien sich wie so viele italienische Stadtstaaten in ständigen Grenzauseinandersetzungen befinden, veranschaulicht die Situation fast aller sozialen Insekten. Vor allem die Ameisen sind wohl die aggressivsten und kriegerischsten von allen Tieren. Sie übertreffen mit ihren organisierten „Bosheiten" bei weitem uns Menschen; gegen sie erscheinen wir vergleichsweise harmlos und friedfertig. Das außenpolitische Ziel vieler Ameisenarten lässt sich folgendermaßen zusammenfassen: ständige Bedrohung der Territorialgrenzen benachbarter Kolonien und, falls möglich, die totale Vernichtung des Nachbarvolkes. Manche Arten begnügen sich auch mit einem Schaukampf zur Demonstration der Stärke (Tafel 81), sodass es zu einem so schlimmen Ende nicht kommen muss.

Wer an der Atlantikküste der Vereinigten Staaten zwischen Bangor und Richmond in einer der Groß- oder Kleinstädte wohnt, läuft im Sommer oft an Ameisen vorbei, die sich in kriegerischen Auseinandersetzungen befinden, und tritt manchmal sogar versehentlich darauf, meist ohne es zu merken. Wenn man seinen Blick über den Boden schweifen lässt, kann man häufig Scharen von Gemeinen Rasenameisen (*Tetramorium caespitum*) auf einer unbewachsenen Stelle einer Wiese, am Rand eines Gehsteiges oder in einem Rinnstein sehen. Betrachtet man diese schwarzen Flecken näher, möglichst durch ein Vergrößerungsglas, erkennt man, dass sie aus Hunderten oder gar Tausenden von Arbeiterinnen bestehen, die sich gegenseitig mit ihren Kiefern gepackt haben, an ihrem Gegner zerren und in Ringkämpfe verwickelt sind. Die Kriegsparteien gehören zu konkurrierenden Kolonien, die sich in einer territorialen Auseinandersetzung befinden. Kolonnen von Arbeiterinnen rennen zwischen den Nestern und dem Schlachtfeld hin und her. Nicola Plowes von der Arizona State University hat kürzlich herausgefunden, dass diese Kämpfe, anders als man früher annahm, selten zu toten Gegnern oder gar Vernichtung der gegnerischen Kolonie führen und es sich eher um ritualisierte

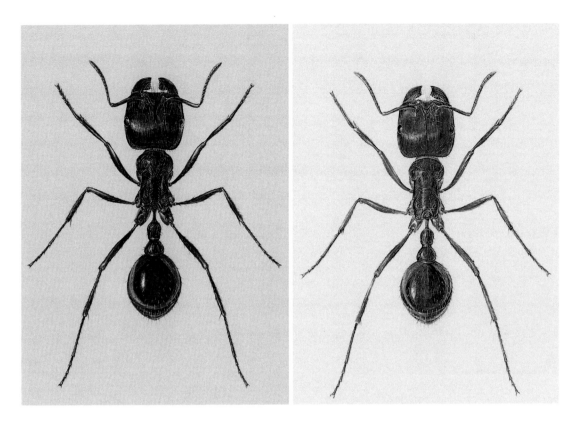

TAFEL 82. Arbeiterinnen der Ernteameisen *Pogonomyrmex rugosus* (*links*) und *Pogonomyrmex barbatus* (*rechts*). (Mit freundlicher Genehmigung von Turid Hölldobler-Forsyth.)

Gruppenringkämpfe handelt, die die feindlichen Kolonien veranstalten und bei
denen die kollektive Stärke des Gegners gemessen wird. Normalerweise drängt
die größere Kolonie, das heißt die Kolonie, die die stärkere Kampftruppe ins Feld
schicken kann, die zahlenmäßig unterlegene auf ein kleineres Gebiet zurück. Solche Kämpfe sieht man vor allem im Frühjahr, wenn nach der Winterpause die
Territorialgrenzen neu festgelegt werden müssen.

Eine wiederum völlig andere territoriale Strategie verfolgen die Ernteameisenarten *Pogonomyrmex barbatus* und *P. rugosus* (Tafel 82), die meist geklumpte und relativ stabile Futterquellen ausbeuten, beispielsweise dichte, samenproduzierende
Pflanzenstände in den Steppenwüsten Arizonas. Futtersuchende Arbeiterinnen
dieser Arten verlassen das Nest oft auf fest angelegten Straßen, bevor sie diese zu
kürzeren Suchexkursionen verlassen, um dann später auf diesen Straßen wieder
heimzukehren. Das Straßensystem großer, gut etablierter Kolonien ist erstaunlich stabil, es erstreckt sich oft über 10 bis 40 m und ist mit einer Palette von art-

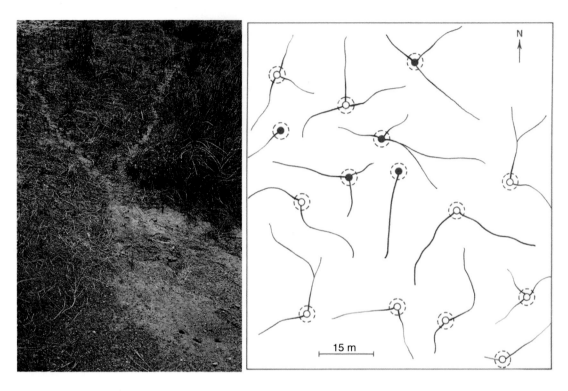

TAFEL 83. *Links.* Straßensystem einer *Pogonomyrmex barbatus*-Kolonie in Arizona. *Rechts.* Die Straßennetze der zwei Ernteameisenarten *P. barbatus* (*schwarz gefüllte Kreise*) und *P. rugosus* (*offene Kreise*) im Forschungsgebiet von Bert Hölldobler in Arizona. Jeder Kreis stellt das Nestzentrum einer Kolonie dar. (Foto links © Bert Hölldobler; Zeichnung rechts mit freundlicher Genehmigung von Turid Hölldobler-Forsyth.)

und koloniespezifischen chemischen Signalen markiert (Tafel 83). Wie Hölldobler in mehrjährigen Studien zeigen konnte, orientieren sich die Ameisen entlang der Straßen anhand chemischer und optischer Marken und sie setzen auch ihren Sonnenkompass ein, der sie darüber informiert, in welcher Himmelsrichtung es nach Hause geht.

Obgleich also das Dauerstraßensystem von *Pogonomyrmex*-Arten der Ausbeutung von geklumpten und relativ stabilen Futterquellen dient, wird der Straßenplan einer Kolonie wesentlich vom Straßenplan der Nachbarkolonien beeinflusst. Kommen sich Straßen zweier Kolonien zu nahe, dann führt das zu Kämpfen, deren Folge schließlich die Verlegung von einer oder beiden Straßen ist.

Untersuchungen im Freiland ergaben, dass durch die Kanalisierung der Sammlerinnen entlang der Straßen massive aggressive Konfrontationen mit Nachbarkolonien vermieden werden. Noch nie hat man sich kreuzende Dauerstraßen von Nachbarkolonien derselben Art entdeckt. Wenn man jedoch experimentell zwei Dauerstraßen von Nachbarvölkern in Kontakt bringt, dann führt das meist

TAFEL 84. *Oben:* Kämpfende feindliche Arbeiterinnen von *Pogonomyrmex barbatus. Unten:* Eine futtersuchende Arbeiterin von *P. barbatus*, an deren Taille noch der Kopf einer früheren Gegnerin festgebissen ist. (© Bert Hölldobler.)

zu heftigen Konfrontationen, wobei zahlreiche Ameisen bis zum Tod kämpfen (Tafel 84). Bei ungestörten Bedingungen beschränken sich aggressive Begegnungen auf Einzelkämpfe, freilich kann es aber auch dann zu schweren Verletzungen oder gar zum Tod kommen. Aus all diesen Untersuchungen können wir schließen, dass die Dauerstraßen, sowie die unmittelbare Umgebung des Nestes, der Nesthof, das aggressiv verteidigte Territorium von *P. rugosus* und *P. barbatus* darstellen.

Kämpfe innerhalb des Territoriums sind deutlich intensiver als in den peripheren Zonen. Dabei ist eine Beobachtung besonders erwähnenswert. In einer Reihe von Experimenten hat Hölldobler Ameisen auf die Dauerstraßen oder den Nesthof von Nachbarkolonien versetzt. Wie zu erwarten, wurden die Eindringlinge sofort heftig angegriffen. Der Kampf endete aber meist darin, dass die fremden Ameisen von den Verteidigerinnen vom Nestterritorium weggezerrt oder sogar weggetragen und nach einigen, manchmal aber auch erst nach fast 20 m losgelassen wurden. Die heimischen Arbeiterinnen kehrten schnell zu ihrem Nest zurück, während die versetzten Ameisen lange umhersuchten und oft nicht nach Hause fanden. Aus den Ergebnissen dieser und ähnlicher Versuche können wir schließen, dass die Intensität der territorialen Aggression abnimmt, je weiter entfernt von der Kernzone des Territoriums die Begegnung stattfindet.

Viele Ameisenarten haben sowohl mit Kolonien ihrer eigenen Art als auch mit fremden Arten aggressive Auseinandersetzungen (Tafel 85 und 86). Das findet man auch bei den zwei bereits oben beschriebenen *Pogonomyrmex*-Arten, *P. rugosus* und *P. barbatus*, die sich in ihren ökologischen Bedürfnissen sehr ähneln. Aber es gibt noch viele andere Beispiele und bei einigen wenden die Kontrahenten Strategien an, die von Carl von Clausewitz, dem großen Meister der Kriegsführung aus der Zeit Napoleons, stammen könnten. Wilson entdeckte eines der durchorganisiertesten Beispiele, als er die Kolonien der zwei im Süden der Vereinigten Staaten vorkommenden Arten, die eingeschleppte Rote Feuerameise *Solenopsis invicta* und die weitverbreitete, in Waldgebieten lebende *Pheidole dentata* einander gegenüberstellte. *Solenopsis* ist der Todfeind von *Pheidole*. Die Kolonien von *Solenopsis* sind 100-mal größer als die von *Pheidole* und wenn man erstere unter eingeschränkten Laborbedingungen *Pheidole*-Kolonien angreifen lässt, bringen sie diese schnell um und fressen sie auf. Aber trotzdem gibt es in der Nähe von Feuerameisennestern, sowohl in lichten Kieferwäldern als auch im Unterholz, wo beide Arten vorkommen, überall in großer Anzahl *Pheidole*-Kolonien. Wie schaffen die Tiere es, solch einem schrecklichen Feind aus dem Weg zu gehen?

Das Geheimnis der Abwehr von *Pheidole* liegt darin, dass sie eine spezielle Soldatenkaste besitzen und eine Drei-Stufen-Strategie einsetzen, die ganz offensichtlich dazu dient, die Angriffe von Feuerameisen zu vereiteln. Die Soldaten haben einen

TAFEL 85. *Oben:* Kampf zwischen den benachbarten Kolonien von *Pogonomyrmex barbatus* und *P. rugosus. Unten:* Eine *P. barbatus*-Arbeiterin schleppt den Kopf und Thorax einer toten *P. rugosus*-Arbeiterin mit. Die Mandibeln der toten vormaligen Gegnerin haben ihren festen Griff nicht gelockert. (© Bert Hölldobler.)

TAFEL 86. Arbeiterinnen von *Aphaenogaster cockerelli* verteidigen ihr Nestterritorium gegen eine Arbeiterin von *Pogonomyrmex barbatus*. (© Bert Hölldobler.)

überdimensional großen Kopf, dessen winziges Gehirn ringsum von kräftigen Muskeln eingeengt wird, welche wiederum scharfe, dreieckige Kiefer bewegen. Die Soldaten versuchen nicht, mit der üblichen Verteidigungstaktik der meisten Ameisen ihre Gegner zu stechen oder sie mit Gift zu bespritzen. Sie setzen stattdessen ihre Kiefer wie Drahtscheren ein und trennen damit feindlichen Insekten den Kopf, die Beine oder andere Körperteile ab. Wenn keine Gefahr droht, stehen oder laufen die Soldaten, die nur ungefähr 10 % der Koloniebevölkerung ausmachen, untätig im Nest herum. Manchmal begleiten sie kleinköpfige Arbeiterinnen, Minors genannt, draußen auf der Futtersuche und helfen, größere Futterfunde vor der Übernahme durch andere Kolonien zu schützen. Aber die meiste Zeit stehen sie nur wartend herum, ähnlich wie vollgetankte Abfangjäger auf dem Deck eines Flugzeugträgers. Der Instinkt dieser beiden Arbeiterinnenkasten ist so fein abgestimmt, dass sie auf Feuerameisen stärker als auf jeden anderen Feind reagieren. Die kleineren Arbeiterinnen patrouillieren ständig in der Umgebung des Nestes, in erster Linie auf Futtersuche, aber auch immer auf der Hut vor Feinden – vor allem vor Feuerameisen. Wenn sich auch nur eine Feuerameise in ihre Nähe verirrt, wird eine gewaltige Reaktion ausgelöst. Die *Pheidole*-Arbeiterin, die ihr begegnet, stürmt mit einem kurzen Angriff nah genug an den Feind heran, um ihn zu berühren, sodass etwas von dem feindlichen Geruch auf ihren eigenen Körper gelangt. Dann reißt sie sich los und rennt zum Nest zurück. Während sie heimläuft, berührt sie mit der Spitze ihres Hinterleibes immer wieder den Boden und legt mit Stoffen aus ihrer Giftdrüse eine Duftspur. Auf dem Weg rennt die Späherin zu jeder einzelnen Ameise, die ihr begegnet, trennt sich aber schnell wieder und läuft weiter zum Nest. Sowohl kleinere Arbeiterinnen als auch Soldaten werden von der Kombination des Pheromons und dem leichten Feindgeruch auf dem Körper der Späherin in Alarmzustand versetzt und schwärmen auf der Duftspur aus, um die Feuerameise zu suchen. Nach kurzem Körperkontakt mit dem Feind kehren einige der kleineren Arbeiterinnen ins Nest zurück, um weitere Koloniemitglieder zu rekrutieren, während die Soldaten den Feind umkreisen und ihn rücksichtslos angreifen. Wenn nur ein einzelner Eindringling da ist, wird er sofort getötet. Sogar mehrere Feuerameisen können innerhalb weniger Minuten erledigt werden. Aber auch ein errungener Sieg genügt den *Pheidole*-Soldaten noch nicht. Sie suchen noch für ein bis zwei Stunden die Umgebung nach weiteren Eindringlingen ab. Das führt dazu, dass es die Feuerameisenspäherinnen selten nach Hause schaffen. Und ohne Kurierberichte von der Front sind ihre Kolonien hilflos. Würden die Feuerameisen irgendwie von der Anwesenheit der *Pheidole*-Kolonie erfahren, könnten sie diese rasch überwältigen. Durch die blitzschnelle Reaktion der Verteidigerinnen bleiben die *Pheidole*-Ameisen jedoch meist unentdeckt.

Selbst wenn es Feuerameisenspäherinnen gelegentlich gelingt, den Schutzschild zu durchbrechen und einen großangelegten Feldzug aufzuziehen, haben die Verteidiger immer noch wirksame Maßnahmen, auf die sie zurückgreifen können. Je mehr Feuerameisen entlang ihren eigenen Duftspuren auf dem Schlachtfeld erscheinen, umso stärker wächst auch die Truppe der *Pheidole*-Soldaten. Sie stürmen in wilder Aufregung suchend und tötend umher. Kleinere *Pheidole*-Arbeiterinnen stürzen sich kaum in das Geschehen und die meisten, die schon daran beteiligt waren, ziehen sich zurück und kehren heim. In kurzer Zeit ist der Boden mit Körpern von *Pheidole*-Soldaten übersät, die von dem Gift der Feuerameisen gelähmt oder getötet wurden. Dazwischen findet man Körperteile von Feuerameisen, die von den Kiefern der Verteidiger abgehackt wurden. Mit der Zeit beginnen sich die *Pheidole*, die nun stark unterlegen sind, in Richtung Nest zurückzuziehen. Dabei bedienen sich die Soldaten einer Taktik, die bei von Clausewitz Zustimmung gefunden hätte. Sie schließen ihre Reihen und bilden einen kleinen Halbkreis um den

ABBILDUNG 8-1. Spezifische Feinderkennung bei der Ameisenart *Pheidole dentata* (*schwarz*). Die Arbeiterinnen reagieren viel aggressiver auf Feuerameisen der Gattung *Solenopsis* (*grau*) als auf andere Ameisenarten. Sobald kleine *Pheidole*-Arbeiterinnen Feuerameisen in der Nähe ihres Nestes entdeckt haben, rennen sie zwischen Nest und Territorium hin und her und legen dabei Duftspuren mit Giftdrüsensekret. Das Spurpheromon lockt sowohl kleine Arbeiterinnen als auch die großen Soldatinnen zum Kampfareal. Die Soldaten sind besonders erfolgreich bei der Feindabwehr, indem sie die Eindringlinge mit ihren kräftigen Mandibeln in Stücke schneiden. Einige der *Pheidole*-Arbeiterinnen werden durch das Gift der Feuerameisen selbst gelähmt und getötet. (Mit freundlicher Genehmigung von Margaret Nelson; nach einer Originalzeichnung von Sarah Landry aus Wilson 1976.)

Nesteingang. Von hier aus stürmen sie in kurzen Angriffen auf die herannahende Schar der Feinde (Abbildung 8-1).

Währenddessen bereiten die kleineren Arbeiterinnen im Nest einen letzten verzweifelten Schachzug vor. Durch die nahende Feuerameiseninvasion geraten mehr und mehr der kleineren Arbeiterinnen in Erregung: Sie rennen durch die Nestkammern und Galerien, legen Duftspuren und versetzen ihre Nestgenossinnen in Alarmbereitschaft. Der Aktivitätspegel steigt sprunghaft an. Dies ist eine der wenigen positiven Rückkopplungshandlungen, die in den Annalen der Verhaltensforschung verzeichnet sind. Die zunehmende Erregung gipfelt in einer explosionsartigen Reaktion: Während eines minutenlang anhaltenden Chaos rennen viele der kleineren Arbeiterinnen mit Eiern, Larven oder Puppen in ihren Kiefern aus dem Nest heraus, durch das Kampfgewühl hindurch und weiter, bis sie in Sicherheit sind. Bei diesem Ausbruch ist keinerlei Koordinierung zu erkennen. Für dieses eine Mal im Kolonieleben steht jede Ameise für sich allein. Sogar die Königin läuft alleine davon.

Die *Pheidole*-Soldaten stehen zu ihrer Kaste und tun, wozu sie programmiert sind: Sie bleiben, wo sie sind, und kämpfen bis zum bitteren Ende. Sie lassen sich mit den spartanischen Verteidigern vergleichen, die den persischen Horden an den Thermopylen standhielten und dort starben. An sie erinnert ein Metallschild, auf dem geschrieben steht: „Fremder, wenn du die Lacedaemonier siehst, sage ihnen, du habest uns hier liegen sehen, getreu unseren Befehlen."

Wenn die Feuerameisen schließlich das Nest verlassen, kommen die versprengten Überlebenden von *Pheidole* zurück, um ihr Kolonieleben wieder aufzunehmen. Wenn sie ein oder zwei Monate ungestört bleiben, sind sie in der Lage, eine neue Generation Soldaten großzuziehen und ihr früheres Leben weiterzuführen, als ob nichts gewesen wäre. Gegen die Feuerameisen werden keinerlei Rachefeldzüge unternommen. Die mechanisch funktionierenden Ameisengesellschaften folgen nicht der Logik unserer menschlichen Denkweise.

Bei den Auseinandersetzungen der Ameisen geht es immer um territoriales Gelände oder um Futter. In Nordeuropa führen riesige Kolonien der Kahlrückigen Waldameise *Formica polyctena* kannibalische Raubzüge gegen andere Kolonien ihrer eigenen Art. Diese Überfälle erreichen zu Zeiten von Futterknappheit ihren Höhepunkt, besonders wenn im zeitigen Frühjahr die Wachstumsphase der Kolonie beginnt. *Formica* greift auch andere Ameisenarten an; dabei sind die Kämpfe häufig so verheerend, dass sie zur Auslöschung der gesamten lokalen Population der Opfer führen. Die Kleine Feuerameise *Wasmannia auropunctata*, die für ihre dichten Populationen und ihre schmerzhaften Stiche bekannt ist, kann unter bestimmten Umständen die gesamte Ameisenfauna weiträumig ausrotten. Nachdem sie Ende der 1960er- oder Anfang der 1970er-Jahre über den Handelsweg versehentlich auf einer oder zwei der Galapagosinseln eingeführt wurde, hat sie sich über den gesamten Archipel ausgebreitet und bildet an vielen Stellen einen lebenden Teppich aus Ameisen, die nahezu sämtliche andere Ameisen, die ihnen über den Weg laufen, töten und auffressen.

Zwei andere Ameisenarten, *Pheidole megacephala*, die in Afrika beheimatet ist, und die in Kapitel 3 bereits erwähnte Argentinische Ameise, *Linepithema humilis* (früher *Iridomyrmex humilis* genannt), die aus dem Süden Südamerikas stammt, sind dafür berüchtigt, dass sie nicht nur andere Ameisen, sondern auch andere einheimische Insekten ausrotten. Nachdem *P. megacephala* im letzten Jahrhundert versehentlich mit Handelsschiffen nach Hawaii gelangt war, breitete sie sich gewaltig über die gesamte Tiefebene aus. Sie rottete dabei viele einheimische Insektenarten aus und trug wahrscheinlich zum Aussterben einiger einheimischer Vögel bei. Es ist daher nicht verwunderlich, dass sich diese beiden weltweiten Bedrohungen, *P. megacephala* und *L. humilis*, überhaupt nicht vertragen, wenn sie aufeinandertreffen. Während *L. humilis* normalerweise in den subtropischen bis warm gemäßigten Gebieten zwischen dem 30. und 36. Breitengrad auf der nördlichen wie auf der südlichen Halbkugel konkurrenzfähiger ist, ist *P. megacephala* in den dazwischenliegenden Tropen überlegen. *L. humilis* ist, entsprechend ihrem bevorzugten Temperaturbereich, den Bewohnern der gemäßigten Breiten besser bekannt. Sie ist auf den Ruderalflächen Südkaliforniens, im Mittelmeerraum, im Südwesten Australiens und auf Madeira vorherrschend. Auf Hawaii kommt sie nur in der Zone oberhalb von 1000 m vor, wo sie aufgrund der geringen Temperaturen gegenüber der wärmeliebenden *P. megacephala* begünstigt ist. Beide Arten dringen zu Fuß in neue Gebiete vor. Wie bei den alten Zulubanden machen Überfallkommandos den Weg für Pioniergemeinschaften aus Arbeiterinnen und Königinnen frei, die dann zu den frisch geräumten Nestplätzen strömen und die Kontrolle über das umliegende Gelände ausbauen. Neue Populationen dagegen wachsen normalerweise aus kleinen Gruppen von Arbeiterinnen und Königinnen heran, die als blinde Passagiere im Frachtgut oder im Gepäck mitreisen.

Ganz selten nimmt eine Ameisenart so überhand, dass sie sogar menschliche Behausungen bedroht. Anfang des 15. Jahrhunderts tauchte auf Hispaniola und Jamaika eine stechende Ameisenart in so großer Zahl auf, dass die frühen spanischen Siedlungen fast verlassen worden wären. Die Siedler auf Hispaniola riefen ihren Schutzheiligen, den heiligen Saturnin, an, damit er sie vor der Ameise beschützen möge, und zogen in religiösen Prozessionen durch die Straßen, um diese bösen Geister zu vertreiben. Wahrscheinlich dieselbe Art, der man später den wissenschaftlichen Namen *Formica omnivora* gab, vermehrte sich zwischen 1760 und 1780 so stark auf Barbados, Grenada und Martinique, dass sie dort zur Plage wurde. Die Justizbehörde von Grenada setzte für jeden, der eine Idee hatte, wie man diese Ameisen ausrotten könnte, eine Belohnung von 20 000 Pfund aus, aber ohne Erfolg. Mehr oder weniger sich selbst überlassen, nahm die Individuenzahl dieser Art über die Jahre hinweg ganz von alleine ab. Heute nimmt man an, dass es sich bei *Formica omnivora* um die einheimische Feuerameisenart *Solenopsis geminata* handelte, die man heutzutage in fast allen westindischen Insektengemeinschaften als friedfertig lebendes Mitglied antrifft.

Ameisen setzen im Kampf ganz unterschiedliche Taktiken ein. Einige von ihnen gehen bis an die äußerste Grenze der physischen und organisatorischen Fähigkeiten von Insekten. Hölldobler und seine Mitarbeiter haben diese Taktiken unter anderem in der Wüste Arizonas untersucht. So benutzt eine kleine, schnell bewegliche Ameisenart, *Forelius pruinosus*, giftige Sekrete, um Honigtopfameisen der Gattung *Myrmecocystus* einzuschüchtern und ihnen ihr Futter zu stehlen, obwohl ihre Opfer sechsmal größer als sie selbst sind (Tafel 87). Mithilfe ihres hochwirksamen Spurpheromons kann *F. pruinosus* blitzschnell riesige Scharen von Nestgenossinnen zu Beutestücken rekrutieren, die die Honigameisen oder andere Jagdameisen entdeckt haben. Am Beuteobjekt setzen die Tiere ihre chemischen Waffen ein, um die Honigtopfameisen zu vertreiben – sehr oft mit Erfolg. Manchmal hindern sie die Honigtopfameisen auch gänzlich daran, ihr Nest zu verlassen: Sie rotten sich an den Nesteingängen zu Horden zusammen und treiben die großen Ameisen mit ihren chemischen Waffen in das Nestinnere zurück. Auf diese Weise werden die Honigtopfameisen von den Jagdgründen in der Nähe ihres Nestes ferngehalten, sodass die *Forelius*-Individuen einen größeren Anteil des zur Verfügung stehenden Futters einbringen können.

Eine äußerst seltsame Variante in der Technik der Nestblockade wird von einer anderen, übelriechenden kleinen Ameise der südwestlichen Wüstengebiete, *Conomyrma bicolor*, eingesetzt. Späherinnen rekrutieren über chemische Duftspuren, die aus einer paddelförmigen Drüse am Ende des Hinterleibes abgegeben werden, eine große Anzahl ihrer Nestgenossinnen zu den Nesteingängen der Honigtopfameisen. Die Belagerer setzen dabei ähnliche chemische Waffen wie *Forelius* ein, doch zusätzlich heben sie mit ihren Kiefern noch Steinchen und andere kleine Gegenstände auf und lassen sie in die senkrechten Eingangsschächte fallen (Tafel 88). Auch wenn keiner genau weiß, wie sich das Steinewerfen auf das Verhalten der Honigtopfameisenarbeiterinnen innerhalb des Nestes auswirkt, so hat es doch den Zweck, ihre Futtersuche außerhalb des Nestes einzuschränken. Wäh-

197

TAFEL 87. Die winzigen Arbeiterinnen von *Forelius pruinosus* bedrohen die vergleichsweise riesigen Arbeiterinnen der Honigtopfameisen und hindern sie daran, ihr Nest zu verlassen. *Forelius* können aus der Pygidialdrüse am Ende ihres Hinterleibes ein hochwirksames Wehrsekret abgegeben, das bei den Honigtopfameisen wie eine chemische Keule wirkt. (© Bert Hölldobler.)

TAFEL 88. In der Wüste Arizonas halten *Conomyrma bicolor*-Arbeiterinnen *Myrmecocystus mexicanus*-Arbeiterinnen von der Futtersuche ab, indem sie Steinchen in ihren Nesteingang werfen. (Mit freundlicher Genehmigung von Katherine Brown-Wing.)

rend der Feind eingesperrt ist, können andere *Conomyrma*-Arbeiterinnen in Ruhe auf Beutejagd gehen.

Die europäische Gelbe Diebsameise *Solenopsis fugax* setzt eine chemische Keule ein, wenn sie in die Nester einer anderen Ameisenart eindringt, um deren Brut zu fressen. Zudem sind die Arbeiterinnen ausgezeichnete Pioniere. Als erstes graben sie ein kompliziertes unterirdisches Tunnelsystem von ihrem eigenen Nest zur anvisierten Kolonie. Die ersten Ameisen, die den Durchbruch schaffen, rennen zu ihrem eigenen Nest zurück und holen Nachschub. Dieses Heer von Ameisen dringt in das feindliche Nest ein und trägt die Brut davon, die später gefressen wird. Die Eindringlinge können mit einer hochwirksamen und lang anhaltenden

Abwehrsubstanz aus ihrer Giftdrüse Ameisen, die ihnen in der Größe weit überlegen sind, überwinden. Dieses Sekret hat eine starke abstoßende Wirkung auf die Gegner und setzt sie außer Gefecht, sodass die Diebsameisen nach Lust und Laune räubern können.

Bei einigen Ameisenarten gibt es noch eine andere spezialisierte Aggressionsform: das Futterklauen oder die Kleptobiosis. Hölldobler hat dieses Verhalten über viele Sommer in der Wüste von Arizona untersucht. Die Opfer sind in diesem Fall Ameisen aus der Gattung *Pogonomyrmex*, die hauptsächlich von Samen und anderem essbarem Pflanzenmaterial leben. Ab und zu sammeln sie auch Termiten, vor allem, wenn diese Insekten nach einem Regen in großer Zahl auf der Erdoberfläche auftauchen. Die Räuber sind Honigtopfameisen der Gattung *Myrmecocystus*, die von Insekten, Nektar (aus Drüsen an Blüten und anderen Pflanzenteilen) und zuckerhaltigen Sekreten pflanzensaugender Insekten leben. Sie sind schnell und behende und halten oft an, um sich beladene Ernteameisen genauer anzusehen. Manchmal treten sie alleine und manchmal in kleinen Räuberbanden auf. Wenn die Ernteameise Pflanzenmaterial bei sich trägt, darf sie weitergehen; handelt es sich aber um eine Termite, wird sie beraubt. Sobald die Ernteameise auf ihre Peiniger zuspringt und versucht, sie zu beißen, rennen die schnellfüßigen Honigtopfameisen einfach davon (Tafel 89).

Das größte Opfer für das Gemeinwohl besteht darin, während der Verteidigung der Kolonie Selbstmord zu begehen und dadurch Feinde zu vernichten. Viele Ameisenarten sind bereit, diese Rolle als Kamikaze auf die eine oder andere Weise zu übernehmen (siehe Tafel 84 und 85), aber keine in einer so dramatischen Form wie die Arbeiterinnen einer *Camponotus*-Art, die zu der *Camponotus saundersi*-Gruppe gehört und in den Regenwäldern Malaysias lebt. Wie die beiden deutschen Insektenforscher Eleanore und Ulrich Maschwitz in den 1970er-Jahren entdeckt haben, sind die Ameisen in ihrer Anatomie und ihren Verhaltensweisen als lebende Bomben angelegt. Zwei riesige Drüsen, die mit giftigen Sekreten gefüllt sind, verlaufen von der Basis der Kiefer bis zum hinteren Körperende. Wenn die Ameisen während eines Kampfes entweder von feindlichen Ameisen oder einem angreifenden Räuber arg bedrängt werden, ziehen sie ihre Bauchmuskeln so heftig zusammen, dass ihre Körperwand aufbricht und die Sekrete auf den Feind gespritzt werden.

Ungefähr zu der gleichen Zeit als das Ehepaar Maschwitz die explosive *Camponotus*-Art entdeckte, stieß Hölldobler zufällig auf eine der raffiniertesten Angriffsstrategien der sozialen Insekten. Zumindest eine der Honigtopfameisenarten, so

TAFEL 89. *Oben:* In der Wüste Arizonas entreißt eine Honigtopfameise (*Myrmecocystus mimicus, blau* markiert) einer *Pogono-myrmex*-Arbeiterin eine Termite. Diese Arbeiterinnen lauern *Pogonomyrmex* oft in unmittelbarer Nähe ihres Nesteingangs auf. *Unten:* Wenn eine Honigtopfameise angegriffen wird, rennt sie schnell weg und nähert sich in einem Bogen im Nu wieder dem Nesteingang. (© Bert Hölldobler.)

fand er heraus, setzt bei territorialen Übergriffen und in der Verteidigung noch ganz andere Mittel als nur den Kampf ein. Die Arbeiterinnen dieser Art, *Myrmecocystus mimicus*, verlassen sich stark auf die Überwachung des Feindes, auf Propagandamittel und, wie man es wohl ohne Übertreibung nennen kann, auf rudimentäre Formen von Außenpolitik. Sie dringen in feindliches Gebiet ein, stellen Posten auf und versuchen, ihre Feinde durch aufwendige Schaukämpfe, die bedrohlich wirken, aber selten zu richtigen Kämpfen führen, in ihre Schranken zu weisen.

Die Verhaltensregeln von *Myrmecocystus* in Auseinandersetzungen wurden mit einer Untersuchungstechnik aufgedeckt, die von Freilandbiologen häufig angewendet wird, sehr wirkungsvoll ist und es wert ist, dass wir an dieser Stelle kurz unterbrechen, um sie uns näher anzuschauen. Es gibt zwei Schulen in der Freilandbiologie. Sie unterscheiden sich durch ihren jeweiligen Ansatz, mit dem sie an die Organismen herangehen, die sie untersuchen wollen. Die Vertreter der ersten Gruppe, die experimentellen Theoretiker, denken sich irgendein interessantes Problem aus, das durch Freilanduntersuchungen gelöst werden könnte. Sie gehen davon aus, dass es für jedes Problem in der Biologie ein ideal geeignetes Untersuchungsobjekt gibt. Sie stellen sich vielleicht zunächst die Frage, ob Abwanderung der Hauptfaktor ist, der die Größe lokaler Populationen bestimmt. Der nächste Schritt wäre dann, eine Art zu finden, die dazu neigt, abzuwandern – sagen wir die Wühlmaus. Man könnte Wühlmauspopulationen einzäunen, sodass keine Abwanderung mehr möglich ist, sich ansonsten aber kaum etwas verändert. Andere Populationen in der Nähe, die nicht eingezäunt würden, dienten als Kontrolle.

Die Naturforscher, die zu der zweiten Schule gehören, verfahren genau umgekehrt. Sie glauben, dass es für jede Tier- oder Pflanzenart oder auch für jeden Mikroorganismus eine Problemstellung gibt, für dessen Lösung dieser Organismus ideal geeignet ist. Naturforscher suchen sich einen bestimmten Organismus aus, weil es ihnen Spaß macht, mit ihm zu arbeiten. So einfach sind ihre Beweggründe. Sie gehen ins Freiland, um so viel wie möglich über die Biologie der Organismen zu erfahren, und nutzen dann manchmal die gewonnene Information, um eine ganz allgemeine wissenschaftliche Problemstellung zu untersuchen. Während seiner Untersuchung an Wühlmäusen würde ein Naturforscher vielleicht feststellen, dass Jungtiere dazu neigen auszuwandern, wenn Populationen eine zu hohe Dichte erreichen. Diese Beobachtung führte ihn zu der Vermutung, dass die Populationsdichte durch Abwanderung reguliert wird. Daraufhin würde er vielleicht ein Einzäunungsexperiment durchführen, um seine Hypothese zu überprüfen.

Naturforscher sind Opportunisten. Sie lieben nicht nur ihr Untersuchungsobjekt, sondern alles, was damit zu tun hat. Ihr eigentliches Ziel ist, so viel wie möglich über die Arten in Erfahrung zu bringen, die ihnen ein ästhetisches Vergnügen bereiten. Organismen sind ihre Kultobjekte, die verehrt und in den Dienst der Wissenschaft gestellt werden müssen. Wir gehören beide zu dieser zweiten Schule. Wir sind Naturforscher von Beruf und haben uns während eines Großteils unserer Laufbahn dafür eingesetzt, dass die Ameisen in der Biologie mehr Beachtung finden.

Mit diesem Vorhaben in seinem Herzen wanderte Hölldobler nun in der Nähe von Portal in Arizona durch die Wüste. Zu dieser Zeit, in den 1970er-Jahren, beobachtete er alle Ameisenarten, die ihm über den Weg liefen, in der Hoffnung, neue interessante Verhaltensweisen zu entdecken. Eines Tages sah er, wie Arbeiterinnen der Honigtopfameise *Myrmecocystus mimicus* Termiten angriffen und zugleich andere Honigtopfameisen bedrohten. Er machte sich daran, dieses Phänomen näher zu untersuchen, und an dieser Stelle nehmen wir den Faden unserer Erzählung wieder auf.

Honigtopfameisen fressen Insekten und alle möglichen anderen Gliedertiere. Termiten mögen sie besonders gerne. Wenn eine Späherin eine Gruppe dieser Insekten entdeckt, zum Beispiel unter einem heruntergefallenen Ast oder unter einem vertrockneten Kuhfladen, von dem die Termiten fressen, läuft die Späherin schnell zu ihrem Nest zurück, wobei sie eine Duftspur legt. Die Substanz in dieser Spur ist Bestandteil der Darmflüssigkeit, die aus dem After tröpfchenweise auf den Boden abgegeben wird. Wenn die rekrutierende Ameise auf ihrem Weg irgendeiner Nestgenossin begegnet, bleibt sie stehen und stößt sie mit ruckartigen Bewegungen an. Die Verbindung dieser beiden Signale – Duftspur und Körperkontakt – genügt, um eine kleine Gruppe futtersuchender Arbeiterinnen zu der Stelle zu locken, wo sich die Termiten befinden. Wenn die neu ankommenden Arbeiterinnen in der Nähe gleichzeitig eine andere Honigtopfameisenkolonie finden, laufen einige von ihnen schnell zum Nest zurück und legen dabei ihre eigene Duftspur. Sie führen damit eine Truppe von gut 100 Arbeiterinnen in die Nähe des fremden Nestes. Die meisten konfrontieren sofort die dort lebenden Honigtopfameisen und versuchen, sie in ihrem Nest festzuhalten, während andere Mitglieder der Truppe weiterhin Termiten fangen und sie nach Hause tragen. Ist diese Kolonie jedoch ebenfalls bevölkerungsstark, entwickelt sich ein Turnier, bei dem es nahezu ausschließlich zu ritualisierten Kampfinteraktionen mit nur wenigen Verletzungen oder Toten kommt (Tafel 81). Hölldobler und seine Mitarbeiter haben diese Turniere während vieler Sommermonate im Freiland untersucht, bis sie ihre Funktion einigermaßen verstanden haben.

Wie schon erwähnt, kommt es bei den Honigtopfameisen selten zu echten Kämpfen, die mit Verletzungen oder dem Tod enden. Die Tiere veranstalten stattdessen ein Turnier, einen aufwendigen Schaukampf, in dessen Verlauf die Arbeiterinnen beider Seiten wiederholt versuchen, sich gegenseitig einzuschüchtern und ihre Gegner zu vertreiben (Tafel 90 und 91). Die Ameisen fordern sich auf Turnierplätzen immer wieder zu Zweikämpfen heraus, ganz in der Manier mittelalterlicher Ritter. Sie bewegen sich mit gestreckten Beinen stelzend umher und heben gleichzeitig ihren Kopf und Hinterleib hoch; dabei blähen sie manchmal ihren Hinterleib etwas auf. Dadurch erscheint jede Ameise insgesamt etwas größer. Die Arbeiterinnen verstärken diese Illusion noch, indem sie auf kleine Steinchen oder Erdklumpen steigen und sich von dort aus ihren Gegnerinnen präsentieren. Wenn sich zwei Gegnerinnen begegnen, führen sie einen Ameisen-„Pas-de-deux" auf: Erst wenden sie sich einander zu, stellen sich dann Seite an Seite und bemühen sich dabei, ihre Körper noch höher zu strecken. Meist umkreisen sie sich dann langsam, trommeln dabei mit ihren Antennen auf dem Körper der Gegnerin und treten mit ihren Beinen nach ihr. Manchmal lehnt sich eine Arbeiterin gegen ihre Gegnerin, als ob sie sie in einem halbherzigen Versuch umwerfen wollte. All dies ist ritualisiert und vergleichsweise harmlos und steht in keinem Verhältnis zu dem tatsächlichen Kampfvermögen der Tiere. Jede der beiden Ameisen könnte ihre Gegnerin mit Leichtigkeit packen und sie mit ihren scharfen Kiefern aufschlitzen oder sie mit Ameisensäure bespritzen; beides hätte fatale Auswirkungen. Aber während der Turniere kommen solche Gewaltanwendungen nur selten vor. Nach einigen Sekunden hält eine der Schaukämpferinnen ein und die Begegnung ist beendet. Die beiden Ameisen stolzieren dann auf ihren Stelzbeinen weiter, um nach neuen Gegnerinnen Ausschau zu halten. Wenn die Ameise einer Nestgenossin statt einer Gegnerin begegnet, prüft sie durch Betasten mit ihren Antennen deren Geruch, manchmal zuckt sie mit ihrem Körper kurz vor und zurück, als ob sie grüßen wollte, und läuft weiter.

Diese ganze unblutige Aufführung erinnert an die Nicht-Kämpfe (*nothing fights*) einiger Stämme in Neuguinea, wo sich die Krieger auf beiden Seiten der Stammesgrenze versammeln und ihre reine Anzahl, ihre Gesichtsbemalung und ihre Waffen zur Schau zu stellen. Tänze werden aufgeführt und Drohungen quer über den Platz gerufen. Die Krieger vollführen Drohgebärden, aber nur selten wird eine der beiden Seiten verletzt. Dann kehren beide Kriegsparteien nach Hause zurück. Das

TAFEL 90. *Oben:* Während der Schaukämpfe begegnen sich die Arbeiterinnen von Honigtopfameisenkolonien Kopf an Kopf. Treffen sie auf eine Nestgenossin, berühren sie sich mit den Antennen, zucken kurz und trennen sich wieder. *Unten:* Treffen sie aber auf eine Gegnerin aus einer fremden Kolonie, dann versuchen sie, sich seitlich zu präsentieren und sich gegenseitig abzudrängen (siehe Tafel 91). (© Bert Hölldobler.)

TAFEL 91. *Oben:* Häufig besteigen die Honigtopfameisen beim Turnierkampf Geländeerhöhungen oder kleine Steine und bisweilen „blähen" sie sogar ihre Gaster auf, sodass sie größer erscheinen. *Unten:* Von dieser erhöhten Position zeigen sie ein ritualisiertes Imponierverhalten gegenüber feindlichen Artgenossinnen, wobei es selten zu physischen Kämpfen kommt; allenfalls treten sie die Gegnerin mit den Beinen. (© Bert Hölldobler.)

gewünschte Ergebnis ist, sich gegenseitig die Kampfesstärke mitzuteilen. Zu einer richtigen kriegerischen Auseinandersetzung kommt es selten.

Obwohl die Honigtopfameisen in einer von Gewalt geprägten Welt leben, können sie aufgrund ihres erstaunlichen Verständigungssystems auch langfristig ohne große Blutverluste beziehungsweise – um den korrekten Fachausdruck zu verwenden – ohne große Hämolymphverluste ein ausgeglichenes Kräfteverhältnis aufrechterhalten. Bestimmte Kolonien, vor allem die mit den meisten großen Arbeiterinnen, dominieren über ihre Nachbarn, vertreiben sie von den Turnierplätzen und verdrängen sie auf kleinere, näher an ihren Nestern gelegene Futtergebiete.

Irgendwie sind die einzelnen Kämpferinnen in der Lage, die Stärke ihres Kontrahenten einzuschätzen, und reagieren dementsprechend entweder mit größerer Dreistigkeit oder mit Nachgiebigkeit. Wie kann ein einfaches Insekt eine solche Einschätzung vornehmen und dann eine adäquate Entscheidung treffen? Hölldobler war klar, dass die Ameisen die ganze Arena niemals aus der Vogelperspektive sehen konnten. Ebenso wenig sind sie in der Lage, die Anzahl der Kämpferinnen beider Kolonien zu zählen. Das kann noch nicht einmal der Insektenforscher, es sei denn, er macht eine Einzelbildanalyse von dem gesamten Verlauf der Auseinandersetzung, aber auch dann kann er nicht entscheiden, welche Ameise zu welcher Kolonie gehört, denn sie sehen ja alle gleich aus. Dennoch kann man aus Filmanalysen viel lernen. Hölldobler verfolgte draußen in der Wüste viele Turniere der Honigtopfameisen mit der Film- oder Videokamera und die erste Serie von Daten analysierte er zusammen mit Charles Lumsden, einem Biologen mit theoretischer Ausrichtung. Es kristallisierten sich mindestens drei Möglichkeiten heraus, wie die Ameisenarbeiterinnen indirekt die Stärke ihres Gegners abschätzen könnten. Sie könnten einfach Köpfe zählen, während sie von einer Kämpferin zur nächsten wechseln. Wenn die eigenen Nestgenossinnen dem Feind zahlenmäßig – sagen wir im Verhältnis 3:1 – überlegen sind, registrieren sie dieses zu ihren Gunsten herrschende Ungleichgewicht und ihre Bereitschaft vorwärtszudrängen erhöht sich. Ist das Verhältnis umgekehrt, werden sie sich zurückziehen. Eine zweite Methode besteht in einer Schätzung. Besteht ein hoher Prozentsatz der fremden Arbeiterinnen, denen man begegnet, aus großen Ameisen, dann ist die andere Kolonie wahrscheinlich ziemlich groß, denn nur ausgewachsene Kolonien sind in der Lage, viele dieser großen Ameisen zu produzieren. Die dritte Möglichkeit, die einer einzelnen Ameise offen steht, besteht darin abzuschätzen, wie lange sie warten muss, das heißt wie viel Zeit vergeht, bis sie auf eine Gegnerin trifft, die noch nicht in ein Kampfritual verwickelt ist. Wenn die Arbeiterin oft auf

Gegnerinnen stößt und ständig in Schaukämpfe verwickelt ist, dann ist die feindliche Streitkraft wahrscheinlich viel stärker als die eigene Truppe. Muss sie lange auf eine Gegnerin warten, ist der Feind vermutlich schwächer.

Nachdem Hölldobler erst viele Monate in der Wüste und dann im Labor bei der Einzelbildanalyse am Bildschirm verbracht hatte, kam er zu dem Schluss, dass *Myrmecocystus* bis zu einem gewissen Grad alle drei Abschätzungsverfahren anwendet. Er stellte auch fest, dass offensichtlich sogenannte Aufklärungsameisen Informationen über die relative Stärke der gegnerischen Partei sammeln und dass vor allem diese Ameisen, wenn nötig, Verstärkung aus dem eigenen Nest rekrutieren. Er bemerkte auch, dass besonders kleine, junge Kolonien, die in einer echten Auseinandersetzung mit ziemlicher Sicherheit sehr schnell besiegt würden, wahrscheinlich die Methode der Kastenabschätzung einsetzen. Dieses Verfahren gibt ihnen am schnellsten den Überblick über die Stärke des Gegners, sodass sie sich unmittelbar und vorsichtig zurückziehen können. Außerdem ergaben die jüngeren Analysen, dass die Informationen nicht von allen am Turnier beteiligten Ameisen gesammelt werden. Offensichtlich rennt eine bestimmte Gruppe von Aufklärungsameisen schnell kreuz und quer über den Turnierplatz und ermittelt die relative Stärke der eigenen Kolonie in Bezug auf die gegnerische Partei. Es sind diese Aufklärungsameisen, die dann auch aus dem eigenen Nest Verstärkung rekrutieren, sollten sie eine deutliche Überlegenheit der gegnerischen Kolonie auf dem Turnierplatz ermittelt haben.

Neben den Großturnieren bedienen sich die Kolonien der Honigtopfameisen noch einer anderen Methode, um Feindaufklärung mit begrenztem Kampfeinsatz zu betreiben. Sie stellen Wachposten an den Gebietsgrenzen zwischen den Nestern auf, wo die Turniere am häufigsten stattfinden. Diese Posten, die meist nur aus wenigen, selten aber aus mehr als einem Dutzend Arbeiterinnen bestehen, stehen stundenlang in Stelzbeinhaltung auf kleinen Steinchen und Erdklumpen. Von benachbarten Kolonien erscheinen ähnliche Trupps, um sich an den gleichen Stellen zu postieren. Zwischen diesen beiden Gruppen entstehen häufig Kleinstturniere. Die daraus resultierende Pattsituation kann über Tage oder Wochen anhalten. Steigt die Anzahl der Wachposten von einer Kolonie jedoch plötzlich an, laufen die Wachen der anderen Kolonie nach Hause, um ihrerseits eine Truppe von Nestgenossinnen zu rekrutieren, und die Konfrontation eskaliert zu einem vollen Turnier.

Aus diesem Bericht sollten Sie jedoch, lieber Leser, nicht den Schluss ziehen, dass die Honigtopfameisen zivilisiert sind. Sie besitzen tödliche Kieferzangen und

TAFEL 92. Blick in eine Nestkammer, in der die Honigtöpfe von *Myrmecocystus mimicus* von der Decke hängend aufgereiht sind. (© Bert Hölldobler.)

chemische Waffen, die einem nur auf den ersten Blick durch ihre ritualisierten Turniere verborgen bleiben. Wenn sich eine Kolonie als wesentlich stärker als ihr Nachbar herausstellt, dann werden die Turniere rasch beendet oder sie werden erst gar nicht initiiert. Die schwächere Kolonie wird überfallen und ein Kampf auf Leben und Tod bricht aus. Die Ameisen beißen und würgen sich und machen sich gegenseitig kampfunfähig, bis sich schließlich die stärkere Seite zu dem Nest des Gegners durchkämpft. Dabei verkrüppeln oder bringen sie alle Arbeiterinnen um, die ihnen in die Quere kommen. Sie töten die Königin und rauben die Larven, Puppen und jüngsten Arbeiterinnen. Sie schleppen auch die Arbeiterinnen, die zu der Kaste der Honigtöpfe gehören, mit ins eigene Nest. Die Hinterleiber dieser großen Tiere (von denen der umgangssprachliche Artname „Honigtopfameise" stammt) sind prall gefüllt mit Hämolymphe (Insektenblut) und süßlichen Pflanzensekreten. Sie dienen der Kolonie als lebende Vorratsbehälter und würgen diese süße Flüssigkeit wieder hervor, wenn Futter knapp wird (Tafel 92).

Die verletzten Honigtöpfe werden von den Siegerameisen gefressen, das heißt der Inhalt ihres prall gefüllten „Honigmagens" wird in die kolonieeigenen Honigtöpfe umgeladen und diejenigen der geraubten Honigtöpfe, die den Raubzug überleben, werden wahrscheinlich in die siegreiche Kolonie integriert; das hat

TAFEL 93. Große Kolonien von *Myrmecocystus mimicus* führen Raubzüge auf kleinere Kolonien ihrer Art durch. Dabei wird meist die Königin der schwächeren Kolonie getötet und die Puppen (*oben*) und Honigtöpfe (*unten*) werden in das Nest der Siegerkolonie verschleppt. (© Bert Hölldobler.)

TAFEL 94. Manchmal werden siegreiche Honigtopfameisen selbst ihrer Beute beraubt – in diesem Fall eines Honigtopfes aus der besiegten Kolonie – durch Arbeiterinnen von *Forelius pruinosus*. Obwohl die *Forelius*-Ameisen wesentlich kleiner sind als die Honigtopfameisen, gelingt es ihnen, ihre Konkurrenten aufgrund ihrer großen Überzahl und durch den Einsatz hochwirksamer Wehrsekrete zu vertreiben. (© Bert Hölldobler.)

Hölldobler zumindest im Labor beobachten können. Auch die jungen Arbeiterinnen, die aus den geraubten Puppen schlüpfen, fungieren in der fremden Kolonie als Arbeiterinnen, wie Laborversuche zeigten (Tafel 93). Aber selbst hier, beim Raub der Honigtöpfe, können den *Myrmecocystus*-Ameisen die äußerst flinken und zahlreichen *Forelius*-Ameisen noch in die Quere kommen, indem sie sie von den geraubten Honigtöpfen verjagen (Tafel 94). Die Honigtöpfe sind eine fette Beute für *Forelius pruinosus*.

Die territorialen Turniere der Honigtopfameisen eskalieren allerdings nur relativ selten zu einem Raubzug gegen die unterlegene feindliche Kolonie. Dagegen führen große Kolonien öfter Raubzüge gegen junge, das heißt relativ kleine Kolonien in der Nachbarschaft, die vorher von Späherinnen entdeckt worden sind. Die Späherinnen rekrutieren eine Schar von Nestgenossinnen, die die kleine Kolonie überfallen, die Königin töten und die Larven, Puppen und Honigtöpfe in das eigene Nest verschleppen. Auch hier werden die verletzte Brut und die Honigtöpfe gefressen, die frisch geschlüpften Arbeiterinnen erlernen den fremden Koloniegeruch und werden voll in die fremde Kolonie integriert. Natürlich kann man letzteres nur aus den Beobachtungen folgern, die im Labor gemacht wurden, aber es erscheint durchaus logisch, dass dieser Vorgang in der Natur identisch abläuft, denn man weiß von vielen Ameisenarten, dass Larven und Puppen von Artgenossen ohne Schwierigkeit in fremde Kolonien eingebracht werden können. Die Unterscheidung der Nestgenossinnen von Fremden wird erst erlernt, wenn die Arbeiterin aus der Puppe geschlüpft ist; erst dann legt die junge Arbeiterin die koloniespezifische Duftuniform an.

Trotzdem lässt sich natürlich nicht leugnen, dass die Gefangenen ihre Königin und somit die Mutter ihrer eigenen Kolonie und ohne deren Fortpflanzungsfähigkeit aus evolutionärer Sicht auch ihren eigenen Lebenszweck verloren haben. Sie können keine Schwestern mehr aufziehen, der wichtigste Grund, überhaupt zu einer Kolonie zu gehören. Aus dieser Sicht sind sie gleichsam Sklaven, die, ohne sich dessen bewusst zu sein, für den Fitnessgewinn einer fremden Königin arbeiten. Wie uns die Details der Außenpolitik bei den Honigtopfameisen deutlich machen, besteht ein Ameisenleben nur aus kleinen Ruhepolen voll Harmonie in einer sonst unversöhnlichen Welt.

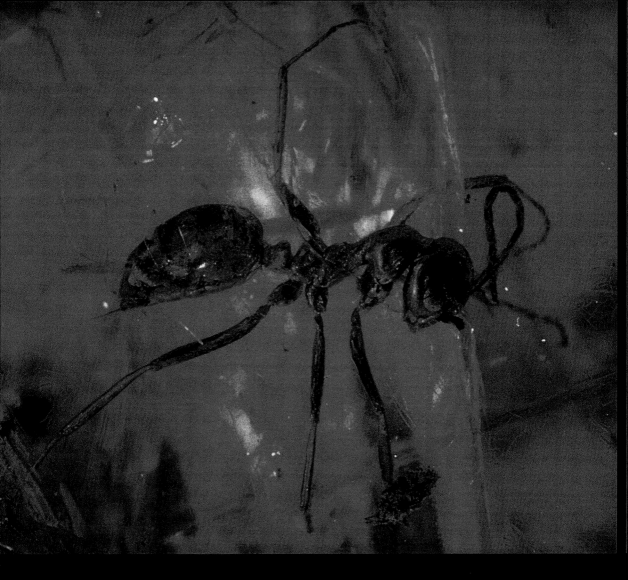

‖ Tafel 95. Eine Arbeiterin aus der Unterfamilie der Sphecomyrminae, eine der ältesten und ursprünglichsten Gruppe der Ameisen. Diese Arbeiterin ist das erste beschriebene Exemplar der Art *Sphecomyrma freyi* und wurde in von Sequoiabäumen stammendem Bernstein in New Jersey, USA, gefunden. Sie lebte zu Beginn der Oberen Kreidezeit vor etwa 80 Mio. Jahren. (Mit freundlicher Genehmigung von Frank M. Carpenter.)

9

DIE URAMEISEN

Im Jahre 1966 wurde endlich das fehlende Glied in der Ameisenevolution, die Urameise, entdeckt, die die heutigen Formen mit ihren Vorfahren unter den Wespen verbindet. Die fossilen Fundstücke, die diese Verbindung darstellen, brachten uns neben manch aufregender Überraschung die Bestätigung für einige Vorhersagen, die wir schon früher auf der Basis der Evolutionstheorie gemacht hatten. Davor hatte es hauptsächlich Misserfolge gegeben. Die bekannten fossilen Zeugnisse enden unvermittelt in den Sedimenten aus dem Eozän, die um die 40 bis 60 Mio. Jahre alt sind; ältere Gesteine und Bernsteinstücke schienen keine Hinweise zu geben. Die wenigen Exemplare, die den Ameisenforschern aus dem frühen Eozän zur Verfügung stehen, sind nur schlecht erhalten und gehören außerdem eindeutig zu rezenten Gruppen. Zu den heute lebenden Formen zeigen sie kaum Unterschiede in ihrer Anatomie und liefern keine Hinweise, wie die Ameisen entstanden sind.

Es war bekannt, dass sich die Ameisen im Oligozän, vor 25 bis 40 Mio. Jahren, über die ganze Welt ausgebreitet hatten und sich zu einer der häufigsten Insektengruppen entwickelten. Aus dem baltischen Bernstein, einem fossilierten, durchsichtigen Baumharz, das wie ein Edelstein aussieht, wurden Tausende wunderbar erhaltener Exemplare wiedergewonnen. Als das Harz vor langer Zeit aus Baumwunden herauslief und heruntertropfte, bedeckte es Scharen von Insekten, die einer Vielzahl von Arten angehörten, und konservierte viele von ihnen in kürzester Zeit. Wenn man die Bernsteinstücke zurechtschneidet und poliert, kann man diese uralten Formen in all ihren mikroskopischen Einzelheiten untersuchen. Ihr Außenskelett, das heißt die äußere Hülle ihres Körpers und alles, was man sonst auch bei lebenden Ameisen sieht, ohne sie zu zerlegen, ist oft naturgetreu erhalten. Durch den glasartigen Bernstein lassen sich noch heute kleinste Details der Zähne, Haare und der Körperform bis fast auf ein hundertstel Millimeter genau messen. Die Exemplare, das muss hier hinzugefügt werden, sehen so aus, als ob sie aus ganzen Körpern bestünden, in Wirklichkeit aber sind sie meistens von innen heraus verfaulte Hüllen, die mit einem kohlenstoffhaltigen Film überzogen sind und dadurch so wirken, als ob sie vollständig erhalten seien. Nähere Untersuchungen dieser Außenhüllen ergaben dennoch, dass die Ameisen aus dem Oligozän im Wesentlichen den heute lebenden Formen entsprachen. Alle Arten, die damals in den europäischen Wäldern lebten, sind mittlerweile ausgestorben, aber 60 % der Gattungen, denen sie angehörten, existieren auch heute noch.

Im Oligozän, als die Ameisen ihr heutiges äußerliches Erscheinungsbild angenommen hatten, erreichten sie ihre Blütezeit. Vor 1966 hatten die Ameisenforscher zwar ein klares Bild von den im Bernstein erhaltenen und verschiedenen anderen uralten Tierwelten, aber Stamm und Wurzeln des Ameisenstammbaumes waren ihnen bis dato noch verborgen geblieben. In ihrer Hetzkampagne gegen die Evolutionstheorie machten die Kreationisten auf diese Lücke aufmerksam. Die Ameisen, so ihr Argument, seien ein gutes Beispiel für eine Gruppe, die durch einen einzigen göttlichen Schöpfungsakt auf die Welt gekommen ist. Wer, wie wir, die Entwicklungsgeschichte der Ameisen untersucht, ist da anderer Meinung. Wir vermuteten, dass die frühesten Arten einfach sehr selten und die fossilen Schichten, die Belege ihrer Existenz enthielten, bisher kaum untersucht waren, sodass mit der Zeit zumindest einige Exemplare auftauchen würden. Nach unserer Meinung musste das fehlende Bindeglied in den Ablagerungen des frühen Eozäns von vor ungefähr 60 Mio. Jahren oder sogar noch früher – in den Sedimenten des Mesozoikums – vorhanden sein. Es ist durchaus möglich, dass die Urameise gelegentlich einen Dinosaurier gestochen hat.

Wie gerne würden wir davon berichten und wünschten, es wäre wahr, dass das entscheidende Fossil von einem mutigen Doktoranden am Oberlauf des Amazonas gefunden wurde, der sich dann, von Malariaanfällen geschüttelt und völlig erschöpft, mit einem von abgebrochenen Pfeilen durchbohrten Einbaum flussabwärts zu einem abgelegenen Missionsdorf durchkämpfte – dass er den Fund erst zur Post brachte, bevor er nach Manaus weiterfuhr, um sich in medizinische Behandlung zu begeben, sich dort auszuruhen und die Glückwünsche der überglücklichen Forschergruppe aus Harvard abzuwarten. Die Wahrheit ist allerdings, dass die Urameise von dem Rentnerehepaar Frey aus Mountainside im Staat New Jersey, USA, entdeckt wurde. Sie fanden sie am Fuße der Klippen von Cliffwood Beach, einer dicht besiedelten, mittelständischen Wohngegend unmittelbar südlich von Newark. Die Freys schickten ein Bernsteinstück, das zwei Ameisenarbeiterinnen enthielt, an Donald Baird von der Princeton University. Baird, der sofort die wissenschaftliche Bedeutung dieses Fundes erkannte, schickte ihn weiter zu Frank

M. Carpenter an der Harvard University, der weltweit größten Autorität auf dem Gebiet der Insektenpaläontologie und zudem Edward Wilsons Lehrer.

Carpenter rief Wilson an, der sich zwei Stockwerke höher in einem der Biologielabors von Harvard befand. „Die Ameisen sind da", sagte Carpenter. „Ich bin in 2 ms unten", antwortete Wilson, dem das Herz bis zum Halse schlug. Wilson rannte die Treppen hinunter und in Carpenters Büro, wo er das Fundstück in die Hand nahm. Er hantierte damit herum und ließ es auf den Boden fallen, wobei es in zwei Stücke zerbrach. Zum Glück enthielt jedes Bruchstück eine Ameise, die unversehrt an ihrem Platz war. Beide Stücke bestanden aus einer durchsichtigen hellgelben Grundsubstanz. In poliertem Zustand konnte man die Ameisen wunderbar betrachten, die so hervorragend erhalten waren, als ob sie erst gestern begraben worden wären (Tafel 95).

Der Bernstein bestand aus aus fossilisiertem Harz von Sequoiabäumen, die vor 90 Mio. Jahren, während der mittleren Kreidezeit, an dem Fundort in Cliffwood Beach wuchsen, als die Dinosaurier die vorherrschenden großen Landwirbeltiere waren. Die Ablagerung, in der sich der Bernstein befand, ist eine dünne, helle Sandschicht, durchsetzt mit geschwärzten Braunkohlestücken der Sequoiabäume. Zwischen diesen Stücken sind unzählige kleine gelbe Harzkörnchen verstreut. Diese Bruchstücke sind normalerweise alles, was man von dem aus der Kreidezeit stammenden Bernstein finden kann. Aber gelegentlich taucht am Strand von Cliffwood Beach auch ein größeres Stück auf und ganz selten enthält es die Überreste eines Insekts. Die Freys gingen am Strand spazieren, kurz nachdem ein Sturm einen Teil der Küste weggespült und dadurch mehr von dem versteinerten Holz freigelegt hatte. Auch wenn ihnen die Möglichkeit, Bernstein zu finden, bewusst war, hatten sie ein außerordentliches Glück, dieses große Stück mit den beiden Ameisen zu finden.

Wilson legte die Fossilien unter das Mikroskop und begann, die Ameisen von allen Seiten zu zeichnen und zu vermessen. Nach einigen Stunden nahm er den Hörer in die Hand und rief William L. Brown von der Cornell University an. Brown war wie er ein Fachmann auf dem Gebiet der Ameisenklassifizierung. Seit Jahren träumten beide davon, eine Ameise aus dem Mesozoikum zu finden und dadurch vielleicht etwas über das fehlende Bindeglied zu den ursprünglichen Wespen zu erfahren. Beide hatten aus vergleichenden Untersuchungen an lebenden Arten Vermutungen darüber angestellt, welche Merkmale die ursprüngliche Form besessen haben könnte, beziehungsweise, falls die Evolutionstheorie stimmt, besessen haben sollte. Wilson teilte Brown mit, dass die Ameisen tatsächlich so ursprünglich waren, wie sie es erwartet hatten. Sie besaßen ein Mosaik anatomischer

Merkmale, die man auch bei einigen heute lebenden Ameisen- oder Wespenarten findet, und darüber hinaus noch einige andere Merkmale, die zwischen den beiden Gruppen liegen. Das Ergebnis der Untersuchung dieser Urameisen war erstaunlich: kurze Kiefer mit nur zwei Zähnen, wie bei den Wespen; eine Struktur, die wie die blasenähnliche Hülle einer Metapleuraldrüse aussieht – eines sekretorischen Organs, das sich am Thorax, das heißt am mittleren Körperbereich, befindet und ein Bestimmungsmerkmal aller heute lebenden Ameisen ist, die jedoch Wespen fehlt; eine Verlängerung des ersten Antennenabschnitts, sodass die Antennen ellenbogenähnlich angewinkelt aussehen, wie es für Ameisen typisch ist, allerdings mit dem Unterschied, dass die Antennen hier bei den Fossilien aus dem Mesozoikum nur in einem Maße verlängert sind, das zwischen dem der heutigen Ameisen und Wespen liegt; der übrige, vordere Teil der Antennen lang und beweglich, wie bei den Wespen; der Thorax mit einem ausgeprägtem Scutum und Scutellum (zwei Platten, die zum mittleren Teil des Körpers gehören), auch ein Merkmal der Wespen; und eine ameisenähnliche Taille, jedoch in vereinfachter Form, als ob sie sich erst vor kurzem entwickelt hätte.

Die Ameisen in dem Bernstein von New Jersey – wir nahmen uns die Freiheit, sie trotz ihrer unterschiedlichen Merkmale als Ameisen zu bezeichnen – waren ungefähr 5 mm lang. Wir gaben ihnen den wissenschaftlichen Namen *Sphecomyrma freyi*. Der Gattungsname *Sphecomyrma* bedeutet Wespenameise und der Artname *freyi* ehrt das Ehepaar, das die Ameisen gefunden und sie so schnell und großzügig der Wissenschaft überlassen hat. Uns fiel der stark entwickelte Stachel dieser Ameisen auf und wir stellten uns vor, wie in archaischen Zeiten Schwärme von *Sphecomyrma*-Arbeiterinnen kleine Dinosaurier vertrieben, die zu nahe an ihrem Nest vorbeigekommen waren.

Es hatte über 100 Jahre gedauert, bis Insektenforscher, die sich mit fossilen Insekten der ganzen Welt beschäftigen, die ersten Fossilien aus dem Mesozoikum gefunden hatten. Dann jedoch reihte sich plötzlich ein Fund an den anderen. Russische Paläontologen, die sich sehr intensiv mit der ursprünglichen Insektenwelt beschäftigen, entdeckten einige Exemplare in Ablagerungen aus der Kreidezeit, und zwar in drei Regionen der alten Sowjetunion: in Magadan, im nordöstlichen Sibirien an der Küste des Ochotskischen Meeres, auf der Taimyrhalbinsel im äußersten Norden Mittelsibiriens und im südlichsten Teil Kasachstans. Zwei weitere Exemplare wurden ungefähr zur selben Zeit von kanadischen Insektenforschern in aus der Kreidezeit stammendem Bernstein in Alberta gefunden und schließlich wurde ein Fund aus Birma (Myanmar) gemeldet. Wenn man alle Fundstücke

zusammennimmt, ergeben sie das erste grobe Bild einer ursprünglichen Ameisenkolonie. Einige der Tiere sind eindeutig Arbeiterinnen, andere Königinnen und
wieder andere Männchen.

In dem Bernstein aus Myanmar fand man noch vier weitere Ameisen, die mit
etwa 100 Mio. Jahren sogar noch älter waren als die *Sphecomyrma*-Exemplare aus
Nordamerika und Sibirien und die in Myanmar zusammen mit *Sphecomyrma* vorka-
men. Bei den vier Tieren handelt es sich um eine noch nicht beschriebene Gattung
der Ponerinae, um *Haidomyrmex cerebrus*, die wegen ihrer charakteristischen Man-
dibelform zu den Unterfamilien der Sphecomyrminae oder der Ponerinae zählen
könnte, um *Burmomyrma*, wahrscheinlich ein Vertreter der Unterfamilie der Aneu-
retinae, und *Myanmyrma*, eine primitive Form der Myrmeciinae oder ein Zwischen-
glied zwischen den Myrmeciinae und den Sphecomyrminae.

Die älteste fossile Ameise, *Gerontoformica cretacica*, die nachgewiesener Maßen aus
Europa stammt, wurde, in Bernstein eingeschlossen, in Frankreich gefunden und
ist etwa 100 Mio. Jahre alt. Sie hat morphologische Merkmale, die sie mit primitiven
Vertretern der Ponerinae gemeinsam hat, aber sie zeigt auch einige „fortgeschritte-
ne" Ameisenmerkmale.

Bevor wir zu den fossilen Ameisen zurückkehren, lassen Sie uns nun nach Australien reisen, wo, ungefähr zu der Zeit der Entdeckung von *Sphecomyrma*, eine
Suche ganz anderer Art, nämlich nicht nach ausgestorbenen Arten, sondern nach
der ursprünglichsten lebenden Ameise stattfand. Die Insektenforscher lernen aus
Fossilien natürlich eine Menge über die Evolution der Anatomie und sogar der
verschiedenen Kasten der frühesten Ameisen. Aber um die Geschichte des Sozialverhaltens wie ein Puzzle zusammensetzen zu können, muss man lebende Formen
untersuchen. Über Generationen war es der Traum aller Insektenforscher, dass
irgendwo noch eine Art lebt, die bis heute die ursprünglichste Sozialform bewahrt
hat, oder anders ausgedrückt, die in ihrem Verhalten ein lebendes Fossil darstellt.
Ihre Hoffnungen konzentrierten sich hauptsächlich auf Australien, die Heimat
anderer archaischer Lebensformen wie der eierlegenden Säugetiere, des Schnabel-
tieres und des Ameisenigels.

In den 1970er-Jahren ging der Traum in Erfüllung. Es war *Nothomyrmecia macrops*, eine große gelbe Ameisenart mit vorstehenden schwarzen Augen und langen
Kiefern, die wie die Sägeklingen einer Zickzackschere aussehen. Über 45 Jahre war
diese Art der Wissenschaft nur von zwei Museumsstücken her bekannt. Der ursprüngliche Körperbau von *Nothomyrmecia* war vielversprechend: Er ähnelt mit seiner einfach gebauten Taille und den symmetrischen, feingezähnten Kiefern etwas
dem der Wespen. Den nächsten Schritt – die Wiederentdeckung der Art und die

Untersuchung lebender Kolonien – zu vollziehen, stellte sich jedoch als äußerst schwierig und frustrierend heraus.

Die lange Geschichte begann am 7. Dezember 1931, als sich eine kleine Exkursionsgruppe mit einem Geländewagen von der Balladonia Station, einer Schaffarm im Westen Australiens, zu einer einmonatigen Fahrt in den Süden durch unbesiedelte Eukalyptussteppe und Sandheiden aufmachte. Der Weg führte zur verlassenen Thomas River Farm, die 180 km hinter Mount Ragged, einem niedrigen Granithügel am westlichen Ende der Großen Australischen Bucht, liegt. Es folgten 110 km durch die Sandheidelandschaft gen Westen bis zu der kleinen Küstenstadt Esperance. Diese Tour durch die einzigartige Wildnis Australiens diente hauptsächlich dem Vergnügen. Die Heidelandschaft, die die Gruppe durchquerte, ist jedoch, botanisch gesehen, eine der artenreichsten Gegenden weltweit, mit einer großen Anzahl an Sträuchern und krautigen Pflanzen, die es sonst nirgendwo gibt und die deshalb für Biologen von großem Interesse sind. Mehrere Mitglieder der Gruppe waren gebeten worden, auf der Fahrt Insekten zu sammeln. Konserviert wurden die Tiere in Gefäßen mit Alkohol ohne jedoch den genauen Fundort zu vermerken. Diese Exemplare, darunter zwei Arbeiterinnen einer großen gelben Ameise, wurden der Künstlerin A. E. Cracker übergeben, die in der Balladonia Station lebte und häufig Tiere malte. Später gab sie die Insekten an das Victoria Nationalmuseum in Melbourne weiter, wo die Ameisen 1934 von dem Ameisenforscher John Clark als eine ganz neue Gattung und neue Art beschrieben wurden und den Namen *Nothomyrmecia macrops* erhielten.

William Brown, der damalige „Papst" der Ameisensystematik, war der erste, der die evolutionäre Bedeutung der *Nothomyrmecia* erkannte. Er machte sich im November 1951 auf den Weg, um weitere Exemplare zu sammeln, und folgte einem Teil der Route, die die Expedition von 1931 östlich von Esperance auf dem Thomas River Pfad genommen hatte. Aber da er keine genauen Informationen über den Fundort hatte und wegen der besonderen Lebensweise von *Nothomyrmecia*, die damals noch nicht bekannt war, blieb seine Suche erfolglos. Im Januar 1955 unternahm Wilson zusammen mit Caryl P. Haskins, der damals Präsident der Carnegie Institution of Washington und ein begeisterter Ameisenforscher war, und mit dem berühmten australischen Naturforscher Vincent Serventy einen zweiten Versuch. Von Esperance aus fuhren sie mit einem Geländewagen die Route von 1931 entlang und suchten gründlich das Gelände um die Thomas River Station und die Sandheide nördlich von Mount Ragged ab. Sieben Tage und Nächte durchkämmten sie alle größeren Lebensräume, doch *Nothomyrmecia* fanden sie nicht.

Mittlerweile wurden die Ameisen, die man schlicht „das fehlende Bindeglied" nannte, in ganz Australien und unter Insektenforschern auch im Ausland bekannt – so bekannt, wie man es eben von einem Insekt erwarten kann, das keine Malaria überträgt und keine Weizenernten zerstört. Nationalstolz kam noch hinzu, als weitere australische Insekten- und Naturforscher darum wetteiferten, *Nothomyrmecia* vor ihren Rivalen aus Amerika wiederzufinden und sie im lebenden Zustand zu untersuchen. Alle Anstrengungen blieben erfolglos und die Forscher begannen zu mutmaßen, dass entweder die Fundstelle falsch bezeichnet worden oder die Art, wie so viele Schätze der australischen Tier- und Pflanzenwelt, ausgestorben war.

Der Durchbruch kam, wie so oft in der Wissenschaft, auf völlig unerwartete Weise. *Nothomyrmecia* wurde, zur großen Erleichterung der einheimischen Insektenforscher, von einem Australier, Robert Taylor, wiederentdeckt. Nachdem Taylor Anfang der 1960er-Jahre seine Doktorarbeit bei Wilson an der Harvard University abgeschlossen hatte, begann er in der Abteilung für Insektenkunde der australischen Commonwealth Scientific and Industrial Research Organization (CSIRO) zu arbeiten, die sich in der Hauptstadt Canberra befand. Nach einer Weile wurde er Kurator der nationalen australischen Insektensammlung. In dieser Eigenschaft machte er es zu seiner persönlichen Mission, diese mysteriöse Ameise zu finden.

Im Oktober 1977, einem Frühlingsmonat in Australien, startete Taylor mit dem Geländewagen eine Expedition, die von Canberra westwärts bis über Südaustralien hinausführte. Die Gruppe hatte vor, die Eyre-Autobahn entlangzufahren, die über 1600 km durch die kahle Nullarbor-Ebene bis in die Mount-Ragged-Esperance-Gegend führt, um dort speziell nach *Nothomyrmecia* zu suchen. Die Teilnehmer fühlten sich ziemlich unter Druck, nachdem sie erfahren hatten, dass William Brown, von seinen vielen Freunden Bill genannt, auch plante, alles auf eine Karte zu setzen, diese mysteriöse Ameise zu finden. 560 km außerhalb von Adelaide hatte Taylors Gruppe Probleme mit dem Wagen, musste deshalb anhalten und ihr Lager in der Nähe des kleinen Ortes Poochera aufschlagen. Die Stelle war von Mallee, einem vielstämmigen Eukalyptusbusch, umgeben, der große Teile der Halbwüstenregionen in Südaustralien bedeckt. In der Nacht sank die Temperatur auf 10 °C. Die Insektenforscher kauerten sich in ihrer warmen Kleidung zusammen und berieten, ob sie in dieser Nacht noch Insekten sammeln sollten. Es schien viel zu kalt für Ameisen und erst recht für fliegende Insekten zu sein. Außerdem befand sich *Nothomyrmecia* ihrer Meinung nach einige Tausend Kilometer westlich, auf der anderen Seite des Kontinents.

Bob Taylor, ein wissbegieriger und wortreicher Forscher, immer auf der Suche nach Ameisen, konnte an diesem Abend nicht stillsitzen. Er begab sich mit einer Taschenlampe in das Malleebuschwerk, in der Hoffnung, dass vielleicht doch noch Arbeiterinnen der einen oder anderen Art trotz der Kälte aktiv sein würden Wenig später rannte er ins Lager zurück und brüllte in bester australischer Manier: „Der verdammte Bastard ist hier! Ich hab' die verdammte *Nothomyrmecia*!"

Er hatte eine *Nothomyrmecia macrops*-Arbeiterin entdeckt, die gerade auf einem Baumstamm herumkrabbelte, ganze 20 Schritte von den Geländewagen der Expedition entfernt. Das Geheimnis der Ameise wurde durch die Umstände, wie sie gefunden wurde, gelüftet. Es stimmt zwar, dass *Nothomyrmecia* selten und auch in ihrer Verbreitung begrenzt ist, sodass sie in der Roten Liste der International Union for Conservation of Nature and Natural Resources (IUCN) mittlerweile als potenziell gefährdete Art geführt wird, aber sie ist auch eine Kalt-Wetter-Ameise und damit eine der wenigen Arten, die erst dann aktiv wird, wenn sich andere Ameisen, wie auch die allermeisten Insektenforscher, drinnen aufhalten, um sich warmzuhalten.

In den folgenden Jahren stiegen viele Forscher in Poochera ab und verhalfen diesem Weiler zu internationalem Ruhm (zumindest unter Insektenforschern). Viele Ameisenspezialisten, so auch Bert Hölldobler, haben dort in dem winzigen Hotel übernachtet. Bei einer nächtlichen Exkursion in das Malleebuschwerk in der Nähe von Poochera, die Temperatur war unter 10 °C, entdeckte Friederike Hölldobler eine *Nothomyrmecia*-Arbeiterin, die einen Baumstamm herunterlief, mit einer kleinen Wespe zwischen ihren Mandibeln. Während Friederike die Ameise mit der Taschenlampe anleuchtete, hielt Bert diese Szene mit seiner Spiegelreflexkamera fest. Es ist das erste Bild, das diese seltene Ameise beim Eintragen der Beute zeigt (Tafel 96).

Die Balladonia-Population von *Nothomyrmecia*, falls sie 60 Jahre, nachdem die ersten Exemplare in Sammelgefäße gesteckt wurden, überhaupt noch existiert, ist nicht ganz in Vergessenheit geraten, aber selbst bei kalter Witterung blieben weitere Versuche, sie zu finden, erfolglos. Später hat man vereinzelt andere Populationen von *Nothomyrmecia* entdeckt, die genauen geografischen Daten hält man aber weitgehend geheim, um diese seltene Art zu schützen. Mittlerweile sind die Freilandarbeiten in Poochera weit vorangeschritten und Kolonien wurden mit ins Labor genommen, um sie dort näher zu untersuchen (Tafel 97 und 98).

223

TAFEL 96. Eine Arbeiterin von *Prionomyrmex* (*Nothomyrmecia*) *macrops* trägt eine erbeutete Wespe in das Nest. Diese Aufnahme wurde in der Nähe von Poochera im Süden Zentralaustraliens aufgenommen. (© Bert Hölldobler.)

TAFEL 97. Teil einer Kolonie von *Prionomyrmex* (*Nothomyrmecia*) *macrops*. Im Vordergrund sieht man die Königin. Außerdem erkennt man Arbeiterinnen, Larven und Puppenkokons und geflügelte Männchen. (Mit freundlicher Genehmigung von Robert W. Taylor, CSIRO, Canberra, Australien.)

TAFEL 98. Ein anderer Teil einer Kolonie von *Prionomyrmex* (*Nothomyrmecia*) *macrops*. Man sieht Arbeiterinnen, Puppen-kokons und geflügelte Weibchen. Die kurzen, nahezu fluguntauglichen Flügel der Weibchen sind deutlich zu erkennen. (Mit freundlicher Genehmigung von Robert W. Taylor, CSIRO, Canberra, Australien.)

Herausgefunden hat man bisher Folgendes: Zunächst musste der Gattungsna-me geändert werden, denn Cesare Baroni Urbani aus Bern hat im Baltischen Bern-stein Exemplare der vermeintlich fossilen Gattung *Prionomyrmex* wiederentdeckt und der taxonomische Vergleich mit der rezenten australischen *Nothomyrmecia* legte den Schluss nahe, dass beide Gattungen identisch sind. Da aber der Gattungs-name der fossilen Exemplare Priorität hat, wurde die noch lebende australische Art in *Prionomyrmex macrops* umbenannt. Es scheint sich um Vertreter der Unterfa-milie der Myrmeciinae (Bulldoggenameisen) zu handeln. Das Vorkommen dieser Unterfamilie ist heute fast ausschließlich auf Australien beschränkt. Ein möglicher fossiler Vorläufer ist *Cariridris bipetidata*, von der brasilianische Paläontologen bei Snatan do Cariri im östlichen Bundesstaat Ceará, Brasilien, in den Gesteinsablage-rungen aus der Kreidezeit ein einziges Exemplar fanden. Dieses Exemplar ist 100 bis 112 Mio. Jahre alt. Es gehört eindeutig nicht zu *Sphecomyrma*, sondern ähnelt eher den heutigen Bulldoggenameisen Australiens. Es ist eines der ältesten bisher bekannten Ameisenfossilien und wurde von dem brasilianischen Myrmekologen C. Roberto Brandao beschrieben.

Die Erkenntnisse über die Biologie von *Prionomyrmex* (*Nothomyrmecia*) *macrops* sind nicht sehr aufregend. Wie erwartet haben ihre Kolonien eine sehr einfache soziale Organisation. Vor allem ähneln sich Königinnen und Arbeiterinnen sehr. Es gibt keine Unterkasten wie Soldaten, die auf die Nestverteidigung spezialisiert sind, und jede Arbeiterin scheint die gleichen Aufgaben zu verrichten. Die Kolonien sind klein und die Populationsgröße überschreitet kaum 100 erwachsene Tiere. Die Eier, die von der Königin gelegt werden, bleiben einzeln verstreut auf dem Nestboden liegen und werden nicht wie bei den meisten weiterentwickelten Ameisen zu Haufen gestapelt. Die Arbeiterinnen sammeln, wie Wespen, zwei Arten von Futter: Nektar für die eigene Versorgung und erbeutete Insekten, um vor allem die Larven damit zu füttern.

Unter den erwachsenen *Prionomyrmex* (*Nothomyrmecia*) besteht wenig Kontakt. Im Gegensatz zu den meisten weiterentwickelten Ameisen tauschen sie untereinander kein hervorgewürgtes Futter aus. Die Königinnen, die normalerweise bei anderen Ameisenkolonien im Mittelpunkt stehen, werden mehr oder weniger ignoriert. Die Arbeiterinnen gehen allein auf Futtersuche und wenn sie außerhalb des Nestes Futter finden, bringen sie es auch allein nach Hause, ohne dabei zu versuchen, Nestgenossinnen zu rekrutieren. Sie greifen Fliegen, kleine Wespen, Wanzen und eine ganze Reihe anderer Insekten an und stechen sie. Soweit wir wissen, benutzen Arbeiterinnen nur zwei Formen der chemischen Verständigung: Sie alarmieren ihre Nestgenossinnen, wenn sie Feinde entdecken, und sie können ihre eigenen Nestgenossinnen durch den gemeinsamen Körpergeruch von fremden *Prionomyrmex*-Arbeiterinnen unterscheiden.

Die Nester dieser archaischen Ameise bestehen aus einfachen Erdkammern, die durch Tunnel miteinander verbunden sind. Der Lebenszyklus folgt ebenfalls einem sehr einfachen Schema: Nicht begattete Königinnen sind zwar geflügelt, aber die Flügel sind sehr kurz und kaum geeignet für lange Paarungsflüge (siehe Tafel 98). Die paarungsbereiten Weibchen verlassen das Nest und scheinen in der Nähe des Nestes fremde Männchen, die gut fliegen können, mit einem chemischen Signal anzulocken. Der exakte experimentelle Nachweis steht zwar noch aus, aber so lassen sich die Beobachtungen interpretieren. Nach der Paarung graben die jungen Königinnen ein Nest und gehen dann, wie Wespen, abseits vom Nest auf Futtersuche. Manchmal arbeiten mehrere junge *Prionomyrmex*-Königinnen, ähnlich wie die Königinnen von Papierwespen und anderen ursprünglichen sozialen Wespen, zusammen, um ein Nest zu graben und gemeinsam den ersten Schwung Arbeiterinnen aufzuziehen. Später jedoch dominiert eine der Königinnen ihre Partnerinnen, indem sie sich regelmäßig über sie stellt. Irgendwann werden die Verliererinnen endgültig von den Arbeiterinnen der ersten Brut verjagt und aus dem Nest geschleppt. Somit hatten die Kolonien in Poochera, die meistens schon voll etabliert waren, wenn sie ausgegraben wurden, auch immer nur eine einzige Königin. Es ist eigenartig, dass die Arbeiterinnen eine Vorliebe für kalte Temperaturen haben, aber das mag nur eine Anpassung der Art an das Leben in der kalt gemäßigten Zone Australiens sein. Sie haben sich regelrecht darauf spezialisiert, solche Insekten zu jagen, die im Malleebuschwerk in Kältestarre die Nacht verbringen.

Die *Prionomyrmex*-Kolonien dürften mit ihrer durchgängig einfachen Organisationsform in etwa der Evolutionsstufe entsprechen, die die ersten sozialen Ameisen aus dem Mesozoikum erreicht haben. Sie besitzen nur wenige der vertrauten Verhaltensweisen der weiterentwickelten Ameisenarten, wie das Putzen anderer Nestgenossinnen. In vielerlei Hinsicht ähnelt ihr Verhalten eher dem, wie wir es von solitär lebenden Wespen erwarten würden, bei denen es erstmals zur Kooperation zwischen Schwestern kam, deren Körperbau sich etwas veränderte und die sich so zu den ersten Ameisen entwickelten. Wie es scheint, entstanden die Ameisenstaaten aus nahe beieinander lebenden solitären Wespen des Mesozoikums, die schon damals Erdnester bauten und Insektenbeute einbrachten, um ihre Larven damit zu füttern, wie es heute noch viele solitäre Wespen tun. Der wesentliche erste Schritt im weiteren Verlauf der Evolution war der, dass die Mutter bei ihren Jungen blieb, nachdem sie erwachsen geworden waren. Alles, was danach noch nötig war, um zu einem Kolonieleben überzugehen, war, dass ihre Töchter sich in ihrer eigenen Fortpflanzung einschränkten und ihrer Mutter bei der Aufzucht weiterer Schwestern helfen mussten.

Es sind noch zwei weitere Arten mit einem ursprünglichen Körperbau bekannt, die ähnlich einfache soziale Verhaltensweisen zeigen. Es handelt sich um die australischen Bulldoggenameisen, die zur Gattung *Myrmecia* gehören und in ihrem Aussehen *Prionomyrmex* ähneln, und um *Amblyopone*, die evolutionär betrachtet eine ganz eigene Gruppe bildet und weltweit verbreitet ist, jedoch am häufigsten und artenreichsten in Australien vorkommt (Tafel 99 und 100). Zu dieser Gruppe

TAFEL 99. *Oben:* Die Bulldoggenameise *Myrmecia pilosula* aus Australien. *Unten:* Arbeiterinnen von *Amblyopone australis*, einer Vertreterin der „primitiven" Gruppe der Amblyoponinae. (© Bert Hölldobler.)

229

TAFEL 100. *Oben:* Zur Gruppe der Amblyoponinae gehört auch *Mystrium rogeri* aus Madagaskar. *Unten:* Eine Arbeiterin und Larven der australischen *Amblyopone australis.*(© Bert Hölldobler.)

gehören auch die Gattungen *Prionopelta* und *Mystrium*. Bis *Prionomyrmex* wiederentdeckt wurde, waren die *Myrmecia*-Kolonien Paradebeispiele für „primitive" Ameisenstaaten. Jetzt weiß man, dass *Myrmecia* in ihren Verhaltensweisen wesentlich weiter entwickelt ist als *Prionomyrmex*.

230

Wir nehmen an, dass sich *Sphecomyrma*, die von allen bisher entdeckten Ameisen in ihrer Körperbauweise den Wespen am meisten ähnelt, fast wie *Prionomyrmex* und die anderen heute lebenden primitiven Ameisen verhielt. Aber ganz sicher werden wir es nie wissen. Da keine solitär lebenden Ameisen bekannt sind, die den Grundbauplan einer Ameisenkönigin besitzen, aber allein oder in kleinen Gruppen ohne Arbeiterinnen leben, haben wir kaum eine Möglichkeit, tiefer zu den Wurzeln der Evolution des Soziallebens vorzudringen. Schließt man mal Überraschungen aus, vor denen man in der Wissenschaft nie sicher ist, so glauben wir, dass die Geschichte, wie wir und andere Insektenforscher sie zusammengetragen haben, nahe an die Geschehnisse herankommt, die sich vor mehr als 100 Mio. Jahren zugetragen haben.

Und doch gab es kürzlich eine große Überraschung. Im Jahre 2008 berichteten die deutschen und amerikanischen Myrmekologen Christian Rabeling, Jeremy Brown und Manfred Verhaag über eine für die Ameisenforschung sensationelle Entdeckung. Die Forscher haben im brasilianischen Amazonasgebiet (Manaus) eine lebende, seltsame, neue Ameisenart gefunden, für die sogar eine neue Unterfamilie – die Martialinae – eingeführt werden musste. Die Art nannten sie *Martialis heureka*. Der Gattungsname *Martialis* wurde aus folgendem Grund gewählt: Nachdem Ed Wilson und Stefan Cover vom Museum für vergleichende Zoologie der Harvard University, weltweit einer der besten Kenner der Ameisenfauna, ein Exemplar dieser neuen Ameisenart sahen, stellten sie beide fest, dass diese Art vom Planeten Mars stammen müsse, so ungewöhnlich ist ihr Habitus. Und der Artname *heureka* soll an das schwierige Wiederauffinden dieser Art erinnern, denn bereits vor fünf Jahren hatte Manfred Verhaag zwei Arbeiterinnen dieser neuen Art in Bodenproben gefunden, die leider verloren gingen. Nach längerem intensivem Suchen wurde später ein weiteres Exemplar in der Nähe des alten Fundorts entdeckt.

Aufgrund der externen Morphologie lässt sich manches zur Lebensweise dieser neuen Art vermuten (Tafel 101). Die sehr helle Färbung und das völlige Fehlen der Augen deuten an, dass *Martialis* im Dunkeln unter der Erdoberfläche unter der dichten Blattstreu lebt. Die Tiere scheinen in den Luftritzen der Erde oder im Dunkeln an der Oberfläche zu jagen, denn nichts deutet darauf hin, dass sie graben. Die langen, einzigartig pinzettenähnlichen Mandibeln könnten gut geeignet sein, weiche Beuteobjekte wie Würmer, Termiten oder Insektenlarven aus Ritzen im Boden oder in verrottendem Holz zu ziehen.

Die stammesgeschichtliche Analyse zeigt, dass *Martialis heureka* an der Basis des Stammbaumes der heute existierenden Ameisen steht. Erst kurz vor ihrer

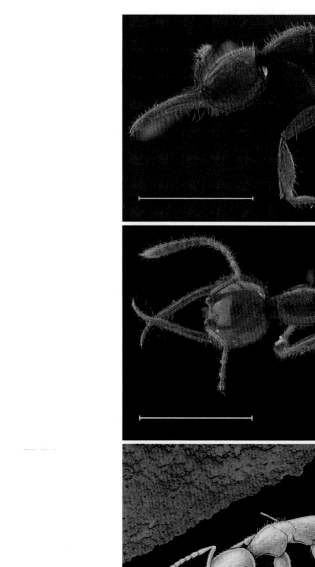

TAFEL 101. *Oben* und *Mitte.* Das einzige Exemplar von *Martialis heureka*, das in einem brasilianischen Regenwald in der Nähe von Manaus gefunden wurde. Der Maßstab entspricht 1 mm. *Unten.* Eine blinde Arbeiterin von *M. heureka* bei der Beutejagd in einem unterirdischen Tunnel. Der Maßstab entspricht 1 mm. (Foto oben und Mitte mit freundlicher Genehmigung von Christian Rabeling und Manfred Verhaag; Abbildung unten mit freundlicher Genehmigung von Barrett A. Klein; Fotos und Abbildung sind erstmals in Rabeling et al. 2008 erschienen.)

Entdeckung haben zwei Forschergruppen, eine angeführt von Corrie Moreau und Naomi Pierce von der Harvard University und die andere von Sean Brady und Phil Ward von der University of California, Davis, unabhängig voneinander herausgefunden, dass die exotische Unterfamilie der Leptanillinae an der Basis des Ameisenstammbaumes steht. Die Arten der Gattung *Leptanilla* leben vorwiegend in Blattstreu oder unterirdisch, und mithilfe chemischer Spuren führen sie organisierte Gruppenraubzüge auf Beute durch. Mit der Entdeckung von *Martialis heureka* sind sie von dieser Basisposition im Ameisenstammbaum verdrängt worden.

Aber wo ist die Ähnlichkeit mit Wespen in Morphologie und Lebensweise von *Martialis* geblieben? Sie ist nicht zu erkennen. Heißt das, dass alles, was wir vorher besprochen haben, falsch ist? Keineswegs! Mit großer Wahrscheinlichkeit sind diese unterirdisch lebenden, spezialisierten Räuber wie *Martialis* oder *Leptanilla* und einige Arten der ebenfalls „primitiven" poneroiden Unterfamilien früh evolviert, als die erste Diversifizierung der Ameisen begann. Christian Rabeling und seine Coautoren schlagen vor, dass sich Lebensweise und Aussehen dieser Ameisen kaum geändert haben, nachdem die speziellen Anpassungen an ein Leben in den zuvor unbesetzten ökologischen Nischen im Boden und Blattstreu entwickelt waren, denn dieser hypogäische Lebensraum bleibt über die Jahrmillionen relativ stabil und es herrscht deshalb kaum Selektionsdruck zur Anpassung an veränderte ökologische Bedingungen. Mit anderen Worten: Die Arten dieser basalen Unterfamilien im Ameisenstammbaum reflektieren nicht die Morphologie und Lebensweise, die wir zu Beginn der Evolution der Ameisen aus Wespenvorfahren erwarten würden. Dagegen finden wir in den mesozoischen Ameisenfossilien der ausgestorbenen *Sphecomyrma* viele Merkmale, die man auf einen gemeinsamen Vorfahren, den sie mit den tiphiiden Wespen teilen, zurückführen kann. Obgleich die poneroiden Unterfamilien und vor allem die Myrmeciinae, zu der *Prionomyrmex* gehört, in der neuen Stammbaumanalyse ihre Basisstellung mehr oder weniger verloren haben, so sind doch bei vielen ihrer Arten primitive eusoziale Lebensweisen konserviert, die sie mit den primitiven eusozialen Wespenarten gemeinsam haben.

Das wollen wir am Beispiel der Ponerinae kurz erläutern, obgleich es natürlich immer auch Ausnahmen zu dieser Charakterisierung gibt: Die Königinnen und Arbeiterinnen der meisten der zu den Ponerinae gehörenden Arten sind sich bezüglich der Körpergröße viel ähnlicher als die Kasten der „höher entwickelten" Unterfamilien. Außerdem sind in der Regel die Königinnen der Ponerinae weniger fruchtbar; selten legen sie pro Tag mehr als fünf Eier. Das entgegengesetzte Extrem bezüglich Fruchtbarkeit finden wir zum Beispiel bei der Königin der Roten Feuerameise (*Solenopsis invicta*), die pro Stunde etwa 150 Eier legt, oder auch bei der Königin der afrikanischen Treiberameisen, wo die Zahl der pro Monat gelegten Eier die Million überschreitet. Entsprechend der geringen Fruchtbarkeit der Königinnen bilden die Ponerinae in der Regel nur kleine Kolonien. In den meisten Fällen umfassen sie – je nach Art – zwischen 20 und 500 Arbeiterinnen. Allerdings gibt es Ausnahmen, vor allem bei solchen Arten, die in Gruppen auf Beutefang gehen. Bei den meisten Arten der Ponerinae begeben sich allerdings die Arbeiterinnen alleine auf Nahrungssuche und nutzen keine Duftspuren, um Nestgenossinnen zu gefundenen Nahrungsquellen zu rekrutieren. Junge Königinnen gründen in der Regel unabhängig, aber nicht claustral, neue Kolonien. Das heißt, sie verlassen das Mutternest, paaren sich, bauen ein eigenes Nest oder suchen sich einen geeigneten Hohlraum und gehen dann auf die Suche nach Nahrung, bis sie zumindest einen Teil der Nahrung zur Aufzucht der ersten Brut von Arbeiterinnen beisammen haben (man spricht in diesem Fall von semiclaustraler Koloniegründung). Im Gegensatz dazu leben die Königinnen vieler (aber nicht aller) Arten höher entwickelter Unterfamilien claustral, das bedeutet, sie verbleiben dauerhaft im Nest und füttern ihre Larven ausschließlich mit Nährstoffen aus dem Abbau ihrer Flugmuskeln und mit den Reserven, die sie in ihrem Fettkörper gespeichert haben. Schließlich ist noch wichtig zu vermerken, dass es offensichtlich bei Arten der Ponerinae kaum echte Trophallaxis gibt, das heißt, es findet kein Austausch hochgewürgter Nahrung zwischen erwachsenen Tieren statt und solche Nahrung wird auch nicht durch die Arbeiterinnen an die Larven verfüttert; nur bei den nahe verwandten Gattungen *Ponera* und *Hypoponera* wurde das beobachtet, wobei allerdings der Verdacht naheliegt, dass in diesen Fällen eher Sekrete aus einer der Kopfdrüsen ausgetauscht werden und nicht der Inhalt des sozialen Magens oder Kropfes. Bei Arten der höher entwickelten Unterfamilien der Myrmicinae, der Dolichoderinae und der Formicinae ist Trophallaxis dagegen sehr weit verbreitet. Die meisten Arten der Ponerinae ernähren sich von Insekten und sie füttern auch ihre Brut mit Insektenstückchen. Einige Arten sammeln auch Nektar aus den Nektardrüsen bestimmter Pflanzen. Sie transportieren die Tröpfchen zwischen ihren Mandibeln. Hölldobler, der diesen merkwürdigen Flüssigkeitstransport bei Arten der Ponerinae untersucht hat, spricht von einem *external social bucket*, das heißt, die Mandibeln bilden mit ihren langen, gekrümmten Borsten eine Art

Behälter oder Transportgefäß, aus dem die Futterträgerin ihren Nestgenossen eingebrachten Nektar anbietet.

Die meisten dieser Verhaltensmerkmale teilen die Ponerinae mit primitiv eusozialen Wespen, das heißt, sie sind wenig abgeleitet, oder ziemlich ursprünglich. Das gilt auch für ihre soziale Organisation. Darüber werden wir im nächsten Kapitel berichten.

║ Tafel 102. Eine Arbeiterin von *Harpegnathos saltator* im geöffneten natürlichen Nest in Indien. Im Hintergrund sind Puppenkokons zu sehen und *links oben* ein Teil eines geflügelten Männchens. (© Bert Hölldobler.)

10

KONFLIKT- UND
DOMINANZVERHALTEN

Ameisenarten als Ganzes bilden typischerweise Kolonien, in denen die Königinnen sich deutlich in ihrer Morphologie von den Arbeiterinnen unterscheiden. Trotzdem besitzen die Individuen der Arbeiterinnenkaste bei den meisten Arten Ovarien, wenn auch normalerweise viel kleinere als die Königinnen. Unter bestimmten Umständen sind Arbeiterinnen in der Lage, entwicklungsfähige Eier zu legen. Da aber die Arbeiterinnen der meisten Ameisenarten eine degenerierte oder gar keine Samentasche (Spermatheca) besitzen, können sie sich nicht paaren und Spermien speichern. Ihre Eier bleiben daher unbefruchtet und entwickeln sich normalerweise zu Männchen. In den meisten Fällen pflanzen sich jedoch die Arbeiterinnen in Anwesenheit einer fruchtbaren Königin überhaupt nicht fort.

Bei vielen Arten der Unterfamilie der Ponerinae, von denen man viele zu den Urameisen zählen kann, ist das aber ganz anders. Hier sind die morphologischen Unterschiede zwischen Königin und Arbeiterin oft nur sehr gering, sodass Arbeiterinnen vollständig zur Reproduktion fähig sind, das heißt, Arbeiterinnen können nach dem Ableben der Königin die Rolle der Königin und damit die Reproduktion übernehmen. Damit ist natürlich der Konflikt um die reproduktive Vorherrschaft in der Kolonie vorprogrammiert.

Im Jahre 1992 sind Christian Peeters, der heute in Paris an Ameisen forscht, aber seinerzeit als Postdoktorand in Würzburg tätig war, und Bert Hölldobler in den Süden Indiens gereist, um in der Nähe der Wasserfälle Jog-Falls (Karnataka State) nach Nestern der ponerinen Ameise *Harpegnathos saltator* zu suchen. Das ist kein einfaches Unterfangen, denn die Nesteingänge dieser Art sind meist unauffällig in der Blattstreu versteckt. Bisweilen erkennt man sie allerdings an einer eigenartigen Anordnung kleiner Blättchen um den Nesteingang. Die beste Methode ist, nach einer *Harpegnathos*-Arbeiterin zu suchen, die auf Beutejagd ist. Wir boten der Jägerin kleine Insekten oder Spinnen an, auf die sie, wenn wir Glück hatten, mit einem regelrechten Satz sprang. Tatsächlich drückt ja der Artname *saltator* aus, dass die Ameisen ähnlich wie Grillen springen können, allerdings stoßen sie sich beim Sprung nicht mit den Hinterbeinen, sondern mit den Mittelbeinen ab. Sie springen, wenn sie entkommen oder eine Beute ergreifen wollen. Mit ihren langen, interessant geformten Mandibeln ergreifen sie die Beute und laufen fast geradlinig zurück zum Nest. Sie haben große Augen und orientieren sich offensichtlich an Landmarken und am Sonnenlicht (Tafel 102). Peeters und Hölldobler verfolgten die Jägerinnen zurück zum Nest und nachdem die Ameise im unauffälligen Nesteingang verschwunden war, markierten sie die jeweiligen Nesteingänge, um sie später vorsichtig auszugraben.

Die erste große Überraschung, die *Harpegnathos saltator* für die Forscher bereit hielt, war die für eine Ameisenart der Ponerinae ungewöhnlich komplizierte Nestarchitektur. Im voll entwickelten Zustand besteht das Nest aus einem aus Erde und möglicherweise Drüsensekreten geformten, ovalen, hohlen Gebilde, das relativ nahe unter der Bodenoberfläche liegt. Das Innere dieser abgeflachten Kugel ist in drei bis sechs vertikal übereinanderliegende Kammern unterteilt, deren Wände mit leeren Puppenkokons und trockenem Pflanzenmaterial tapeziert sind. Das Äußere ist nahezu vollständig von einem Hohlraum, dem sogenannten Atrium, umgeben. In die oberen Bereiche der abgeflachten Kugel werden kleine Öffnungen mit ringförmigen Wällen eingebaut. Durch sie gelangen die Ameisen aus dem Inneren des Nestes in das Atrium. Vom Atrium führt eine röhrenförmige Verengung hinauf zur Bodenoberfläche und nach außen. Eine zweite röhrenförmige Verengung des Atriums führt in die Tiefe, wo sich weit unterhalb der bewohnten Kammern die Abfallkammer befindet, die mit einer feuchten, schwarzbraunen Masse von Überbleibseln der Beutetiere sowie mit lebenden kommensalen Fliegenlarven gefüllt ist. Die Maden fressen die Abfälle und verhindern so, dass die Kammer verstopft. Die erwachsenen Fliegen gelangen zur Eiablage in die Nester, indem sie als Anhalter auf dem Rücken von heimkehrenden *Harpegnathos*-Jägerinnen reisen (Abbildung 10-1), und laufen dann in die Abfallkammern, um dort ihre Eier abzulegen.

Diese außergewöhnliche Nestarchitektur scheint bestens geeignet zu sein, um eine Überflutung der Nestkammern zu verhindern. Auf dem indischen Subkontinent, wo *Harpegnathos* beheimatet ist, gibt es lange Trockenperioden gefolgt von starken Monsunregenfällen, deren große Wassermassen den Boden sättigen. Wasserdurchtränkte Erde kann gewöhnliche flache Ameisennester zerstören, aber die komplexe Architektur der *Harpegnathos*-Nester besitzt offensichtlich eine schützende Funktion.

So komplex ihre Nester sind, so ursprünglich oder primitiv ist die soziale Organisation der *Harpegnathos*-Sozietäten. Doch in Bezug auf die Komplexität des

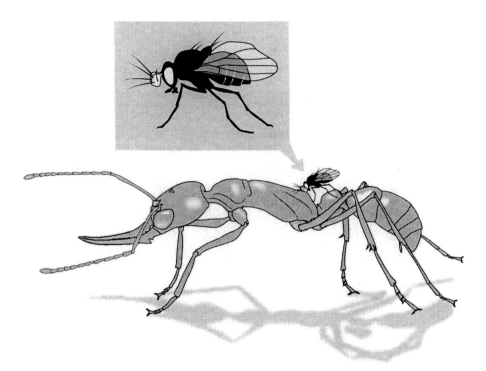

ABBILDUNG 10-1. Eine Nestfliege (Milichiidae) reist Huckepack mit einer *Harpegnathos*-Arbeiterin. Auf diese Weise wird sie von der Ameise in das Nest getragen, wo sie in der Abfallkammer der Kolonie brüten kann. (Mit freundlicher Genehmigung von Margaret Nelson; nach einer Originalzeichnung von Malu Obermeyer.)

interindividuellen Verhaltens stehen sie den höchst entwickelten Vertebraten, einschließlich der nichthumanen Primaten, in keiner Weise nach. Das haben vor allem die genauen Untersuchungen im Labor erbracht, die vorwiegend von Jürgen Liebig durchgeführt wurden, der damals seine Doktorarbeit in Würzburg machte und jetzt als Professor an der Arizona State University in den Vereinigten Staaten tätig ist.

Auch bei *Harpegnathos saltator* ist der Größenunterschied zwischen Königinnen- und Arbeiterinnenkaste wie bei vielen Arten der Ponerinae nicht besonders groß; er ist hauptsächlich auf das Vorhandensein der Flugmuskulatur im Thorax der Königin zurückzuführen. Beide Kasten besitzen dieselbe Anzahl Ovariolen (Eischläuche), allerdings sind die Ovariolen der Königin annähernd doppelt so lang und ihre Eiproduktion ungefähr doppelt so hoch wie die einer fertilen Arbeiterin. Alle Arbeiterinnen sind mit einer voll funktionstüchtigen Spermatheca ausgestattet und je nach Kolonie sind keine oder auch 70 % der Arbeiterinnen begattet, das heißt sie wären in der Lage, sich voll zu reproduzieren. Offenbar ist es aber für die Reproduktionseffizienz der Kolonie nicht vorteilhaft, wenn sich alle begatteten

TAFEL 103. Koloniegründende Königin von *Harpegnathos saltator*. Die Königin hat die Grille erjagt, durch einen Stich gelähmt und in das Gründungsnest gebracht. Die Larven fressen selbstständig an der Beute. Sie sind sogar fähig, durch schlängelnde Bewegungen zur Beute zu kriechen. (© Bert Hölldobler.)

Individuen fortpflanzen. Daher stellt sich die Frage, wie die Reproduktion in einer *Harpegnathos*-Kolonie reguliert wird. Das ist eine lange Geschichte, auf die wir hier nicht in allen Einzelheiten eingehen können, aber wir wollen das Wesentliche zusammenfassen.

Die jungen geflügelten Königinnen verlassen das Mutternest, um sich außerhalb mit fremden Männchen zu paaren. Nach der Begattung brechen sie ihre Flügel ab und graben eine erste Nestkammer. In dieser Nestgründungsphase jagen sie Insekten und Spinnen, die sie mit dem Gift ihres Stachels lähmen. Ulrich Maschwitz von der Universität Frankfurt hat mit seinen Mitarbeitern herausgefunden, dass die Beute von *Harpegnathos* auf diese Weise für längere Zeit konserviert wird. Die Larven, die aus den ersten Eiern der Königin schlüpfen, fressen selbst direkt an der Beute, die ihnen die Königin vorlegt (Tafel 103). Ältere Larven sind sogar in der Lage, sich selbst – alleine durch peristaltische Körperbewegungen, gepaart mit einem guten chemischen Orientierungsvermögen – ohne Beine zur Beute zu bewegen.

Die anfängliche Kolonie wächst ziemlich schnell; am Ende des ersten Jahres bevölkern 20 bis 60 Arbeiterinnen das Nest. Mit dem Schlüpfen der ersten erwachsenen Töchter stellt die Königin die Nahrungsbeschaffung ein, aber sie legt weiterhin Eier. Wenn sie die risikoreiche Phase ihrer Koloniegründung überlebt,

TAFEL 104. *Oben:* So lange die Königin einer Kolonie fruchtbar ist, legt nur sie die Eier. *Unten:* Die Arbeiterinnen (hier mit einem Farbcode individuell markiert) kontrollieren ständig den Fruchtbarkeitszustand der Königin, den sie am Gemisch der Kohlenwasserstoffe auf der Cuticula der Königin erkennen. (© Bert Hölldobler.)

beträgt die Lebensspanne einer *Harpegnathos*-Königin etwa zwei bis fünf Jahre. Solange sie fruchtbar ist, bleibt sie das einzige reproduktive Individuum in der Kolonie (Tafel 104). Sobald aber ihre Fruchtbarkeit abnimmt, beginnen begattete Arbeiterinnen (sie haben sich mit ihren Brüdern im Nest gepaart), um die Reproduktionsdominanz zu kämpfen (Tafel 105; Abbildung 10-2 und 10-3). Schließlich bildet sich eine Gruppe von Gamergaten – begattete Arbeiterinnen, die befruch-

TAFEL 105. *Oben:* Arbeiterinnen von *Harpegnathos saltator* kooperieren bei der Pflege der Brut und teilen die eingebrachte Beute. *Unten:* Sobald die Königin gestorben ist oder ihre Fruchtbarkeit deutlich abnimmt, beginnen unter den Arbeiterinnen Konkurrenzkämpfe. Hier duellieren sich zwei Arbeiterinnen, indem sie mit den Antennen aufeinander einschlagen. (© Bert Hölldobler.)

243

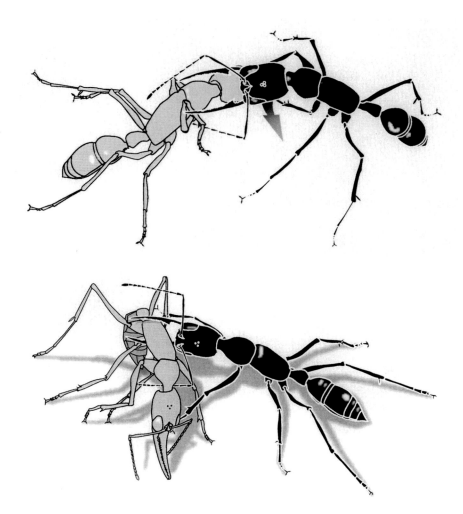

ABBILDUNG 10-2. *Oben:* Aggressive Dominanz durch eine fertile *Harpegnathos*-Arbeiterin (Gamergate) (*schwarz*) gegen-über einer Nestgenossin, die Zeichen beginnender Fertilität zeigt. *Unten:* Policing-Verhalten einer *Harpegnathos*-Arbeiterin, die beginnende Fertilität anzeigt, durch eine gewöhnliche Arbeiterin. Arbeiterinnen versuchen durch aggressives Policing zu verhindern, dass zu viele Gamergaten in einer Kolonie vorhanden sind. (Mit freundlicher Genehmigung von Margaret Nelson; nach Fotos und Videoaufnahmen von Jürgen Liebig und Liebig et al. 1999.)

tete Eier legen –, die die Spitzenposition unter den sich reproduzierenden In-dividuen einnehmen (Tafel 106). In der *Harpegnathos*-Sozietät herrscht jetzt eine Oligarchie. Zwar haben sich viele Arbeiterinnen innerhalb des Nestes mit Brüdern gepaart, doch jeweils nur eine kleine Gruppe davon wird zu Gamergaten. Auf die-se Weise kann die Kolonie nach dem Tod der Königin überleben. Der Gründungs-königin folgen mehrere Gamergaten, die ihrerseits eine Lebensspanne von ein bis drei Jahren haben. Sobald ihre Fruchtbarkeit nachlässt, werden sie von anderen,

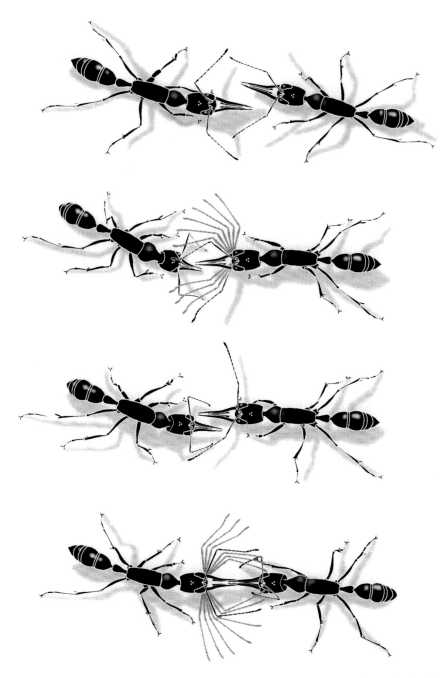

ABBILDUNG 10-3. Antennenduell zwischen zwei *Harpegnathos*-Gamergaten. Bei der typischen, hier dargestellten Abfolge (von *oben* nach *unten*) schlägt die sich vorwärtsbewegende Ameise mit ihren Antennen auf die zurückweichende Schwester ein. Nachdem das Paar auf diese Weise etwa eine Körperlänge zurückgelegt hat, wird der ganze Vorgang umgedreht und die geschlagene Ameise schlägt nun ihrerseits ihre Schwester. (Mit freundlicher Genehmigung von Margaret Nelson; nach Videoaufnahmen von Jürgen Liebig.)

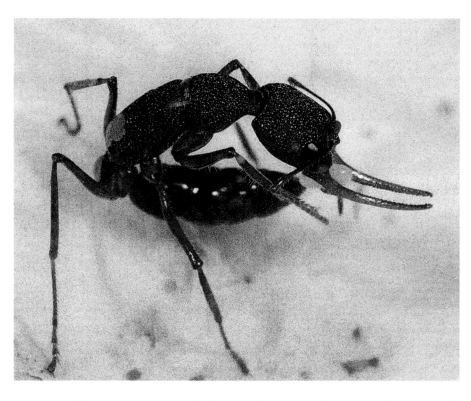

TAFEL 106. Eine Gamergate von *Harpegnathos saltator* biegt die Gaster nach vorne und zieht mit den Mandibeln ein Ei aus dem Eileiter. (© Bert Hölldobler.)

jüngeren Arbeiterinnen verdrängt, denn der Fruchtbarkeitsstatus der Gamergaten wird dauernd von jüngeren Arbeiterinnen kontrolliert und zu gegebener Zeit fordern diese ihren reproduktiven Rang ein.

Dank dieser Regeln der Erbfolge sind Gamergatenkolonien potenziell unsterblich. Aber wie breiten sich diese Kolonien aus? Auch die Gamergatenkolonien produzieren regelmäßig geflügelte Königinnen, die das Nest verlassen, sich, wie schon berichtet, außerhalb mit fremden Männchen paaren und anschließend neue Kolonien gründen.

Die Entwicklung einer Kolonie erfolgt demnach in drei Stufen: Kleine Kolonien, die sich in der Anfangsphase ihres Wachstums befinden, bestehen aus einer fortpflanzungsfähigen Königin und einigen sterilen Arbeiterinnen. Kolonien mittlerer Größe besitzen zwar immer noch eine Königin, aber zusätzlich begattete und nicht begattete Arbeiterinnen. Große Kolonien schließlich, die aus 300 oder mehr erwachsenen Ameisen bestehen, haben keine Königin mehr, sondern setzen sich stattdessen nur noch aus begatteten und nicht begatteten Arbeiterinnen zusammen, aber jeweils nur eine kleine Gruppe der begatteten Arbeiterinnen werden Gamergaten, das heißt, sie legen befruchtete Eier.

Als Folge dieses Lebenszyklus gehören die Mitglieder einer großen *Harpegnathos*-Kolonie zu unterschiedlichen sozialen Klassen. Die dominanten Tiere, die Gamergaten, stehen an der Spitze. Auf der untersten Stufe steht die Klasse der nicht begatteten, rangniedrigen Tiere. Einige von ihnen rücken später in die oberste Klasse auf; während ihres Aufstiegs paaren sie sich mit Männchen aus ihrer Kolonie und werden schließlich zu Gamergaten. Andere jedoch bleiben in der untersten Klasse und verbringen ihr ganzes Leben damit, die Brut zu versorgen, das Nest zu reparieren und Futter zu sammeln (Tafel 107). Eine dritte Klasse besteht aus Arbeiterinnen, die es trotz Begattung nicht geschafft haben, eine Gamergate zu werden, und aus ehemals dominanten Gamergaten, die durch konkurrenzstärkere Nestgenossinnen von ihrem hohen Rang verdrängt wurden. Inwieweit diese, von ihrer Gamergatenrolle verdrängten Individuen in die Arbeiterinnenklasse wieder eingruppiert werden, ist noch nicht genau untersucht.

Hier drängt sich natürlich jetzt folgende Frage auf: Wie erkennen die *Harpegnathos*-Arbeiterinnen den Fruchtbarkeitsstatus der Königin und der Gamergaten? Jürgen Liebig und seine Kollegen haben entdeckt, dass spezifische cuticuläre Kohlenwasserstoffprofile als Fruchtbarkeitsanzeiger von Individuen dienen. Bei *Harpegnathos saltator* sind die Profile sowohl von Königinnen als auch von Arbeiterinnen eng mit ihrer physiologischen Verfassung verknüpft – insbesondere mit der Aktivität ihrer Ovarien. Gamergaten und reproduktive Königinnen können eindeutig von unfruchtbaren Individuen unterschieden werden.

Die Rangstellung in dieser vielschichtigen Klassengesellschaft wird in unterschiedlichen agonistischen Kampfritualen festgelegt. Liebig hat im Wesentlichen drei solche Interaktionen beschrieben, durch die die soziale Stabilität von Gamergatenkolonien gewährleistet wird.

Bei Dominanzkämpfen stehen sich die Gegnerinnen gegenüber und eine ergreift die andere mit den Mandibeln an Kopf und Thorax. Dies wird von energischen abwärtsgerichteten, ruckartigen Bewegungen begleitet (Abbildung 10-2). In den meisten Fällen leistet das Opfer keinen Widerstand, sondern kauert sich zusammen und läuft schließlich davon. Gamergaten richten solche Attacken gegen rangniedrige unfruchtbare Arbeiterinnen, aber auch gegen solche, die begattet sind.

Die zweite agonistische Verhaltensweise wird „Springen und Halten" genannt. Wie wir schon berichtet haben, können *Harpegnathos*-Arbeiterinnen mehrere Zentimeter vorwärts springen, wenn sie Beute fangen. Im Rahmen des sogenannten

TAFEL 107. *Harpegnathos*-Arbeiterinnen, die es nicht geschafft haben, zur reproduktiven Oligarchie zu gehören, widmen sich den Arbeiteraufgaben. *Oben:* Eine Arbeiterin trägt eine Puppe von einer Nestkammer in die andere. *Unten:* Eine Arbeiterin transportiert eine junge Nestgenossin innerhalb des Nestes in eine andere Kammer. (© Bert Hölldobler.)

Policing-Verhaltens springt eine Arbeiterin 1 bis 2 cm nach vorne und ergreift eine Nestgenossin mit den Endspitzen ihrer Mandibeln (Abbildung 10-2), ein Vorgang, der sich mehrfach wiederholen kann. Schließlich lässt sie die angesprungene Ameise los, die sich dann meist zusammenkauert. Oftmals greifen sogar zwei Ameisen die Nestgenossin auf diese Weise an. Diese Policing-Aktionen werden fast ausschließlich von rangniedrigen, nicht fertilen Arbeiterinnen durchgeführt und richten sich gegen Nestgenossinnen, die anfangen, fruchtbar zu werden. Da zu viele Gamergaten abträglich für die Effizienz und optimale Reproduktion der Kolonie sind, greifen die sterilen Arbeiterinnen in die Regulation der Fertilität ihrer Nestgenossinnen mithilfe solcher Policing-Aktionen ein.

Das dritte agonistische Verhalten, das sogenannte „Antennenpeitschen und Duellieren" ist ganz erstaunlich. Es findet meistens mit gleichrangigen Gamergaten statt. Ein Schlagabtausch beginnt, wenn eine Ameise den Kopf ihrer Gegnerin mit einer raschen Folge von Antennenschlägen traktiert und dabei mit ihrem Körper nach vorne stößt, sodass die Gegnerin zurückweichen muss. Nachdem das Paar ungefähr eine Körperlänge zurückgelegt hat, wobei die erste Ameise nach wie vor auf die andere einschlägt, wird der ganze Vorgang umgekehrt. Die zweite Ameise zwingt nun ihrerseits die andere mit Antennenschlägen dazu zurückzuweichen. Nachdem dieser eigenartige Pas de deux bis zu 24-mal wiederholt wurde, gehen die Kontrahentinnen einfach auseinander (Tafel 105; Abbildung 10-3). Es gibt keine offensichtliche Gewinnerin und der ganze Ablauf scheint nicht mehr gewesen zu sein als eine Bestätigung des sozialen Gleichgewichts innerhalb der Gamergatengruppe.

Das Leben in einer *Harpegnathos*-Kolonie ist nicht immer konfliktgeladen. Es gibt offensichtlich Zeiten völliger Ausgeglichenheit, in denen man keinerlei Rangauseinandersetzungen beobachtet. Dieser Frieden wird jedoch spätestens dann gebrochen, wenn sich einige der Arbeiterinnen, die gerade in ihrem Rang aufsteigen, dazu entschließen, eine Angehörige der Spitzenklasse herauszufordern. Damit beginnt eine nicht enden wollende Flut ritualisierter Duelle zwischen den dominanten Arbeiterinnen, die ständig herumrennen, als ob sie damit ihren eigenen hohen Status unter ihresgleichen festigen wollten. Diese Arbeiterinnen greifen gleichermaßen jede Nestgenossin der unteren Ranggruppe an, die es wagt, sie herauszufordern. Dabei können sie sich aber nicht immer durchsetzen. Einige steigen in die mittlere Ranggruppe begatteter Tiere ab und ihre Plätze werden von ehemals subdominanten Tieren eingenommen. Auf diese Weise entwickelt sich die Gesellschaft in heraklitischer Art und Weise immer weiter, nach außen hin immer gleich, aber im Inneren in ständiger Veränderung begriffen.

So merkwürdig das Rangordnungssystem und die ritualisierten Duelle der *Harpegnathos*-Ameisen auch erscheinen mögen, bei vielen anderen Arten der Ponerinae hat man ähnliche soziale Strukturen gefunden, auf die wir im Rahmen dieses Buches nicht weiter eingehen können. Aber ein weiteres Beispiel wollen wir noch hinzufügen. Christian Peeters hat sich in seiner Forschung hauptsächlich auf die sozialen Organisationen der Ponerinae konzentriert, und zusammen mit seinem japanischen Kollegen Seigo Higashi fand er bei der Art *Diacamma australe* eines der überraschendsten Beispiele: Diese großen, schnellfüßigen Ameisen besitzen keine Königinnen. Alle Weibchen, die anatomisch gesehen Arbeiterinnen sind, schlüpfen mit kleinen, knospenartigen, rudimentären Flügeln, die man Gemmae nennt, aus ihren Kokons. Das ranghöchste Tier, das die Eier legt, beißt die Gemmae ihrer Nestgenossinnen kurz nach deren Schlupf ab. Durch diese Verstümmelung wird die Entwicklung ihrer Eierstöcke unterdrückt, wodurch sie zeitlebens auf ihren Arbeiterinnenstatus festgelegt sind. Nur die ranghöchste Arbeiterin paart sich mit Männchen und nur sie pflanzt sich fort. Wenn man ihre Gemmae jedoch operativ im Labor entfernt, verliert sie ihr dominantes Verhalten und verwandelt sich in eine funktionelle Arbeiterin. Aus diesen und vielen weiteren Beispielen, die erst in jüngerer Zeit entdeckt wurden – wir haben darüber in unserem Buch *Der Superorganismus* ausführlich berichtet –, lernt man, dass bei diesen ursprünglichen Sozietäten der Ponerinae Konflikt und Dominanzverhalten zur sozialen Organisation gehören. Obgleich bei evolutionären, weiterentwickelten Ameisensozietäten Konflikte innerhalb der Kolonie selten augenscheinlich sind, so sind auch diese Gesellschaften nicht ganz frei von internem aggressivem Verhalten.

Im Jahre 1950 wandte sich der 20-jährige Wilson, der zum damaligen Zeitpunkt an der University of Alabama studierte, einer wichtigen Fragestellung bei der Untersuchung von Feuerameisen zu. Die aus Südamerika eingeschleppten Ameisen begannen, sich im südlichsten Teil der Vereinigten Staaten auszubreiten. Man beobachtete zwei Farbvarianten – eine rote und eine dunkelbraune –, von denen mittlerweile bekannt ist, dass es sich bei diesen beiden Formen um völlig verschiedene Arten handelt. Der wissenschaftliche Name für die rote Art ist *Solenopsis invicta* und für die dunkelbraune *Solenopsis richteri*. In den Vereinigten Staaten kreuzen sich die beiden Arten ungehindert, während sie in Südamerika nur in begrenztem Umfang hybridisieren. Sie unterscheiden sich nicht nur in ihrer Farbe, sondern auch durch eine für jede Art einmalige Kombination verschiedener anatomischer und biochemischer Merkmale. In diesem frühen Untersuchungsstadium im Jahre 1950 war es wichtig, erst einmal festzustellen, ob dieser Farbunterschied eine genetische Grundlage hat oder ob er einfach das Ergebnis unterschiedlicher Lebensbedingungen ist.

Feuerameisen lassen sich, anders als Taufliegen, nicht so einfach im Labor züchten, um nach der Existenz von Farbgenen zu suchen: Die Paarungsbedingungen müssen genau stimmen und ihr Lebenszyklus ist zu lang und zu komplex. Ob es sich um den Einfluss der Gene oder der Umwelt handelt, ließe sich, wie Wilson überlegte, indirekt testen. Man müsse die Brut roter Königinnen mit braunen Arbeiterinnen und die Brut brauner Königinnen mit roten Arbeiterinnen aufziehen, um zu sehen, ob sich die Farbe in der nächsten Generation ändern und mit der Farbe der Ammenarbeiterinnen übereinstimmen würde. Änderte sich die Farbe nicht und wären ansonsten alle anderen Bedingungen in den Labornestern die gleichen wie für die Kontrollkolonien (in denen die Königinnen und Arbeiterinnen dieselbe Farbe besitzen), würde man die Umwelthypothese verwerfen und die Genhypothese beibehalten.

Die Adoption der einen durch die andere Farbvariante erwies sich als durchführbar. Wilson fand heraus, dass er Arbeiterinnen der Feuerameise dazu bringen konnte, fremde Königinnen zu dulden, wenn er zuerst ihre Mutterkönigin entfernte, die Arbeiterinnen dann bis zur Unbeweglichkeit kühlte und währenddessen die fremde Königin zu ihnen setzte. Sobald sich die Ameisen wieder erwärmten und aktiv wurden, akzeptierten sie die fremde Königin und zogen die Eier auf, die sie legte.

Während der Experimente veränderte sich die Farbe der Ameisen nicht, wodurch die Genhypothese bestätigt wurde. Die Existenz von Farbgenen war damit zwar nicht völlig zweifelsfrei bewiesen, aber zumindest deutete viel darauf hin. Dann geschah etwas Merkwürdiges. Wilson entschied sich, ein wenig mit seiner Adoptionstechnik herumzuspielen und bis zu fünf statt nur eine Königin zu den Arbeiterinnen zu setzen, einfach um zu sehen, was passieren würde. All diese Versuche waren erfolgreich, aber nur für eine Weile. Nach ein oder zwei Tagen begannen die Arbeiterinnen, die überschüssigen Königinnen umzubringen, indem sie sie überwältigten und zu Tode stachen. Sie hörten erst auf, als nur noch eine Königin übrig war. Die Gewinnerin wurde dann von den Arbeiterinnen versorgt und gefüttert, als handelte es sich um ihre eigene Königin. Die Arbeiterinnen begingen niemals einen Fehler. Sie gingen nicht ein einziges Mal so weit, die letzte überlebende Königin umzubringen, was das Ende der Kolonie bedeutet hätte.

Die Adoption bei den Feuerameisen war eine der ersten Untersuchungen, die darauf hindeutete, dass innerhalb der Ameisenkolonien nicht nur Friede und Harmonie herrschen, nicht einmal bei den Arten, die eine hochentwickelte Organisationsform besitzen. Aus irgendeinem Grund konkurrierten die Königinnen untereinander um die Gunst der Arbeiterinnen und dabei ging es um Leben und Tod. Im Laufe der Jahre mehrten sich die Hinweise darauf, dass Konflikte und Dominanzbeziehungen zwischen Nestgenossinnen bei den Ameisen weitverbreitet sind. Und was noch interessanter ist: Solche Zwistigkeiten unter Schwestern gehen oft weit über bloße Kabbeleien hinaus. Bei vielen Arten wurden diese Auseinandersetzungen im Verlauf der Evolution stark ritualisiert und haben eine bedeutende Rolle in der Regulierung des Lebenszyklus einer Kolonie übernommen.

Ein besonders eindrucksvolles Beispiel dafür zeigte sich, als Hölldobler und sein Student Stephen Bartz die Koloniegründung bei *Myrmecocystus mimicus* eingehend untersuchten. *M. mimicus* ist eine in den Wüstengegenden Arizonas und Neumexikos weitverbreitete Art großer Honigtopfameisen, an der Hölldobler bereits territoriale Auseinandersetzungen zwischen Kolonien und die „Diplomatie" von Ameisen untersucht hatte. Jedes Jahr im Juli, wenn die ersten Sommerregen die harte, ausgetrocknete Erde aufgeweicht haben, steigt eine große Zahl junger Königinnen und Männchen aus dem Nest auf, um ihre Hochzeitsflüge durchzuführen. Nach der Begattung landen die Königinnen auf dem Boden, streifen ihre Flügel ab und graben Erdhöhlen, um dort ihre eigenen Kolonien zu gründen. Nachdem Hölldobler zahlreiche Gründungsnester ausgehoben hatte – was sich ganz leicht mit einer einfachen Gartenschaufel bewerkstelligen lässt –, stellte er fest, dass die meisten Nester von mehr als einer Königin bewohnt waren.

Zu dieser Zeit, in den späten 1970er-Jahren, wusste man bereits, dass sich bei vielen Ameisenarten während der Koloniegründung mehrere Königinnen zusammenschließen. Insektenforscher haben dafür sogar einen Spezialausdruck geprägt: Pleometrosis. Aber es war auch bekannt, dass diese Allianzen kurzlebig sind. Sie führen nur selten zur Polygynie, das heißt einer ständigen oder zumindest lang anhaltenden Gemeinschaft von Königinnen in einer älteren Kolonie. Entweder bringen die Arbeiterinnen die überschüssigen Königinnen um, wie es bei den Feuerameisen der Fall ist, oder die Königinnen bekämpfen sich gegenseitig, wobei sie manchmal von aggressiven Arbeiterinnen unterstützt werden, die sich auf die Seite irgendeiner Königin stellen.

Evolutionär gesehen scheint dieses Verhalten auf den ersten Blick nicht besonders sinnvoll zu sein. Warum sollte eine Königin kooperieren, wenn sie mit hoher Wahrscheinlichkeit dafür später unterdrückt oder sogar umgebracht wird? Einer der Hauptvorteile, der durch weitere Untersuchungen aufgedeckt wurde, besteht darin, dass mehrere Königinnen eine größere erste Arbeiterinnenbrut und zudem in kürzerer Zeit aufziehen als solitäre Königinnen. Somit haben Kolonien, die von mehreren Königinnen gegründet wurden, einen zügigen Start, zu einem Zeitpunkt, an dem sie ihn am dringendsten brauchen. Dadurch können sie sich, sobald sie für die Futtersuche das mütterliche Nest verlassen, in kürzerer Zeit gegen Feinde verteidigen und mit größerer Effektivität Territorien aufbauen. Dieser Vorteil überwiegt für eine kooperierende Königin offensichtlich das Risiko eines frühen Todes.

Walter Tschinkel, ein Forscher an der Florida State University, stellte fest, dass für den Ausgang von Auseinandersetzungen zwischen Feuerameisenkolonien, die häufig und mit großer Heftigkeit stattfinden, die Größe der Kampftruppe entscheidend ist. Eine junge Kolonie, die nicht in der Lage ist, sich gegen ihre Nachbarn zu verteidigen, wird schnell ausgelöscht. Bartz und Hölldobler beobachteten in einer unabhängigen Untersuchung dasselbe Phänomen auch bei den Honigtopfameisen *Myrmecocystus mimicus*. Wenn Arbeiterinnen das erste Mal aus dem Nest an die Oberfläche kommen, beginnen sie, sämtliche Gründungskolonien in ihrer Nachbarschaft anzugreifen, die sie finden können. Falls sie siegreich sind, bringen sie die Brut in ihre eigenen Nester. Somit hat die Kolonie, die bei der ersten Auseinandersetzung gewinnt, sofort eine größere Truppe und damit einen Vorteil gegenüber ihren verbleibenden Konkurrenten, die keinen erfolgreichen Überfall durchgeführt haben. Sieg reiht sich an Sieg, bis schließlich die gesamte Brut in der näheren Umgebung in einem einzigen Nest gelandet ist. Dabei verlassen Arbeiterinnen oft ihre eigenen Mütter zugunsten der siegreichen Eindringlinge, als ob sie nach dem Motto „besser rot als tot" handelten. In 23 solcher Auseinandersetzungen, die sich zwischen dicht beieinanderliegenden Laborkolonien abspielten, gewannen, wie Hölldobler und Bartz beobachteten, immer solche Kolonien, die von mehreren Königinnen gegründet worden waren. In 19 Fällen handelte es sich um die Kolonien mit der größten Anzahl von Königinnen aller benachbarter Kolonien.

Sobald eine Honigtopfameisenkolonie über eine ausreichende Anzahl von Arbeiterinnen verfügt, um sich vor ihren Nachbarn zu schützen, beginnt ein neuer Kampf, diesmal unter den Königinnen. In einer typischen Auseinandersetzung stellt sich eine Königin über bzw. manchmal auch auf ihre Rivalin, während ihr Kopf gleichzeitig nach unten gerichtet ist (Tafel 108). Die Unterlegene kauert sich zusammen und hält still. Jede Königin, die gegenüber anderen immer wieder nachgibt, wird schließlich von den Arbeiterinnen aus dem Nest gejagt, auch wenn einige der Angreifer wahrscheinlich ihre eigenen Töchter sind. Bei anderen *Myrmecocystus*-Arten, bei denen die Königinnen nicht bei der Koloniegründung

TAFEL 108. *Oben:* Rangauseinandersetzung zwischen zwei koloniegründenden *Myrmecocystus navajo*-Königinnen. Das hochrangige Tier stellt ein Bein auf den Rücken der rangniedrigeren Rivalin, die sich zusammenkauert und ihre Kiefer öffnet. Meist gelingt es nur einer Königin, Mutter einer ausgewachsenen Kolonie zu werden. *Unten:* Königinnen von *Myrmecocystus depilis* gründen ihre Kolonien in der Regel allein. Allerdings versucht bisweilen eine fremde Königin einer anderen die im Bau befindliche Nestkammer streitig zu machen. Es kommt dann zu ritualisierten Schaukämpfen, die zu Beißkämpfen eskalieren können. (© Bert Hölldobler.)

kooperieren, so bei *M. depilis*, kommt es, wenn sich zwei junge Königinnen begegnen, zu Schaukämpfen, die zu echten Beißkämpfen eskalieren können, mit denen die Tiere den Besitz ihres jeweiligen Gründungsnestes verteidigen (Tafel 108). Diese Honigtopfameisenart hat stets nur eine Königin. Das hatten wir auch bei *Myrmecocystus mimicus* angenommen, denn die überflüssigen Gründerköniginnen werden ja von den Arbeiterinnen aus dem Nest vertrieben. Nun haben allerdings jüngere genetische Untersuchungen an Freilandkolonien gezeigt, dass in einigen Fällen wenige eierlegende Königinnen in reifen Kolonien coexistieren können. Daraus muss man schließen, dass Monogynie in *Myrmecocystus mimicus*-Kolonien nicht obligatorisch ist.

Rangkämpfe um Fortpflanzungsrechte kommen auch zwischen Königinnen in älteren, ausgewachsenen Kolonien vor. Jürgen Heinze entdeckte dieses Phänomen bei mehreren *Leptothorax*-Arten. Dominanzrituale zwischen den Königinnen führen zu der Errichtung einer funktionellen Monogynie, bei der sich nur die Königin fortpflanzt, die sich an der Spitze der sozialen Hierarchie befindet. Der brasilianische Insektenforscher Paulo Oliveira und seine Mitarbeiter stellten fest, dass diese Rituale bei der großen tropischen, in Mittel- und Südamerika lebenden Jagdameise *Odontomachus chelifer* besonders häufig vorkommen, bei der gewöhnlich mehrere eierlegende Königinnen nahe beieinander leben. Wenn eine rangniedrige Königin von einer höherrangigen herausgefordert wird, kauert sie sich zusammen, schließt ihre langen, kräftigen Kiefer und zieht ihre Antennen zurück, bis sie außer Reichweite sind. Sollte sie aber versuchen aufzustehen, wird sie von der dominanten Ameise am Kopf gepackt. Versucht sie gar freizukommen, wird sie von ihr hochgehoben. Daraufhin gibt sie völlig auf; sie zieht ihre Beine in „Puppenhaltung" an ihren Körper, eine Position, in der sich Ameisen von einer Stelle zur anderen tragen lassen (Abbildung 10-4).

Die Königinnen einiger anderer Ameisenarten bedienen sich einer etwas subtileren Kontrollmethode. Sie fordern ihre Konkurrentinnen nicht zu Kämpfen heraus, sondern holen stattdessen deren Eier aus dem Bruthaufen und fressen sie auf. Diejenigen, die die meisten Eier ihrer Gegnerinnen zerstören und die geringste Anzahl eigener Eier verlieren, sind im Endeffekt, zumindest nach evolutionärem Maßstab, dominant: Ihre Töchter werden überproportional unter den Arbeiterinnen und Königinnen der nächsten Generation vertreten sein.

Die dominanten Königinnen anderer Ameisenarten handeln sogar noch raffinierter. Sie produzieren hemmende Pheromone, das heißt chemische Stoffe, die die Eiproduktion in den Eierstöcken von nicht begatteten Königinnen und Arbeiterinnen unterdrücken. Wenn man die Königin der Weberameisen entfernt, beginnen einige der Arbeiterinnen, Eier zu legen. Wenn aber die Königin stirbt und ihr Körper im Nest bleibt, sodass auch nach ihrem Tod noch Pheromone freigesetzt werden, bleiben die Arbeiterinnen unfruchtbar. Allerdings muss dieses Phänomen nicht unbedingt als aggressives Dominanzverhalten interpretiert werden, denn es

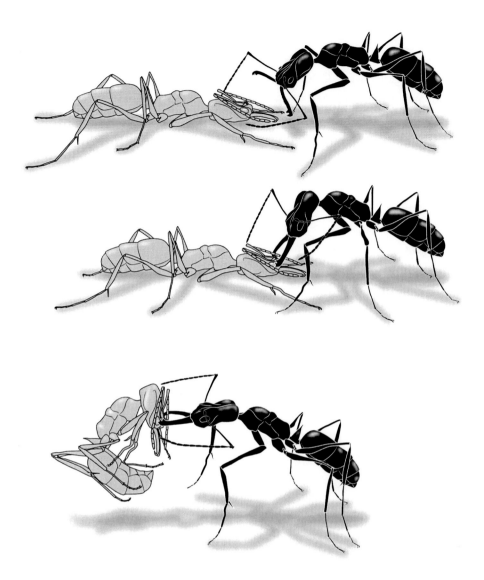

ABBILDUNG 10-4. Dominanzverhalten zwischen gemeinsam in einem Nest lebenden Königinnen der in der Tropen Amerikas beheimateten Schnappkieferameise *Odontomachus chelifer. Oben*: Die dominante Königin (*schwarz*) droht mit offenen Mandibeln, während sich ihre Schwester unterwürfig zusammenkauert. *Mitte*: Die Situation eskaliert. Die dominante Ameise greift den Kopf ihrer Schwester und hebt sie vom Boden hoch. *Unten*: Wird sie auf diese Weise behandelt, signalisiert die rangniedrige ihre Unterwürfigkeit, indem sie ihre Beine wie eine Puppe an den Körper anlegt. (Mit freundlicher Genehmigung von Margaret Nelson; nach einer Originalzeichnung von Katherine Brown-Wing aus Hölldobler und Wilson 1994.)

ist ja auch im „evolutionären Interesse" der Arbeiterinnen, bei Anwesenheit einer mit ihnen eng verwandten Königin auf die eigene Reproduktion zu verzichten.

Je sorgfältiger Insektenforscher die feinen Details der Organisationsform einer Kolonie untersuchten, desto umfangreichere und komplexere Konflikte kamen zum Vorschein. Wenn man sich näher mit der Beziehung zwischen bestimmten Individuen beschäftigt, dann ist es, als ob man in eine nach außen hin friedliche Stadt zieht und nach einer Weile feststellt, dass an diesem Ort Familienstreitigkeiten, Diebstahl, Straßenüberfälle und sogar Mord an der Tagesordnung sind. Auch Rangordnungskämpfe zwischen Arbeiterinnen innerhalb einer Kolonie kommen bei einigen weiter entwickelten Ameisenarten vor. Blaine Cole, ein amerikanischer Insektenforscher, konnte dieses Phänomen als erster eindeutig nachweisen, indem er Arbeiterinnen der in Florida beheimateten Art *Leptothorax allardycei* markierte, sodass man die Tiere individuell verfolgen konnte. Wie er feststellte, erreichten die Konflikte ihren Höhepunkt, nachdem die Königin entfernt wurde. Nach seinen Berechnungen verbrachten die am stärksten konkurrierenden Arbeiterinnen in diesen königinlosen Kolonien mehr Zeit damit, sich gegenseitig zu bedrohen und aufeinander einzudreschen, als die Brut zu versorgen. Die *Leptothorax*-Arbeiterinnen zeigen eine so starke Eigenständigkeit, dass die dominantesten unter ihnen selbst in Anwesenheit der Königin 20 % der Eier legen. Solche Eier sind unbefruchtet und entwickeln sich daher zu Männchen, falls sie überhaupt überleben. Hochrangige Arbeiterinnen erhalten auch regelmäßig mehr Futter, und das ermöglicht ihnen, große, mit Eiern gefüllte Eierstöcke zu entwickeln.

Aus all diesen Beispielen lernen wir, dass selbst in den hoch kooperativen, evolutionär weit entwickelten Ameisensozietäten Konflikte unter Nestgenossinnen durchaus keine Ausnahme sind. Meist aber begegnet man solchen Konflikten in relativ kleinen Sozietäten, die kaum in territoriale Auseinandersetzungen mit Nachbarkolonien verwickelt sind. Bei solchen Arten allerdings, bei denen territoriale Verteidigung und Konkurrenz um begrenzte Ressourcen zwischen Kolonien die Regel sind, sind eine konfliktfreie Kooperation und extremer Altruismus gegenüber Nestgenossinnen besonders hoch entwickelt.

Tafel 109. Der abgeplattete Glanzkäfer *Amphotis marginata* lebt auf den Ameisenstraßen der Glänzendschwarzen Holzameise *Lasius fuliginosus*. *Links* im Vordergrund erbettelt der Käfer Futter von einer heimkehrenden Arbeiterin. *Oben rechts* greift eine Ameise einen zweiten *Amphotis* an, aber dank der Schildkrötentaktik des Käfers ohne großen Erfolg. Außerdem sieht man schlanke Kurzflügler (eine *Pella*-Art), die Ameisen erbeuten und fressen. (Von John D. Dawson, mit freundlicher Genehmigung der National Geographic Society.)

11

SOZIALPARASITEN: DIE CODEKNACKER

Die große Stärke der Ameisen liegt darin, dass sie trotz ihres winzigen Gehirns fähig sind, enge soziale Bande zu knüpfen und komplexe Sozialstrukturen aufzubauen. Dieses wurde dadurch erreicht, dass ihr Verhalten auf eine beschränkte Anzahl sehr spezifischer Reize abgestimmt ist: Eine Duftspur wird durch ein ganz bestimmtes Terpen gebildet, durch Betrillern der unteren Mundpartien wird um Futter gebettelt, über eine Fettsäure wird eine tote Ameise erkannt und so weiter; jede Ameise kommt mit einigen Dutzend solcher Signale täglich über ihre Runden.

Die Organisation des Superorganismus einer Ameisenkolonie ist beeindruckend, aber das Fundament ihrer Stärke – nämlich die Verkettung einfacher Signale – ist gleichzeitig auch ihre größte Schwachstelle. Ameisen lassen sich leicht hereinlegen. Andere Organismen können ihren Code knacken und ihre sozialen Bande ausnutzen, indem sie lediglich einen oder mehrere Schlüsselreize nachahmen. Soziale Parasiten, denen dies gelingt, sind wie Einbrecher, die leise in ein Haus gelangen, indem sie die richtigen vier oder fünf Ziffern eingeben und dadurch das Alarmsystem ausschalten.

Menschen lassen sich von Angesicht zu Angesicht nur sehr schwer täuschen. Sie erkennen einen Freund oder ein Familienmitglied an einer breiten Palette detaillierter Charakteristika, unter anderem daran, ob die Größe, die Körperhaltung, die Gesichtszüge, die Stimmlage und die beiläufige Erwähnung eines gemeinsamen Bekannten genau stimmen. Eine Ameise erkennt ein Familienmitglied – eine Nestgenossin – einzig und allein an ihrem Geruch, der häufig nur aus einer Mischung weniger Kohlenwasserstoffe auf ihrer Körperoberfläche besteht. Vielen Sozialparasiten unter den Käfern und anderen Insekten, von denen sich die meisten in ihrer Körperform und Größe drastisch von den Ameisen unterscheiden, ist das Kunststück gelungen, sich den Koloniegeruch oder den anziehend wirkenden Geruch der Ameisenlarven anzueignen. Obwohl sie keinen anderen Erkennungstest bestehen würden, werden sie von den Ameisen bereitwillig aufgenommen und von ihnen dann auch noch gefüttert, geputzt und von einer Stelle zur anderen getragen. Es ist, um mit den Worten von William Morton Wheeler zu sprechen, so, als ob eine Menschenfamilie Riesenhummer, Zwergschildkröten und ähnliches Getier zum Essen einladen würde, ohne jemals zu bemerken, dass es sich gar nicht um Menschen handelt. Aber selbst wenn sie die chemischen Signale der Ameisen nicht nachahmen, sind die Parasiten und Räuber oft befähigt, die Ameisen an ihrem Duft zu erkennen oder ihre chemischen Spuren zu identifizieren und sie als Räuber und Wegelagerer auszubeuten (Tafel 109).

Zu den raffiniertesten Sozialparasiten gehören Ameisen, die andere Ameisenarten ausnutzen. Das extremste Beispiel ist wohl *Teleutomyrmex schneideri*, eine seltene Art, die von dem bekannten Ameisenforscher Heinrich Kutter entdeckt wurde. Dieser außergewöhnliche Parasit kommt ausschließlich als Untermieter einer anderen Ameisenart, *Tetramorium caespitum*, in den französischen und schweizer Alpen vor. Der Gattungsname *Teleutomyrmex* leitet sich aus dem Griechischen ab und bedeutet sehr treffend „die letzte Ameise". Diese Art besitzt keine Arbeiterinnenkaste und ist von der Fürsorge der Arbeiterinnen ihres Wirtes abhängig. Die Königinnen, die mit ihrer durchschnittlichen Körperlänge von 2,5 mm im Vergleich zu anderen Ameisenarten winzig klein sind, tragen in keiner Weise zur Versorgung der Wirtskolonien bei. In einer Hinsicht sind sie einzigartig unter allen bekannten sozial lebenden Insekten: Sie leben nicht nur parasitisch, sondern ektoparasitisch, das heißt, sie verbringen die meiste Zeit auf dem Rücken ihrer Wirte (Abbildung 11-1). Dieses ungewöhnliche Verhalten wird nicht nur durch die geringe Größe der *Teleutomyrmex*, sondern auch durch ihre Körperform möglich. Die Unterseite des Abdomens (der große Hinterleib) ist stark nach innen gewölbt, sodass die Parasiten ihren Körper eng an den ihres Wirtes pressen können. Die Tarsalsohlen und Klauen ihrer Füße sind verhältnismäßig groß und geben *Teleutomyrmex* einen festen Halt auf der glatten, chitinisierten Körperoberfläche anderer Ameisen. Die Königinnen verspüren einen instinktiven Drang, sich an irgendetwas festzuklammern, mit Vorliebe an der Königinmutter der Wirtskolonie. Bis zu acht von ihnen sind schon auf einer einzelnen Wirtskönigin beobachtet worden, sodass die Wirtskönigin von ihren dichtgedrängten Körpern und ihren festgekrallten Beinen völlig bedeckt und ihr dadurch jede Bewegungsmöglichkeit genommen war.

Diese hoch spezialisierten Parasiten haben die *Tetramorium*-Staaten völlig infiltriert. Sie werden von den Arbeiterinnen mit hochgewürgtem Futter gefüttert und

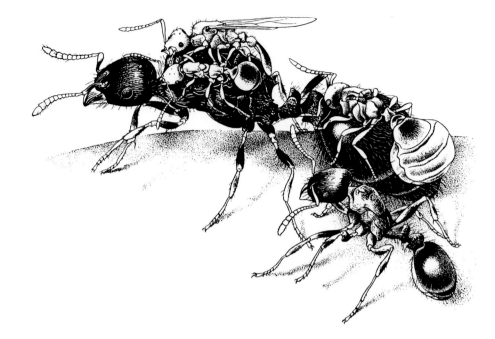

ABBILDUNG 11-1. Der hoch spezialisierte Sozialparasit *Teleutomyrmex schneideri* auf seinem Wirt *Tetramorium caespitum*. Bei den beiden *Teleutomyrmex*-Königinnen zur Linken, die auf dem Vorderkörper der Wirtskönigin sitzen, sind die Eierstöcke noch nicht gereift. Entsprechend flach sind die Hinterleiber. Eine der beiden trägt noch Flügel und ist wahrscheinlich noch nicht begattet. Die dritte *Teleutomyrmex*-Königin, die auf dem Hinterleib der Wirtskönigin sitzt, hat einen angeschwollenen Hinterleib mit voll entwickelten Eierstöcken. Im Vordergrund steht eine Arbeiterin der Wirtskolonie. (Mit freundlicher Genehmigung von Walter Linsenmaier.)

dürfen sogar an der Flüssigkeit, die an die Wirtskönigin weitergegeben wird, teilhaben. Da sie so bevorzugt behandelt werden, sind die *Teleutomyrmex*-Königinnen ungeheuer fruchtbar. Ältere Individuen, deren Hinterleiber durch ihre riesigen Eierstöcke aufgebläht sind, legen im Durchschnitt zwei Eier pro Minute.

Das Volk der Wirtsarbeiterinnen wird durch die Bürde der Parasitenpopulation geschwächt. Trotzdem sorgen die Arbeiterinnen in jeder Hinsicht für die *Teleutomyrmex* und ziehen so viele Tiere auf, dass auch andere Kolonien in der Umgebung von den Parasiten befallen werden. Die *Teleutomyrmex* geben in jedem Lebensstadium, vom Ei bis zum erwachsenen Tier, Signale ab, die vor allem chemischer Natur sind und ihre Wirte veranlassen, sie wie echte Koloniemitglieder zu behandeln.

Allerdings haben die *Teleutomyrmex* im Laufe der Evolution einen Preis für ihre außergewöhnliche Lebensart bezahlt: Der Makel des Parasitismus haftet an ihnen, ihre Körper sind schwach und degeneriert. Ihnen fehlen einige Drüsen, die andere Ameisen brauchen, um Futter für die Larven herzustellen und Bakterien abzuwehren. Ihr Außenskelett ist dünn und kaum pigmentiert, ihr Stachel und ihre Giftdrüse sind zurückgebildet und ihre Kiefer sind zu klein und zu schwach, um mit irgendetwas anderem als flüssiger Nahrung zurechtzukommen. Ihr Gehirn und ihr zentraler Nervenstrang sind klein und vereinfacht; vieles deutet darauf hin, dass die erwachsenen Tiere sich nur paaren, über kurze Entfernungen fliegen, sich an ihre Wirte klammern und betteln können. Wenn man sie von ihren Wirten trennt, überleben sie nur wenige Tage.

Teleutomyrmex schneideri, das europäische, symbiotisch lebende Wundertier, ist auch eine der seltensten Ameisenarten, die es gibt. Andere Extremfälle unter den Parasiten der Ameisen, das heißt solche, die mit ihrer Versorgung vollständig von ihrem Wirt abhängig sind, sind ebenfalls sehr selten – ohne Ausnahme. Die Entdeckung solcher Parasiten in einer Wirtskolonie, ob es sich dabei nun um eine neue oder eine schon von früheren Sammlungen bekannte Art handelt, ist ein besonderes Ereignis für Ameisenforscher. Sie schreiben einen kurzen Artikel über ihren Fund oder geben die Neuigkeit zumindest mündlich an Fachkollegen weiter. Der unbestrittene Rekordhalter bei der Entdeckung sozialer Parasiten ist Alfred Buschinger aus Deutschland. Mit seinen Studenten und Mitarbeitern war er ihnen auf der ganzen Welt auf der Spur und hat die tiefsten Geheimnisse ihrer versteckten Lebensweise gelüftet.

Buschinger und anderen zufolge lässt sich nicht nachweisen, dass parasitische Arten kurzlebig und zum schnellen Untergang verurteilt sind, sobald sie einer anderen Art zur Last fallen. Aber sie kommen sicherlich seltener vor und sind oft in ihrer geografischen Verbreitung so eingeschränkt, dass sie kurz vor dem Aussterben stehen. Es ist wie bei uns Menschen: Es muss immer weniger Schurken als Dumme geben, die sich aufs Kreuz legen lassen, sonst wird den Schurken auf Dauer ihre Lebensgrundlage entzogen.

Eine andere wohlbekannte Form des Parasitismus bei den Ameisen ist die Versklavung anderer Ameisen. Die Abhängigkeit von solchen Zwangsarbeiterinnen ist beträchtlich, aber in ihrer Anatomie und ihrem Verhalten sind die Sklavenhalter weit weniger verkümmert als die eben beschriebene *Teleutomymrex*. In einem früheren Kapitel haben wir darüber berichtet, wie Honigtopfameisenkolonien häufig schwächere Kolonien überrennen, ihre Königin umbringen und jüngere Arbeiterinnen und Angehörige der Honigtopfkaste gefangen nehmen, die dann im Nest der Eroberer weiterleben und arbeiten. Das ist echte Sklaverei, auch nach strengster Definition: nämlich die Unterwerfung und Zwangsarbeit von Mitgliedern derselben Art. Viel häufiger findet man bei Ameisen die Versklavung Angehöriger

263

anderer Ameisenarten. Hier lassen sich die Begriffe Sklaverei und Versklavung nur im übertragenen Sinne verwenden. Dieses Verhalten ist eher mit der Domestizierung von Hunden und Vieh durch uns Menschen zu vergleichen, aber auch dieser Vergleich hinkt. In Wirklichkeit handelt es sich hier um Sozialparasitismus. Eine Kolonie einer bestimmten Art beutet parasitisch die Arbeitskräfte einer Kolonie aus, die zu einer anderen Art gehört. Der Begriff Sklaverei hat sich jedoch so stark eingebürgert und das Verhalten der Sklavenhalterameisen ist für die Insektenforscher so bezeichnend und geläufig, dass wir diesen Begriff hier weiterverwenden werden. Auch Spezialisten, die sich mit dem Verhalten der Ameisen beschäftigen, ziehen ihn dem technischen Ausdruck Dulosis vor, der die Versklavung zwischen Arten bezeichnet und gelegentlich in entomologischen Zeitschriften auftaucht.

Die Sklavenraubzüge der Amazonenameisen aus der Gattung *Polyergus* gehören zu den beeindruckendsten Schauspielen in der Ameisenwelt. Die Tiere glänzen rot oder schwarz, sind von stattlicher Größe und bei ihren Raubzügen draufgängerisch; in der Tat, sie haben den Gipfel der sklavenhaltenden Lebensweise erreicht. Ziel der Raubzüge sind Kolonien der Gattung *Formica*. Diese Ameisen sind häufig und weitverbreitet und sehen den Amazonenameisen ähnlich. Die europäische Art *Polyergus rufescens* kommt in der Nähe von Würzburg auf den Kalksteinflächen entlang des Mains recht häufig vor (Tafel 110). Als Gymnasiast im Alter von 15 Jahren beobachtete Bert Hölldobler viele Raubüberfälle der Amazonenameisen und machte sich detaillierte Notizen von dem Verhalten der Räuber und ihrer Sklavenameisen. Später erfuhr er, dass die meisten seiner Entdeckungen schon 1810 von dem schweizer Insektenforscher Pierre Huber und von dem großen schweizer Neuroanatom, Psychiater und Ameisenforscher Auguste Forel in dessen Hauptwerk *Le monde social de fourmis* beschrieben worden waren.

Polyergus ist eine echte Parasitenart. Kämpfen ist das einzige, was sie wirklich beherrschen, wie schon William Morton Wheeler beschrieb: „Die Arbeiterin ist äußerst kampflustig, und kann, wie das Weibchen, leicht an ihren sichelförmigen, ungezähnten, aber sehr fein gezackten Kiefern erkannt werden. Solche Kiefer sind nicht daran angepasst, in der Erde zu graben oder mit dünnhäutigen Larven oder Puppen umzugehen und sie in den engen Nestkammern herumzutragen, aber sie sind in bewundernswerter Weise dafür geeignet, den Panzer erwachsener Ameisen zu durchbohren. Deshalb sehen wir die Amazonen niemals Nester graben oder sich um ihre eigene Brut kümmern. Sie können sich nicht einmal ihr eigenes Futter verschaffen, obwohl sie in der Lage sind, Wasser oder flüssiges Futter aufzulecken, wenn sie zufällig mit ihren kurzen Zungen damit in Berührung kommen. In allen

TAFEL 110. Die europäische Rote Amazonenameise *Polyergus rufescens*. (Mit freundlicher Genehmigung von Turid Hölldobler-Forsyth.)

lebenswichtigen Dingen wie Futter, Behausung und Aufzucht sind sie völlig von ihren Sklaven abhängig, die aus den Arbeiterinnenkokons schlüpfen, welche sie aus fremden Kolonien geraubt haben. Ohne ihre Sklaven können sie kaum überleben und deshalb findet man sie immer in gemischten Kolonien, wo sie Nester bewohnen, deren Bauweise ausschließlich der der Sklavenart entspricht. So zeigen die Amazonen zwei gegensätzliche instinktgesteuerte Verhaltensweisen: Im häuslichen Nest sitzen sie in gleichmütiger Untätigkeit herum oder verbringen die langen Stunden damit, von Sklaven Futter zu erbetteln oder sich selbst zu säubern und ihren rötlichen Panzer zu polieren, aber außerhalb des Nestes zeigen sie erstaunlichen Wagemut und die Fähigkeit, gemeinsam vorzugehen. (Aus Wheeler 1910)

Dieses gemeinsame Vorgehen, nämlich ein Überfall der Amazonenameisen, ist ein großartiges Schauspiel. Arbeiterinnen strömen aus dem Nest und bilden eine dichte Kolonne, die sich mit 3 cm pro Sekunde fortbewegt – das entspricht der Marschgeschwindigkeit einer menschlichen Brigade von 26 km pro Stunde. Wenn sie ihr Ziel, das heißt ein Nest von *Formica*-Ameisen, oft in einer Entfernung von über 10 m, erreichen, stürmen sie ohne zu zögern in den Eingang, packen die in Kokons versponnenen Puppen, rennen wieder heraus und kehren in ihr eigenes Nest zurück (Tafel 111). Sie attackieren und töten jede Arbeiterin, die sich ihnen in den Weg stellt, indem sie die Köpfe und Körper der Verteidigerinnen mit ihren säbelförmigen Kiefern durchbohren. Wieder zu Hause, übergeben sie die Puppen den Sklaven zur weiteren Versorgung und fallen in ihre übliche Trägheit zurück (Abbildung 11-2).

Über viele Jahre war es eine der klassischen Fragen in der Ameisenforschung, wie es den *Polyergus*-Arbeiterinnen gelingt, auf direktem Wege zu der Kolonie des Opfers zu finden. Die amerikanische Myrmekologin Mary Talbot stellte 1966 bei der Beobachtung von Amazonennestern in Michigan fest, dass vor jedem Überfall mehrere Späherinnen die Umgebung des *Formica*-Nestes auskundschafteten, das später überfallen wurde. Der Beginn jedes Überfalls wurde durch das Auftauchen einer Späherin signalisiert, die aus der Richtung des Zielnestes zurückkehrte. Da die Überfälle der Amazonenameisen allem Anschein nach nicht von Späherinnen angeführt wurden, schloss Talbot, dass wohl eine Späherin ihren Nestgenossinnen den Weg mit einer Duftspur vom Ziel bis zum eigenen Nest weisen musste. Es war, als ob die Späherin sagte: „Hört her, da draußen ist ein Nest. Ihr müsst nur der Spur folgen." Wie kann man solch eine Hypothese testen? Talbot entschied sich dafür, direkt zu den Amazonenräubern zu sprechen und ihnen ihre eigenen Anweisungen zu geben. Zu einer Tageszeit, zu der normalerweise Überfälle stattfinden, legte sie mit einem Pinsel mit Dichlormethanextrakten aus ganzen *Polyergus*-Körpern künstliche Duftspuren, die von den Amazonennestern wegführten. Dieser Versuch war unerwartet erfolgreich. *Polyergus*-Arbeiterinnen strömten gehorsam aus dem Nest und folgten den Spuren bis zu ihrem Ende. Auf diese Weise konnte Talbot Überfallkommandos in Bewegung setzen und sie zu Bestimmungsorten ihrer Wahl leiten. Schließlich löste sie einen richtigen Überfall auf eine *Formica*-Kolonie aus, indem sie diese 2 m entfernt von einer *Polyergus*-Kolonie in einen Behälter setzte und für die Amazonenameisen eine künstliche Duftspur zum Rand dieses Behälters legte.

Mary Talbot war der Ansicht, dass keine Späherinnen an der Spitze der Front vorauslaufen, um ihren Schwestern den Weg zum Zielnest zu weisen. Das ist

TAFEL 111. *Oben.* Ein Sklavenraubzug der europäischen Roten Amazonenameise *Polyergus rufescens*. Die *Polyergus*-Arbeiterinnen dringen in das Nest von *Formica fusca* ein, um Puppen in ihren Kokons zu rauben. Einige der schwarzen *Formica*-Arbeiterinnen versuchen mit der Brut zu fliehen. Sie haben geringe Chancen, sich gegen die Amazonenameisen durchzusetzen, die sie mit ihren sichelförmigen Kiefern leicht durchbohren können. *Unten.* Eine Arbeiterin der amerikanischen Roten Amazonenameise *Polyergus breviceps* aus Arizona läuft mit einer geraubten Puppe von *Formica gnava* zurück zum Amazonennest. Die *Formica*-Arbeiterin kann sie nicht daran hindern. (Bild oben von John D. Dawson, mit freundlicher Genehmigung der National Geographic Society; Foto unten © Bert Hölldobler.)

267

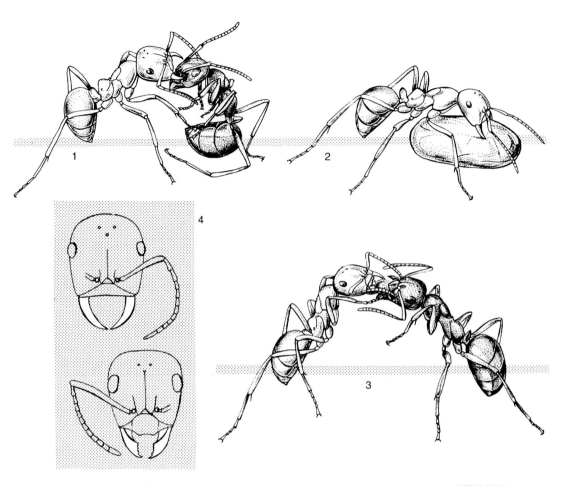

ABBILDUNG 11-2. Aus dem Leben der Amazonenameise der Gattung *Polyergus*. Eine *Polyergus*-Arbeiterin greift während eines Sklavenraubzuges eine *Formica*-Arbeiterin an, die ihr Nest verteidigt (*1*), und kehrt anschließend mit einer *Formica*-Puppe (in einem Kokon) in ihr eigenes Nest zurück (*2*). Eine *Polyergus*-Arbeiterin wird von einer *Formica*-Arbeiterin gefüttert, die aus einer geraubten Puppe geschlüpft ist (*3*). Teilabbildung *4* zeigt die dolchartigen Kiefer der *Polyergus*-Ameisen (*oben*) und die breiten, gezähnten Arbeitsmandibeln der *Formica*-Arbeiterin (*unten*). (Mit freundlicher Genehmigung von Turid Hölldobler-Forsyth.)

vielleicht nicht ganz richtig. Obwohl es stimmt, wie sie zeigte, dass erregte Arbeiterinnen dieser Art aus Michigan fähig sind, Duftspuren ohne weitere Anleitung zu folgen, werden wahrscheinlich noch andere Signale eingesetzt. Der Insektenforscher Howard Topoff vom American Museum of Natural History, der eine andere Amazonenameisenart (*Polyergus breviceps*) aus Arizona untersuchte, fand, dass die Geschichte noch etwas komplizierter war. Nach seinen Beobachtungen führten bei natürlich stattfindenden Raubzügen stets Späherinnen die Spitze an. Er versetzte auffällige Landmarken wie Büsche und Steine in der Umgebung der

Ameisen und konnte zeigen, dass die visuellen Signale für die Anführerinnen wichtiger sind als die chemischen Duftspuren. Nach dem Angriff jedoch orientierten sich die Arbeiterinnen auf ihrem Heimweg sowohl mithilfe von visuellen Wegweisern als auch an Duftspuren, die von den Späherinnen gelegt worden waren.

Amazonenameisen rauben die Brut anderer Arten, indem sie sich ins Gefecht stürzen und ihre tödlichen Waffen einsetzen, mit denen sie jede Ameise, die ihnen in die Quere kommt, umbringen. Dies mag einem als der einfachste und wirkungsvollste Weg erscheinen, um zum Ziel zu kommen. Zusätzlich verursachen die *Polyergus*-Ameisen beim Angriff auf das *Formica*-Nest durch die Abgabe größerer Mengen von Ameisensäure eine regelrechte Panik unter den überfallenen *Formica*-Arbeiterinnen. Das erleichtert den Raub der *Formica*-Puppen.

Das erinnert an eine noch raffiniertere Methode, Sklaven zu rauben. Als Wilson mit Fred Regnier von der Purdue University zusammenarbeitete, stellte er fest, dass eine andere, in den Vereinigten Staaten beheimatete, sklavenhaltende Ameise, *Formica subintegra*, auch ohne den großen Einsatz, wie ihn *Polyergus* auf dem Schlachtfeld zeigt, äußerst erfolgreich ist. Ihre Arbeiterinnen besitzen statt der gekrümmten, säbelförmigen Waffen, die charakteristisch für die Amazonenameisen sind, ganz normal geformte Kiefer, scheinen aber trotzdem genauso effizient beim Fang von Sklaven zu sein. Wie die Amazonenameisen bevorzugen sie andere *Formica*-Arten. Auf der Suche nach dem Schlüssel ihres Erfolges entdeckten Wilson und Regnier, dass jede *Formica subintegra*-Arbeiterin eine stark vergrößerte Dufoursche Drüse besitzt, die nahezu die Hälfte ihres Hinterleibes füllt (Abbildung 11-3). Wenn die Ameisen eine Kolonie angreifen, spritzen sie „Propagandasubstanzen" aus dieser Drüse auf und um die verteidigenden Ameisen. Diese Stoffe, ein Gemisch aus Decyl-, Dodecyl- und Tetradecylacetaten, wirken anziehend auf die angreifenden *F. subintegra*-Arbeiterinnen, aber alarmierend auf die Verteidigerinnen, sodass sie ziellos durcheinanderlaufen. Diese drei Acetatverbindungen kopieren die echten Alarmpheromone der *Formica*-Opfer, das bei den überfallenen Ameisen ausgelöste Alarmverhalten ist allerdings stark übertrieben. Die hochgradig konzentrierten Pseudopheromone werden sofort von ihren Opfern wahrgenommen; gleichzeitig hält sich der Geruch noch lange im Nest, nachdem sich normale Alarmsubstanzen (wie Undecan) längst zu nicht mehr wahrnehmbaren Konzentrationen verflüchtigt haben.

Es stellt sich nun die Frage, wie die *Polyergus*-Königinnen neue Kolonien gründen können, nachdem sie ja selbst völlig unfähig sind, selbst Brut aufzuziehen. Die Topoff-Gruppe hat dieses Rätsel für *Polyergus breviceps* gelöst. Die Forscher

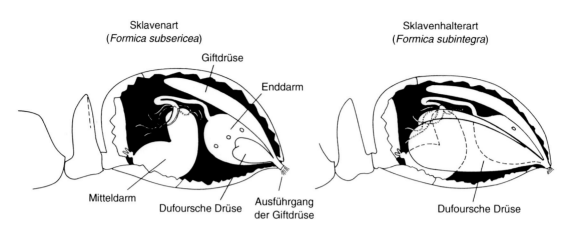

Sklavenart
(*Formica subsericea*)

Sklavenhalterart
(*Formica subintegra*)

Giftdrüse

Enddarm

Mitteldarm

Dufoursche Drüse

Ausführgang
der Giftdrüse

Dufoursche Drüse

ABBILDUNG 11-3. Die amerikanische Sklavenhalterameise *Formica subintegra* setzt „Propagandasubstanzen" ein, die sie in großen Mengen in ihrer stark vergrößerten Dufourschen Drüse produziert. Diese Substanzen, die Alarmpheromonen ähneln, verwirren die verteidigenden Ameisen, sodass sie ziellos durcheinanderlaufen. Die Dufoursche Drüse von *Formica subsericeus*, die keine Sklavenraubzüge durchführt, ist wesentlich kleiner. (© Regnier und Wilson 1971.)

entdeckten, dass geflügelte Weibchen zur Paarungszeit häufiger bei den Raubzügen mitlaufen und dabei aus ihren Mandibeldrüsen offensichtlich ein Sexualpheromon abgeben. Herumfliegende Männchen werden davon angelockt und es kommt zur Paarung. Es kann allerdings auch vorkommen, dass die geflügelten Weibchen das Nest unabhängig von einem Raubzug verlassen, um sich zu paaren. Die Königinnen haben stark vergrößerte Dufoursche Drüsen, deren Sekrete eine wichtige Rolle bei der Übernahme eines fremden *Formica*-Nestes spielen. Diese Drüsensubstanzen haben eine erstaunlich besänftigende Wirkung auf die *Formica*-Arbeiterinnen. Wenn eine frisch begattete, junge *Polyergus*-Königin in das fremde *Formica*-Nest eindringt, oft geschieht das kurz nach einem Raubzug, den ihre Nestgenossinnen auf ein *Formica*-Nest durchgeführt haben, dann sucht sie zunächst die *Formica*-Königin und bringt sie mit ihren dolchartigen Mandibeln um. Gleichzeitig verströmt sie das besänftigende Sekret aus ihrer Dufourschen Drüse, wodurch die Aggression der *Formica*-Arbeiterinnen gedämpft wird. Sobald die *Formica*-Königin tot ist, dauert es nicht mehr lange, bis alle *Formica*-Arbeiterinnen die neue parasitische Königin vollkommen akzeptieren. Jetzt ist die *Polyergus*-Königin das einzige eierlegende Tier in der Kolonie. Die *Formica*-Arbeiterinnen ziehen die Brut der fremden Königin auf und sobald genügend *Polyergus*-Arbeiterinnen herangewachsen sind, finden neue Raubzüge statt, zur Beschaffung neuer Sklavenameisen. Die wesentlichen Grundzüge der Lebensweisen der amerikanischen *Polyergus breviceps* und der europäischen *P. rufescens* (Tafel 112) sind die gleichen, wie aus den zahlrei-

270

TAFEL 112. Eine Königin der europäischen Roten Amazonenameise *Polyergus rufescens* hat sich in ein *Formica fusca*-Nest eingeschlichen; nachdem sie die *Formica*-Königin getötet hat, wird sie die Königin der Kolonie. (Mit freundlicher Genehmigung von Dieter Bretz.)

chen Arbeiten der italienischen Arbeitsgruppe von Francesco Le Moli, Alessandra Mori, Donato A. Grasso und ihren Mitarbeitern hervorgeht. Allerdings kommen Patrizia D'Ettorre und ihre Kollegen zu einem anderen Schluss bezüglich der Wirkungsweise der Sekrete aus der riesigen Dufourschen Drüse der *Polyergus*-Königin. Sie haben die Inhaltsstoffe der Drüse von Arbeiterinnen und Königinnen chemisch analysiert und stellten zwar fest, dass sich die Sekrete der beiden Kasten in einigen Komponenten unterscheiden, doch belegen sie durch Verhaltensexperimente, dass das Substanzgemisch aus der Drüse der Königin keine besänftigende, sondern eine abschreckende (*repellent*) Wirkung auf die *Formica*-Arbeiterinnen hat.

Uns Beobachtern erscheinen die gefangenen Arbeiterinnen wie Sklaven; aber sie selbst handeln, als seien sie frei. Sie verhalten sich genau so, als ob sie Schwestern der Sklavenhalter seien und führen dieselben Aufgaben durch, die sie in der Sicherheit ihres Nestes in ihrer eigenen Kolonie ausführen würden. Das sollte uns nicht überraschen. Frei lebende Ameisen wurden im Laufe der Evolution darauf programmiert, so zu handeln, wo auch immer sie sich befinden mögen. Die Sklavenhalter sind ihrerseits darauf programmiert, dieses starre, instinktive Verhalten der Sklavenameisen auszunutzen. Wilson fand eine sklavenhaltende Ameisenart,

271

Formica wheeleri, in Wyoming, die Sklaven mehrerer Arten hält, von denen jede ein etwas unterschiedliches Verhaltensprogramm besitzt. Das führt zu einer Art Arbeitsteilung, die einem Kastensystem ähnelt. Eine dieser Sklavenarten, *Formica neorufibarbis*, ist aggressiv und erregbar. Auf einem Sklavenüberfall, den Wilson beobachtete, begleiteten Arbeiterinnen ihre *Formica wheeleri*-Herrinnen als Handlanger. Sie halfen den *F. wheeleri* auch dabei, den oberen Teil des gemischten Nestes zu verteidigen, wenn es aufgegraben wurde. Die andere Art, die zur *Formica fusca*-Gruppe gehört, blieb im unteren Teil des Nestes und versuchte zu fliehen und sich zu verstecken, wenn das Nest offen lag. Ihre Hinterleiber waren mit flüssiger Nahrung prall gefüllt und sie schienen für die Versorgung der *F. wheeleri*-Brut zuständig zu sein.

Nahezu ausnahmslos ist die parasitische Art in diesen sozialparasitischen Beziehungen mit der Wirtsart stammesgeschichtlich nahe verwandt. Man nimmt sogar an, dass sich die parasitische Art oft aus der Wirtsart oder einer gemeinsamen Vorfahrenart entwickelt hat. Aber das muss nicht so sein, wie kürzlich Ulrich Maschwitz, Alfred Buschinger und ihre Mitarbeiter zeigen konnten. Sie entdeckten, dass die südostasiatische Schuppenameise (Formicinae) *Polyrhachis lama* als Sozialparasit von *Diacamma*-Arten, die zur Unterfamilie der Ponerinae gehören, auftritt. Das ist der erste eindeutige Nachweis einer solchen sozialparasitischen Lebensgemeinschaft von Vertretern verschiedener Ameisenunterfamilien. Den *Polyrhachis*-Parasiten ist es gelungen, in die *Diacamma*-Kolonien einzudringen, weil sie deren Pheromone nachgeahmt und sich deren Signale zu eigen gemacht haben. Die *Polyrhachis*-Kolonien leben mit ihrer Königin in den Nestern von *Diacamma*, ohne dass sie in irgendeiner Weise von den Wirten belästigt werden. Sie fressen an der Beute, die die *Diacamma*-Jägerinnen in das Nest bringen, und ziehen im *Diacamma*-Nest ihre Larven auf. In der Tat, die parasitische Art ist in hohem Maße in die Wirtskolonie integriert. Ihre Arbeiterinnen gehen nie selbst auf die Suche nach Nahrung für ihre Brut. Wandern *Diacamma*-Arbeiterinnen an einen neuen Neststandort, so führen sie die *Polyrhachis*-Arbeiterinnen auf die gleiche Weise wie ihre eigenen Nestgenossinnen im Tandemlauf dorthin. Zwar verläuft das Nachfolgeverhalten der *Polyrhachis*-Arbeiterinnen nicht so glatt wie bei *Diacamma*-Folgerinnen, es reicht aber aus, um die Parasiten ebenfalls zum neuen Nestplatz zu bringen. Anschließend kehren die *Polyrhachis*-Arbeiterinnen wieder zu dem alten *Diacamma*-Nest zurück und holen ihre gesamte dort zurückgebliebene Brut nach. Interessanterweise orientieren sie sich in dieser letzten Phase des Nestumzugs an eigenen Duftspuren, die mit dem Inhalt des Enddarmes gelegt werden. Durch vergleichende Untersuchungen anderer *Polyrhachis*-Arten in Australien, die mit der parasitisch lebenden *P. lama* nahe verwandt sind, ist es der Gruppe von Maschwitz, Buschinger und Volker Witte gelungen, die möglichen Evolutionsstufen zu rekonstruieren, die zu dieser erstaunlichen sozialparasitischen Wechselbeziehung führten.

Man weiß, dass weltweit mehrere Hundert Arten zu Sozialparasiten anderer Ameisen geworden sind, und schätzungsweise haben ein paar weitere Hundert Arten das Potenzial, diesen evolutionären Weg einzuschlagen. Daneben haben sich auch Tausende von Milben, Silberfischchen, Tausendfüßern, Fliegen, Käfern, Wespen und anderen kleinen Kreaturen dieser Lebensweise verschrieben. Wegen der Einfachheit der Verständigungssignale der Ameisen ist eine Kolonie sehr anfällig für dieses Konglomerat von Täuschungskünstlern. Aus der Sicht der sogenannten Gäste ist eine Ameisenkolonie eine ökologische Insel, die, mit reichlich Nahrung ausgestattet, nur darauf wartet, ausgebeutet zu werden. Die Kolonie und ihr Nest bieten vielerlei Nischen, in denen sich Räuber und Schmarotzer niederlassen können. Die Ausbeuter können zwischen den Futterstraßen der Ameisen, ihren äußeren Nestkammern oder den Kasernennestern, den Vorratskammern, den Königinkammern und den Brutkammern wählen – letztere lassen sich weiter in Räume für Puppen, Larven und Eier unterteilen.

Häufig kommen Gäste vor, die noch dreister sind und sogar auf den Körpern der Ameisen selbst leben können. Ein Extremfall in dieser Richtung sind bestimmte Milbenarten, die sich auf den Treiberameisen in den tropischen Regenwäldern Südamerikas aufhalten. Einige dieser Arten sind winzig und erinnern in ihrem Aussehen vage an Spinnen; sie sitzen auf den Köpfen der Arbeiterinnen und stehlen ihnen das Futter direkt von ihrem Mund weg. Andere Arten lecken ölige Sekrete vom Körper der Ameise oder saugen ihr Blut (Abbildung 11-4). Diese parasitischen Arten sind aber nicht nur beim Futter wählerisch, sie spezialisieren sich häufig auch auf bestimmte Körperteile, auf denen sie leben. Einige verbringen die meiste oder ihre gesamte Zeit an den Kiefern, andere auf dem Kopf, dem Brustabschnitt oder dem Hinterleib. Eine ganze Milbengruppe, die zur Familie der Coxequesomidae gehört, klammert sich ausschließlich an den Antennen oder den Coxae, den obersten Beinsegmenten, fest. Einen solchen Besucher zu ertragen, bedeutet ungefähr das gleiche, als ob Sie eine Vampirfledermaus an ihrem Ohr hängen oder eine Schlange wie ein Strumpfband um Ihren Oberschenkel gewickelt hätten.

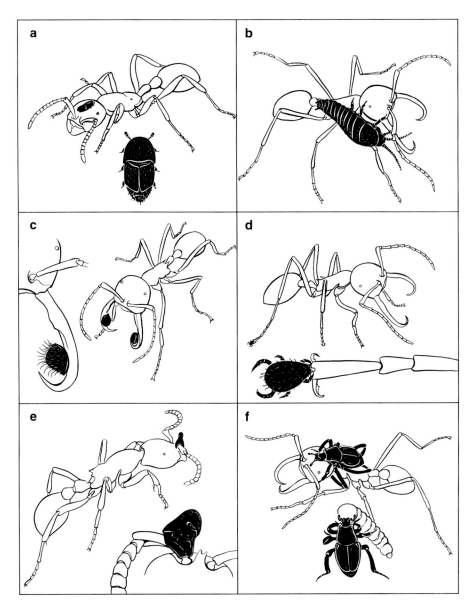

ABBILDUNG 11-4 a–f. Sechs Parasiten (*schwarz*) der Treiberameisen, die beispielhaft einige der vielen Anpassungen an ihre Wirte zeigen. **a** *Paralimulodes wasmanni* ist ein Käfer aus der Familie der Federflügler, der sich die meiste Zeit auf dem Rücken seines Wirtes (*Neivamyrmex nigrescens*-Arbeiterinnen) aufhält. **b** *Trichatelura manni* ist ein Silberfisch, der die Körpersekrete seiner Wirte (*Eciton*-Arten) abkratzt und aufleckt und von deren Beute frisst. **c** Die *Cirocylliba*-Milbe gehört zu einer Art, die sich darauf spezialisiert hat, auf der Kieferinnenseite von *Eciton*-Soldaten zu sitzen. **d** *Macrocheles rettenmeyeri* ist eine andere Milbenart, die normalerweise an der gezeigten Stelle gefunden wird, wo sie den *Eciton dulcius*-Arbeiterinnen als zusätzlicher Fuß dient. **e** *Antennequesoma* ist eine Milbengattung, deren Arten sich völlig darauf spezialisiert haben, sich auf dem ersten Antennensegment von Treiberameisen festzusetzen. **f** Der Stutzkäfer *Euxenister caroli* betrillert *Eciton burchelli*-Arbeiterinnen und frisst ihre Larven. (Mit freundlicher Genehmigung von Turid Hölldobler-Forsyth.)

Unserer Meinung nach zeigt jedoch eine macrochelide Milbe (*Macrocheles rettenmeyeri*) die außergewöhnlichste aller Anpassungen: Sie verbringt ihr Leben damit, das Blut aus dem Hinterfuß der Soldatenkaste einer Treiberameisenart (*Eciton dulcius*) zu saugen (siehe Abbildung 11.4d). Die Milbe hat ungefähr die gleiche Größe wie ein ganzer Fußabschnitt der Ameise, so als ob sich ein pantoffelgroßer Blutegel an die Fußsohle eines Menschen heften würde. Doch trotz ihrer Größe behindert die Milbe ihren Wirt in keiner Weise. Der Soldat kann ihren ganzen Körper als eine Verlängerung seines Fußes benutzen und läuft auf ihr scheinbar ohne Beschwerden. Aber das ist noch nicht alles. Wie der amerikanische Insektenforscher Carl Rettenmeyer beobachtete, der diese Art entdeckte, bilden rastende Treiberameisen traubenförmige Gebilde, indem sie sich mit ihren Fußklauen an den Beinen oder anderen Körperteilen benachbarter Arbeiterinnen einhaken. Wenn sich eine *Macrocheles*-Milbe am Fuß eines Soldaten anklammert, lässt sie ihn ihre Hinterbeine statt seiner Klauen benutzen. Um diese Ersatzfunktion zu ermöglichen, bringt die Milbe ihre Beine in genau die richtige Krümmung und verharrt jedes Mal steif in dieser Position, wenn sich der Soldat an einer anderen Ameise festhakt. Rettenmeyer konnte keinen Unterschied zwischen dem Verhalten von Ameisen feststellen, die an ihren eigenen Klauen hingen, und solchen, die an den Hinterbeinen des Parasiten aufgehängt waren.

Es gibt unzählige Methoden, mit denen Insekten und andere Gliedertiere Ameisen täuschen und ausrauben. Eine außergewöhnliche List, die Bert Hölldobler in Deutschland untersucht hat, wird von dem Glanzkäfer *Amphotis marginata* angewendet (Tafel 113). Dieses listige Insekt, das wie eine kleine, platte Schildkröte aussieht, ist der „Straßenräuber" der dort lebenden Ameisenwelt. Tagsüber verstecken sich die Käfer an geschützten Stellen entlang der Futterstraßen der Glänzendschwarzen Holzameise *Lasius fuliginosus* (siehe Tafel 109). Nachts patrouillieren die Käfer an diesen Wegen, halten gelegentlich Arbeiterinnen, die auf dem Rückweg sind, an und nehmen ihnen Futter weg. Ameisen, deren Kröpfe prall mit flüssiger Nahrung gefüllt sind, lassen sich leicht täuschen. Die Käfer bringen sie dazu, einen flüssigen Tropfen hervorzuwürgen, indem sie mit ihren kurzen, keulenförmigen Antennen auf den Kopf und die Kieferunterseite der Ameisen trommeln, dasselbe Signal, das auch von den Ameisenarbeiterinnen selbst verwendet wird (Tafel 114). Sobald die *Amphotis* mit dem Fressen beginnen, merken die Ameisen jedoch, dass sie hereingelegt wurden, und greifen den Dieb an. Die *Amphotis* befinden sich aber in keiner großen Gefahr. Sie ziehen einfach ihre Beine und Antennen unter ihre breiten Rückenschilder und drücken sich flach auf den

TAFEL 113. Der Glanzkäfer *Amphotis marginata*, ein obligatorischer Ameisengast. (Mit freundlicher Genehmigung von Turid Hölldobler-Forsyth.)

Boden (Tafel 115). Mithilfe spezieller Beinhaare krallen sie sich an der Erdoberfläche fest. Die Ameisen sind nicht in der Lage, die Käfer anzuheben oder sie auf den Rücken zu drehen. Die kleinen Straßenräuber warten einfach ab, bis die Ameisen von ihnen ablassen, und laufen dann gemächlich den Pfad entlang, auf der Suche nach einem neuen Opfer.

Viele räuberische Insektenarten lassen sich in der Nähe von Ameisenstraßen nieder, nicht um die vorbeikommenden Arbeiterinnen auszurauben, sondern um sie zu töten und zu fressen. Dennoch wenden sie selten rohe Gewalt an, um an ihr Ziel zu kommen, denn die Ameisen sind schwer mit Stacheln oder Giftsekreten bewaffnet, bewegen sich in Gruppen und sind durchaus in der Lage, einen Gegenangriff zu starten und den Spieß gegenüber ihren Peinigern umzudrehen. Deshalb bedienen sich die Räuber unauffälligerer Methoden, um Ameisen zu fangen, ohne dabei bemerkt und selbst angegriffen zu werden. Eine Täuschungsmethode, die von der Raubwanze *Acanthapsis concinnula* angewendet wird, ist, sich wie der Wolf

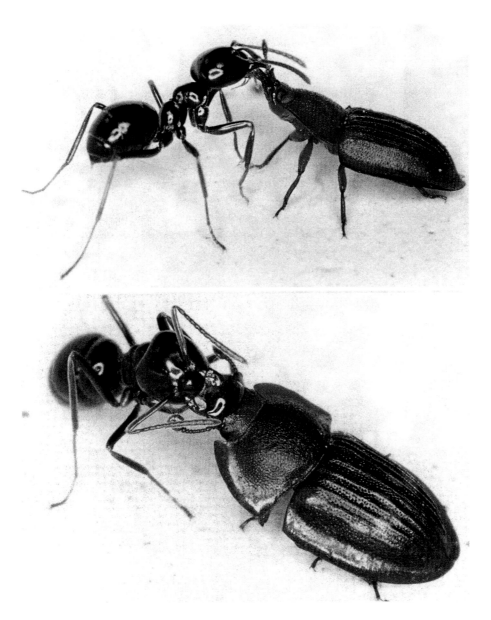

TAFEL 114. *Amphotis marginata* bettelt um Futter bei *Lasius fuliginosus*. Mit seinen Mundwerkzeugen stimuliert er die Unterlippe der Ameise. Die auf diese Weise gereizte Ameise, würgt einen großen Futtertropfen aus ihrem Kropf hervor. (© Bert Hölldobler.)

im Schafspelz zu verhalten. Dieses Insekt, dessen langer, bedrohlich aussehender Stechrüssel wie die Klinge eines Taschenmessers aufklappt, jagt in der Nähe von Feuerameisennestern. Die Wanze isoliert und fängt immer nur eine Ameise, macht sie, indem sie ihr mit ihrem Stechrüssel Gift einspritzt, bewegungsunfähig

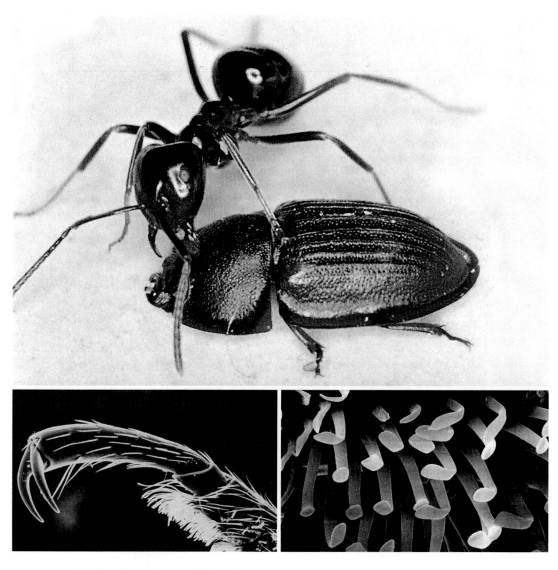

TAFEL 115. Nachdem die Ameise gemerkt hat, dass sie getäuscht worden ist, greift sie den Käfer an, doch der drückt sich an den Boden und zieht seine Antennen unter den Chitinpanzer ein (*oben*). Mit speziellen Krallen und Borsten an den Beinen (rasterelektronische Aufnahmen *unten*) kann sich der Käfer fest an den Boden klammern, sodass die Ameise unfähig ist ihn umzudrehen und zu verletzen. (© Bert Hölldobler.)

und saugt ihr Blut aus. Dann hievt sie den ausgemergelten Körper der Ameise auf ihren Rücken und befestigt ihn dort. Dieser Schild aus angesammelten toten Opfern bildet einen ausgezeichneten Deckmantel und zieht sogar andere Feuerameisen an, die durch die Anwesenheit ihrer toten Nestgenossinnen neugierig geworden sind. Wenn Ameisen wie wir Unterhaltungsfilme drehen würden, wäre ihr bevorzugtes Horrorfilmmonster sicher die Raubwanze *Acanthapsis concinnula*.

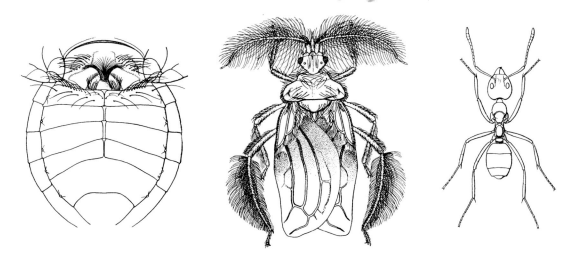

ABBILDUNG 11-5. In der *Mitte* die räuberische indonesische Wanze *Ptilocerus ochraceus* und *rechts* die Ameise *Dolichoderus bituberculatus*, von der sie sich ernährt. *Links* dargestellt die Unterseite des Hinterleibes der Wanze mit den spezialisierten Borsten, aus denen sie eine betäubende Substanz abgibt, die anziehend auf die Ameisen wirkt. (Mit freundlicher Genehmigung von Turid Hölldobler-Forsyth; nach einer Originalzeichnung aus China 1928.)

Eine andere Raubwanze, *Ptilocerus ochraceus*, eine Art Dracula der Insektenwelt, ist ein nahezu ebenbürtiger Konkurrent um diese Auszeichnung. Sie ernährt sich von *Dolichoderus bituberculatus*, einer Ameisenart, die in Südostasien sehr häufig vorkommt (Abbildung 11-5). Die Räuber halten sich in der Nähe von Ameisenstraßen auf und geben aus Drüsen, die sich auf der Unterseite ihres Hinterleibes befinden, eine giftige Substanz ab, die anziehend auf die Ameisen wirkt. Wenn sich eine *Ptilocerus*-Arbeiterin nähert, stellt sich die Wanze auf ihre Mittel- und Hinterbeine und bietet ihre Drüsenoberfläche zur näheren Untersuchung an. Die Ameise kommt ganz nah heran und beginnt, die Sekrete abzulecken. Die Wanze legt ihre Vorderbeine sacht um den Körper der Ameise und bringt die Spitze ihres Stechrüssels am Nacken der Ameise in Position. Aber sie sticht die Arbeiterin noch nicht und drückt sie nicht einmal fest mit ihren Beinen. Die Ameise frisst weiter und zeigt nach wenigen Minuten Lähmungserscheinungen. Erst wenn sie völlig hilflos geworden ist, sich krümmt und ihre Beine eng an den Körper legt, durchbohrt die Wanze sie mit ihrem Stechrüssel und saugt ihr Blut aus. Auf diese Weise ist eine *Ptilocerus* in der Lage, eine Arbeiterin nach der anderen zu töten, ohne den Strom vorbeilaufender Nestgenossinnen zu unterbrechen.

Tricks wie die der *Ptilocerus*-Raubwanzen gehören zur Grundausstattung der meisten raffinierteren Räuber und Sozialparasiten. Das Hauptziel dieser Eindringlinge sind die Brutkammern der Ameisennester, in denen die Königin und ihre Brut

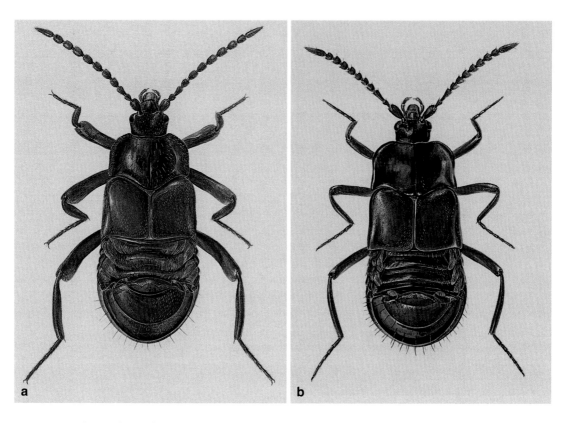

TAFEL 116. Die Kurzflügelkäfer *Lomechusa strumosa* (**a**) und *Atemeles pubicollis* (**b**) sind obligatorische Ameisengäste. (Mit freundlicher Genehmigung von Turid Hölldobler-Forsyth.)

leben. In diesen zentralen Bereich werden die größten Futtermengen gebracht, und hier können die Räuber auch ungeschützte Fettmassen, nämlich hilflose Larven und Puppen, finden. Allerdings ist es schwer, bis in die Brutkammern vorzudringen, denn sie werden von den Ameisen heftig verteidigt. Die Brutkammern stellen sowohl das Hauptquartier als auch die Verteidigungszentrale des Nestes dar. Nur Tiere, die ganz spezielle Tricks anwenden, sind in der Lage, sich bis dorthin einzuschleichen und dabei auch noch länger als ein paar Minuten zu überleben.

Solch eine List ist einigen der evolutionär höher entwickelten Käfer aus der Familie der Kurzflügler (Staphylinidae) gelungen. Unter ihnen gehören die europäischen Gattungen *Atemeles* und *Lomechusa* zu den geschicktesten Spezialisten (Tafel 116). Bert Hölldobler lernte diese Insekten bereits als Junge durch die Untersuchungen seines Vaters kennen und er erfuhr aus den frühen Veröffentlichungen des berühmten Jesuitenpaters und Insektenforschers Erich Wasmann noch mehr über sie. Noch während seiner Assistenzzeit in Frankfurt machte sich Hölldobler

TAFEL 117. Der Kurzflügler *Lomechusa strumosa* in der Brutkammer eines *Formica sanguinea*-Nestes. Im Hintergrund wird ein *Lomechusa*-Käfer von einer Ameisenarbeiterin gefüttert. Im Vordergrund frisst eine *Lomechusa*-Larve eine Ameisen-larve und eine Ameise füttert eine *Lomechusa*-Larve. (Von John D. Dawson, mit freundlicher Genehmigung der National Geographic Society.)

daran, das Leben dieser Kurzflügler so gründlich wie möglich zu untersuchen. Als erstes bestätigte er, dass sie in den Nestern der *Formica*-Ameisen, aggressiven rot-schwarzen Insekten, die in ganz Europa weitverbreitet sind, leben. *Lomechusa stru-mosa* findet meist bei den sklavenraubenden *Formica sanguinea* (Tafel 117 und 118; Abbildung 11-6) Unterschlupf. Einige der Käferarten der Gattung *Atemeles* leben

TAFEL 118. Der Kurzflügelkäfer *Lomechusa strumosa* ist völlig in die Wirtsameisengesellschaft, hier *Formica sanguinea*, integriert. Hier wird ein *Lomechusa*-Käfer von einer Arbeiterin gefüttert, während er gleichzeitig eine andere Arbeiterin mit einem Sekret aus einer Drüse in der Spitze des Hinterleibes beschwichtigt. (© Bert Hölldobler.)

bei der hügelbauenden *Formica polyctena*, verbringen aber einen Teil des Jahres auch bei den Knotenameisen aus der Gattung *Myrmica*, die in Europa ebenfalls sehr häufig, aber kleiner und schlanker in ihrer Körperform als die *Formica*-Arten sind (Tafel 119).

Ein wohlbekanntes Beispiel für solch eine Käferart ist *Atemeles pubicollis*. Seine Larvalzeit verbringt er im Nest der hügelbauenden Waldameisenart *Formica polyctena*. Die Ameisen tolerieren die parasitischen Larven in ihren Brutkammern und behandeln sie wie ihre eigene Brut. Hölldobler gelang es zu zeigen, dass den Käferlarven von *Lomechusa* und *Atemeles* die täuschende Nachahmung über die Abgabe mechanischer und chemischer Signale gelingt. Sie erbetteln Futter mit ähnlich stereotypen Bewegungen, wie sie auch von den Ameisenlarven eingesetzt werden. Wenn eine vorbeikommende Arbeiterin die Larve berührt, richtet sich der Parasit auf, um mit dem Kopf der Ameise in Berührung zu kommen. Daraufhin stößt die Käferlarve mit ihren Mundwerkzeugen gegen die Kieferunterseite der Ameise

TAFEL 119. Der Kurzflügelkäfer *Atemeles pubicollis* lebt bei zwei verschiedenen Ameisenarten. *Oben* bettelt er erfolgreich bei *Formica polyctena* um Futter, *unten* bei *Myrmica rubra*. (© Bert Hölldobler.)

(Abbildung 11-6). Dieser Ablauf entspricht im Wesentlichen dem Verhalten einer Ameisenlarve, außer dass die Käferlarve energischer vorgeht. Hölldobler bot einer Ameisenkolonie flüssige Nahrung an, die mit radioaktivem Material markiert war, und konnte auf diese Weise die Futtermenge messen und die Richtung, in der das Futter floss, verfolgen, während es von den Koloniemitgliedern in der Folge immer wieder hervorgewürgt und weitergegeben wurde. Er stellte fest, dass die Parasitenlarven einen größeren Futteranteil als die Ameisenlarven des Wirtes er-

283

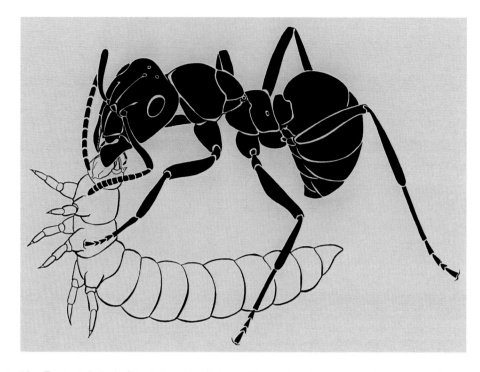

ABBILDUNG 11-6. Eine *Formica*-Arbeiterin füttert eine *Atemeles*-Larve. Die paarigen Drüsen, von denen man annimmt, dass sie für den irreführenden Bruterkennungsgeruch verantwortlich sind, befinden sich auf der Oberfläche sämtlicher Körpersegmente. (Mit freundlicher Genehmigung von Turid Hölldobler-Forsyth.)

halten. Sie verhalten sich im Wesentlichen wie Kuckucksvögel, deren Junge als Parasiten in den Nestern anderer Arten aufwachsen, indem sie die Wirtsameisen dazu bringen, sie selbst gegenüber der eigenen Art zu begünstigen. Dieser Fehler führt für die Wirte zu einer doppelten Belastung, da die Käfer nämlich auch noch deren Larven auffressen. Das einzige, was die Parasiten davon abhält, die gesamte Kolonie zu zerstören, ist die Tatsache, dass sie Kannibalen sind: Wenn sie so stark überhand nehmen, dass sie miteinander in Kontakt kommen, fangen sie an, sich gegenseitig zu vertilgen.

Die Ameisenarbeiterinnen säubern auch die Parasiten mit ihren feuchten „Zungen" (Labium) und zeigen dabei dasselbe Verhalten wie beim Säubern ihrer eigenen Larven. Offensichtlich geben die Käfer eine anziehend wirkende Substanz ab, die den Larvenstoffen der Ameisen ähnelt, welche diese auf ihrer Körperoberfläche tragen. Um diese Hypothese zu testen, wandte Hölldobler ein klassisches experimentelles Verfahren an, das der Aufdeckung chemischer Signale dient. Er bestrich die Körper frisch getöteter Käferlarven mit Schellack, um die Abgabe von

Sekreten zu verhindern. Dann legte er die toten Larven vor den Nesteingang der *Formica*-Kolonie und daneben ebenfalls frisch getötete, aber ansonsten unbehandelte Käferlarven, die als Kontrolle dienten. Die Ameisen trugen die Kontrollarven schnell in die Brutkammern, als ob sie noch am Leben und für sie anziehend wären (es sei daran erinnert, dass Ameisen tote Tiere nur an dem Geruch von Zersetzungsprodukten erkennen, die sich über mehrere Tage ansammeln). Die mit Schellack überzogenen Larven wurden dagegen auf den Abfallhaufen gebracht. War jedoch auch nur eine kleine Partie der präparierten Körper nicht von Schellack bedeckt, wurden sie auch in die Brutkammern getragen. Um die Fragestellung von einer anderen Seite anzugehen, extrahierte Hölldobler mit Lösungsmitteln so gut wie alle Sekrete der Käferlarve. Diese Larven hatten für die Ameisen keinerlei Attraktivität mehr. Wenn er den Lösungsmittelauszug zu den ausgelaugten Larven hinzufügte, wurden sie wieder attraktiv. Und schließlich wurden sogar Papierstückchen, die er mit dem Auszug tränkte, in die Brutkammern getragen. Ganz klar handelt es sich bei dem Erkennungsmerkmal der Ameisenlarven für die erwachsenen Ameisen, die sich um die Larven kümmern, um eine chemische Substanz, und die Kurzflügler haben diesen Code geknackt.

Während die *Lomechusa*-Käfer nur bei *Formica*-Arten leben, haben *Atemeles*-Käfer zwei Wirtsarten, bei denen sie zu Hause sind: eine für den Sommer und die andere für den Winter. Nachdem sich die Larven verpuppt haben und in einem *Formica*-Nest geschlüpft sind, wandern die erwachsenen Käfer im Herbst zu den Nestern einer Ameise der Gattung *Myrmica*. Der Grund für diesen erstaunlichen Wirtswechsel liegt darin, dass *Myrmica*-Kolonien den ganzen Winter über ihre Brut pflegen und deren Nahrungsversorgung aufrechterhalten, während *Formica*-Ameisen die Aufzucht ihrer Brut während dieser Jahreszeit einstellen. In den *Myrmica*-Nestern können sich die Käfer, die noch nicht geschlechtsreif sind, selbst ernähren; sie werden aber auch sowohl von den *Formica*-Ameisen wie von den *Myrmica*-Arbeiterinnen gefüttert (siehe Tafel 119). Sie erreichen dann im Frühjahr die Geschlechtsreife und kehren in *Formica*-Nester zurück, wo sie sich paaren und ihre Eier legen. Auf diese Weise sind die Lebenszyklen und das Verhalten von *Atemeles* und den *Formica*- und *Myrmica*-Ameisen so aufeinander abgestimmt, dass die Käfer das Sozialleben beider Arten, die ihnen als Wirte dienen, maximal ausnutzen können. Bei ihrem Ortswechsel müssen die Käfer zwei Aufgaben bewältigen: Erstens müssen sie bei jedem Umzug ein Nest der anderen Ameisenart finden, und zweitens muss es ihnen dann gelingen, in einer möglicherweise feindlichen Umgebung aufgenommen zu werden. Um das zu erreichen, durchlaufen sie vier

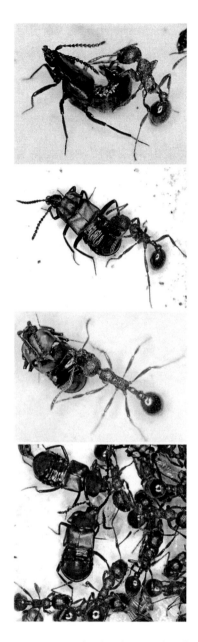

aufeinanderfolgende Schritte: Zuerst betrillt der Käfer eine der Arbeiterinnen mit seinen Antennen, als ob er ihre Aufmerksamkeit auf sich ziehen wollte. Dann hebt er das Ende seines Hinterleibes und richtet es auf die Ameise. In diesem Körperbereich befinden sich Drüsen, die der Besänftigung dienen; ihre Sekrete werden sofort von der Ameise aufgeleckt und scheinen aggressives Verhalten zu unterdrücken. Eine Reihe weiterer Drüsen, die sich an den Seiten des Hinterleibes befinden, zieht nun die Aufmerksamkeit der Ameise auf sich. Der Käfer senkt seinen Hinterleib, damit sich die Ameise dieser Körperregion nähern kann. Die Drüsenöffnungen sind von Borsten umgeben, die von der Ameise gepackt und als Griffe benutzt werden, um den Käfer in die Brutkammern zu tragen (Tafel 120). Hölldobler versiegelte die Drüsenöffnungen der Kurzflügler und fand dadurch heraus, dass diese Drüsensekrete für eine erfolgreiche Adoption notwendig sind. Deshalb nannte er sie Adoptionsdrüsen. Somit hängt die Aufnahme der Käfer, wie die seiner Larven, von der chemischen Verständigung und insbesondere von bestimmten Substanzen ab, die den Pheromonen, welche von der eigenen Ameisenbrut abgegeben werden, sehr ähnlich sind. Im Nest leben die Käfer in den Brutkammern ihrer Wirte und fressen Ameisenlarven und Puppen. Sie ergattern auch Futter von den Arbeiterinnen, indem sie die Futterbettelsignale der Ameisen nachahmen.

Propagandasubstanzen, Sklaverei, Codeknacken, Fallenstellen, Mimikry, Betteln, Trojanische Pferde, Straßenräuber und Kuckucke: All das gibt es bei den Ameisen, ihren

TAFEL 120. Adoption des *Atemeles pubicollis* durch seine Wirtsameise *Myrmica rubra. Erstes Foto:* Bei der ersten Begegnung hebt der Käfer sein Abdomen, an dessen Ende sich die Wehrdrüsen und die sogenannten Besänftigungsdrüsen befinden. Ist es die falsche Ameisenart, gibt er das Wehrsekret ab, ist es die richtige Wirtsart, bietet er der Ameise das „Besänftigungssekret". *Zweites Foto:* Im nächsten Schritt streckt der *Atemeles*-Käfer sein Abdomen und bietet die Adoptionsdrüsen an der linken und rechten Seite des Hinterleibes. Die Drüsenausgänge sind mit Büscheln von Borsten versehen. *Drittes Foto:* Die Ameise packt den Käfer an den Büscheln, hebt ihn hoch und trägt ihn in das Ameisennest, wo sie ihn in einer der Brutkammern loslässt. Während der Käfer getragen wird, legt er Beine und Antennen eng an den Körper. *Viertes Foto:* In der Brutkammer frisst der Käfer ungehindert Ameisenbrut und er wird außerdem von den Ameisen gefüttert. (© Bert Hölldobler.)

Räubern und Sozialparasiten. Solche Ausdrücke mögen übertrieben vermenschlicht klingen und die Ameisen und ihre Begleiter zu kleinen Leuten machen, aber vielleicht auch nicht. Es ist genauso gut möglich, dass das Spektrum sozialer Lebensformen, die grundsätzlich in der Evolution möglich sind, so geartet ist, dass es sich bei den Phänomenen, von denen wir hier berichtet haben, um zwangsläufige, naturgemäße Formen der Ausbeutung handelt, wo immer sie auch auftreten mögen.

12

TROPHOBIONTEN UND

HIRTENAMEISEN

Überall, wo man Ameisen findet, sind sie mit Insekten, die sich von Pflanzensäften ernähren, einen Handel eingegangen. Blattläuse, Schildläuse, Wollläuse, Buckelzikaden und die Schmetterlingsraupen der Lycaeniden und Riodiniden (die umgangssprachlich Bläulinge und Schillerflecken genannt werden) geben an Ameisen zuckerhaltige Sekrete ab, die ihnen als Futter dienen. Als Gegenleistung werden diese Insekten vor Feinden geschützt. Die Ameisen gehen noch weiter und bauen für sie eigens Kammern aus zerkautem Pflanzenmaterial, Erde oder Seide wie bei den Weberameisen, und manchmal nehmen sie sie sogar regelrecht als Koloniemitglieder in ihr Nest auf. Diese Symbiose, die man Trophobiose nennt – das Wort stammt aus dem Griechischen und heißt so viel wie „nährendes Leben" –, hat sich als eine der erfolgreichsten Symbiosen in der Geschichte der Landökosysteme erwiesen. Sie hat ganz wesentlich zu der zahlenmäßigen Überlegenheit sowohl der Ameisen als auch ihrer Schützlinge beigetragen.

Die häufigsten und bekanntesten Trophobionten der nördlichen gemäßigten Zone sind die Blattläuse. Fast in jedem Garten oder auf jedem brachliegenden Feld kann man Ameisen und Blattläuse zusammen an Gräsern oder Blumen finden. Wenn Sie solch eine Lebensgemeinschaft entdecken und sie für ein paar Minuten beobachten, werden Sie sehen, wie sich eine Arbeiterin einer Blattlaus nähert und sie sachte mit ihren Antennen oder Vorderbeinen berührt. Die Blattlaus reagiert darauf mit der Abgabe eines Tropfens Zuckerlösung aus ihrem After. Die Ameise wiederum leckt diesen Honigtau – mit diesem Ausdruck umschreiben Insektenforscher beschönigend die Exkremente der Blattläuse – schnell auf. Sie geht von einer Blattlaus zur nächsten und bettelt sie alle auf die gleiche Weise an, bis ihr Hinterleib mit der gespeicherten Flüssigkeit prall gefüllt ist (Abbildung 12-1). Dann kehrt die Ameise zum Nest zurück und gibt einen Teil der süßen Ernte an ihre Nestgenossinnen ab.

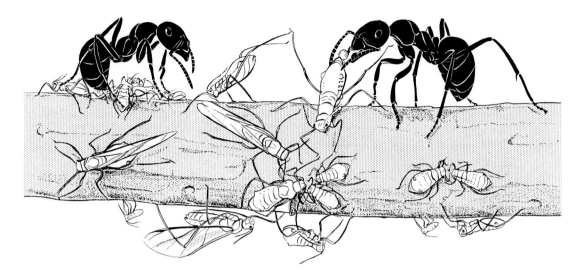

ABBILDUNG 12-1. Arbeiterinnen der europäischen Waldameise *Formica polyctena* besuchen Blattläuse (*Lachnus robaris*). (Mit freundlicher Genehmigung von Turid Hölldobler-Forsyth.)

Die Tropfen, die von den Ameisen sehr geschätzt werden, wirken nicht nur anziehend, sondern sind auch besonders nahrhaft. Die Blattläuse saugen den Phloemsaft der Pflanzen durch ihren nadelartigen Saugrüssel ein, indem sie sowohl den Druck des Pflanzensaftes ausnutzen als auch den Pumpmechanismus ihrer Cibarialmuskeln einsetzen. Sie erhalten dabei nicht nur alle Nährstoffe, die sie brauchen, sondern sammeln auf diese Weise wesentlich größere Mengen als sie nutzen. Einige der Nährstoffe, dazu gehören Zucker, freie Aminosäuren, Proteine, Mineralien und Vitamine, gelangen als Teil der Verdauungsprodukte in den Darm und werden über den After ausgeschieden. Auf diesem Weg verändert sich die Flüssigkeit in ihrer chemischen Zusammensetzung: Einige ihrer Bestandteile werden absorbiert, während andere zu neuen Verbindungen umgewandelt werden, und wieder andere werden von den Blattläusen aus ihrem Gewebe neu hinzugefügt. Messungen, die an der Art *Tuberolachnus salignus* durchgeführt wurden, ergaben, dass bis zur Hälfte aller freien Aminosäuren im Darm der Blattlaus absorbiert werden und der Rest weitergeleitet wird. In einigen Fällen enthält der Honigtau der Blattläuse Aminosäuren, die nicht im Pflanzensaft enthalten sind; es handelt sich offensichtlich um neue Stoffwechselverbindungen, die an die Ameisen abgegeben werden.

Honigtau besteht zu 90 bis 95 % seines Trockengewichts aus Zuckern, von denen die meisten für unser Geschmacksempfinden süß sind. Die verschiedenen Zuckergemische, die mit dem Honigtau abgegeben werden, sind in ihrer

Zusammensetzung und Konzentration für jede Blattlausart typisch. Sie bestehen aus unterschiedlichen Mengen an Fructose, Glucose, Saccharose, Trehalose und höheren Mehrfachzuckern. Trehalose ist der natürliche Blutzucker der Insekten und durchschnittlich mit 35 % des gesamten Zuckergehalts im Honigtau vertreten. Die Zucker enthalten auch zwei Trisaccharide, Fructomaltose und Melezitose, wobei letztere 40 bis 50 % des Gesamtzuckergehaltes ausmacht. Abgesehen von diesen und kleineren Mengen anderer Zuckerarten enthält der Honigtau organische Säuren, verschiedene Vitamine des B-Komplexes und Mineralien.

Andere Insektengruppen der Ordnung Hemiptera (Pflanzensaftsauger), die sich von Pflanzensäften ernähren, liefern ähnlich nährstoffreiche Gaben. Zu ihnen gehören die Schildläuse (Angehörige der Familie der Coccidae), Wollläuse (Pseudococcidae), Springläuse (Chermidae), Buckelzikaden (Membracidae), Zwergzikaden (Cicadellidae), Blutzikaden (Cercopidae) und Laternenträger (Fulgoridae). Viele dieser Insekten sind leicht zugänglich und einfach auszubeuten und werden deshalb von den überall vorkommenden Ameisen ständig besucht (Tafel 121 und 122). Als Wilson eines Tages in Neuguinea am Straßenrand auf ein Auto wartete, gelang es ihm, Riesenschildläuse, die von Ameisen umringt waren, zu „melken", indem er sie einfach mit den Haaren berührte, die er sich ausgerissen hatte, und damit das erforderliche Betrillern mit den Antennen der Ameisen nachahmte. Er stellte fest, dass die Flüssigkeit nachweislich süß war. (Dies sind die lehrreichen Vergnügungen, mit denen sich Freilandforscher die Zeit vertreiben.)

Der Honigtau, der von den pflanzensaftsaugenden Insekten abgegeben wird, ist eine Gabe, die für Ameisen überall leicht zugänglich ist, sei es auf oder unter der Vegetation. Ein Großteil davon wird einfach als Verdauungsprodukt ausgeschieden und die von pflanzensaftsaugenden Insekten weltweit abgegebenen Mengen sind enorm, unabhängig davon, ob sie nun genutzt werden oder nicht. Blattläuse der Gattung *Tuberolachnus* scheiden ungefähr sieben Tropfen pro Stunde aus, eine Menge, die ihr eigenes Körpergewicht übersteigt. Manchmal sammelt sich Honigtau in solchen Mengen an, dass er sogar für den Menschen interessant wird. Das Manna, das dem Alten Testament zufolge den Israeliten „verabreicht" wurde, war mit ziemlicher Sicherheit das Ausscheidungsprodukt der Schildlaus *Trabutina mannipara*, die sich von dem Saft der Tamarisken ernährt. Die Araber sammeln dieses Naturprodukt, das sie *man* nennen, auch heute noch. In Australien wird der Honigtau der Springläuse von den Ureinwohnern als Nahrung verwendet. Eine Person ist in der Lage, bis zu drei Pfund an einem einzigen Tag zu sammeln. Es ist auch kaum bekannt, dass der meiste Honig, der weltweit verbraucht wird,

TAFEL 122. Eine Arbeiterin von *Iridomyrmex purpureus* sammelt die süßen Exkremente von der Nymphe einer Buckel-zikade. (© Bert Hölldobler.)

Honigtau ist, der von den Bienen auf der Blattoberfläche von Büschen und Bäumen gesammelt wird. So ist eines unserer Lieblingsnahrungsmittel das Ausscheidungsprodukt eines Insekts, das im Darm anderer Insekten weiterverarbeitet wird. Daher überrascht es nicht, dass auch Ameisen verschiedenartigsten Honigtau in großen Mengen und auf unterschiedlichste Weise sammeln. Viele, wenn nicht die meisten Arten, nehmen ihn vom Boden und von Pflanzen auf, wohin er eben gerade gefallen ist. Von hier ist es für die Ameisen nur ein kleiner Schritt in der Evolution, den Honigtau direkt von den Pflanzensaftsaugern zu erbetteln.

Diese Symbiose, die auf unmittelbarer Gegenseitigkeit beruht, hat im Laufe der Evolution bei vielen Ameisen und deren Trophobionten zu extremen Anpassungen geführt. Einige Ameisenarten, die wir gleich näher beschreiben werden, sind von ihren Partnern völlig abhängig geworden und hüten sie wie Vieh. Viele Trophobionten haben sich ihrerseits anatomisch und verhaltensmäßig an das Leben mit Ameisen angepasst. Blattläuse, die häufig mit Ameisen zusammen vorkommen, haben im Allgemeinen eine geringere Fähigkeit, Feinde abzuwehren. Sie besitzen nur kleine Hörnchen, Ausstülpungen am Ende ihres Hinterleibes, aus denen sie giftige Substanzen abgeben können. Sie haben auch einen viel dünneren, schützenden Wachsüberzug auf ihrem Körper als die Blattläuse, um die sich keine Ameisen kümmern. Die Aufgabe der Feindabwehr haben hier ganz klar ihre wehrhaften Partner übernommen.

Blattläuse, die nicht mit Ameisen vergesellschaftet sind, stoßen die Honigtautropfen mit aller Macht weit von sich. Durch diese hygienische Maßnahme bleiben sie von der klebrigen Flüssigkeit und den sehr gut darauf gedeihenden Pilzen verschont. Dagegen unternehmen die trophobiotischen Blattläuse keinerlei Versuche, ihren Honigtau loszuwerden, sondern bieten ihn so dar, dass die Ameisen mühelos davon fressen können. Sie lassen jeweils nur einen Tropfen austreten und halten ihn für eine Weile direkt außerhalb des Afters an der Spitze ihres Hinterleibes. Viele Arten besitzen ein Körbchen aus Haaren, das den Honigtau fest an seinem Platz hält. Falls ein Tropfen von den Ameisenarbeiterinnen nicht angenommen wird, ziehen ihn die Blattläuse häufig wieder in ihren Hinterleib zurück und bieten ihn zu einem späteren Zeitpunkt nochmals an.

Honigtau hat sich demnach im Laufe der Evolution von einem reinen Ausscheidungsprodukt zu einem wertvollen Tauschobjekt entwickelt. Was erhalten die Trophobionten für diesen Dienst, den sie den Ameisen bieten? Es ist vor allem ein hervorragender Verteidigungsschutz. Die Ameisen verjagen parasitische Wespen und Fliegen, die sonst ihre Eier in die Körper der Blattläuse injizieren würden. Sie vertreiben auch die Florfliegenlarven, Käfer und andere Räuber, die die Vegetation absuchen und wie Wölfe, die auf eine Herde Schafe losgelassen wurden, ungeschützte Pflanzensaftsauger abschlachten. Die Trophobionten wachsen unter dem Schutz der Ameisen zu großen, dicht gedrängten Herden heran. In einigen Fällen tragen ihre Hirten sie von einem Platz zum anderen, um ihnen besseren Schutz oder frischeres Futter zu bieten.

Die Eier der amerikanischen Maiswurzellaus werden beispielsweise den ganzen Winter über von den Kolonien der Braunen Wegameise *Lasius neoniger* in ihren Nestern gehalten. Im darauffolgenden Frühling bringen die Arbeiterinnen die frischgeschlüpften Nymphen zu den Wurzeln nahegelegener Futterpflanzen. Wenn die Pflanzen sterben, tragen die Ameisen die Wurzelläuse zu anderen, gesunden Wurzelstöcken. Im späten Frühjahr und im Sommer bekommen einige der Wurzelläuse Flügel und fliegen auf der Suche nach neuen Pflanzen fort. Sobald sie landen und mit dem Fressen beginnen, werden sie normalerweise von anderen Ameisenkolonien aufgenommen, in deren Territorien sie sich zufällig niedergelassen haben. Die Gäste werden von den *Lasius*-Arbeiterinnen völlig in ihre Kolonie integriert: Sie pflegen die Wurzellauseier gemeinsam mit den Eiern ihrer Königin.

Wenn die Ameisen zu einem neuen Nestplatz abwandern, nehmen sie die Eier – beziehungsweise in der warmen Jahreszeit die Nymphen und erwachsenen Wurzelläuse – mit und tragen sie vorsichtig, ohne sie zu verletzen, zum neuen Nest. Die gesamte Zeit über schützen sie die Wurzelläuse mit der gleichen Hingabe wie ihre eigene Brut.

Die Ameisen behandeln nicht alle Trophobionten, die sie als Nestgenossinnen betrachten, gleich. Einige ihrer Verhaltensweisen sind scheinbar an die speziellen Bedürfnisse ihrer Gäste angepasst. Sie tragen die Insekten nicht nur zu den Pflanzen, von denen sich die Trophobionten ernähren, sondern auch noch zu der richtigen Futterpflanzenart – und, um ganz genau zu sein, zu dem Pflanzenteil, der für das jeweilige Entwicklungsstadium der Insekten geeignet ist.

Noch beeindruckender ist es, dass Königinnen einiger Ameisenarten Schildläuse zwischen ihren Kiefern mitnehmen, wenn sie vom Nest zu ihrem Hochzeitsflug aufbrechen. Nachdem sie sich gepaart und auf dem Boden niedergelassen haben, machen sie sich daran, eine neue Kolonie zu gründen. Dabei haben sie ein schwangeres Trophobiontenweibchen vor Ort, das sie mit Honigtau versorgt. Dieses Verhalten, das sich mit einer Haushaltsgründung mit einer trächtigen Kuh im Gefolge vergleichen lässt, wurde bei einer Art von *Cladomyrma* auf Sumatra und bei mehreren *Acropyga*-Arten in China, Europa und Südamerika beobachtet. Es ist sehr gut möglich, dass dieses Verhalten auch noch bei anderen Ameisenarten entdeckt wird.

Die Trophobionten erleichtern, zumindest in einem Fall, ihren eigenen Transport, indem sie sich per Anhalter mitnehmen lassen. Dieses Verhalten wurde bei kleinen, tropfenförmigen Wollläusen der Gattung *Hippeococcus* auf Java beobachtet, die als Gäste in den unterirdischen Nestern von *Dolichoderus*-Ameisen leben. Diese Pflanzensaftsauger fressen unter Obhut der Ameisen an den Zweigen der nahegelegenen Bäume und Büsche. Wenn das Nest oder die Futterstelle gestört wird, werden viele der Wollläuse von den Ameisenarbeiterinnen auf die übliche Weise gepackt und weggebracht. Andere klettern jedoch auf die Körper ihrer Wirte und lassen sich so in Sicherheit bringen (Abbildung 12-2). Das Reiten auf den Ameisen wird durch ihre langen Greifbeine mit den saugnapfähnlichen Füßen erleichtert, durch die sich die *Hippeococcus*-Wollläuse auszeichnen.

Einige Ameisenarten sind von ihren sechsbeinigen „Kühen" völlig abhängig geworden. Den höchsten Spezialisierungsgrad hat scheinbar eine kleinäugige, unterirdisch lebende Ameisenart der Gattung *Acanthomyops*, die neuerdings der Gattung *Lasius* zugeordnet wird, erreicht, die in den kalt gemäßigten Zonen

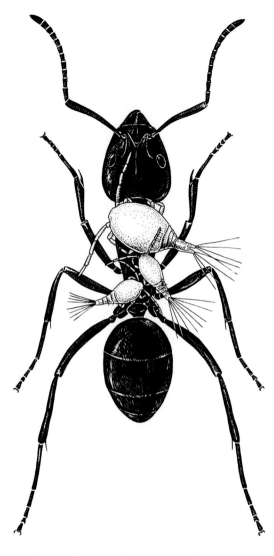

ABBILDUNG 12-2. Javanische Wollläuse der Gattung *Hippeococcus* klettern bei Gefahr auf den Rücken ihrer Wirte und lassen sich in Sicherheit bringen. Ihre Beine und Fußsohlen sind ganz offensichtlich morphologisch daran angepasst. Hier sieht man drei Wollläuse, die von einer *Dolichoderus*-Arbeiterin getragen werden. (Mit freundlicher Genehmigung von Turid Hölldobler-Forsyth.)

Nordamerikas weit verbreitet ist. Die ähnlich aussehenden Arten der Gattung *Acropyga*, die man weltweit in den tropischen bis warm gemäßigten Breiten findet, scheinen ebenfalls durch diese Spezialisierung charakterisiert zu sein. Honigtau stellt möglicherweise die einzige Ernährung dieser Ameisen dar, die Herden von Wollläusen und anderen Pflanzensaftsaugern an Pflanzenwurzeln halten. Aber es ist auch möglich, dass die Ameisen zusätzlich Proteine aufnehmen, indem sie einige der Insekten fressen. Ein solches Ausdünnen einer Schildlausherde wurde bei den afrikanischen Weberameisen beobachtet. Wenn ihnen im Experiment Trophobionten im Übermaß angeboten wurden, konnte man beobachten, dass sie so lange einzelne Tiere umbrachten, bis die Trophobiontenpopulation eine Größe erreicht hatte, die für einen ausreichenden, aber nicht überschüssigen Honigtaufluss benötigt wird.

Die vollkommenste und bemerkenswerteste Trophobiose entdeckten Ulrich Maschwitz und seine Mitarbeiterinnen und Mitarbeiter Anfang der 1980er-Jahre in Malaysia. Es handelt sich um eine Lebensweise, die bisher noch nie bei Ameisen beobachtet worden war: echtes Nomadentum beziehungsweise eine richtige Wanderweidewirtschaft. Die Ameisenkolonien leben als Viehbauern. Sie ernähren sich ausschließlich von ihren Herden und stimmen ihre eigene Lebensweise ganz auf die Lebensgewohnheiten ihres Viehs ab, das sie von einer Weide zur nächsten begleiten.

Diese Ameisen, die zu *Dolichoderus cuspidatus* und mehreren anderen Arten derselben Gattung gehören, leben in den Kronen des Regenwaldes und im Unterholz, und das „Vieh" besteht aus Wollläusen der Gattung *Malaicoccus*. Die Wollläuse ernähren sich ausschließlich von dem Phloemsaft der Bäume und Sträucher des Regenwaldes. Sie werden von den Ameisen zu ihren Futterstellen getragen, von denen einige über 20 m von den Biwaknestern entfernt sind (Tafel 123). Die Nester befinden sich zwischen den Blättern in dichter Vegetation oder in bereits bestehenden Baumhöhlen. Die Arbeiterinnen betreiben selbst nur geringen oder gar keinen Nestbau. Stattdessen bilden sie allein mit ihren Körpern die inneren Wände und Höhlungen ihres Domizils, ganz ähnlich wie die Treiberameisen. Sie hängen sich aneinander und formieren sich auf diese Weise zu einer festen Masse, die die Brut und die Wollläuse nach außen abschirmt.

Die Trophobionten werden in der Hirtenkolonie als vollwertige Mitglieder behandelt. Ihre erwachsenen Weibchen werden oft zusammen mit den Larven und anderen heranwachsenden Stadien der Ameisen gehalten. Die Wolllausweibchen bringen ihre Jungen lebend im sicheren Zentrum der Ameisenbiwaks zur Welt. Eine ausgewachsene, nomadisch lebende *Dolichoderus*-Kolonie besteht aus einer einzigen Königin, über 100 000 Ameisenarbeiterinnen, ungefähr 4000 Larven und Puppen und über 5000 Wollläusen. Die Nester und Futterstellen sind über stark belaufene Duftspuren miteinander verbunden. Zwischen diesen beiden Orten findet ein reger Hin- und Rücktransport von Trophobionten statt; ständig tragen mindestens 10 % der Arbeiterinnen, die auf den Ameisenstraßen entlanglaufen,

TAFEL 123. Die Kolonien der nomadisch lebenden malaysischen Ameisenart *Dolichoderus tubifer* bauen keine Nester, sondern bilden mit ihren Körpern einen lebenden Unterschlupf, ein sogenanntes Biwak. (Mit freundlicher Genehmigung von Martin Dill.)

Wollläuse zwischen ihren Kiefern (Tafel 124). Da der Vorrat an jungen, saftigen Pflanzenschösslingen, die von den Läusen bevorzugt werden, schnell erschöpft ist, müssen die Ameisen häufig neue Nahrungsquellen suchen und die weidenden Herden dorthin bringen.

Wenn die Entfernung zwischen Nest und Futterstelle zu groß wird, um die Läuse leicht hin- und herzutransportieren, zieht die ganze *Dolichoderus*-Kolonie einfach zur Futterstelle um. Während der Übersiedlung findet ein wohlorganisierter Transport der Brut und der Wollläuse statt, wobei die Läuse zwischendurch an Sammelplätzen abgesetzt werden, die gleichmäßig entlang der Duftspur verteilt sind. Dann werden sie weitergetragen, bis die Kolonie ihr endgültiges Ziel erreicht hat. Solch ein Umzug kann nicht nur durch Hunger, sondern auch durch eine äußere Störung des Biwaknestes oder durch eine Veränderung der Umgebungstemperatur beziehungsweise Luftfeuchtigkeit ausgelöst werden. Die Abwanderungen erfolgen nicht in regelmäßigen Zeitabständen. Bei den Kolonien, die Maschwitz

TAFEL 124. *Dolichoderus*-Arbeiterinnen transportieren ihr „Vieh" (Wollläuse der Art *Malaicoccus khooi*) zu neuen Weideplätzen. (Mit freundlicher Genehmigung von Martin Dill.)

und seine Forschergruppe über 15 Wochen untersucht haben, schwankte die Anzahl der Umzüge zwischen keinem und bis zu zwei pro Woche.

An den Futterstellen sind die Wollläuse stets von *Dolichoderus*-Arbeiterinnen umschwärmt, die ständig die Honigtautropfen aufnehmen, welche von den Pflanzensaftsaugern am After ausgeschieden werden. Sie sind so sehr damit beschäftigt, dass die kleinen Wollläuse fast immer von einer Schicht fressender Ameisen bedeckt sind. Die Wollläuse geben von Zeit zu Zeit einen Tropfen ab, der von langen, an ihrem Körper befindlichen Borsten an seinem Platz gehalten wird, sodass die Flüssigkeit von den Ameisen aufgeleckt werden kann. Die Abgabe erfolgt spontan: Anders als bei weniger spezialisierten Trophobionten warten die *Malaicoccus*-Wollläuse nicht auf ein Trommeln der Ameisenantennen auf ihrem Körper, bevor sie den Honigtau darbieten.

Wenn die Trophobionten und ihre Hirten gestört werden, beginnen sowohl die hütenden Ameisen als auch die Wollläuse aufgeregt umherzurennen. Einzelne Wollläuse klettern auf den Rücken der Arbeiterinnen. Von dort werden sie von anderen Ameisen gepackt und in Sicherheit gebracht. Die kleineren Wollläuse werden einfach aufgegabelt, wo sie sich gerade befinden; die größeren von ihnen dagegen richten ihren Körper auf und fordern die Ameisen mit dieser Haltung eindeutig dazu auf, sie hochzuheben. Während des Transports verharren die Wollläuse regungslos, nur ihre Antennen streicheln sanft über die Köpfe der Ameisen.

Maschwitz und seine Kollegen sind der Meinung, dass die *Dolichoderus*-Hirten ihre Wollläuse nie umbringen, um sie zu fressen. Sie fanden auch keinerlei Anzeichen, dass die Arbeiterinnen abseits vom Nest auf Insektenjagd gehen. Diese Ameisen scheinen ausschließlich vom Honigtau ihrer symbiotischen Partner zu leben. Wenn man ihnen ihre Wollläuse wegnimmt, werden die Kolonien deutlich kleiner. Die *Malaicoccus*-Herden gehen ebenfalls schnell zugrunde, wenn man sie von ihren Ameisenpartnern trennt. Als Maschwitz die Wollläuse anderen Ameisenarten als potenzielle Trophobionten anbot, wurden sie angegriffen und als Beute in die Nester eingetragen. Kurz, die Symbiose zwischen den nomadisch lebenden Ameisen und ihren Wolllausherden stellt eine ganz enge und untrennbare Einheit dar.

Das Schutzangebot durch Ameisen ist so freigebig und kommt so häufig vor, dass sich daraus im Laufe der Evolution zahlreiche Entwicklungsmöglichkeiten eröffneten. Auf den ersten Blick scheint sich diese symbiotische Verbindung nur solchen Insekten zu bieten, die sich von Pflanzensäften ernähren und die deshalb leicht etwas von der aufgenommenen Flüssigkeit als zuckerhaltige Ausscheidungen an die Ameisen abgeben können. Wenn das stimmen würde, wären Insekten, die bevorzugt Pflanzengewebe statt Pflanzensaft fressen und entsprechend cellulosehaltigen Kot ausscheiden, niemals in der Lage, den Ameisen eine nährstoffhaltige Mahlzeit als Gegenleistung anzubieten. Es gibt jedoch einen Umweg, um zum gleichen Ziel zu kommen. Dieser Weg wurde von den Schmetterlingsraupen

TAFEL 126. Der Bläuling *Glaucopsyche lygdamus*, dessen Raupen in enger Assoziation mit Ameisen leben. (Mit freundlicher Genehmigung von Naomi Pierce.)

beaufsichtigt werden, überhaupt keine Überlebenschance haben. Außer dem Schutz, den die Ameisen bieten, verkürzen sie zusätzlich noch die Entwicklungszeit der Raupen und damit den Zeitraum, in dem sie der Bedrohung durch ihre Feinde ausgesetzt sind. Diese Lebensgemeinschaft hat jedoch auch ihren Preis. Die Energie, die von den Raupen für die zuckerhaltigen Sekrete aufgebracht wird, ist so hoch, dass die Größe der erwachsenen Schmetterlinge negativ beeinträchtigt wird. Die Größe der adulten Tiere ist aber wichtig, um Paarungspartner anzulocken beziehungsweise bei den Weibchen die Fruchtbarkeit zu erhöhen. Die Vorteile für das Überleben, die der Schutz der Ameisen bietet, haben offensichtlich im Laufe der Evolution die Nachteile dieser Assoziationen aufgewogen. Deshalb wurde die trophobiotische Symbiose zwischen den Schmetterlingen und Ameisen eindeutig von der Selektion begünstigt.

Das Futter, das die Ameisen von den Bläulingsraupen erhalten, ist mehr als nur eine gelegentliche Nahrungsergänzung. In Deutschland haben die Insektenforscher Konrad Fiedler und Ulrich Maschwitz Untersuchungen an der Bläulingsraupe *Polyommatus coridon* durchgeführt, um zu messen, wie stark sie zu der Ernährung ihres Wirtes, der europäischen Gemeinen Rasenameise, *Tetramorium caespitum*,

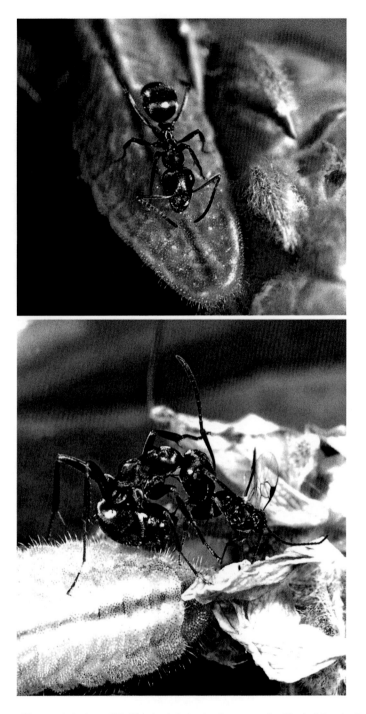

TAFEL 127. *Oben:* Die Raupe von *Glaucopsyche lygdamus.* Die *Formica*-Arbeiterin nimmt von der Honigdrüse der Larve süße Flüssigkeit auf. *Unten:* Eine *Formica*-Arbeiterin verteidigt die Bläulingslarve gegen eine parasitische Wespe, indem sie sie mit den Kiefern packt und tötet. (Mit freundlicher Genehmigung von Naomi Pierce.)

beiträgt. Sie stellten fest, dass eine durchschnittlich große Population von Raupen jeden Monat zwischen 70 und 140 mg Zucker pro Quadratmeter Vegetation produzieren kann; das entspricht einer chemischen Energie von 1,1 bis 2,2 kJ. Diese Menge reicht aus, um die Bedürfnisse einer kleinen Ameisenkolonie zu decken, wenn die Arbeiterinnen nichts anderes tun, als auf einer Fläche von 10 m² Bläulingshonigtau zu sammeln.

Es ist eine allgemeine Regel der Evolution, dass eine gute Sache, in diesem speziellen Fall die gegenseitige symbiotische Beziehung, irgendwann von der einen oder anderen Art missbraucht wird. Einige Bläulingsarten haben eine teuflische Strategie entwickelt, um die Ameisen, die ihnen helfen, zu täuschen und auszunutzen. Sie bedienen sich nicht nur des Schutzes der Ameisen, sondern fressen auch noch ihre Brut. Der in Nordeuropa und Asien vorkommende Schwarzgefleckte Bläuling (*Maculinea arion*; es wird derzeit von Schmetterlingssystematikern erwogen, diese Art der Gattung *Phengaris* zuzuordnen, aber das soll uns hier nicht weiter beschäftigen) ist ein solcher Parasit. Seine Raupe ernährt sich von wildem Thymian, bis sie das letzte Larvenstadium erreicht hat. Dann kriecht sie auf den Boden und versteckt sich in Spalten unter Grasbüscheln, bis sie von einer Arbeiterin der häufig vorkommenden Ameisenart *Myrmica sabuleti* gefunden wird. Die Raupe wird intensiv von der Ameise betrillert und reagiert mit der Abgabe eines Sekretes aus ihrem Nektarorgan. Dann verformt sie ihren Körper auf groteske Weise: Sie zieht ihren Kopf ein, bläht ihre Brustsegmente auf und zieht ihre Hinterleibssegmente zusammen, sodass ihr Körper eine bucklige, sich nach hinten verjüngende Gestalt annimmt. Scheinbar dient der Ameise diese völlig veränderte Form als Signal, das vielleicht mit den attraktiven Drüsensekreten auf dem Körper der Raupe zusammenwirkt (Abbildung 12-3). Die genauen Auslöser, die hierbei im Spiel sind, müssen für diese Art von den Biologen noch erforscht werden. Jedenfalls packt die Ameise daraufhin die Raupe und trägt sie ins Nest, wo sie in den Brutkammern ihres Wirtes überwintert. Im Frühjahr verwandelt sie sich in einen Fleischfresser und macht sich über die Ameisenlarven her. Wenn sie ihre Larvalzeit abgeschlossen hat, verpuppt sich die Raupe im Nest. Schließlich schlüpft sie im Juli als geflügelter Schmetterling und der Kreislauf beginnt von neuem.

Für eine andere Bläulingsart, *Maculinea alcon*, den Lungenenzian-Ameisenbläuling, auch Kleiner Moorbläuling genannt, haben die Arbeitsgruppen von Jeremy Thomas von der britischen University of Oxford, von David Nash und Thomas Als von der Universität Kopenhagen nachweisen können, dass es bei den Bläulingsraupen darauf ankommt, ein Kohlenwasserstoffprofil auf ihrer Hautoberfläche zu

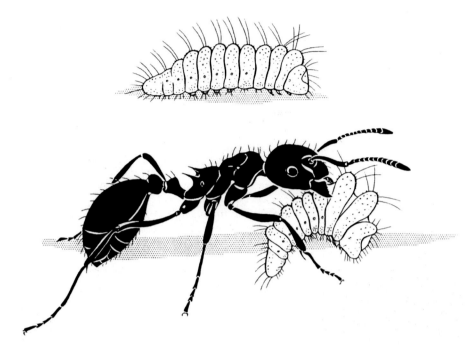

ABBILDUNG 12-3. Das Adoptionsverhalten der Raupe des Schwarzgefleckten Bläulings *Maculinea arion* im dritten Larvenstadium. Die Raupe im oberen Bild wartet auf eine Wirtsameise und besitzt noch die für Bläulingsraupen typische Gestalt. Die Raupe unten ist von einer *Myrmica*-Arbeiterin gemolken worden und lässt sich, nachdem sie einen Buckel gebildet hat, von der Ameise ins Nest tragen. (Mit freundlicher Genehmigung von Turid Hölldobler-Forsyth.)

tragen, das dem der Larven der Wirtsameisen möglichst ähnlich ist. Je besser sie dieses Erkennungszeichen ihrer Wirtsameisen nachahmen, desto eher werden sie von ihren Wirten, *Myrmica ruginodis* und *M. rubra*, in deren Brutkammern adoptiert (Tafel 128). Dort werden sie von den Brutpflegerinnen sogar besser gepflegt und gefüttert als die Ameisenlarven. Nash und seine Mitarbeiter argumentieren, dass es in *M. rubra*-Populationen zu einem regelrechten Evolutionswettlauf zwischen Wirtsart und parasitischen Bläulingen kommt, da man fand, dass die Kohlenwasserstoffprofile der einzelnen Kolonien variieren, das heißt, die Nachahmung der Erkennungszeichen der Wirte ist für den Parasiten erschwert. Im Gegensatz dazu besteht in den Populationen von *M. ruginodis* ein starker Genfluss zwischen den einzelnen Kolonien, und damit sind auch ihre Erkennungszeichen ähnlicher. Folgerichtig variieren auch die nachgeahmten Erkennungszeichen der parasitischen Bläulingsraupen wenig. Inwieweit diese interessanten Korrelationen wirklich etwas mit den Adoptionsmechanismen der parasitischen Raupen zu tun haben, muss experimentell noch untermauert werden, denn in der Regel ist es relativ leicht, Ameisenlarven von einer Kolonie in eine andere zu transferieren. Ameisenlarven

TAFEL 128. Die Raupe des Lungenenzian-Ameisenbläulings (*Maculinea alcon*) wird von einer Arbeiterin der *Myrmica*-Wirte in das Ameisennest getragen. (Mit freundlicher Genehmigung von David Nash.)

tragen entweder noch nicht den Konieduft oder sie haben ein attraktives, mehr oder weniger artspezifisches Brutpheromon, das andere Düfte oder koloniespe-zifische Erkennungszeichen überdeckt und das von den Bläulingsraupen nach-geahmt wird. Wir neigen zur letzteren Hypothese, denn nur so lässt sich auch das Phänomen der innerartlichen und zwischenartlichen Sklaverei erklären, wie sie bei den Honigtopfameisen oder den Amazonenameisen vorkommt (siehe voriges Kapitel).

Die Raubzüge gieriger Bläulinge enden aber nicht bei einfachen Plünderungen, Imitationen der Brutpheromone ihrer Wirte und „Kuckucksverhalten". Einige Arten drängen sich zwischen die Symbiose von Ameisen und Blattläusen, Schild-läusen und anderen Pflanzensaftsaugern. Bläulingsarten der Gattung *Allotinus*, die fast überall im tropischen Asien verbreitet sind, nutzen diese Symbiose auf zweifache Weise aus: Die erwachsenen Schmetterlinge lassen sich zwischen den Pflanzensaftsaugern nieder und ernähren sich von ihrem Honigtau; dann legen sie ihre Eier in der Nähe ab. Wenn die Raupen schlüpfen, fressen sie die Pflanzensaft-sauger und trinken ihren Honigtau. Die Raupen bieten den Ameisen offensichtlich keinerlei Gegenleistung für ihre Dreistigkeit, trotzdem bleiben sie auf irgendeine Weise unbehelligt, vielleicht weil sie besänftigend wirkende Substanzen oder irre-führende Erkennungssekrete aus ihren Drüsen abgeben.

|| Tafel 129. Der Raubzug der Heeresameise *Eciton burchelli* beginnt bei Morgengrauen. Im Hintergrund unter einem umgefallenen Baumstamm wird die Königin und Brut noch von der Körpermasse mehrerer Hunderttausend Arbeiterinnen geschützt. Tausende Ameisen strömen aus dem Biwak und

13

TREIBERAMEISEN

Am Rio Sarapiqui in Costa Rica bricht ein neuer Morgen an. Als das erste Tageslicht auf den schattigen Boden des Regenwaldes fällt, bewegt sich nicht die leiseste Brise in der feuchten und angenehm kühlen Luft. Die flötenähnlichen Rufe der Tauben und Oropendolas, die außer Sichtweite in den Baumkronen sitzen, zeigen die Stunde an und werden nur gelegentlich von dem entfernten Bellen und Lärm der Brüllaffen unterbrochen. Die Baumkronenbewohner sind die ersten, die das Tageslicht wahrnehmen, und kündigen mit ihren Rufen den Wechsel für die tagaktive Tierwelt an. Die Nachttiere setzen sich bald darauf zur Ruhe und eine neue Besetzung betritt die Szene.

Am Fuß eines schräg umgefallenen Baumes, wo der Stamm mit seinen kräftigen, herausstehenden Stelzwurzeln auf dem Boden aufliegt, beginnt sich eine Treiberameisenkolonie zu regen. Es handelt sich um die Heeresameise *Eciton burchelli*, eine der augenfälligsten Ameisenarten in den tropischen Regenwäldern von Mexiko bis Paraguay (Tafel 129 und 130). Die Tiere bauen im Gegensatz zu den meisten anderen Ameisenarten keine Nester. Sie leben in sogenannten Biwaks, wie sie von Theodore Schneirla und Carl Rettenmeyer, den Pionieren in der Verhaltensforschung der Treiberameisen, als erste genannt wurden, das heißt in vorübergehenden Lagern, die sich an teilweise geschützten Stellen befinden. Den stärksten Schutz für die Königin und die Brut bieten die Arbeiterinnen mit ihren eigenen Körpern. Wenn sich die Arbeiterinnen versammeln, um ein Biwak zu errichten, hängen sie ihre Beine und Körper mithilfe der starken, hakenförmigen Klauen an ihren Fußenden aneinander. Aus diesen Ketten und Netzstrukturen, die sich dadurch bilden, entsteht Schicht um Schicht, bis sich sämtliche Arbeiterinnen schließlich zu einer festen, zylinder- oder eiförmigen Masse von ungefähr 1 m Durchmesser formiert haben. Deshalb bezeichneten Schneirla und Rettenmeyer die ruhende Ameisenschar selbst als Biwak.

TAFEL 130. Arbeiterinnen der Heeresameise *Eciton burchelli* bilden Gruppen, um gemeinsam Beutetiere abzutransportieren. Hier helfen zwei kleinere Arbeiterinnen zwei größeren beim Tragen eines Teils einer toten Schabe. (Von John D. Dawson, mit freundlicher Genehmigung der National Geographic Society.)

Ein Biwak besteht aus einer halben Million Arbeiterinnen beziehungsweise aus einer Ameisenmasse von einem Kilogramm Gewicht. Ungefähr in der Mitte dieser Masse befinden sich Tausende weißer Larven und die einzige, schwergewichtige Königinmutter. Während eines kurzen Zeitraumes in der Trockenzeit werden zusätzlich noch ungefähr 1000 Männchen und einige neue Königinnen produziert, aber im Moment, wie über die meiste Zeit des Jahres, sind keine jungen Geschlechtstiere vorhanden.

Überschreitet die Lichtstärke in der unmittelbaren Umgebung der Ameisen ein halbes Lux, beginnt sich der lebende Zylinder aufzulösen. Von der dunkelbraunen Masse geht aus der Nähe ein ziemlich starker, etwas unangenehmer, moschusartiger Geruch aus. Die Ketten und vernetzten Strukturen lösen sich auf und verwandeln sich auf dem Boden in eine wimmelnde Ameisenmasse. Wenn das Gedränge stärker wird, strömt die Masse in alle Richtungen aus, wie eine zähe Flüssigkeit, die aus einem Krug gegossen wird. Schon bald taucht auf dem Pfad mit den geringsten Hindernissen eine räuberische Kolonne auf, die mit zunehmender Entfernung vom Biwak immer länger wird. Die Spitze bewegt sich mit einer Geschwindigkeit von 20 m pro Stunde. Es gibt keine Anführerinnen, die das Kommando der räuberischen Kolonne übernehmen; jede Ameise kann nach vorne laufen. Arbeiterinnen, die die Front erreichen, preschen für einige Zentimeter voraus und kehren dann in die Masse hinter ihnen zurück. Sofort werden sie von anderen Arbeiterinnen ersetzt, die den Vormarsch ein bisschen weiter vorantreiben. Sobald die Arbeiterinnen auf neues Terrain stoßen, geben sie aus der Spitze ihres Hinterleibes kleine Mengen Spursubstanzen ab. Diese Sekrete, die aus der Pygidialdrüse und dem Enddarm stammen, dienen den anderen als Wegweiser. Arbeiterinnen, die auf Beute treffen, legen zusätzliche Rekrutierungsspuren, die eine große Anzahl ihrer Nestgenossinnen in ihre Richtung locken. So entsteht ein Schwarm, dessen Ausläufer in einer Vielzahl von wirbel- und knäuelähnlichen Strukturen endet.

Auch in den hinteren Kolonnen bildet sich eine lose Organisation, die sich automatisch aus dem unterschiedlichen Verhalten verschiedener Kasten ergibt. Die kleineren und mittelgroßen Arbeiterinnen rennen die Duftspuren entlang und verlängern sie an ihren Endpunkten, während sich die größeren, behäbigeren Soldaten, die nicht mit ihnen Schritt halten können, mehr zu beiden Seiten der Ameisenstraßen bewegen. Die flankierende Position der Soldaten führte dazu, dass Beobachter früher zu dem falschen Schluss kamen, sie seien die Anführer der Armee. Thomas Belt erklärte beispielsweise in seinem Klassiker *Der Naturforscher in Nicaragua*: „Hie und da bewegt sich einer der heller gefärbten Offiziere hin und her, um die Kolonnen zu dirigieren." In Wirklichkeit üben die Soldaten keine sichtbare Kontrolle über ihre Nestgenossinnen aus. Stattdessen dienen sie mit ihrer stattlichen Größe und ihren langen, sichelförmigen Kiefern fast ausschließlich der Verteidigung. Die kleinen und mittelgroßen Arbeiterinnen mit ihren kürzeren, klammerähnlichen Kiefern sind dagegen Generalisten. Sie sind für die Alltagsarbeiten und die Wanderungen der Kolonie verantwortlich – sie fangen und transportieren die Beute, wählen die Stellen für die Biwaks aus und sorgen für die Brut und die Königin.

Die mittelgroßen Heeresameisen bilden auch kleine Gruppen, in denen sie größere Beute gemeinsam zum Nest zurücktragen. Kann eine tote Heuschrecke, Tarantel oder eine andere Tierleiche von einer einzelnen Arbeiterin nicht transportiert werden, schart sich eine Gruppe von Ameisen um dieses Tier. Erst versucht die eine, dann die andere Arbeiterin es zu bewegen; manchmal tun sich zwei oder

drei von ihnen zusammen und zerren an dem Tier. Einer der Ameisen der zweit-
obersten Größenklasse, direkt unter den vollentwickelten Soldaten, mag es dann
gelingen, die Beute wegzuschleifen oder wegzutragen. Ansonsten schneiden die
Arbeiterinnen die Beute in Stücke, die von diesen großen Genossinnen getragen
werden können. Während die große Ameise das tote Beutetier hinter sich her zerrt,
kommen schnell kleinere Arbeiterinnen herbei und helfen ihr, es hochzuheben und
abzutransportieren. Nun ist die Beute auf ihrem Weg ins Biwak. Der englische
Insektenforscher Nigel Franks, der dieses Verhalten entdeckte, benutzte Messungen aus dem Freiland, um zu zeigen, dass die Arbeitsgruppen der Treiberameisen hoch effizient sind. Sie können eine größere zusammenhängende Beutemasse
transportieren, als dieselbe Anzahl von Ameisen eintragen könnte, wenn die Beute
in Einzelstücke zerlegt würde. Dieses überraschende Ergebnis lässt sich zumindest
teilweise dadurch erklären, dass es den Arbeitsgruppen gelingt, Rotationskräfte zu
überwinden, durch die Gegenstände seitlich weggedreht werden und der Kontrolle
der laufenden Ameisen entgleiten. Da die Ameisen die Beute von allen Seiten stüt-
zen, während sie in dieselbe Richtung laufen, gelingt es ihnen, sie so zu tragen, dass
die Rotationskräfte kompensiert und damit so gut wie aufgehoben werden.

Eciton burchelli hat sogar für eine Heeresameise eine ungewöhnliche Jagdme-
thode. Die Armeen dieser Heeresameisen laufen nicht in schmalen Kolonnen,
sondern breiten sich zu ausgedehnten, fächerförmigen Massen mit weitläufigen
Fronten aus. Die meisten anderen Heeresameisenarten – es können zehn Arten
oder sogar einige mehr im selben Gebiet des tropischen Regenwaldes nebeneinander existieren – führen ihre Raubzüge in Kolonnen durch (Abbildung 13-1). Auf
schmalen Pfaden drängen ihre Kolonnen vorwärts, teilen und treffen sich immer
wieder, sodass sich während ihrer Beutejagd ein baumähnliches Muster ergibt.

Wenn Sie eine Kolonie von Heeresameisen in Süd- oder Mittelamerika finden
wollen, eine Erfahrung, die durchaus lohnenswert ist, gehen Sie am besten mor-
gens langsam und ruhig durch den Regenwald und horchen einfach. Für einige Zeit
werden Sie wahrscheinlich nur Vögel und Insekten in der Ferne, hauptsächlich im
Unterwuchs und in den Kronen der höheren Bäume, hören. Dann vernimmt man
plötzlich das Zirpen, Zwitschern und Pfeifen der Ameisenvögel, wie sich einmal
ein Beobachter ausdrückte. Diese spezialisierten Drossel- und Zaunkönigarten
folgen den Raubzügen der *Eciton burchelli* dicht über dem Boden und ernähren
sich von Insekten, die von den vorwärtsdrängenden Arbeiterinnen aufgescheucht
werden (siehe Tafel 129). Dann hört man das Summen der parasitischen Fliegen,
die über dem Schwarm in der Luft stehen oder hin- und herschwirren und sich

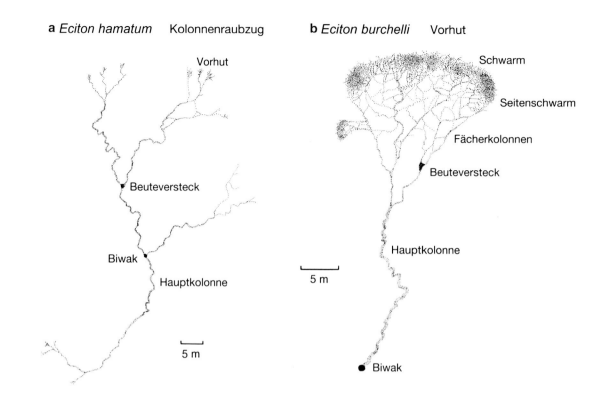

a *Eciton hamatum*   Kolonnenraubzug

Vorhut

Beuteversteck

Biwak

Hauptkolonne

5 m

b *Eciton burchelli*   Vorhut

Schwarm

Seitenschwarm

Fächerkolonnen

Beuteversteck

Hauptkolonne

5 m

Biwak

ABBILDUNG 13-1 a, b. Zwei typische Muster für Raubzüge der Heeresameisen. **a** Raubkolonnen von *Eciton hamatum*. Ihre vorrückende Front besteht aus kleinen Gruppen von Arbeiterinnen. **b** Schwarmraubzug von *Eciton burchelli*. Die breite Front setzt sich im gefächerten Bereich aus zahlreichen Kolonnen zusammen. (Mit freundlicher Genehmigung von Carl Rettenmeyer.)

gelegentlich auf ein fliehendes Beutetier stürzen, um ein Ei auf seinem Rücken abzulegen. Als nächstes hört man die murmelnden und zischenden Geräusche der unzähligen Beutetiere selbst, wie sie vor den heranrückenden Ameisen davonlaufen, davonspringen oder wegfliegen. Wenn Sie etwas näher herankommen, können Sie vielleicht Ameisenschmetterlinge, schmalflügelige Ithomiinen, sehen, die über der Schwarmfront fliegen und sich ab und zu niederlassen, um den Kot der Ameisenvögel zu fressen.

Gleich hinter den Opfern und ihrem Gefolge kommen die Zerstörer selbst. „Um sich ein Bild von einem *Eciton burchelli*-Raubzug kurz vor dem Höhepunkt seiner Schwarmformation zu machen", schrieb Schneirla, „muss man sich einen rechteckigen Körper von über 15 m Breite und 1 bis 2 m Tiefe vorstellen, der aus mehreren Zehntausend rötlich schwarzer, umher rennender Individuen besteht, denen es gelingt, sich als Masse auf ziemlich direktem Wege vorwärtszubewegen. Wenn sich der Raubzug im Morgengrauen formiert, ist zu Anfang noch kein bestimmter Kurs zu erkennen, aber im Laufe der Zeit schlägt ein Teil des Schwarmes durch das beschleunigte Vorrücken seiner Mitglieder eine Richtung ein und bildet bald strahlenförmige Ausläufer. Dadurch, dass die Ameisen der hinteren Kolonnen, die aus Richtung des Biwaks kommen, nachdrängen, behält die anwachsende Masse weiterhin ihre anfängliche Richtung bei. Das stetige Vorrücken in einer bestimmten Richtung, von der die Ameisen normalerweise nicht mehr als 15 ° zu beiden Seiten abweichen, deutet auf eine beträchtliche interne Organisation hin, auch wenn scheinbar Chaos und Verwirrung innerhalb der Vorhut zu herrschen scheinen." (Schneirla 1955)

Nur sehr wenige Tiere, egal, ob groß oder klein, sind in der Lage, dem Ansturm der *Eciton*-Armee standzuhalten. Jedes Lebewesen, das groß genug ist, um von den Ameisen mit den Kiefern gepackt und festgehalten zu werden, muss entweder zurückweichen oder sterben. Andere Ameisenkolonien werden ebenso überrollt wie Spinnen, Skorpione, Käfer, Schaben, Heuschrecken und eine Vielzahl anderer Gliedertiere. Die Opfer werden gepackt, gestochen und in Stücke gerissen und von den Futterkolonnen zum baldigen Verzehr ins Biwak gebracht. Ein paar Gliedertiere wie Zecken und Stabinsekten können sich durch Abwehrsekrete auf ihrem Panzer schützen. Auch Termiten sind in ihren burgähnlichen Bauten aus Holz und Exkrementen ziemlich sicher, weil ihre Eingänge von spezialisierten Soldaten geschützt werden, die scharfe Kiefer oder giftige Drüsen besitzen. Im Großen und Ganzen aber erfüllt die Treiberameisenkolonie, ein unaufhaltsamer Superorganismus, die Rolle des Sensenmannes im tropischen Regenwald.

Gegen Mittag kehren die Arbeiterinnen wieder um und der Schwarm beginnt, zum Biwak zurückzuströmen. Auf der Fläche, die von den Ameisen bedeckt war, sind kaum mehr Insekten und andere kleine Tiere zu finden. Die Ameisen brechen am nächsten Morgen in eine neue Richtung auf, als ob sie sich an ihre Auswirkung auf die Umwelt erinnern würden und sich dieser bewusst wären. Und blieben sie bis zu drei Wochen an derselben Biwakstelle, nähme das Futterangebot im gesamten unmittelbaren Umfeld ab. Die Kolonie löst das Problem, indem sie einfach in regelmäßigen Abständen zu neuen Biwakplätzen in gut 100 m Entfernung umzieht (Tafel 131).

Beobachter, die solche Umzüge in den Tropen schon früher miterlebten, kamen zu dem verständlichen Schluss, dass die Kolonien der Treiberameisen immer dann ihren Biwakplatz wechseln, wenn das Futterangebot in der Umgebung erschöpft ist. Hunger schien ihr Verhalten zu bestimmen. In den 1930er-Jahren entdeckte Theodore Schneirla jedoch, dass diese Umzüge in erster Linie nicht

TAFEL 131. *Oben*: Teil einer Auswanderungskolonne der südamerikanischen Heeresameise *Eciton hamatum*. Die Kolonie zieht zu einem neuen Biwakplatz; die Arbeiterinnen tragen die Ameisenlarven in charakteristischer Weise unter ihrem Körper. *Unten*: Soldatin von *Eciton hamatum*. Die sichelförmigen Kiefer sind charakteristisch für diese Arbeiterinnensubkaste. (© Bert Hölldobler.)

durch leere Mägen, sondern bis zu einem gewissen Grad durch interne Veränderungen, die sich automatisch innerhalb der Kolonien abspielen, ausgelöst werden. Die Ameisen ziehen unabhängig davon um, wie umfangreich oder begrenzt das Futterangebot in der Umgebung ist. Schneirla verfolgte tagelang Kolonien in den Regenwäldern Panamas und stellte fest, dass bei den Ameisen stationäre Phasen, in denen jede Kolonie ihren Biwakplatz bis zu zwei oder drei Wochen beibehält, mit nomadischen Phasen abwechseln, in denen sie ebenfalls über eine Dauer von zwei bis drei Wochen jeden Abend zu einem neuen Biwakplatz ziehen. Die Eigendynamik des Fortpflanzungszyklus der Treiberameisenkolonie bildet die eigentliche Triebkraft. Sobald die Kolonie in eine stationäre Phase eintritt, entwickeln sich die Eierstöcke der Königin rapide und nach einer Woche ist ihr Hinterleib mit etwa 60 000 Eiern prall gefüllt, die den ersten Teil des gesamten großen Geleges bilden werden (Tafel 132). Ungefähr nach der Hälfte der stationären Phase legt die Königin dann unter gewaltigen Anstrengungen innerhalb von mehreren Tagen 100 000 bis 300 000 Eier. Am Ende der dritten und letzten Woche dieser Phase schlüpfen aus den Eiern kleine, sich schlängelnde Larven. Wenige Tage später schlüpfen neue Arbeiterinnen in Massen aus ihren Kokons. Das plötzliche Auftreten von Zehntausenden neuer Arbeiterinnen hat eine elektrisierende Wirkung auf ihre älteren Schwestern. Der allgemeine Aktivitätspegel steigt an und entsprechend wächst die Größe und Intensität der Raubzüge. Die Kolonie beginnt, jeden Tag nach Beendigung eines Raubzuges zu einem neuen Biwakplatz zu ziehen. Jetzt, wo sich die Kolonie ganz in ihrer Wanderphase befindet, legt sie jeden Tag eine Entfernung von der Länge eines Fußballfeldes zurück. Solange die hungrigen Larven wachsen und fressen, dauert die Phase der Rastlosigkeit der Kolonie an. Wenn die Larven schließlich Kokons spinnen und mit ihrer Verpuppung in eine Ruhephase übergehen, hört die Kolonie auf zu wandern.

Tag für Tag und Monat für Monat durchlaufen sämtliche Heeresameisen der Gattung *Eciton* denselben, wie ein Uhrwerk ablaufenden Zyklus. Wie kann eine Kolonie solch eine strikte Alltagsroutine durchbrechen, um sich fortzupflanzen? Das ist nicht so einfach, wenn man bedenkt, wie sich die Kolonie ernährt, doch die Fortpflanzung erfolgt trotzdem nach Plan. Die Vermehrung ist zwangsläufig ein komplizierter und umständlicher Prozess und hat nichts mit der Massenproduktion und dem Ausstoß geflügelter Königinnen und Männchen, wie bei den meisten Ameisenarten, zu tun. Neugegründete Kolonien müssen von Anfang an aus einer riesigen Anzahl von Arbeiterinnen bestehen, um die Königin unterstüt-

TAFEL 132. Königinnen der Heeresameisen *Eciton hamatum*. *Oben:* Die Königin, die von einer Soldatin begleitet wird, befindet sich in einer nomadischen Phase; ihr Hinterleib ist eingeschrumpft, sodass sie ohne Schwierigkeiten mit der Kolonie ziehen kann. *Unten:* Die Königin ist in einer stationären Phase; ihr mit Eiern gefüllter Hinterleib ist so stark angeschwollen, dass sie sich kaum von der Stelle bewegen kann. (Mit freundlicher Genehmigung von Carl Rettenmeyer.)

zen zu können. Deshalb wird nur eine kleine Anzahl nicht begatteter Königinnen erzeugt, die sich in ihrer Mutterkolonie paaren, ohne das Nest zu verlassen. Dann spaltet sich eine dieser Königinnen mit einer Gruppe von Arbeiterinnen ab, um eine eigene Kolonie zu gründen. Da ein Teil der Arbeiterinnen mit der neuen

318

TAFEL 133. Heeresameisen bei der Paarung. Ein Männchen (*Eciton burchelli*) mit abgebrochenen Flügeln begattet eine junge Königin, die selbst nie Flügel hatte. Bei den Heeresameisen sind auch die jungen Königinnen flügellos. (Mit freundlicher Genehmigung von Carl Rettenmeyer.)

Königin zieht, während der andere Teil bei ihrer Mutter bleibt, erfordert diese Situation eine völlig neue Klärung der Loyalitätsfrage.

Die meiste Zeit des Jahres übt die Königinmutter eine unwiderstehliche Anziehung auf die Arbeiterinnen aus. Hölldobler entdeckte, dass ihr gesamter Hinterleib mit unzähligen exokrinen Außenhautdrüsen ausgestattet ist, in denen auf die Arbeiterinnen offensichtlich hoch attraktiv wirkende Königinnensubstanzen produziert werden. Als Zentralfigur der Arbeiterinnen, die sich um sie scharen, hält sie die Kolonie im wahrsten Sinne des Wortes zusammen. Die Situation ändert sich jedoch, sobald zu Beginn der Trockenzeit die Brut der Geschlechtstiere erscheint. Bei der in Kolonnen jagenden Treiberameise *Eciton hamatum*, deren Fortpflanzung am besten untersucht ist, besteht die Brut der Geschlechtstiere aus ungefähr 1500 Männchen und sechs Königinnen. Die Männchen fliegen aus und dringen in die Biwaks anderer Kolonien ein. Dort mischen sie sich unter die Arbeiterinnen und versuchen, die dort lebenden jungfräulichen Königinnen zu begatten (Tafel 133). Auf diese Weise wird ein Inzest zwischen Brüdern und Schwestern vermieden.

Nachdem also eine Fremdbefruchtung sichergestellt ist, steht einer Teilung der Kolonie nichts mehr im Wege. Sobald die neue Wanderphase anläuft, zieht eine Schar von Arbeiterinnen mit der alten Königinmutter zu einer neuen Biwakstelle und eine andere Gruppe mit einer der jungen, nicht begatteten Königinnen zu einem zweiten Biwakplatz. Die restlichen nicht begatteten Königinnen werden zurückgelassen und von einer kleinen Gruppe Arbeiterinnen umzingelt, die sie an der Auswanderung hindern. Da die Ausgestoßenen und ihr Gefolge kein Futter erhalten und alleine wehrlos gegenüber Feinden sind, sterben sie bald. Die erfolgreiche Jungkönigin dagegen wird innerhalb weniger Tage von 10 bis 20 Männchen begattet. Die beiden Kolonien, Mutter- und Tochterkolonie, gehen von nun an getrennte Wege und haben nie wieder Kontakt miteinander.

Die zwölf bekannten Arten der Gattung *Eciton*, zu der die im Schwarm jagende *E. burchelli* und die in Kolonnen jagende *E. hamatum* gehören, stellen die höchsten Stufen einer evolutionären Entwicklung dar, die vor 10 Mio. Jahren in den amerikanischen Tropen ihren Ausgang nahm. Für Insektenforscher sind die winzigen Treiberameisen der Gattung *Neivamyrmex*, die von Argentinien bis in den Süden und Westen der Vereinigten Staaten vorkommen, genauso interessant, auch wenn sie allgemein weit weniger bekannt sind. In Hinterhöfen und auf unbebautem Gelände führen ihre wehrhaften Kolonien, die mehrere Hunderttausend Arbeiterinnen stark sind, ihre Raubzüge durch, ziehen von einem Biwakplatz zum nächsten und vermehren sich, wie die plündernde *Eciton*, durch Teilung. Selbst Menschen, die im selben geografischen Verbreitungsgebiet leben und die Ameisen häufig im wahrsten Sinne des Wortes zu ihren Füßen haben, nehmen ihre Existenz nur selten wahr. Im Alter von 16 Jahren fand Wilson, der sich bereits stark für die Biologie der Ameisen interessierte, eine Kolonie von *Neivamyrmex nigrescens* hinter dem Haus seiner Eltern in der Nähe der Zentrums von Decatur, Alabama. Tagelang beobachtete er die Kolonie, wie sie von einer Stelle zur nächsten zog, in dem Unkrautdickicht entlang des Gartenzauns auftauchte, von dort in den Nachbargarten wechselte und schließlich, an einem regnerischen Tag, die Straße überquerte und in einem anderen Nachbargrundstück verschwand. So ein Raubzug im Graswurzeldschungel ist ein aufregendes Schauspiel, aber man braucht Geduld, bis man die Legionärstruppen von den futtersuchenden Kolonnen normaler, sesshafter Ameisenarten unterscheiden kann, die in fest etablierten Nestern unter Gartensteinen und in Rissen zwischen Rasenstücken leben. Zwei Jahre später fand Wilson weitere Kolonien in der Nähe des Universitätsgeländes der University of Alabama. An ihnen führte er eine seiner ersten wissenschaftlichen Untersuchungen mit seltsamen, winzigen Käfern durch, die sich auf dem Rücken der *Neivamyrmex nigrescens*-Arbeiterinnen aufhalten und sich dort von den öligen Sekreten der Ameisen ernähren.

Im Laufe der Evolution entwickelten sich in Afrika während eines zweiten Entwicklungsschubes die furchterregenden Treiberameisen der Gattung *Dorylus*, von denen schon früher die Rede war, als wir an ihrem Beispiel demonstrierten, dass die Ameisenkolonie einen Superorganismus darstellt. Während einer dritten evolutiven Ausbreitungsphase entstand in Afrika und Asien die Gattung *Aenictus*, winzige Treiberameisen, die oberflächlich betrachtet den *Neivamyrmex* ähnlich sehen. Das Verhalten und der Lebenszyklus dieser Legionärsarten lassen sich im Wesentlichen mit dem ihrer amerikanischen Vertreter vergleichen, obwohl jede dieser evolutionären Linien – *Dorylus* und *Aenictus* in der Alten Welt und *Eciton* zusammen mit *Neivamyrmex* und *Labidus* (eine weitere Gattung von Heeresameisen) in der Neuen Welt – ein unabhängiges Evolutionsprodukt darstellen. Das ist jedenfalls die Meinung des amerikanischen Insektenforschers William Gotwald. Gotwald kam zu dem Schluss, dass die gemeinsamen Ähnlichkeiten auf eine konvergente Entwicklung in der Evolution und nicht auf eine gemeinsame Abstammung zurückzuführen sind. Die jüngeren stammesgeschichtlichen Untersuchungen der amerikanischen Myrmekologen Sean Brady und Philip Ward, die moderne analytische Methoden einsetzten, bestätigen im Wesentlichen diese Schlussfolgerungen. In beiden Gruppen, den Ecitoninen und den afrikanischen Dorylinen, gibt es neben den epigäischen (auf der Erdoberfläche lebenden) Arten auch hypogäische (im Erdreich lebende) Arten, die ebenfalls hoch organisierte Futterraubzüge, gleichsam wie ein Heer von Maulwürfen, durchführen. Tatsächlich gibt es wesentlich mehr hypogäische als epigäische Treiberameisenarten. Wie die deutsche Myrmekologin Stefanie Berghoff, eine ehemalige Doktorandin von Ulrich Maschwitz, zeigen konnte, ziehen die unterirdisch lebenden Treiberameisenarten, zumindest die im asiatischen Raum beheimateten, wesentlich seltener um; sie scheinen sogar richtige Territorien zu besetzen, die deutlich von gleichartigen Nachbarkolonien abgegrenzt sind.

Neben dieser speziellen Gruppe der Treiberameisen haben auch andere Ameisen ähnliche Verhaltensweisen in mehr oder weniger ausgeprägtem Maß entwickelt. Eine solche Spezialisierung hat so häufig und in so charakteristischen Spielarten stattgefunden, dass man die Bedeutung des Begriffes Treiberameisen erweitern muss und eine allgemeingültigere Definition braucht, die sich stärker auf die Handlungen der Kolonien als auf den anatomischen Aufbau ihrer Mitglieder bezieht. Eine Treiberameise ist, um es knapp zu formulieren, eine Ameise, die zu einer Art gehört, deren Kolonien ihren Nestplatz regelmäßig wechseln und deren Arbeiterinnen in dichten, gut koordinierten Gruppen auf einem vorher unbekannten Gelände auf Futtersuche gehen.

Definiert man die Treiberameisen auf diese Weise rein im funktionellen Sinne, zeigt sich, dass Treiberameisen unterschiedlichster Abstammung in fast allen wärmeren Gebieten dieser Erde vorkommen. Zu den außergewöhnlichsten Formen gehören die Ameisen der Gattung *Leptanilla*, die zusammen mit anderen Gattungen der Alten Welt eine ganz eigene Unterfamilie, die Leptanillinae, bilden. Ihre Arbeiterinnen gehören zu den kleinsten lebenden Ameisen überhaupt; sie sind so winzig, dass man sie mit dem bloßen Auge leicht übersehen kann. Die Leptanillinen gehören auch zu den seltensten Arten. Trotz unserer jahrelangen Freilandarbeit in Habitaten, in denen sie sicherlich vorkommen, hat keiner von uns jemals ein lebendes Exemplar gesehen. In der Gegend des Flusses Swan River in Australien, wo sie 20 Jahre zuvor entdeckt worden waren, unternahm Wilson eine spezielle Suchexpedition nach ihnen – ohne Erfolg. William Brown, der wahrscheinlich am weitesten gereiste und erfolgreichste Ameisensammler aller Zeiten, hat während seiner mehrjährigen Sammeltätigkeit in einem Gebiet, wo *Leptanilla* vorkommt, nur eine einzige Kolonie gefunden. Er entdeckte sie in Malaysia zufällig unter einem vermodernden Holzstück. Als er die Masse der winzigen Arbeiterinnen aufdeckte, schimmerte sie auf der Holzoberfläche zuerst wie eine sich kräuselnde Membran. Brown brauchte einen Moment, bis er erkannte, dass er auf Ameisen schaute, und es dauerte noch eine ganze Weile, bis ihm klar wurde, dass es sich dabei um Leptanillinen handelte.

Seit über 100 Jahren spekulierten Wissenschaftler, die die Evolution der Ameisen zu entschlüsseln versuchten, ob die mysteriösen Leptanillinen Treiberameisen sind. Ihre Anatomie erinnert zumindest entfernt an größere, eindeutig den Treiberameisen zuzuordnende Arten der Gattung *Eciton* und *Dorylus*. Über lange Zeit war jedoch niemand in der Lage, eine Kolonie zu finden und sie lange genug zu beobachten, um diese Idee zu überprüfen. Der Durchbruch kam 1987, als es dem jungen japanischen Ameisenforscher Keiichi Masuko gelang, nicht weniger als elf vollständige Kolonien der Art *Leptanilla japonica* in einem dichten Wald am Cape Manazuru in Japan zu sammeln. Eine Kolonie besteht, wie Masuko feststellen konnte, aus ungefähr 100 Arbeiterinnen und lebt ausschließlich unterirdisch – das erklärt, warum man den Leptanillinen so selten begegnet. Dazu kommt, dass sich die japanischen Leptanillinen auf die Jagd von Hundertfüßern spezialisiert haben.

Davon zu leben ist nicht leicht – es ist fast so, als ob wir versuchen würden, uns von Tigersteaks zu ernähren. Die futtersuchenden Arbeiterinnen folgen der Duftspur in einer eng zusammengeschlossenen Gruppe vom Nest bis zu ihrer gefährlichen Beute, die normalerweise das Mehrfache ihrer Größe besitzt. Es ist jedoch noch nicht geklärt, ob die Hundertfüßer von einzelnen Späherinnen gefunden werden oder ob die Jagd wie bei den Treiberameisen in koordinierten Gruppen stattfindet.

Sind die *Leptanilla* auch Nomaden? Auf jeden Fall scheinen die Kolonien in ihren Erdnestern nicht fest niedergelassen zu sein. Sie wandern bei der leisesten Störung ab. Die Schnelligkeit ihrer Reaktion lässt vermuten, dass sie draußen in freier Natur wie die Treiberameisen in regelmäßigen Abständen umziehen. Auch anatomisch sind sie gut an häufige Wanderungen angepasst. Die Arbeiterinnen benutzen nicht ihre Kiefer zum Transport der Larven, sondern ihre unteren Mundwerkzeuge, die Maxillen. Die Larven wiederum besitzen vorne an ihrem Körper eine Ausstülpung, die den Arbeiterinnen als Tragebügel dient und den Transport der Larven von einem Ort zum anderen erleichtert.

In Japan, so fand Masuko heraus, durchläuft eine *Leptanilla*-Kolonie in der warmen Jahreszeit eine synchronisierte Wachstumsphase wie die Treiberameisen. Solange Larven anwesend sind, ist die gesamte Kolonie hungrig und die Arbeiterinnen machen Jagd auf Hundertfüßer, wobei sie offensichtlich von einem Ort zum anderen ziehen, um in der Nähe ihrer Riesenbeute zu sein. Die Larven tun sich an den Hundertfüßern gütlich und wachsen rasch heran. Während dieser Phase bleibt der Hinterleib der Königin eingeschrumpft und sie legt keine Eier. Dank ihrer schlanken Körperform kann sie während der Kolonieumzüge leicht mit den Arbeiterinnen mithalten. Haben die Larven ihre volle Größe erreicht, ernährt sich die Königin kräftig von ihrem Blut, das aus speziellen Organen auf ihrem Hinterleib abgegeben und der Königin auf diese Weise zugänglich gemacht wird. Diese reichhaltige Vampirkost führt dazu, dass die Eierstöcke der Königin schnell größer werden. Bald schwillt ihr Hinterleib an, bis er wie ein aufgeblasener Ballon aussieht; dann legt sie innerhalb weniger Tage ein großes Eigelege ab. Ungefähr zur selben Zeit verpuppen sich die Larven. Nun, da die Königin wieder relativ ruhig lebt und keine Larven gefüttert werden müssen, benötigt die Kolonie viel weniger Futter. Sie stellt ihre Jagd auf Hundertfüßer ein und wird kurz darauf für die Dauer des japanischen Winters sesshaft. Im darauffolgenden Frühjahr schlüpfen Larven aus den Eiern und der Zyklus beginnt von neuem.

TAFEL 134. Arbeiterinnen der Gattung *Onychomyrmex*, die in den Regenwäldern von Queensland leben, greifen einen im Verhältnis riesigen Hundertfüßer an. Ihre für Treiberameisen weltweit typische Lebensweise mit einem hocheffizienten Rekrutierungssystem versetzt sie in die Lage, auch derart große Beutetiere zu überwältigen. (© Bert Hölldobler.)

Auch die zu der primitiven Unterfamilie der Amblyoponinae gehörenden Arten der Gattung *Onychomyrmex*, die ebenfalls in einer Art Biwaknest in der Blattstreu im Regenwald von Queensland (Australien) leben und nächtliche Raubzüge auf Tausendfüßer und andere Gliedertiere ausführen, scheinen ein Nomadenleben zu führen (Tafel 134). Hölldobler hat diese nachtaktiven Räuber im Jahre 1980 während seines Sabbaticals zusammen mit dem australischen Ameisenexperten Robert Taylor in Queensland gesammelt und ihr Verhalten nachts im Labor in Canberra studiert. Die Raubzüge werden gewöhnlich von einer oder wenigen Ameisen angeführt, die aus einer speziellen Sternaldrüse, die bisher nur bei *Onychomyrmex* gefunden wurde, ein hochwirksames, sehr flüchtiges Spurpheromon abgeben. Gleichzeitig legen sie, und auch die meisten Nestgenossinnen, die diesen Anführerinnen folgen, mit einer speziellen Metatarsaldrüse in den Hinterbeinen eine Orientierungsspur, mit deren Hilfe sie bei der Heimkehr vom Beuteraubzug zurück zum Biwaknest finden.

Der amerikanische Insektenforscher Mark Moffett fand bei der asiatischen Treiberameise *Pheidologeton diversus* eine andere, merkwürdige Verhaltensweise. Die Kolonien dieser Art sind riesig und bestehen aus mehreren Hunderttausend Arbeiterinnen. Sie bleiben, anders als die umherziehenden Horden der höher entwickelten Treiberameisen, über Wochen oder Monate an derselben Neststelle. Trotzdem führen sie Raubzüge durch, die in vieler Hinsicht denen der afrikanischen Treiberameisen und der tropisch-amerikanischen Heeresameise *Eciton burchelli* erstaunlich ähnlich sind.

Ein *Pheidologeton*-Raubzug beginnt, wenn sich einige Ameisen als Gruppe von einer der Hauptameisenstraßen entfernen, worauf ihnen der Rest der Kolonie folgt. Zuerst bilden Pioniere eine schmale Kolonne, die sich, wie Wasser, das langsam durch einen Schlauch fließt, mit einer Geschwindigkeit von bis zu 20 cm pro Minute nach vorne schiebt. Nachdem die Kolonne eine Länge von einem halben bis 2 m erreicht hat, beginnen einige Ameisen an der Spitze seitlich von der Hauptrichtung der restlichen Ameisen abzuweichen. Dadurch verlangsamt sich der Schwarm wie Wasser, das sich am Ende des Schlauches als Pfütze auf dem Boden ausbreitet. Manchmal weitet sich der Schwarm aus, bekommt Verstärkung und entwickelt sich zu einem großen, fächerförmigen Raubzug. Hinter der von Ameisen wimmelnden Frontlinie laufen Arbeiterinnen in einem sich verjüngenden Netzwerk von Transportkolonnen hin und her, das zum Nest hin in eine einzige Hauptkolonne mündet. Je weiter die Vorhut in neues Gelände vorstößt, desto länger werden die Transportkolonnen. Die Schwärme bestehen jeweils aus Zehntausenden von Arbeiterinnen. Einige entfernen sich mehr als 6 m von ihrem Ausgangspunkt. In ihrer Form erinnern die Schwärme stark an die Raubzüge der afrikanischen Treiberameisen und der amerikanischen Heeresameise *Eciton*, allerdings durchqueren sie neue Gebiete wesentlich langsamer.

Die asiatischen *Phleidologeton*-Treiberameisen sind, wie die bekannteren afrikanischen und amerikanischen Treiberameisen, in der Lage, mit außergewöhnlich großer und gefährlicher Beute, bis zu der Größe von Fröschen, fertig zu werden, indem sie sie einfach dank ihrer starken Überzahl überwältigen. Gut aufeinander abgestimmte Arbeitertrupps können große Objekte schnell zum Nest zurücktragen. Durch ein komplexes Kastensystem wird die Fähigkeit der Arbeiterinnen, große Beute zu jagen, noch wesentlich erweitert. Ihre Armeen bestehen aus Arbeiterinnen, die die stärksten Größenunterschiede unter allen bekannten Ameisen

TAFEL 135. Auf ihrem Raubzug werden die Arbeiterinnen der asiatischen Treiberameise *Pheidologeton diversus* von einer riesigen Soldatin unterstützt, die wie ein Bulldozer Hindernisse aus dem Weg räumt. Angehörige dieser Arbeiterinnensubkaste zermalmen mit ihren mächtigen Kiefern auch Beutetiere. Diese *marauder ants*, wie sie in der englischen Sprache genannt werden, zeigen dasselbe Gruppenjagdverhalten wie die Treiberameisen, allerdings haben sie feste Nestplätze, das heißt sie gehen nicht regelmäßig auf Wanderschaft. (Mit freundlicher Genehmigung von Mark Moffett.)

zeigen: Die riesigen Soldaten sind 500-mal schwerer als ihre kleinsten Nestgenossinnen und besitzen überproportional große Köpfe (Tafel 135). Zwischen den beiden Extremen gibt es eine gleichmäßige Abstufung weiterer Größenklassen. Dank dieser Größenvielfalt kann der Ameisenschwarm dementsprechend unterschiedlich große Beute machen. Die kleinsten Räuber stöbern Springschwänze und andere winzige Insekten im Alleingang auf. Andere dieser Winzlinge tun sich mit ihren größeren Nestgenossinnen zusammen, um über Termiten, Hundertfüßer und andere, größere Beute herzufallen. Soldaten kommen dazu, um der Beute mit ihren mächtigen Kiefern den Todesstoß zu versetzen. Diese großen Ameisen dienen der Kolonie außerdem als Arbeitselefanten, indem sie Stöcke und andere Hindernisse für ihre vorwärtsstürmenden, futtersuchenden Nestgenossinnen aus dem Weg räumen.

Wilson fragte sich am Anfang seiner Karriere, als er ausgedehnte Reisen in die Tropen unternahm und dabei immer mehr Treiberameisen kennenlernte, wie eine so außerordentlich komplexe, soziale Organisationsform in der Evolution entstanden sein könnte. Anhand verschiedener räuberisch lebender Ameisen, die einige, aber nicht alle Merkmale der Treiberameisen besaßen, setzte Wilson aus seinen eigenen Beobachtungen und denen anderer Freilandbiologen wie William Brown Stück für Stück ein Bild von den evolutionären Anfängen der Treiberameisen zusammen.

Aus den Daten ergab sich ein überzeugendes Schema. Der Schlüssel dazu lag, wie Wilson feststellte, in den feineren Details der Massenraubzüge. Autoren hatten zuvor immer wieder darauf hingewiesen, dass Ameisen in geschlossenen Verbänden einzelnen Arbeiterinnen bei der Beutejagd überlegen sind. Diese Beobachtung war sicher richtig, aber nur Teil der ganzen Wahrheit, wie sich herausstellte. Es gibt noch eine andere wichtige Funktion der Gruppenjagd, die einem nur dann klar wird, wenn man sich die Art der Beute und die Weise, wie sie gefangen wird, anschaut. Die meisten Ameisen, die allein auf Jagd gehen, greifen höchstens Beute ihrer eigenen Größe an. Diese Einschränkung folgt einer allgemeinen Regel aus der Freilandbiologie: Solitäre Räuber, von den Fröschen und Schlangen bis zu Vögeln, Wieseln und Katzen jagen Tiere, die höchstens so groß sind, wie sie selbst. Ameisen, die in Gruppen zusammenarbeiten, ernähren sich dagegen meistens von großen Insekten oder von Ameisenkolonien und Kolonien anderer sozial lebender Insekten, das heißt von Beute, die eine einzelne Jägerin normalerweise nicht überwältigen kann. In einer gemeinsamen Aktion reißen sie ihre Opfer nieder und schneiden sie in Stücke, genau wie Löwen, Wölfe und Killerwale in Gruppen die größten Säugetiere jagen.

Viele Ameisenarten greifen zwar einzelne große Insekten und Kolonien von Ameisen, Wespen und Termiten in Massenüberfällen an, aber trotzdem ziehen sie nicht in regelmäßigen Abständen von einem Nestplatz zum nächsten, wie die höher entwickelten Treiberameisen. Diese Arten scheinen ein Beispiel für den ersten Schritt zu sein, der zum Verhalten der Treiberameisen führte. Wilson verglich eine Vielzahl von Arten, auch solche auf der ursprünglichsten Entwicklungsstufe, miteinander, die unterschiedliche Komplexitätsgrade in ihrem Verhalten zeigen. Dadurch war er in der Lage, den von ihm angenommenen Ursprung der Treiberameisen zu rekonstruieren.

Zuerst entwickelten Ameisen, die bisher alleine auf kleinere Beute Jagd machten, die Fähigkeit, schnell große Mengen ihrer Nestgenossinnen zu rekrutieren.

Diese Trupps spezialisierten sich auf große oder stark gepanzerte Beute wie Käferlarven, Kellerasseln oder Ameisen- und Termitenkolonien. Als nächstes wurden die Gruppen unabhängig bei der Durchführung ihrer Raubzüge. Es war nicht mehr länger notwendig, dass eine Späherin zuerst die Beute ausmacht und dann Scharen von Nestgenossinnen rekrutiert, um sie zu überwältigen. Jetzt verließ ein Schwarm von Arbeiterinnen gleichzeitig das Nest und ging von Anfang an gemeinsam auf Jagd. Diese höher entwickelte Form der Gruppenjagd erlaubte es Kolonien, eine größere Fläche in kürzerer Zeit abzudecken und große Beute zu überwältigen, bevor sie entfliehen konnte. Zur gleichen Zeit oder im Anschluss daran entwickelte sich ihr Wanderverhalten. Die Effizienz der Gruppenjäger steigerte sich, da große Beuteinsekten und Beutekolonien weit weniger dicht vorkommen als andere Beutetypen und deshalb die in Gruppen jagenden Ameisen ständig ihr Jagdrevier wechseln müssen, um sich ein frisches Nahrungsangebot zu erschließen. Als regelmäßige Ortswechsel hinzukamen, entwickelten sich diese Arten zu richtigen Treiberameisen.

Der flexible Zugang zu einem wechselnden Beuteangebot machte es den Treiberameisen möglich, im Laufe der Evolution größere Kolonien zu bilden. Manche Arten dehnten ihre Nahrung erst sekundär auf kleinere Insekten und andere Gliedertiere sowie solitär lebende Insekten und sogar Frösche und ein paar andere kleine Wirbeltiere aus. Auf dieser Entwicklungsstufe befinden sich die in Schwärmen jagenden afrikanischen Treiberameisen und die in den amerikanischen Tropen lebende Heeresameise *Eciton burchelli*, deren Kolonien praktisch sämtliche tierischen Lebensformen um sie herum auslöschen. Es ist anzunehmen, dass diese Moloche der tropischen Welt, wie die meisten großen Errungenschaften in der organischen Evolution, über eine Folge kleiner Entwicklungsschritte entstanden sind.

Tafel 136. Bei Nestumzügen werden vor allem die jungen
Arbeiterinnen oft von ihren älteren Schwestern getragen. Die
Trageweisen können bei verschiedenen Arten sehr unterschied-
lich sein. Die abgebildete Trageweise von Nestgenossinnen bei
Camponotus perthiana ist typisch für Arten der Unterfamilie
Formicinae, allerdings kann sie auch bei anderen Arten vorkom-

14

WOHNUNGSSUCHE UND UMZUG

Hirtenameisen und viele Treiberameisen sind Wandervölker. Sie ziehen von einem Weideplatz oder Jagdgrund zum nächsten und errichten deshalb nur provisorische Unterkünfte, die sogenannten Biwaks. Im Gegensatz dazu leben die meisten anderen Ameisenarten in festen Behausungen, einige davon sogar in architektonisch erstaunlichen Bauwerken. Dennoch kommt es auch bei den sesshaften Ameisenvölkern bisweilen zur Auswanderung, wenn beispielsweise eine Nesthöhle zu klein ist für die wachsende Kolonie, wenn durch äußere Einflüsse ein Nest zerstört wurde oder die Kolonie von Feinden und Parasiten bedroht wird. Bei solchen Arten, die ihre Kolonien durch Spaltung vermehren, muss auch der Teil, der das angestammte Nest verlassen muss, eine neue Behausung suchen oder ein Nest an einem neuen Bauplatz errichten. Eingeleitet werden solche Koloniewanderungen von Kundschafterinnen, die bessere Nestplätze entdeckt haben. Diese Tiere verwenden verschiedene Rekrutierungsmechanismen und ihre Kommunikationssignale sind oft eigens auf die Auswanderung einer Kolonie zugeschnitten.

Bei den Gattungen der Knotenameisen *Leptothorax* und *Temnothorax* wurde das sehr genau untersucht. Die Kolonien der meisten Arten sind recht klein und umfassen selten mehr als 100 Arbeiterinnen. Sie können daher in schmalen Felsspalten, hohlen Zweigen oder Eicheln leben. Da solche Nestplätze relativ instabil sind, ziehen die Kolonien häufig um. Feldbeobachtungen haben gezeigt, dass selbst geringe Störungen des Nestes eine Auswanderung der Kolonie auslösen können.

Michael Möglich, ein ehemaliger Doktorand und Mitarbeiter von Hölldobler, legte die erste detaillierte verhaltensphysiologische Analyse der Kommunikationsmechanismen beim Umzug von *Temnothorax*-Kolonien vor. Eine Kundschafterin, die einen möglichen neuen Nestplatz entdeckt hat, kehrt zur Kolonie zurück. Möglicherweise dreht sie sich gleich wieder um und kehrt noch einmal zum neuen Platz zurück, um ihn noch einmal zu inspizieren. Das tut sie vielleicht mehrmals,

als müsste sie erst selbst zu einem Entschluss kommen, ehe sie Nestgenossinnen zu diesem Nestplatz rekrutiert. Um einige ihrer Nestgefährtinnen zu rekrutieren, betastet sie diese rasch mit ihren Antennen, dreht sich um, biegt ihren Hinterleib nach oben und drückt ihren Stachel heraus, an dessen Spitze ein Tröpfchen des flüchtigen Signalstoffes aus der Giftdrüse sichtbar ist. Nestgenossinnen werden durch dieses Pheromon angelockt und die erste, die die rekrutierende Ameise am Hinterleib berührt, wird nun von der Kundschafterin im Tandemlauf zum Nestplatz geführt. Die Nestgenossin läuft dicht hinter der Kundschafterin her. Durch chemische und taktile Signale halten Führerin und Nachläuferin engen Kontakt. Hat die rekrutierte Ameise den neuen Platz inspiziert und ihn für besser als den augenblicklichen befunden, kann sie selbst zur Rekrutiererin werden. Kundschafterinnen, die einen vielversprechenden Nestplatz entdeckt haben, setzen alles daran, andere mögliche Kundschafterinnen dorthin zu bringen. Ein solches Rekrutieren von Rekrutiererinnen kommt nur im ersten Stadium eines Nestumzuges vor und dient dazu, möglichst viele Kundschafterinnen zu gewinnen, die den Platz in Augenschein nehmen, bevor die gesamte Kolonie eine Umzugsentscheidung trifft (Abbildung 14-1).

Die durch den Tandemlauf rekrutierten *Temnothorax*-Arbeiterinnen treffen ihre eigene Entscheidung über die Qualität des infrage kommenden Nestplatzes und darüber, ob sie weitere Nestgenossinnen rekrutieren wollen. Jede einzelne Ameise scheint den Platz hinsichtlich seiner Lage, Entfernung, Ausrichtung, Gängigkeit des Terrains und anderen Bedingungen vor Ort ebenso sorgfältig zu untersuchen wie die erste Kundschafterin. Im Tandemlauf geführt zu werden bietet eine gute Möglichkeit, solche Informationen über den anvisierten Nistplatz zu sammeln. Im Idealfall führt die Rekrutierung von Rekrutiererinnen zu einer Zunahme von Rekrutiererinnen für den geeignetsten Platz, und diese Zahl allein ist wahrscheinlich eine wichtige Information für die Entscheidung der gesamten Kolonie, ob sie auswandern soll oder nicht. Sobald der große Exodus einsetzt, werden die Koloniemitglieder, Erwachsene wie Larven und Puppen, weggetragen. Da ehemalige Kundschafterinnen den Transport besorgen, bedeutet das Rekrutieren von Rekrutiererinnen auch einen sprunghaften Zuwachs an Trägerinnen und beschleunigt so den Umzug der Kolonie.

Auch wenn die Kommunikationsmechanismen und die soziale Organisation der *Temnothorax rugatulus*-Kolonien durch die Untersuchungen von Möglich weitgehend entschlüsselt werden konnten, blieben doch die Parameter des Entscheidungsprozesses bei der Nestplatzwahl und die Art des Informationsflusses inner-

ABBILDUNG 14-1. Rekrutierungsverhalten beim Nestumzug von *Leptothorax* und *Temnothorax*. Von *oben* nach *unten*: Eine rekrutierende Ameise fordert Nestgenossinnen zum Tandemlauf auf, indem sie die Gaster nach oben richtet. Aus dem exponierten Stachel gibt sie ein Tröpfchen des Giftdrüsensekretes ab. Eine Nestgenossin nähert sich und berührt die auffordernde Ameise. Daraufhin beginnt der Tandemlauf. Die Nestgenossin wird zum neuen Nestplatz geführt. Ist die Entscheidung gefallen, in welches neue Nest die Kolonie umziehen soll, werden die Nestgenossinnen von den rekrutierenden Ameisen in das neue Nest getragen. (Mit freundlicher Genehmigung von Margaret Nelson.)

halb der Kolonie noch unklar. Mit diesen Fragen befassten sich der britische Verhaltensbiologe Nigel Franks und seine Mitarbeiter. Sie wählten die Art *Temnothorax albipennis* als Modellsystem für ihre Studien über die Nestplatzbegutachtung, den Informationsfluss und die Entscheidungsfindung in Ameisenkolonien. Sie stellten sich die Frage, wie die Kolonie in ihrer Gesamtheit von mehreren konkurrierenden Plätzen den besten aussucht. Die Kundschafterinnen der *Temnothorax*-Kolonien vergleichen gewöhnlich mehrere Nestplätze. Sie können aber einander nicht direkt ihre Beurteilung eines infrage kommenden Wohnorts mitteilen, sondern müssen andere Kundschafterinnen zu bestimmten Nestplätzen locken. Jede rekrutierte Kundschafterin nimmt vor Ort ihre eigene Beurteilung vor.

Die Versuche, die die Franks-Gruppe durchführte, um Antworten auf diese Fragen zu erhalten, waren relativ einfach, aber genial. Bei ihren Experimenten initiierten die Forscher das Ausschwärmen von Kundschafterinnen, indem sie Nestwände zerstörten, Eingänge vergrößerten oder das bestehende Nest auf andere Weise störten. Der Kolonie wurden gleichzeitig zwei Nestalternativen in der Versuchsarena angeboten. Jede Arbeiterin der Versuchskolonie war mit einem individuellen Farbcode versehen, sodass das Verhalten der gesamten Kolonie auf Video festgehalten und die Interaktionen jeder einzelnen Ameise mit ihren Nestgenossinnen verfolgt werden konnte. Aus diesen Studien ging hervor, dass einzelne Ameisen tatsächlich Gelegenheit hatten, zwei verschiedene Plätze zu besuchen und zu vergleichen, um sich dann für den besseren zu entscheiden. Die meisten Ameisen bekamen im Entscheidungsprozess zwar nur einen Platz zu sehen, konnten aber dennoch zur Entscheidung der Kolonie beitragen, denn von der Qualität dieses Platzes hing es ab, ob sie sich dazu bewegen ließen, andere Ameisen dorthin zu rekrutieren.

Bei den *Temnothorax*-Kolonien wird der Übergang vom Rekrutieren per Tandemlauf zum sehr viel schnelleren Tragen der Nestgenossinnen durch einen Anstieg der Individuenzahl am neuen Nestplatz ausgelöst. Wie Stephen Pratt von der Arizona State University und seine Mitarbeiter feststellten, muss erst ein Quorum von Nestgenossinnen am neuen Platz erreicht sein, ehe die Kundschafterinnen beginnen, Arbeiterinnen, Königin und Brut vom alten Nest zum neuen zu tragen. Dieses Quorum ist unbedingt erforderlich, wenn eine Kolonie den besten verfügbaren Nestplatz wählen soll, selbst wenn nur wenige Kundschafterinnen in der Lage waren, die Plätze direkt miteinander zu vergleichen. Hier haben wir einen weiteren eindeutigen Nachweis dafür, dass Insektensozietäten Verhaltensentscheidungen auf Kolonieebene treffen, und zwar aufgrund dezentraler Interaktionen relativ weniger Individuen.

So einfach und effizient dieses Entscheidungssystem erscheint – es ist alles andere als vollkommen. Sobald ein neuer Ort für das Nest für besser befunden wurde, und besonders wenn es am alten Nestplatz zu Störungen gekommen ist, ziehen die Kolonien bereitwillig aus intakten Nestern aus. So kann es geschehen, dass die Kolonie eine nur annehmbare Bleibe wählt und nicht etwa die bestmögliche. Immerhin ist für das Aufgeben eines intakten Nestplatzes in guter Lage zugunsten eines noch besseren eine höhere Zahl von Kundschafterinnen erforderlich, die den neuen Platz befürworten, ehe die Umsiedlung beginnt, als wenn ein gestörter Platz verlassen werden soll. So wird mit größerer Wahrscheinlichkeit die beste Wahl getroffen.

Wir haben die Untersuchungen an den *Temnothorax*-Kolonien ausgewählt, um die kollektiven Entscheidungsprozesse beim Kolonieumzug darzustellen, denn diese sind hier am besten erforscht. Bei vielen Ameisenarten jedoch sind die Kolonieumsiedlungen ungleich komplexer und stellen die Ameisenkolonien vor größere Kommunikations- und Logistikprobleme, die es zu lösen gilt. In den meisten Fällen wissen wir noch nicht, wie die Ameisen diese Aufgaben bewältigen.

Die meisten untersuchten Ameisenarten verwenden beim Nestumzug spezielle Rekrutierungssignale und das Rekrutieren von Rekrutiererinnen zu Beginn der Auswanderungsphase scheint weit verbreitet. Nur wenige Arten benutzen jedoch den Tandemlauf. Außer bei den *Temnothorax*- und *Leptothorax*-Arten ist dieses Verhalten bei einigen Arten der Ponerinae bekannt, sowie bei einigen *Camponotus*- und *Polyrhachis*-Arten, die zu den Formicinae gehören.

Bei Ameisenarten, die in Kolonien von Zehntausenden und mehr Individuen leben, bringt der Nestumzug natürlich wesentlich größere logistische Probleme mit sich. Wie das bewerkstelligt wird, hat Hölldobler bei den Ernteameisen *Pogonomyrmex barbatus* und *P. rugosus* untersucht. Die Kolonien leben in komplexen unterirdischen Neststrukturen und bauen vielgestaltige, miteinander verbundene Tunnel und Nestkammern, die zum Teil auch als Kornkammern für eingetragene Pflanzensamen dienen. Ehe eine Kolonie auswandern kann, muss ein neues Nest bereits so weit gebaut sein, dass es den größten Teil der Nestpopulation aufnehmen kann. Der Prozess wird durch Kundschafterinnen initiiert, die Nestgenossinnen für einen geeigneten neuen Nestplatz rekrutieren, der sich gewöhnlich zehn oder mehr Meter entfernt befindet. Dazu legen sie eine Spur mit einem Sekret aus der Giftdrüse. Bald danach fangen die Ameisen am neuen Platz an zu graben und es entwickelt sich ein reger Arbeiterinnenverkehr zwischen den beiden Orten. Zur Beschleunigung des Verkehrs wird eine Ameisenstraße angelegt. Höchstwahrscheinlich enthalten die chemischen Markierungen kurzzeitige Rekrutierungspheromone aus der Giftdrüse und koloniespezifische Kohlenwasserstoffmischungen aus der Dufourschen Drüse, einer Anhangsdrüse des Stachelapparates. Nach ein bis zwei Wochen nimmt der Betrieb zwischen den beiden Nestplätzen weiter zu, wenn Arbeiterinnen und die Brut zum neuen Platz getragen werden. Der Verkehr fließt aber auch – vielleicht paradoxerweise – in umgekehrter Richtung, also in Richtung des alten Nestes. Schließlich aber kommt der Umzug richtig in Gang und Hunderte von Ameisen, viele mit Brut und geernteten Samen beladen, ziehen in Scharen ins neue Nest. Gelegentlich hat man dabei auch schon die Königin in der zweiten Umzugshalbzeit zu Fuß hinüberlaufen sehen, umgeben von ihrer Leibgarde.

Zwar benutzen *Pogonomyrmex*-Ernteameisen bei der Emigration hauptsächlich chemische Spuren zur Rekrutierung, doch die Rekrutierung durch Tragen erwachsener Tiere spielt ebenfalls eine wichtige Rolle. Soziales Trageverhalten tritt auch bei den meisten anderen Ameisenarten auf, und zwar in verschiedenen Zusammenhängen. Meistens wird es aber beim Umzug von einem Nestplatz zum anderen eingesetzt. Das Verhaltensmuster zum Transport erwachsener Tiere ist stereotyp und zeigt spezifische Varianten für die verschiedenen taxonomischen Gruppen. Während sich bei den meisten Arten der Formicinae (Schuppenameisen) – eine Ausnahme machen beispielsweise die Weberameisen der Gattung *Oecophylla* – die getragenen Tiere in Rückenlage unter dem Kopf der Trägerin einrollen (Tafel 136), wenden die meisten Arten der Knotenameisen (Myrmicinae) und Ectatomminae eine Tragetechnik an, bei der sich der Körper des getragenen Tieres über den Kopf der Trägerin biegt (Tafel 137). In beiden Fällen klappt das transportierte Tier seine Gaster (letzter Abschnitt des Hinterleibes) einwärts und legt die Gliedmaßen eng an den Körper. Es gibt jedoch auch hier ein paar Ausnahmen. Einige Ernteameisenarten der Gattung *Pogonomyrmex*, *P. badius*, *P. barbatus* und *P. rugosus*, halten sich nur selten an die für Knotenameisen typische Tragehaltung, sondern greifen auf urtümliche Techniken zurück, indem sie das zu transportierende Tier an einem beliebigen Körperteil ergreifen, hochheben und mitnehmen. Eine Ameise, die so gefasst wird, legt die Gliedmaßen an den Körper an. Dieses Transportverhalten ist auch bei den anatomisch primitiveren Myrmeciinen, den Bulldogenameisen in Australien und einigen Urameisen-(Ponerinae-)Arten beobachtet worden. Bemerkenswert ist, dass wenigstens einige andere *Pogonomyrmex*-Arten, darunter *P. maricopa* und *P. californicus*, erwachsene Tiere nach dem Verhaltensmuster anderer Myrmicinae transportieren, wie man es auch bei Ameisenarten der Unterfamilie der Ectatomminae beobachten kann.

Von Ameisenarten, die viel Arbeit in eine aufwendige Nestkonstruktion stecken, kann man erwarten, dass sie relativ sesshaft sind und ihre hochwertige Immobilie, die sie mit der Zeit aufgebaut haben, nicht so leicht aufgeben. Tatsächlich haben wir auch keine Belege dafür, dass reife Honigtopfameisenkolonien der Gattung *Myrmecocystus* ihre Behausung wechseln. Diese Arten bauen zahlreiche unterirdische Brut- und Vorratskammern. In letzteren lebt dicht gedrängt die Kaste der Speicherarbeiterinnen als „lebende Honigtöpfe". Die Bodenständigkeit der Kolonien lässt sich nicht einmal erschüttern, wenn der Wüstendachs in die Nester einbricht, um die Honigtöpfe zu plündern.

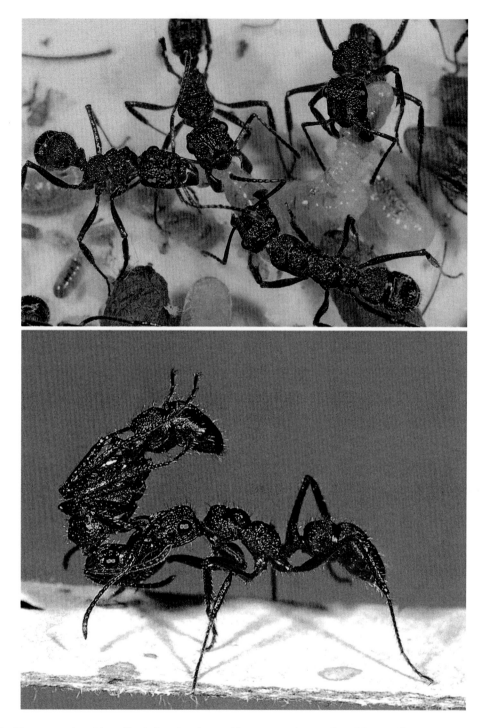

TAFEL 137. Beim Nestumzug der südamerikanischen Ameisenart *Ectatomma ruidum* werden nicht nur die Larven und Puppen von den Umzugsameisen in das neue Nest transportiert (*oben*) sondern auch die jungen Arbeiterinnen (*unten*). Diese Trageweise ist typisch für Ameisen der Unterfamilien der Ectatomminae und Myrmicinae, aber sie kann auch bei anderen Arten vorkommen. (© Bert Hölldobler.)

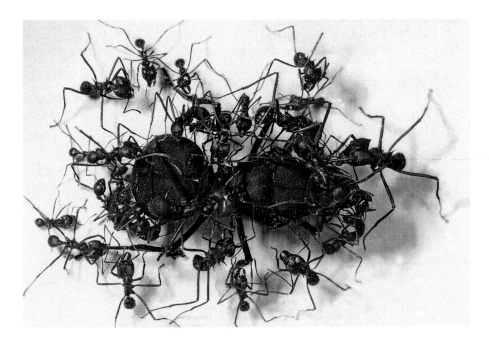

TAFEL 138. Nur selten kann man die Königin einer Kolonie der Blattschneiderameisen außerhalb des Nestes sehen. Das ist nur bei den relativ seltenen Kolonieumzügen der Fall. Aber auch dann ist die Königin stets von einer Schar von Arbeiterinnen umgeben, die sie beschützen, wie man in diesem Bild von *Atta sexdens* sehen kann. (© Bert Hölldobler.)

Und doch gibt es Ameisenarten mit großen Nestern, die den Standort wechseln, allerdings weniger häufig als die Mehrzahl der Arten, die weniger in ihre Nester investiert haben. Am bemerkenswertesten sind dabei die *Atta*-Blattschneiderameisen. Sie besitzen die größten und aufwendigsten Nestbauten, die in der Ameisenwelt bekannt sind. Viele *Atta*-Kolonien verbringen ihre gesamte Lebensdauer von 10 bis 20 Jahren in demselben Nest (Tafel 138). Allerdings hat Hubert Herz, ein ehemaliger Doktorand von Hölldobler in Würzburg, der seit vielen Jahren an der Smithsonian Institution in Panama forscht, beobachtet, dass einige große Kolonien zu neuen Nestplätzen umsiedeln und dabei Entfernungen zwischen 33 und 258 m zurücklegen. Bei einer *Atta colombica*-Population auf der zu Panama gehörenden Insel Barro Colorado hat er beobachtet, dass in einem Jahr 25 % der Kolonien den Standort wechselten. Die Gründe für diese unerwartet hohe Zahl sind noch nicht geklärt. Die Nester lagen alle recht dicht beieinander. Es ist also denkbar, dass Aggression zwischen den benachbarten Kolonien zu der hohen Umzugsrate beigetragen hat. Denkbar ist aber auch, dass Parasiten wie der Pilz *Escovopsis* die Pilzgärten der Kolonien befallen haben und nur noch ein Umzug die Kolonien vor dem Untergang retten konnte.

|| Tafel 139. Um bei Überschwemmungen ihres Biotopes zu überleben bilden Feuerameisen (*Solenopsis invicta*) aus ihren Körpern lebende Flöße. Die zahlreiche Luftblasen an ihren Körpern machen das Schwimmen auf dem Wasser möglich (siehe auch Tafeln 4 und 5). (Mit freundlicher Genehmigung von Nathan Molt und David Hu, Georgia Institute of Technology.)

15

WIE AMEISEN IHRE
UMWELT KONTROLLIEREN

Durch Massenaktionen und Arbeitsteilung unter den Arbeiterinnen sind Ameisenkolonien in der Lage, ihre Umwelt auf vielfältige Weise zu kontrollieren, zu verändern oder mit Umweltkatastrophen fertig zu werden. Ein erstaunliches Beispiel haben wir bereits in Kapitel 1 kennengelernt, das hier nochmals kurz erwähnt werden soll. Bei Überflutung ihres Nestes sind Ameisen befähigt, die Kolonie vor dem Ertrinken zu retten, indem sich die Arbeiterinnen eng miteinander verhaken, um so mit ihren Körpern lebende Flöße zu bilden. Besonders gut ist dieses kollektive Verhalten bei den Roten Feuerameisen untersucht (Tafel 139; siehe auch Tafel 5 und 6). Auf diese Weise können Feuerameisenkolonien über viele Tage hinweg Flutkatastrophen überleben. Die Regelung ihrer Umgebungstemperatur, eine wichtige Voraussetzung für ihren Erfolg, ist eines der besten Beispiele für die soziale Leistungsfähigkeit der Ameisen. Aus Gründen, die nach wie vor unbekannt sind, sind diese Insekten auf ungewöhnlich hohe Temperaturen angewiesen. Mit Ausnahme der primitiven australischen *Prionomyrmex macrops* und ein paar wenigen anderen Arten der kalt gemäßigten Zone sind Ameisen unter 20 °C kaum und unter 10 °C überhaupt nicht funktionsfähig. Ihre Artenvielfalt nimmt von den Tropen zu den nördlich gemäßigten Breiten stark ab. Ameisenkolonien, egal welcher Art, kommen selten in den schattigen Regionen alter, nördlich gelegener Nadelwälder vor und nur sehr wenige, an Kälte angepasste Arten leben in der Tundra. Auf Island, Grönland oder den Falklandinseln lebt keine einzige einheimische Art. Ameisen kommen auch kaum auf den dichtbewaldeten Berghängen in den Tropen oberhalb 2500 m vor. Dagegen bevölkern unzählige Ameisenarten die heißesten und trockensten Gebiete der Erde, von der Mojavewüste und der Sahara bis zur Zentralwüste Australiens.

In kühlen Lebensräumen suchen Ameisen die Wärme für die Aufzucht ihrer Larven. Deshalb halten sich die meisten Kolonien in der kalt gemäßigten Zone unter Steinen auf und darum findet man auch ganze Kolonien mit der Königin in der Nähe der Erdoberfläche am einfachsten, indem man Steine umdreht, vor allem während der Frühlingszeit, wenn der Boden sich langsam erwärmt. Steine haben hervorragende thermoregulatorische Eigenschaften, besonders wenn sie flach sind und nur eine geringe Auflage haben, sodass ein Großteil ihrer Oberfläche der Sonne ausgesetzt ist. Wenn es trocken ist, besitzen sie eine geringe spezifische Wärmekapazität das heißt, es bedarf nur wenig Sonnenenergie, um ihre Temperatur zu erhöhen. Daher wärmen sich Steine und die darunterliegende Erde im Frühjahr, wenn Ameisenkolonien den größten Bedarf haben, um wieder aktiv zu werden, schneller durch die Sonne auf, als der umgebende Erdboden. Der resultierende Temperaturunterschied ermöglicht den Arbeiterinnen eher auf Futtersuche zu gehen, die Königin kann früher Eier legen und die Larven entwickeln sich schneller als die ihrer Konkurrentinnen, die in reinen Erdnestern leben. Dasselbe thermoregulatorische Prinzip gilt auch für die Zwischenräume unter der Rinde verrottender Baumstümpfe und umgefallener Baumstämme. Während des Frühjahrs sammeln sich die Königin, ihre Arbeiterinnen und die Brut an diesen Stellen und ziehen sich nur bei Überhitzung der äußeren Kammern über Gangsysteme in das kühle Innere des Holzes zurück.

Tropische Ameisenarten kommen in den Regenwäldern fast immer in den Genuss von ausreichend Wärme und bevorzugen deshalb ganz andere Nestplätze. Die meisten von ihnen leben in kleinen, verrottenden Holzstücken, die auf dem Boden liegen. Ein paar Arten haben ihre Nester in Büschen, Bäumen oder in vermodernden Baumstämmen, und eine noch geringere Anzahl von Arten lebt ganz in der Erde. Steine werden nur selten von den Ameisen als Schutz gewählt.

Die völlige Anpassung an das Bodenleben ermöglicht den Ameisen auf besondere Weise, ihre Umgebungstemperatur in stündlichen Abständen zu regulieren. Normalerweise graben sie ihre Nester unter Steinen oder von der blanken Erde aus senkrecht in den Boden; oder ihre Nester führen durch Risse unterhalb der Rinde von vermoderndem Holz ins Innere und sind in dem der Erde zugewandten Teil des Kernholzes angelegt. Dieser Aufbau gewährleistet, dass die Arbeiterinnen die Eier, Larven und Puppen schnell in die Kammern des Nestes bringen können, die für ihr Wachstum am besten geeignet sind. Die Kolonien der meisten Arten halten ihre Brut in den wärmsten Kammern zwischen 25 und 35 °C, sofern so hohe Temperaturen herrschen.

In extrem heißen Gegenden bieten Erdnester auch einen Schutz gegen Überhitzung der Ameisen. Sogar Wüstenspezialisten sterben, wenn man sie dazu zwingt, mehr als zwei bis drei Stunden in der Sommerhitze zu verbringen. Ameisen sterben innerhalb von wenigen Minuten oder sogar Sekunden, wenn die Bodentemperatur mehr als 50 °C erreicht, wie es in manchen Wüstengegenden der Fall ist. Trotzdem gelingt es Ameisen, hier zu gedeihen, indem sie ihre Nester tief in der Erde bauen, wo die Temperaturen selbst an heißesten Tagen (für die Ameisen) angenehm sind und um die 30 °C betragen.

Eine bemerkenswerte Klimaregulierung haben Ameisen entwickelt, die Hügelnester bauen. Bei diesen Bauten handelt es sich um weit mehr als reine Erdhaufen, die als große überirdische Behausungen dienen. Sie sind kompliziert angelegt, haben eine symmetrische Form und sind reich an organischem Material. Sie sind von einem dichten System miteinander verbundener Galerien und Kammern durchzogen und oft mit Blattstücken oder Zweigen bedeckt oder mit Steinchen und Kohlestückchen übersät. Bei richtigen Ameisenhügeln handelt es sich um überirdische Städte, die von Ameisen und ihrer Brut bevölkert sind. Man findet sie am häufigsten in Lebensräumen, die extremen Temperatur- und Luftfeuchtigkeitsbedingungen ausgesetzt sind, wie in Sümpfen, Flussbänken, Nadelwäldern und Wüsten.

Die großen Ameisenhügel, die von Ameisen der Gattung *Formica* in der kalt gemäßigten Zone gebaut werden, sind bisher am besten untersucht worden. Diese riesigen Bauten der rotschwarzen Waldameisen, wie die von *Formica polyctena* und nahe verwandten Arten, sind ein vertrauter Anblick in den Wäldern Nordeuropas. Die Ameisenhügel erreichen eine Höhe von bis zu 2 m und sind so konstruiert, dass sie die Temperatur im Inneren erhöhen, sodass die Ameisen im Frühjahr zeitiger auf Futtersuche gehen und schneller eine neue Brut aufziehen können. Der äußere, krustenähnliche Mantel reduziert den Wärme- und Feuchtigkeitsverlust; gleichzeitig vergrößert er die Oberfläche des Nestes für die auftreffende Sonneneinstrahlung. Die Hügel mancher *Formica*-Arten haben außerdem verlängerte, Richtung Süden exponierte Seiten, über die die Aufnahme der Sonnenenergie noch verstärkt wird. Diese Hügelseiten sind so zuverlässig nach Süden ausgerichtet, dass die Bewohner der Alpen die Nester über Jahrhunderte hinweg als groben Kompass benutzt haben. Zusätzliche Wärme entsteht durch die Zersetzung von Pflanzenmaterial, das im Inneren des Hügels angesammelt wurde, und durch den Stoffwechsel von mehreren Zehntausend Arbeiterinnen, die in den überfüllten Nestkammern arbeiten.

Einige Ameisenarten wie die Ernteameise *Pogonomyrmex*, die in den amerikanischen Wüsten und Steppen vorkommt, dekorieren ihre Hügel mit allerlei kleinen Steinchen, trockenen Blattstückchen und anderem Pflanzenmaterial wie auch

Kohlestückchen. Diese Materialien heizen sich in der Sonne sehr schnell auf und speichern die Sonnenenergie. Sie machen die Nestoberfläche auch wasserdurchlässig, sodass das Wasser bei heftigen Regengüssen zwar eine Zeit lang auf dem harten Wüstenboden stehen bleibt, aber um die Nester der Ernteameisen herum im Boden versickert. Besonders vor einem Gewitterregen kann man die Ameisen beim emsigen Steinchensammeln beobachten (Tafel 140). Auch in den Hochebenen Afghanistans verteilen *Cataglyphis*-Kolonien auf ihren Hügeln kleine Steine. Diese Gewohnheit könnte der Ursprung für die von Herodot und Plinius überlieferte Legende von den goldschürfenden Ameisen sein. Herodot gibt das Vorkommen goldschürfender afghanischer Ameisen in der Nähe von Kaspatyros im Lande der Paktyiker an, bei dem es sich entweder um das heutige Kabul oder um die nahegelegene Stadt Peshāwar gehandelt hat. Es ist allgemein bekannt, dass in diesem Teil Afghanistans Gold im Gestein und den alluvialen Erdschichten zu finden ist, und es wäre durchaus möglich, dass die Ameisen Goldkörner zusammen mit Steinchen zur Temperatur- und Feuchtigkeitsregulierung an die Oberfläche gebracht haben. Auf ähnliche Weise dekorieren *Pogonomyrmex*-Ameisen im Westen der Vereinigten Staaten Teile ihrer Nestoberfläche regelmäßig mit fossilen Knochen kleiner Säugetiere. Paläontologen inspizieren zu Beginn ihrer Expeditionen routinemäßig diese Ameisenhügel, um zu sehen, ob in der Nähe noch irgendwelche Skelette vergraben sind.

Die größte Gefahr, der Ameisen jedoch in ihrer Umwelt ausgesetzt sind, ist nicht übermäßige Hitze, Kälte oder Nässe – viele Ameisen können stunden- oder sogar tagelang unter Wasser überleben, denken Sie an die lebenden Rettungsflöße der Feuerameisen –, sondern Trockenheit. Die Kolonien der meisten Arten brauchen in ihren Nestern eine höhere Luftfeuchtigkeit, als gewöhnlich außerhalb des Nestes herrscht, ja sie gehen innerhalb weniger Stunden zugrunde, wenn sie sehr trockener Luft ausgesetzt sind. Deshalb wenden Ameisen verschiedenartigste, darunter einige seltsam anmutende Techniken an, um die Luftfeuchtigkeit in ihren Nestkammern anzuheben und zu regulieren. Ameisenhügel scheinen beispielsweise so konstruiert zu sein, dass sie neben der Temperatur auch die Luft- und Erdfeuchtigkeit in erträglichen Grenzen halten. Der dicke Mantel mit seiner Auflage reduziert die Verdunstung; außerdem transportieren die Ammenarbeiterinnen die Brut über senkrechte Transportschächte auf- und abwärts, damit sie einer optimalen Luftfeuchtigkeit ausgesetzt sind. Sie legen die empfindlichen Eier und Larven in feuchtere, die Puppen dagegen in trockenere Kammern, welche sich normalerweise näher an der Erdoberfläche befinden.

TAFEL 140. Nach heftigen Regengüssen in den Steppenwüsten von Arizona kann das Wasser im harten Wüstenboden nur sehr langsam versickern. Nur im Bereich der Nester von Ernteameisen verschwindet das Wasser relativ schnell im Boden, denn die Lücken um die vielen Steinchen, die das Nest bedecken, fangen das Wasser auf und lassen es in das Nest eindringen. In diesen ariden Zonen ist es wichtig, Bodenfeuchtigkeit zu gewinnen, bevor das Wasser auf der warmen Oberfläche verdunstet. (© Bert Hölldobler.)

TAFEL 141. Eine Arbeiterin von *Pachycondyla villosa* trägt einen Wassertropfen in das Nest, wo das Wasser unter den Nestgenossinnen verteilt und an die Wände und auf den Boden gespritzt wird, um die Luftfeuchtigkeit im Nest zu erhöhen. (© Bert Hölldobler.)

Die riesige Jagdameise *Pachycondyla villosa*, die von Mexiko bis Argentinien vorkommt, praktiziert eine völlig andere Form der Luftfeuchtigkeitsregelung. Während der Trockenzeit sind Kolonien, die in ariden Gebieten leben, ständig der Gefahr der Austrocknung ausgesetzt. Arbeitertrupps suchen immer wieder Pflanzen in der Umgebung auf, um dort Tau zu sammeln, oder sie nehmen irgendwo anders Wasser auf. Sie sammeln Wassertropfen zwischen ihren weit geöffneten Kiefern und bringen sie ins Nest, wo sie ihre durstigen Nestgenossinnen etwas von dem überschüssigen Wasser trinken lassen (Tafel 141). Das übrige Wasser wird dann an die Larven weitergegeben, auf die Kokons und unmittelbar auf dem Boden verspritzt. Mit dieser Eimerbrigade halten die *Pachycondyla*-Arbeiterinnen das Innere ihres Nestes wesentlich feuchter als das umgebende Erdreich.

Eine seltsame Art, Wasser zu sammeln, wird von der asiatischen Jagdameise *Diacamma rugosum* angewandt. In den trockenen Buschwäldern Indiens verzieren

347

die Arbeiterinnen ihre Nesteingänge mit stark absorbierenden Gegenständen wie Vogelfedern oder toten Ameisen. In den frühen Morgenstunden wird der Tau, der sich darauf niederschlägt, von den *Diacamma*-Arbeiterinnen eingesammelt. Während der Trockenzeit scheinen diese Tautropfen die einzige Wasserquelle für die Ameisen zu sein.

Wieder eine andere und genauso merkwürdige Form der Feuchtigkeitsregulierung ist das „Tapezieren" von *Prionopelta amabilis*, einer winzigen, primitiven ponerinen Ameisenart, die in den Regenwäldern Mittelamerikas vorkommt. Die Kolonien bauen ihre Nester normalerweise in umgefallenen Baumstämmen und anderen vermodernden Holzstücken auf dem Waldboden, Material, das die meiste Zeit des Jahres mit Wasser gesättigt ist. Die kleinen Ameisen haben also mit genau dem umgekehrten Problem wie die ponerinen Ameisen in den trockenen Savannenwäldern zu tun. Zu viel Oberflächenfeuchtigkeit kann die Entwicklung der heranwachsenden Tiere beeinträchtigen. Die Eier und Larven können auf den nackten, feuchten Holzoberflächen gehalten werden, aber die Puppen brauchen eine trockenere Umgebung. Die Arbeiterinnen lösen das Problem, indem sie einige der Kammern und Galerien mit Kokonresten auskleiden, aus denen kurz zuvor erwachsene Tiere geschlüpft sind. Manchmal werden mehrere Lagen übereinandergestapelt. Diese Räume haben trockenere Oberflächen als die anderen Kammern und die Arbeiterinnen sind stets bestrebt, die Puppen hierherzubringen.

Eine andere Entwässerungstechnik wurde in Malaysia bei einer Ameisenart beobachtet, die in den Hohlräumen der Internodien von einer Riesenbambuspflanze lebt. Bei heftigen Regenfällen kann es in diesen Behausungen zu Überschwemmungen kommen. Die Ameisenbewohner *Tetraponera attenuata* trinken das Wasser und spucken es vor dem Nestausgang wieder aus. In anderen Fällen hat man beobachtet, dass die Ameisen eingedrungenes Regenwasser trinken und nach einiger Zeit in Form von großen Tropfen als Urin außerhalb des Nestes ausscheiden. Dabei nehmen sie eine merkwürdige Stellung ein: Sie stehen an der senkrechten Außenwand des Bambusrohres mit dem Kopf nach unten und den Hinterleib nach vorne gebogen und stoßen dabei einen großen Flüssigkeitstropfen aus der Hinterleibsöffnung aus, der frei durch die Luft nach unten fällt. Sollten die Wassermengen so groß werden, dass die Feuchtigkeit der Nester nicht mehr reguliert werden kann, dann ziehen die Kolonien einfach aus oder schwimmen in lebenden Flößen davon, wie wir das bereits geschildert haben.

Nester, die sich in der feuchten Erde oder im modernden Holz befinden, sind ideale Brutstätten für zahllose Bakterien und Pilze, die die Gesundheit der Ameisen beeinträchtigen können. Trotzdem werden Ameisenkolonien selten von Bakterien oder Pilzen befallen. Die Ursache für diese bemerkenswerte Resistenz entdeckte Ulrich Maschwitz. Er fand heraus, dass aus den Metapleuraldrüsen im Vorderleib der Ameisen ständig Sekrete abgegeben werden, die Bakterien und Pilze abtöten. Interessanterweise ist der Pilz, den die Blattschneiderameise *Atta* züchtet, davon nicht betroffen, während alle anderen Pilz- und Bakterienstämme vernichtet werden, bevor sie sich in den Pilzgärten von *Atta* ausbreiten können.

Ameisen haben insgesamt eine Vorrangstellung in vielen Landlebensräumen erreicht, die sonst nur von wenigen anderen Insektengruppen genutzt werden. Durch ihr so zahlreiches Vorkommen sind sie nicht nur in der Lage, die Umweltbedingungen in ihrem Nest, sondern ihre gesamten Lebensräume zu verändern. Einen besonders starken Einfluss auf ihre Umwelt haben Ernteameisen, das heißt Ameisenarten, die sich unter anderem regelmäßig von Samen ernähren. Sie vertilgen in nahezu allen Landlebensräumen, von den tropischen Regenwäldern bis zu den Wüstengebieten, einen hohen Prozentsatz der Samen vieler Pflanzenarten. Der Einfluss der Tiere ist aber nicht nur negativ. Oft verlieren sie nämlich beim Eintragen Samenkörner und leisten so einen Beitrag zur Verbreitung der Pflanzen. Damit gleichen sie, zumindest teilweise, den Schaden aus, den sie durch ihren Samenraub verursachen.

„Geh und nimm dir ein Beispiel an den Ameisen, Du Faulpelz", so pries Salomon den Fleiß der Ameisen, den sie beim Einsammeln von Samen und bei der Vorratshaltung ihrer überschüssigen Ernte in ihren unterirdischen Kornkammern zeigen. Da die Schreiber der Antike in trockenen Mittelmeergegenden lebten, wo dieses umsichtige Verhalten besonders gut entwickelt ist, waren ihnen die Ernteameisen wohlbekannt. Sie kannten wahrscheinlich *Messor barbarus*, eine Art, die im Mittelmeerraum und bis in den Süden Afrikas vorherrschend ist, *M. structor*, die in Afrika nicht vorkommt, aber überall von Südeuropa bis Java verbreitet ist, und *M. arenarius*, die in den Wüstengegenden Nordafrikas und des Nahen Ostens häufig ist. Diese mittelgroßen, auffallenden Ameisen sind oft schlimme Getreideschädlinge, und höchstwahrscheinlich handelt es sich um diese Arten, auf die Salomon, Hesiod, Aesop, Plutarch, Horaz, Virgil, Ovid und Plinius verweisen.

Die ersten Ameisenforscher der Neuzeit, vom frühen 16. bis zum Beginn des 18. Jahrhunderts, zweifelten die Angaben der klassischen Schriftsteller an, trotz der langen Liste der Autoren, die immer wieder davon berichteten, doch auch verständlicherweise, da sich ihre Erfahrung ausschließlich auf Nordeuropa beschränkte, eine der wenigen Gegenden, wo dieses Phänomen kaum auftritt. Als sich europäische Naturforscher näher mit den Ameisen wärmerer, trockenerer Regionen befassten, bestätigten auch sie das Vorkommen von Ernteameisen. Während einer Südfrankreichreise um 1870 untersuchte der amerikanische Ameisenforscher und Pfarrer John Traherne Moggridge eingehend den Sameneintrag der beiden Arten *M. barbarus* und *M. structor* und stellte fest, dass die Ameisen Samen von mindestens 18 verschiedenen Pflanzenfamilien sammeln. Er bestätigte die Berichte von Plutarch und anderen klassischen Autoren, wonach die Arbeiterinnen die Keimwurzeln abbeißen, um die Keimung zu verhindern, und dann die inaktivierten Samen in Speicherkammern im Nest aufbewahren. In einem äußerst modern anmutenden Nachtrag wies Moggridge nach, dass die Ernteameisen eine wichtige Rolle bei der Pflanzenverbreitung spielen, indem sie unbeabsichtigt keimfähige Samen in der Nähe des Nestes verlieren oder es versäumen, diese zu inaktivieren, sodass sie in den Nestkammern keimen.

Im letzten Jahrhundert haben Biologen, die nach Moggridge folgten, die Lebensweise der Ernteameisen in fast allen ihren Verbreitungsgebieten, von Eurasien, Afrika und Australien bis Nord- und Südamerika, genau untersucht. Als wichtiges Ergebnis festzuhalten ist, dass die Ameisen das Vorkommen und die lokale Verbreitung der Blütenpflanzen nachhaltig verändern. Besonders stark macht sich ihr Einfluss in Wüstengebieten, Savannen und anderen trockenen Gegenden bemerkbar, wo ihre Sammelaktivität besonders hoch ist. Die Tiere können bei manchen konkurrierenden Pflanzenarten ausschlaggebend für die Vorherrschaft einer Art sein, während sie bei anderen für ein zahlenmäßiges Gleichgewicht sorgen. So verändern sie die Verteilung der lokalen Pflanzenarten.

Durch die Erntetätigkeit der Ameisen wird sowohl die Biomasse der Pflanzen als auch ihr Fortpflanzungserfolg beeinträchtigt. Untersuchungen, die von dem amerikanischen Wissenschaftler James Brown und anderen Ökologen in der Wüste von Arizona durchgeführt wurden, ergaben, dass einjährige Pflanzen, von denen man auf Versuchsflächen die Ameisen entfernt, innerhalb von nur zwei Jahren doppelt so dicht wie sonst wachsen. In ähnlichen Experimenten, die Alan Andersen in Australien durchführte, nahm die Zahl der Sämlinge um das 15-Fache zu.

Ernteameisen verhelfen den betroffenen Pflanzen aber auch häufig zu einer weiträumigeren Verbreitung, als es sonst der Fall wäre. In der Wüste Arizonas sind viele Pflanzensamen so lange keimfähig, bis sie auf den Abfallhaufen in der Nähe der Ernteameisennester Wurzeln schlagen. Auf diese Weise werden bestimmte Pflanzenarten von einem Nest zum anderen über die ganze Wüste verbreitet. Man könnte sagen, dass diese Pflanzen mit den Ernteameisen in einer lockeren Symbiose leben. Die Pflanzen treten einen bestimmten Anteil ihrer Samen an die Ameisen ab; im Gegenzug wird ein anderer Teil ihrer Samen in die Umgebung der Nester gebracht, die reich an Nährstoffen und nahezu ohne Konkurrenten sind.

Diese unbeabsichtigten Eingriffe der Ernteameisen haben enorme Auswirkungen auf das Überleben bestimmter Pflanzen. Sie sind die Schlüsselarten, die allein durch ihr Vorkommen darüber entscheiden, welche Pflanzen gedeihen und welche keine Chance haben werden. In den Getreideanbaugebieten der tropischen Tiefebenen Mexikos verringern Feuerameisen (*Solenopsis geminata*) die Unkrautdichte; außerdem reduzieren sie die Anzahl der Insektenarten auf den Anbaupflanzen um ein Drittel. Die Ameisen ziehen bestimmte Samenarten anderen vor. Dadurch werden ein paar Pflanzenarten vorherrschend, während ihre Konkurrenten ausgerottet werden. In anderen Fällen stellt sich ein Gleichgewicht ein: Pflanzen, die normalerweise ihre Konkurrenten verdrängen würden, werden durch die Ameisen auf so niedrigem Niveau gehalten, dass alle Arten beständig nebeneinander existieren können.

Der Sameneintrag mit seinen unbeabsichtigten Konsequenzen stellt nur eine von vielen Symbiosen dar, die zwischen Ameisen und Pflanzen seit über 10 Mio. Jahren bestehen. In der mittleren Kreidezeit, als die Dinosaurier noch die Kontinente bevölkerten, entwickelten sich die ersten primitiven sphecomyrminen und ponerinen Ameisen; zur selben Zeit entstand eine Vielfalt neuer Blütenpflanzen, die sich auf der ganzen Welt als neue, vorherrschende Pflanzenform ausbreiteten. Insgesamt begann damals die Entwicklung einer komplexen Coevolution zwischen Pflanzen und Insekten. Viele Pflanzenarten waren bei ihrer Bestäubung von Motten, Käfern, Wespen und anderen Insekten abhängig geworden und eine noch größere Anzahl von Insektenarten ernährte sich von Nektar und Pollen, den sie während der Bestäubung aufnahmen. Andere Heerscharen von Insekten fraßen die Blätter oder das Holz der Blütenpflanzen. Die Pflanzen entwickelten als Reaktion darauf in unterschiedlichem Maße verdickte Blattoberflächen, dichte Dornen und Haare und chemische Verteidigungsmittel wie Alkaloide und Terpene, darunter chemische Stoffe, die wir heute in kleinen Dosen als Medizin, Schädlingsvertilgungsmittel, Drogen oder Gewürze verwenden.

Während dieser ereignisreichen Phase der Coevolution gegen Ende der Kreidezeit erschienen die Ameisen auf der Bildfläche. Ihre Artenzahl und Häufigkeit nahm zu, sie übernahmen neue Rollen als Bestäuber und Samenverbreiter und machten sich Pflanzenteile als Nestplätze zu eigen. Wenn ein Insektenforscher in die Zeit unmittelbar nach der Kreidezeit vor ungefähr 60 Mio. Jahren zurückkehren könnte, sähe er bekannt aussehende Ameisen auf vertraut aussehenden Pflanzen herumlaufen.

Im Zusammenleben von Tausenden von Ameisen und Pflanzen bildeten sich komplexe Symbiosen. Heutzutage sind diese Beziehungen häufig parasitisch, wobei die Ameisen die Pflanzen ausnutzen, ohne eine Gegenleistung zu bieten. Andere Symbiosen sind kommensalistisch, das heißt ein Partner bedient sich eines anderen, wie bei den Ameisen, die in toten, hohlen Ästen von Bäumen und Büschen leben, ohne der Pflanze dabei Schaden zuzufügen oder ihr zu nutzen. Von größerem allgemeinem Interesse sind jedoch die mutualistischen Symbiosen, von denen beide Partner profitieren. Ameisen benutzen Höhlen, die von Pflanzen bereitgestellt werden, als Nestplätze und ernähren sich von Nektar und Nährkörperchen. Als Gegenleistung schützen sie ihre Wirtspflanzen vor Pflanzenfressern, verbreiten ihre Samen und versorgen ihre Wurzeln mit Erde und Nährstoffen. Die Ameisenart und ihr Pflanzenwirt haben sich in einer Coevolution entwickelt, sodass beide auf die Angebote des Partners spezialisiert sind. Diese mutualistischen Interaktionen haben einige der seltsamsten und komplexesten evolutionären Entwicklungen hervorgebracht, die man in der Natur finden kann.

Ein klassisches Beispiel für die völlige gegenseitige Abhängigkeit ist die Symbiose zwischen Mitgliedern der Pflanzengattung *Acacia* in Afrika und im tropischen Amerika und den Ameisen, die auf ihnen leben. Zu den am besten untersuchten Symbiosen gehören die Büffelhornakazien und ihre Ameisen. Diese Akazien, die zu den vorherrschenden Büschen und Bäumen in den Trockenwäldern gehören, sind bestens ausgestattet, Ameisen Schutz zu bieten und sie zu ernähren. Ihre dicken, paarigen Dornen (die „Büffelhörner") sind gleichmäßig entlang den Ästen verteilt. Sie haben außen eine harte, gewölbte Schale, sind innen hohl und bieten so den Ameisen idealen Schutz. Nektarien an der Basis der gefiederten Blätter geben zuckerhaltige Lösungen ab. Wenn die Arbeiterinnen ihre Eingangslöcher verlassen, die sie in die Dornen gebissen haben, finden sie nur wenige Zentimeter entfernt die Nektarquellen. Neben diesen Annehmlichkeiten bieten die Akazien noch kleine, nahrhafte Körperchen, die Beltschen Körperchen, die aus den Blattspitzen wachsen und von den Ameisen leicht abgepflückt werden können (Tafel 142). Alles scheint darauf hinzudeuten, dass sich die Hauptbewohner dieser Akazien – schlanke, stechende Ameisen der Gattung *Pseudomyrmex* – ausschließlich vom Nektar und den Beltschen Körperchen ernähren können.

TAFEL 142. Die Büffelhornakazien der amerikanischen Tropen beherbergen Ameisen der Gattung *Pseudomyrmex*, mit denen sie in einer engen symbiotischen Beziehung stehen. *Oben:* Nesteingang. Im Vordergrund sieht man die runden extrafloralen Nektarien, von denen sich die Ameisen ernähren. *Unten:* Eine Ameise sammelt die nahrhaften Beltschen Körperchen von den Blattspitzen der Akazie. (Mit freundlicher Genehmigung von Dan Perlman.)

Als Gegenleistung werden die Akazien von den Ameisen vor Feinden geschützt. Sie sind nicht nur für den Erfolg der Pflanze, sondern sogar für ihr Überleben verantwortlich, wie der amerikanische Ökologe Daniel Janzen Anfang der 1960er-Jahre in Freilandexperimenten nachwies. Während seiner Untersuchungen in Mexiko stellte Janzen, der damals ein junger Doktorand war, fest, dass die Akazienbüsche und -bäume, auf denen sich keine *Pseudomyrmex*-Ameisen befanden, viel stärkere Fraßschäden von Insekten aufwiesen. Außerdem waren sie teilweise von konkurrierenden Pflanzen überwachsen. Als Janzen Bäume mit Insektiziden besprühte oder Äste und Dornen entfernte, die von *Pseudomyrmex* bewohnt waren, stellte er fest, dass diese Akazien daraufhin stärker von Insekten befallen wurden. Lederwanzen und Buckelzikaden saugten an neuen Triebspitzen und jungen Blättern, Blatthornkäfer, Blattkäfer und Raupen verschiedener Mottenarten fraßen an den Blättern und Prachtkäferlarven zerstörten durch Rindenfraß die jungen Triebe. Andere Pflanzen wuchsen dichter heran und beschatteten die verkümmerten Triebe.

In benachbarten, von Ameisen bewohnten Bäumen, die Janzen nicht manipuliert hatte, griffen die Ameisen die eindringenden Insekten an und verjagten oder töteten die meisten von ihnen. Fremde Pflanzenschösslinge, die in einem Radius von 40 cm um die Akazienstämme wuchsen, wurden von den Ameisen angefressen und so zugerichtet, dass sie abstarben. Tag und Nacht waren bis zu einem Viertel der Arbeiterinnen auf der Pflanze unterwegs und kontrollierten und säuberten ununterbrochen ihre Oberfläche.

Im Verlauf von Janzens Experiment wuchsen die Bäume, die von Ameisen bewohnt waren, kräftig heran, während die unbewohnten Bäume nach und nach zugrunde gingen. 1874 kam der Naturforscher Thomas Belt, der als erster diese Symbiose beschrieben hatte, zu dem Schluss, dass die *Pseudomyrmex*-Ameisen „von den Akazien als stehendes Heer gehalten werden". Diese Ansicht ist nun eindeutig bewiesen worden.

Überall auf der Welt gibt es in den tropischen Regenwäldern und Savannen ähnliche Symbiosen zwischen Ameisen und Pflanzen. Sie sind in den letzten Jahren zu einem bevorzugten Untersuchungsobjekt geworden. Ulrich Maschwitz und seine Mitarbeiter haben beispielsweise eine Reihe neuer Symbiosen in den Regenwäldern Malaysias entdeckt, die aus überraschend neuen Verbindungen zwischen Ameisen- und Pflanzenarten bestehen. Ähnliche Berichte kommen aus Afrika und Mittel- und Südamerika. Im Moment kennen wir mehrere Hundert Pflanzenarten aus über 40 Familien, die spezielle Strukturen besitzen, um Ameisen aufzunehmen. Viele bieten, wie die Akazien, Nektar und Nährkörperchen an. Zu den Familien gehören Schmetterlingsblütler wie die Akazien, Wolfsmilchgewächse, Färberwurzelarten, Melastomataceen und Orchideen. Die Ameisen dieser Symbiosen zeigen mit Hunderten von Arten aus fünf Unterfamilien eine ähnlich hohe Vielfalt.

Ameisen, die vollständig von ihrem Symbiosepartner abhängig sind, gehören zu den aggressivsten, die es gibt. Die großen unter ihnen, die sogar Säugetiere, einschließlich Menschen, angreifen, sind gut bewaffnet, schnell und angriffslustig. Sie verhalten sich, als ob sie nirgendwohin ausweichen könnten und mit dem Rücken zur Wand stünden; entsprechend groß ist ihre Bereitschaft, auf die kleinste Provokation extrem stark zu reagieren. Die Akazienameisen schwärmen beispielsweise sofort aus und erklimmen und stechen Arme und Hände, wenn man ihnen zu nahe kommt. Steht man in Windrichtung nah an einem Akazienbusch, rennen einige Arbeiterinnen, offensichtlich nur durch den Körpergeruch angelockt, zu den Blatträndern und versuchen, an einen heranzukommen. Größere und noch aggressivere *Pseudomyrmex*-Ameisen leben auf kleinen *Tachyglia*-Bäumen, die im Unterwuchs südamerikanischer Regenwälder vorkommen. Wenn man mit bloßer Haut einen *Tachyglia*-Zweig streift, ist es, als ob man Nesseln berührt hätte. Der Schmerz stammt in diesem Fall jedoch von einem Dutzend Ameisen, die sich auf den Körper stürzen, sofort zu stechen beginnen und sich festbeißen, bis man sie entfernt. Wenn wir zerstreut und, typisch für Naturforscher, oft ziemlich unvorsichtig durch das Dickicht des Regenwaldes liefen, spürten wir plötzlich das vertraute Brennen an einigen unbedeckten Körperteilen und sofort schoss es uns durch den Kopf: *Tachyglia*!

Die mit Abstand aggressivste Ameisenart aber, die sogar noch die auf den *Tachyglia* lebende *Pseudomyrmex* übertrifft, ist wohl *Camponotus femoratus*, eine große, haarige und ausgesprochen unangenehme Ameise in den tropischen Regenwäldern Südamerikas. Schon bei der geringsten Störung quillt eine aufgebrachte Masse ihrer Arbeiterinnen aus dem Nest. Allein die Nähe eines Menschen reicht für diese Reaktion schon aus. Die amerikanische Ökologin Diane Davidson, die viele Symbiosen zwischen Ameisen und ihren Wirtspflanzen untersucht hat, beschrieb dieses Verhalten in einem Brief an uns wie folgt: „Wenn ich mich ihren Nestern auf 1 bis 2 m Entfernung genähert hatte, begannen die Arbeiterinnen dieser Art normalerweise hin- und herzurennen, sprangen mich an oder ließen sich auf mich fallen. Arbeiterinnen aller Größenklassen versuchten, mich zu beißen, aber im Allgemeinen waren nur die größeren Soldaten in der Lage, die Haut mit ihren Kiefern zu verletzen. Dabei verursachten sie ein stechendes Brennen, indem sie zubissen und gleichzeitig Ameisensäure in die Wunde spritzten."

Diese Ameisen leben nun nicht in Pflanzenhöhlungen, sondern in sogenannten Ameisengärten, die die komplexesten und am höchsten entwickelten Symbiosen zwischen Ameisen und Blütenpflanzen darstellen. Diese Gärten bilden im Geäst von Büschen und Bäumen Kugeln, die aus Erde, altem Laub und zerkauten Pflanzenfasern bestehen und Golf- bis Fußballgröße erreichen. In ihnen wächst eine Reihe krautiger Pflanzen. All dies wird von den Ameisen für ihre Nester zusammengetragen. Sie sammeln die Samen ihrer Symbionten und bringen sie in ihre Nester. Wenn die Pflanzen durch die Düngung mit Erde und anderen Stoffen heranwachsen, bilden ihre Wurzeln einen Teil des Grundgerüsts der Gärten. Die Ameisen ernähren sich im Gegenzug von den Nährkörperchen, dem Fruchtfleisch und dem Nektar der Pflanzen.

Die Ameisengärten Mittel- und Südamerikas umfassen viele Pflanzenarten; darunter sind zumindest 16 Gattungen vertreten, die sonst nirgends zu finden sind. Zu diesen spezialisierten Formen gehören Aronstabgewächse wie Philodendron, Bromelien, Feigen, Gesneriaceen, Pfeffergewächse und sogar Kakteen. Die Pflanzen, die ausschließlich in diesen Gärten vorkommen, scheinen völlig symbiotisch zu leben. Die Ameisen transportieren ihre Samen zu günstigen Plätzen in den Nestern, auch in die Brutkammern, teilweise wohl deswegen, weil die Samen auf die Ameisen anziehend wirken und sie vielleicht sogar ihren Geruch mit dem ihrer eigenen Larven verwechseln. Einige dieser attraktiven Wirkstoffe wurden identifiziert, darunter 6-Methyl-Methylsalicylat, Benzothiazol und ein paar Phenylderivate und Terpene. Das Wachstum der Pflanzen wird durch die Aktivitäten der Ameisen gefördert. Die Ameisen dagegen sind nicht so abhängig von den Gärten. Sie ernähren sich nicht nur von den Produkten der Pflanzen; alle bekannten Ameisenarten, die mit diesen Gärten assoziiert sind, gehen auch außerhalb der Gärten auf Futtersuche und sammeln dort anderes Futter. Trotzdem scheinen diese Symbiosen für die Ameisen wie die furchterregende *Camponotus femoratus* offensichtlich vorteilhaft zu sein. Zumindest verhalten sie sich so, als ob ihr Leben davon abhinge.

Völlig unabhängig von den Ameisengärten der mittel- und südamerikanischen Tropen haben sich Ameisengärten auch in den Altwelttropen entwickelt. Seit mehr als 25 Jahren erforschen Maschwitz und seine Mitarbeiter in Südostasien, vor allem auf der malaiischen Halbinsel, die vielfältigen Wechselbeziehungen zwischen Ameisen und Pflanzen. Entdeckt haben sie ein erstaunlich komplexes Symbiosemosaik in den Ameisengärten. Die Gärten befinden sich in den Baumkronen. Die Ameisen bauen Nester etwa 20 bis 30 m über dem Erdboden aus feiner Humuserde, auf der sie ihre epiphytischen Pflanzen kultivieren. Dazu bringen sie das Saatgut selbst ein, düngen und bewässern sogar die Keimlinge und sorgen für ihre Vermehrung. Der üppige Pflanzenflor wächst aus der dunklen, kartonartigen

Nestmasse, die von vielen kleinen Löchern durchbohrt ist, den Nesteingängen. Das heißt, das Wurzelwerk der Epiphyten stellt die Nestwandverstärkungen der Ameisenbehausung dar. Sie umhüllen die Astwirbel des Trägerbaumes und sind äußerst stabil verankert. Kein Sturm oder Platzregen wird sie zu Boden reißen. Im Inneren dieser etwa fußballgroßen „Kartonnester" wimmelt es von aggressiven Ameisen. Verschiedene Arten errichten solche Ameisengärten; sie gehören entweder zur Unterfamilie der Duftameisen (Dolichoderinae), wie die Gattung *Philidris*, der Schuppenameisen (Formicinae), wie *Camponotus*, der Knotenameisen (Myrmicinae), wie *Crematogaster* und *Pheidole*, oder zu den Urameisen (Ponerinae), wie *Diacamma*.

Die Epiphyten sind auf die Ameisen angewiesen, denn nur mit ihrer Hilfe können sie auf den Trägerbäumen leben. Die Ameisen erhalten von ihnen das äußerst stabile Baugerüst für ihre Wolkenkratzernester. Aber diese Lebensgemeinschaft ist keine einfache Symbiose aus zwei Partnern, sondern besteht aus einem höchst komplizierten Vielpartnersystem. Um den Humus zu verkitten, durch den die Epiphyten ihr Wurzelwerk gleichsam wie ein Stahlnetz im Spannbeton ziehen, wird ein dritter Symbiosepartner gebraucht. Es sind Pilze, die ihr Hyphengeflecht in tieferen Schichten des Nestkartons ausbreiten. Außerdem leben Schildläuse (*Kermicus wroughtoni*, Pseudococcidae) direkt an der Basis des Nestes. Sie zapfen die Leitröhren des Trägerbaumes an, in denen Nährstoffe transportiert werden. Die Ameisen melken diese pflanzensaftsaugenden Insekten und sammeln so die nährstoffreichen Exkremente der Schildläuse, den Honigtau, und gleichzeitig halten sie damit die Schildläuse sauber und schützen sie vor Fressfeinden. Durch das Leitröhrensystem der Bäume wird auch Wasser aus dem Boden in die Kronenregion transportiert. Die Schildläuse sind damit auch Wasserlieferanten, was den Epiphyten zugutekommt. Außerdem haben Maschwitz und seine Doktoranden Andreas Weissflog und Eva Kaufmann, die wesentlich an der Entdeckung dieser erstaunlichen Ameisengärten beteiligt waren, herausgefunden, dass die Ameisen für die Gärten in der Monsunzone von Thailand, wo monatelang überhaupt kein Regen fällt, Wasser von weither anschleppen, um ihre Pflanzen zu „gießen". Findet eine Ameise eine Wasserquelle, rekrutiert sie ihre Nestgenossinnen zum Wasserholen.

Aus seinen vergleichenden Untersuchungen der Ameisengärten in den südostasiatischen Tropen kam Maschwitz zu dem Schluss, dass bei der Evolution dieser engen Pflanzen-Ameisen-Wechselbeziehung die evolutionäre Initiative nicht, wie bisher angenommen, von den Pflanzen ausging, sondern von den Ameisen. Es waren die Ameisen, die das Substrat bereitstellen, auf dem Epiphyten wachsen können, welche dann im Laufe der Evolution sogar einen Art Domatien (spezielle Ameisenwohnungen) für einige ihrer Ameisenpartner entwickelten.

Schließlich wollen wir noch von einer erstaunlichen Entdeckung berichten, die Volker Witte, ein ehemaliger Doktorand von Maschwitz und jetzt Dozent an der Universität München, vor kurzem gemacht hat. Er hat in den Wäldern von Westmalaysia bei zwei *Euprenolepis*-Arten, die zur Unterfamilie der Schuppenameisen (Formicinae) gehören, eine bislang für die Wissenschaft völlig neue Lebensweise bei Ameisen gefunden: das Sammeln von Pilzen.

Die polygynen Kolonien von *Euprenolepis procera* haben unterschiedliche Populationsgrößen von 500 bis 5000 Individuen, in einigen Fällen aber leben bis zu 20 000 Ameisen in den Kolonien. Sie sind nachts aktiv und, obwohl sie Allesfresser sind, besteht ihre Hauptnahrung aus Pilzen (Tafel 143). Über 50 Pilzarten werden von den Ameisen als Futter akzeptiert, etwa ebenso viele Arten lehnen sie als Nahrungsmittel ab. Zu neuen Pilzvorkommen rekrutieren sie ihre Nestgenossinnen mit Duftspuren, die sie mit dem flüssigen Inhalt aus dem Enddarm legen. Es entsteht ein regelrechtes Netzwerk verzweigter Furagierstraßen, die ungefähr drei Wochen lang stabil bleiben, wenngleich nicht alle Straßen immer belaufen werden, vor allem, wenn die Kolonien vorher schon den alten Nestplatz verlassen haben. Meist sind ein bis zwei Straßen aktiv, die dann zu frisch wachsenden Pilzvorkommen führen. Andere Straßen können viele Tage fast ungenutzt bleiben, später aber reaktiviert werden. Da Kolonien von *Euprenolepis procera* häufig den Nestplatz wechseln, werden die Straßen öfters in umgekehrter Richtung benutzt. In der Tat, ihre Nester sind keine soliden Konstruktionen, sondern eher opportunistische Biwaknester. Finden die Tiere nicht genügend Pilze im Umkreis des Nestes, ziehen sie weiter.

Versuche habe gezeigt, dass die Pilznahrung allein ausreicht, um das Koloniewachstum aufrechtzuerhalten. Eingetragenes Pilzmaterial kann in den Nestern bis zu einer Woche fast keimfrei gehalten werden, während das gleiche Material unter gleichen Bedingungen aber ohne Gegenwart von Ameisen innerhalb von 24 Stunden von Mikroorganismen überwuchert ist. Möglicherweise dient der Inhalt der Giftdrüse zur Konservierung des eingetragenen Pilzmaterials.

Die Frage ist nun, welchen Einfluss das Ernten von Pilzfruchtkörpern auf die Reproduktion der Pilze hat. Die Ameisen sammeln bis zu 50 % der vorhandenen Pilzbiomasse; das sollte einen ökologisch bedeutsamen Einfluss auf die Pilzgesellschaft im Regenwald haben. Volker Witte und seine Mitarbeiter haben herausgefunden, dass die Ameisen ganz wesentlich zur Verbreitung der Pilzsporen

TAFEL 143. Die malaysischen *Euprenolepis procera*-Ameisen ernähren sich vorwiegend von Pilzen, die sie in großen Scharen sammeln und in ihr Nest tragen. Auch diese Ameisen haben keine festen Nester; wenn eine Pilzsammelstelle ausgebeutet ist, zieht die gesamte Kolonie zu einem neuen Platz, wo es genügend Pilze gibt. (Mit freundlicher Genehmigung von Volker Witte.)

359

beitragen, denn die Sporen werden offensichtlich nicht gefressen, sondern von den Ameisen in der Infrabuccaltasche (eine Filtertasche in der Mundhöhle der Ameisen) gesammelt und in Form von Pellets ausgespuckt. Die Forscher konnten nachweisen, dass nur sehr wenige Sporen in den Mitteldarm (den Magen) der Ameise gelangen. Das Aussortieren und Ablagern der Sporen in Abraumhalden der Ameisennester fördert offensichtlich die Verbreitung des Pilzes, vor allem auch deshalb, weil die Ameisen meist nicht sehr lange am selben Nestplatz bleiben.

Wir wussten zwar, dass einige Ameisenarten seit etwa 50 Mio. Jahren Pilze in ihren Nestern kultivieren, aber dass es auch echte Pilzsammler gibt, für die diese Waldpilze das Hauptnahrungsmittel darstellen, das war eine neue Entdeckung.

16

DIE SELTSAMSTEN
AMEISEN

Im Laufe ihrer über 100 Mio. Jahre fortwährenden Entwicklungsgeschichte haben Ameisen ein erstaunliches Maß an ökologischer Anpassung erreicht. Einige der hoch spezialisierten Formen sind so bizarr, dass sie sich kaum einer der Insektenforscher, die sie im Freiland zufällig entdeckten, vorher in ihrer kühnsten Fantasie hätte ausmalen können (Tafel 144). Im Folgenden wollen wir eine Art Kuriositätenkabinett aus der Ameisenwelt vorstellen und dabei einige Geschichten über die Ameisenarten erzählen, die wir selbst kennengelernt haben und die extremste Anpassungsformen zeigen.

Unsere Geschichte beginnt im Jahre 1942 in Mobile, Alabama, auf einem unbebauten Nachbargrundstück von Ed Wilsons Eltern. Am Rand des verwilderten Geländes gab es einen Feigenbaum, der jedes Jahr im Spätsommer reife Früchte trug, da sich Mobile an der Grenze der amerikanischen Subtropen befindet. Unter dem Baum verstreut lagen Bauholz, zerbrochene Flaschen und Dachziegel. Dort suchte Ed, der gerade 13 Jahre alt geworden war, nach Ameisen, denn er wollte alle Arten, die er finden konnte, kennenlernen. Er war verblüfft, als er eine Ameisenart fand, die ganz anders aussah als diejenigen, die er bisher gesehen hatte. Ihre Arbeiterinnen waren mittelgroß und schlank, von dunkelbrauner Farbe und sehr behende, und sie waren mit seltsamen, dünnen Kiefern ausgestattet, die sie erstaunlicherweise in einem Winkel von 180 ° öffnen konnten. Wenn man ihr Nest störte, kamen sie mit weit gespreizten Kiefern herausgelaufen. Ed versuchte, sie mit seinen Fingern aufzuheben, aber sie ließen ihre Kiefer wie winzige Mausefallen zuschnappen und durchbohrten seine Haut mit ihren scharfen Zähnen. Gleich darauf bogen sie ihren Hinterleib nach vorne und versetzten ihm einen schmerzhaften Stich. Die Ameisen waren so angriffslustig, dass viele ihre Kiefer in der Luft zuschnappen ließen und dabei ein klickendes Geräusch verursachten. Diese doppelte Attacke war zu viel für Ed. Er gab den Versuch auf, ihr Nest auszugraben und die ganze Kolonie zu fangen. Später erfuhr er, dass es sich bei der

Art, die er gefunden hatte, um *Odontomachus insularis* handelte, und dass Mobile an ihrer nördlichen Verbreitungsgrenze liegt. Zu der Gattung *Odontomachus* gehören viele Arten, die in den tropischen Gebieten der ganzen Welt verbreitet sind.

Fünfzig Jahre später begann Bert Hölldobler bei seiner Forschungsarbeit an räuberischen Ameisen der Unterfamilie der Ponerinen eine detaillierte Untersuchung an *Odontomachus bauri*, die der Art, die Wilson kennengelernt hatte, sehr ähnlich ist. Hölldobler und seine Mitarbeiter Wulfila Gronenberg und Jürgen Tautz an der Universität Würzburg waren fasziniert von der unglaublichen Geschwindigkeit und der Kraft, mit der die Ameisen ihre Kiefer schließen können (Tafel 145). Wenn die Ameise mit den Spitzen der Kiefer auf eine harte Oberfläche prallt, ist die Schlagkraft so groß, dass sie rückwärts durch die Luft geschleudert wird. Die Forscher untersuchten den Kieferschluss mithilfe einer Hochgeschwindigkeitskamera, die 3000 Bilder pro Sekunde aufnimmt. Zu ihrer Überraschung stellten sie fest, dass es sich bei dieser Kieferbewegung nicht nur um eine schnelle, sondern um die schnellste Körperbewegung überhaupt handelt, die jemals im gesamten Tierreich gemessen worden war! Der gesamte Bewegungsablauf, von dem Moment, in dem sich die geöffneten Kiefer zu schließen beginnen, bis zu dem Zeitpunkt, an dem sie aufeinanderschlagen, dauert zwischen einer drittel und einer ganzen Millisekunde, also zwischen einer dreitausendstel- und einer tausendstel Sekunde. Die schnellsten bisher gemessenen Bewegungen waren der Sprung eines Springschwanzes mit 4 ms, die Fluchtreaktion einer Schabe (40 ms), das Zuschnappen der Fangarme einer Gottesanbeterin (42 ms), der „Zungenschuss" eines Kurzflüglers beim Beutefang (1 bis 3 ms) und der Sprung eines Flohs (0,7 bis 1,2 ms). Die Kiefer von *Odontomachus* haben nur eine Länge von 1,8 mm, aber ihre gezähnten Spitzen bewegen sich mit einer Geschwindigkeit von 8,5 m pro Sekunde. Wäre die Ameise ein Mensch, würde sie ihre Faust vergleichsweise mit einer Geschwindigkeit von 3 km pro Sekunde schwingen – schneller als eine abgeschossene Gewehrkugel durch die Luft fliegt.

Die *Odontomachus-* und die nahe verwandten *Anochetus*-Arbeiterinnen (Tafel 145) können mit ihren Schnappfallenkiefern jedes beliebige Lebewesen fangen, vorausgesetzt, es passt dazwischen. Sie jagen mit weit geöffneten Kiefern, deren Stellung fixiert ist, bis sie ihre kräftigen Schließmuskeln kontrahieren. An der Basis beider Kiefer befindet sich ein langes, nach vorne gerichtetes Sinneshaar. Während der Jagd bewegt die *Odontomachus*-Arbeiterin ihre Antennen vor dem Kopf hin und her. Sobald sie mit ihren Riechorganen auf den

TAFEL 145. *Oben:* Eine Arbeiterin der Schnappkieferameise *Odontomachus bauri*, die Art, an der Wulfila Gronenberg seine Untersuchungen zur Biomechanik und Neurobiologie des Schnappkiefermechanismus durchgeführt hat. *Unten:* Die Schnappkieferameise *Anochetus emerginatus* aus Venezuela. Obgleich die Ameisen mit ihren Kiefern blitzschnell und kräftig zuschlagen können, sind sie dennoch in der Lage, mit diesen gefährlichen Kiefern die Larven und Puppen ihrer Kolonie vorsichtig und sanft umzubetten und zu tragen. (© Bert Hölldobler.)

366

Antennenoberflächen ein Beutetier oder einen Feind wahrnimmt, stößt sie mit ihrem Kopf nach vorne, sodass sie mit den Spitzen der Sinneshaare ihr anvisiertes Ziel berührt. In den Kiefern befinden sich riesige Nervenzellen, die auf den Druck reagieren, der auf die Sinneshaare ausgeübt wird. Ihre Axone, die verlängerten Nervenzellausläufer, sind die größten, die man bisher bei Sinnesorganen irgendwelcher Insekten oder Wirbeltiere gefunden hat. Dank ihrer Größe können sie, wie Wulfila Gronenberg herausgefunden hat, Nervenimpulse mit extrem hoher Geschwindigkeit weiterleiten. Der Reflexbogen, der von den Sinneszellen im Kiefer zum Gehirn und zurück zu den Nervenzellen der Kiefermuskeln verläuft, benötigt ganze 8 ms, die kürzeste Zeitspanne, die je bei einem Tier gemessen wurde. Wenn die elektrische Entladungssalve den Reflexbogen durchlaufen hat, sodass der Nervenimpuls die Muskeln erreicht, schnappen die Kiefer innerhalb 1 ms zu und schließen damit die ganze Verhaltensreaktion ab (Tafel 146).

Im Inneren der Kiefer der *Odontomachus*-Arbeiterinnen befinden sich hauptsächlich Riesensinneszellen, die von einem Luftraum umgeben sind; das daraus resultierende geringe Gewicht der Kiefer erhöht zusätzlich ihre verblüffende Schnelligkeit. Wenn die Ameisen ihre Kiefer zuschnappen lassen, erschlagen sie kleinere Lebewesen oder durchbohren sie zumindest mit ihren vorderen Zähnen. Sie halten sie mit ihren Kiefern fest und biegen ihren Hinterleib nach vorne, um ihnen einen Stich zu versetzen. Die Schlagkraft ihrer Kiefer reicht aus, um einige der weichhäutigeren Insekten in zwei Hälften zu teilen.

Das blitzschnelle Zuschnappen der Kiefer der *Odontomachus*-Arbeiterinnen dient auch noch einer völlig anderen Funktion. Sie setzen den Schnappmechanismus bei der Verteidigung gegen Eindringlinge als Fortbewegungsmittel ein: Indem die Ameisen ihren Kopf auf eine harte Unterlage richten und ihre Kiefer zuschnappen lassen, sind sie in der Lage, sich selbst in die Luft – und damit auf den nahen Feind – zu katapultieren. Als Bert Hölldobler ein Nest einer großen *Odontomachus*-Art im Geäst eines Baumes bei La Selva berührte, ließen mindestens 20 Arbeiterinnen ihre Kiefer zuschnappen und flogen ungefähr 40 cm durch die Luft. Sie landeten auf ihm und begannen sofort, ihn zu stechen. Hölldobler wich unwillkürlich zurück. Ihm wurde augenblicklich klar, wie die Kolonien dieser Art ihre sonst so ungeschützten Nester, deren Kammern nur mit etwas trockenem Pflanzenmaterial bedeckt sind, verteidigen.

Andere Ameisenarten mit Schnappfallenkiefern sind in den tropischen und warm gemäßigten Zonen der Erde weit verbreitet. Fallenkonstruktionen, ähnlich wie die der *Odontomachus*, haben sich im Laufe der Evolution mehrfach unabhängig

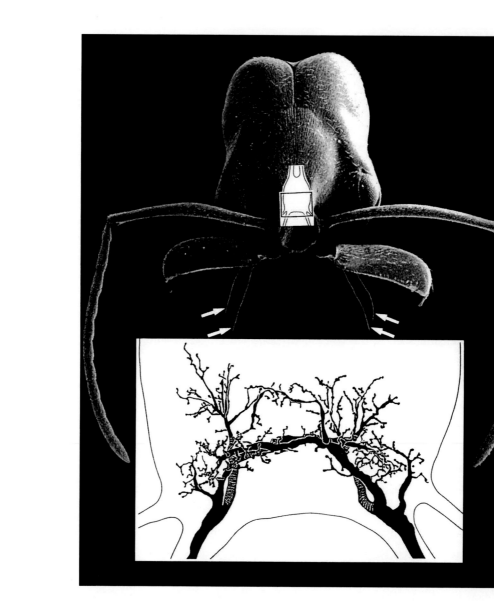

TAFEL 146. Die kräftigen und blitzschnellen Schnappkiefer der *Odontomachus*. Auf diesem Bild sind die Kiefer einer Arbeiterin geöffnet; die *Pfeile* deuten auf die empfindlichen Sinneshaare, die nach vorne abstehen. Die kleine Grafik im Kopfbereich zeigt den Teil des Gehirns, in den die riesigen Nervenzellen der Sinneshaare münden. *Unten* ist ein Ausschnitt dieses Bereichs mit den Nerven (*schwarz*) vergrößert dargestellt. (Mit freundlicher Genehmigung von Wulfila Gronenberg.)

voneinander entwickelt; selbst bei den Schuppenameisen (Formicinae) findet man Arten mit bizarr geformten Schnappkiefern (Tafel 147 und 148).

Während seines Grundstudiums Ende der 1940er-Jahre lenkte Wilson seine Aufmerksamkeit auf eine dieser Gruppen, die Dacetinen, kleine Ameisen, die,

TAFEL 147. Bei einigen Arten der Gattung *Daceton* und ihren Verwandten gibt es verschiedene Größen von Arbeiterinnen. Die Fotos zeigen *Daceton armigerum* aus Südamerika. (© Bert Hölldobler.)

wie man mittlerweile weiß, Jagd auf Springschwänze machen. Viele ihrer Arten leben in Alabama, darunter Angehörige der Gattungen *Strumigenys*, *Smithistruma* und *Trichoscapa*, die bis dahin kaum untersucht waren. Wilson nahm sich vor, so viele verschiedene Dacetinen wie nur möglich zu finden, und durchforstete die

TAFEL 148. Die Schnappfallenkieferameise der Gattung *Myrmoteras* aus Südostasien. *Oben* die Königin mit weit geöffneten Kiefern, *unten* zwei Arbeiterinnen. (© Bert Hölldobler.)

Wälder und Felder im mittleren und südlichen Teil Alabamas nach ihnen. Die Kolonien, die normalerweise aus einer Königin und mehreren Dutzend Arbeiterinnen bestanden, setzte er in künstliche Gipsnester. Deren Konstruktion hatte er in etwas abgewandelter Form aus einem Entwurf übernommen, den der französische Insektenforscher Charles Janet vor einem halben Jahrhundert ersonnen hatte. Um seine Dacetinen möglichst genau beobachten zu können, grub Wilson in die eine Hälfte der Gipsoberfläche Löcher und schuf so kleine Kammern und verbindende Galerien, die denen ähnelten, die die Ameisen selbst bauten. In der anderen Hälfte legte er eine sehr viel größere Kammer an, die den Ameisen als Futterarena diente. Dann bedeckte er das Ganze mit einer Glasplatte, sodass ein durchsichtiges Dach entstand. Auf den Boden der Arena streute er etwas Erde und verfaulte Holzstückchen, die den natürlichen Waldboden simulieren sollten. Schließlich setzte Wilson in diese Hälfte noch Springschwänze, Milben, Spinnen, Käfer, Hundertfüßer und andere kleine Gliedertiere, die er draußen, wo Dacetinen vorkommen, gesammelt hatte, um zu sehen, welche Tiere die Dacetinen jagen würden – und auf welche Weise. Der gesamte Gipsblock war klein genug – er hatte ungefähr die Größe zweier Handflächen –, dass er unter ein Stereomikroskop passte. So war Wilson mit minimalem Aufwand in der Lage, gleichzeitig die Dacetinenkolonie in den Brutkammern und ihre Arbeiterinnen auf der Jagd in der Futterarena zu beobachten.

Bei den Dacetinen gibt es grundsätzlich zwei Typen mit Schnappfallenkiefern: der eine hat lange, dünne Kiefer, die die Ameise, wie bei *Odontomachus*, über 180 ° weit öffnet, dann schlagartig zuschnappen lässt und dabei ihre Beute mit ihren scharfen vorderen Zähnen aufspießt. Die Ameisen sind während der Jagd ständig in Bewegung und schleichen sich nur kurzzeitig an ein Insekt an, das sie entdeckt haben. Die zweite Gruppe hat kürzere Kiefer, die nur in einem 60-Grad-Winkel geöffnet werden können. Diese Dacetinen verstehen es meisterhaft, sich anzupirschen, wie Wilson feststellte. Sobald eine Jägerin in der Nähe ein Insekt wahrnimmt, erstarrt sie für kurze Zeit in zusammengekauerter Stellung. Falls sie sich seitlich von dem Beutetier befindet, wendet sie sich ihm langsam zu. Dann beginnt sie so langsam auf das Insekt zuzukriechen, dass man es nur bemerkt, wenn man ununterbrochen und genau hinsieht und dabei die Position ihres Kopfes zu den umgebenden Erdpartikeln abgleicht. Mehrere Minuten können vergehen, bis die Ameise in eine günstige Angriffsposition kommt. Falls sich die Beute während des Anpirschens bewegt, erstarrt die Dacetine erneut und wartet einige Zeit, bevor sie sich weiterbewegt. Schließlich kommt sie so nah an die Beute heran, dass sie sie leicht mit den Spitzen ihrer langen Sinneshaare, die von ihrem Kopf abstehen, berühren kann, und schon schnappen ihre Kiefer explosionsartig zu.

Die Dacetinen, die Wilson in seinen kleinen Terrarien untersuchte, zeigten eine allgemeine Vorliebe für kleine, weichhäutige Gliedertiere wie Zwergfüßer, die Hundertfüßern ähneln, und Doppelschwänze, die wie winzige Silberfische aussehen. Aber am liebsten fraßen sie Springschwänze, winzige, flügellose Insekten, die einen gegabelten, schwanzähnlichen Anhang (die Furcula) an der Unterseite ihres Körpers besitzen, mit dem sie sich bei der leisesten Gefahr wegkatapultieren können. Das Lösen und Herunterschnellen der Furcula ist eine der schnellsten Bewegungen, die man im Tierreich kennt und die nur noch vom Zuschnappen der Kiefer der *Odontomachus* übertroffen wird. Die kleinen Dacetinen-Ameisen gehören als Pirschjäger und Fallensteller zu den wenigen Tieren, denen es gelingt, Springschwänze zu fangen (siehe Tafel 144 und 149).

Keiichi Masuko, der dafür bekannt geworden ist, dass er das Rätsel der Leptanillinen-Treiberameisen gelöst hat, entdeckte in späteren Untersuchungen dank seiner außergewöhnlichen Beobachtungsgabe eine neue, unerwartete Seite der Dacetinen. Wie er feststellte, schmieren sich die kleinen Arbeiterinnen mit Erde und Dreck ein, offensichtlich als Geruchstarnung, um dadurch näher an die Beute heranzukommen. Damit nicht genug, Alain Dejean aus Frankreich entdeckte, dass die Arbeiterinnen einen Duft abgeben, der anziehend auf Springschwänze wirkt, sodass sich die Ameisen ihnen in Ruhe nähern können.

Im Verlauf der Jahre setzten Wilson und Brown auf ihren Sammelexpeditionen in verschiedenen Tropengebieten Stück für Stück das Bild der Entwicklungsgeschichte dieser winzigen Pirschjäger zusammen. Weltweit sind über 250 Dacetinenarten bekannt, die 24 Gattungen bilden und enorme Unterschiede bezüglich ihrer Größe, Anatomie und ihres Verhaltens aufweisen. Ihre Entwicklungsgeschichte lief offensichtlich folgendermaßen ab: Die ursprünglicheren Formen wie die heute lebenden Arten der Gattung *Daceton* in Südamerika und *Orectognathus* in Australien waren große Ameisen, die auf niedriger Vegetation auf Beutejagd gingen. Sie benutzten ihre Schnappfallenkiefer, um eine breite Palette kleiner bis mittelgroßer Beutetiere wie Fliegen, Wespen und Heuschrecken zu fangen. Zumindest bei *Orectognathus versicolor* werden die massiv gebauten, kräftigen Mandibeln der Sodatinnenkaste auch als Schleuderwaffen eingesetzt (Tafel 150). Das hat ein ehemaliger Doktorand von Bert Hölldobler, Norman Carlin, entdeckt. Steht eine *Orectognathus*-Soldatin einer Gegnerin nahe genug gegenüber, schließt sie blitz-

TAFEL 149. *Oben:* Im Regenwald von Costa Rica pirscht sich eine Schnappfallenkieferameise (*Acanthognathus teledectus*) an einen Springschwanz heran. In dem Moment, in dem sie das Insekt mit ihren Fühlern berührt, schnappen ihre weit geöffneten Kiefer zu. *Unten:* Die Arbeiterin trägt ihre aufgespießte Beute in das Nest. (Mit freundlicher Genehmigung von Mark Moffett.)

TAFEL 150. Die australische Schnappkieferameise *Orectognathus versicolor*. Die Königin befindet sich ganz *links*, vor ihr stehen zwei Soldatinnen (Majors). Der Kopf der Soldatinnen ist größer als der der Königin, die Mandibeln sind breit und abgeflacht; ganz *oben rechts* steht eine weitere Soldatin. (© Bert Hölldobler.)

schnell ihre Mandibeln. Mit der Außenseite der zuschnappenden Mandibeln stößt sie gegen die Gegnerin und schleudert diese mehrere Zentimeter von sich weg.

In einigen Entwicklungslinien, die von diesen ursprünglichen Formen abstammen, wurden die Arbeiterinnen deutlich kleiner und begannen, winzige, weichhäutige Insekten und andere Gliedertiere, die in der Erde leben, zu jagen. Einige Arten spezialisierten sich ausschließlich auf Springschwänze. Gleichzeitig änderte sich ihre Sozialstruktur in Anpassung an ihre stärker eingeschränkte und versteckte Lebensweise. Die Kolonien wurden kleiner, die Arbeiterinnen einheitlicher in ihrer Größe (im Gegensatz zu den größeren Dacetinen, die große und kleine Arbeiterinnen beibehielten; siehe Tafel 3 und 147) und die Ameisen hörten auf, Nestgenossinnen über Duftspuren zur Beute zu rekrutieren.

374

Dieser Abriss der Entwicklungsgeschichte der Dacetinen stellte einen der ersten Versuche dar, die Entwicklung der sozialen Organisationsform einer Tiergruppe im Verlauf der Evolution anhand von Veränderungen ihrer Nahrungsgewohnheiten und anderen ökologischen Faktoren zu rekonstruieren.

Die Kiefer der Ameisen entsprechen in ihrer Funktion unseren Händen. Damit bearbeiten die Ameisen Erdpartikel und Futterstücke und packen und tragen ihre Nestgenossinnen. Sie dienen als Waffen zur Verteidigung gegenüber Feinden und zum Beutefang. Daher geben Größe und Form der Kiefer Aufschluss über die Lebensweise und die Nahrung einer Ameisenart (siehe Tafel 68 und 142; Abbildung 1-1). Die eigenartigsten Kiefer von allen Ameisen weltweit besitzen aber nicht *Odontomachus* oder die Dacetinen, sondern Arten der ponerinen Gattung *Thaumatomyrmex*. Die Kopfkapseln der Arbeiterinnen sind gedrungen und fast kugelförmig und zu beiden Seiten stehen große Augen hervor. Die riesigen Kiefer bilden vorne eine korbähnliche Struktur, deren Querstreben aus langen, dünnen Zähnen bestehen, die wie die Zinken einer Heugabel aussehen. Diese extrem langen, endständigen Zähne stehen wie ein Paar Hörner über den Kopfrand hinaus, wenn die Kiefer in Ruhestellung geschlossen sind. Der Name *Thaumatomyrmex* bedeutet sehr treffend „wundersame Ameise" (Tafel 151).

Wundersam in der Tat – und wie werden diese ungewöhnlichen Kiefer eingesetzt? Handelt es sich um Schnappfallenkiefer oder erfüllen sie eine andere, völlig unerwartete Funktion? Jahrelang spekulierten Ameisenforscher über die Lebensweise der *Thaumatomyrmex*-Ameisen – wo sie wohl ihre Nester bauen und welche Beute sie jagen. Leider gehören Angehörige dieser Gattung weltweit zu den seltensten Ameisen. Obwohl elf bekannte Arten überall von Südmexiko bis Brasilien verbreitet sind – einige davon findet man ausschließlich auf Kuba –, gibt es in den Museen nicht mehr als 100 Exemplare. Auch nur eine einzige lebende Arbeiterin zu finden, ist eine ziemliche Leistung. Bis vor kurzem ist es keinem gelungen, eine lebende Kolonie im Labor zu untersuchen.

Wilson schaffte es bisher, ganze zwei Arbeiterinnen zu finden, eine auf Kuba und die andere in Mexiko. Er war viele Jahre ganz versessen darauf, eine Kolonie aufzuspüren und das Rätsel der merkwürdig geformten Kiefer zu lösen. 1987, als er sich im Norden Costa Ricas in der biologischen Freilandstation der Organisation für Tropische Studien La Selva befand, wo in letzter Zeit mehrere Exemplare gefunden worden waren, nahm er sich eine ganze Woche Zeit. Auf der Suche nach den unverwechselbaren, schwarz glänzenden Arbeiterinnen mit den korbähnlichen Kiefern lief er die ganze Zeit in gebückter Haltung auf den Pfaden

375

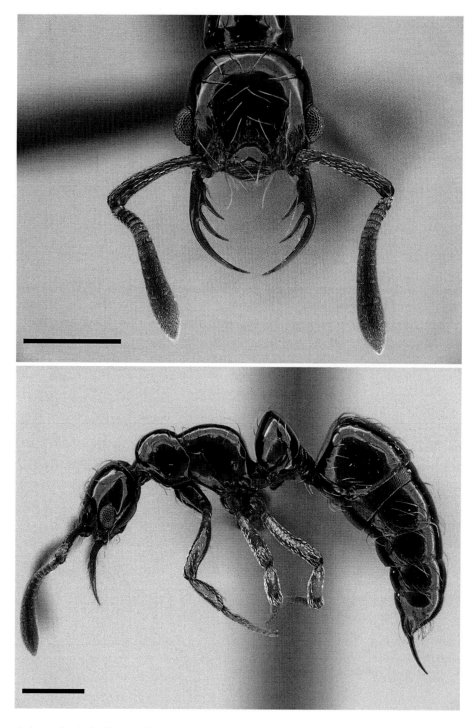

TAFEL 151. Die tropisch amerikanische Gattung *Thaumatomyrmex* gehört zu den seltensten Ameisen der Welt. Sie haben auch die merkwürdigsten Kiefer, mit denen sie einem Stachelschwein ähnliche, polyxenide Tausendfüßer fangen. (Mit freundlicher Genehmigung von Christian Rabeling.)

entlang oder quer durch den Wald und drehte dabei immer wieder mal Blätter und heruntergefallene Äste um. Er fand keine einzige dieser Ameisen. Frustriert veröffentlichte er einen Artikel in *Notes from Underground*. Kurz zusammengefasst lautete die Botschaft: „Kann bitte jemand herausfinden, was *Thaumatomyrmex* frisst und mir damit meinen Seelenfrieden zurückgeben?"

Innerhalb eines Jahres hatten drei junge brasilianische Wissenschaftler, Carlos Roberto (Beto) Brandão, Jorge Diniz und Maria Tomotake, die Antwort darauf. Sie stießen an zwei verschiedenen Stellen in Brasilien auf zwei Arbeiterinnen, die beide tote Pinselfüßer trugen. Sie fanden außerdem einen Teil einer Kolonie und hielten ihn zur Beobachtung im Labor. Die Arbeiterinnen fraßen die Pinselfüßer, die ihnen angeboten wurden, während sie andere Beutetiere nicht anrührten. Tausendfüßer besitzen pro Körpersegment zwei Beine und sind meistens längliche, walzenförmige Tiere mit einem harten, kalkartigen Panzer. Pinselfüßer gehören zwar auch zu den Tausendfüßern, sind jedoch völlig anders gebaut. Relativ kurz, weichhäutig und mit langen, dicht angeordneten Borsten bedeckt, sind sie die Stachelschweine unter den Tausendfüßern.

Die *Thaumatomyrmex* sind Stachelschweinjäger. Ihre außergewöhnlichen Kiefer sind hervorragend daran angepasst, die Wehrorgane der Pinselfüßer auszuschalten. Wenn eine Ameise einem dieser Tausendfüßer begegnet, stößt sie, wie Brandão und seine Mitarbeiter herausfanden, ihre spitzen Kieferzähne hinter seinen Borsten in den Körper und trägt ihn ins Nest. Dort entfernt sie, wie ein Koch, der ein Hühnchen rupft, mit den kräftigen Haaren an den Tarsalsohlen ihrer Vorderbeine die Borsten des Pinselfüßers. Dann frisst sie den Pinselfüßer, am Kopf beginnend bis zum Schwanzende. Manchmal gibt sie von den Überresten etwas an ihre Nestgenossinnen oder Larven ab. Als Wilson von dieser verblüffenden Entdeckung hörte, war er froh, endlich das Geheimnis der *Thaumatomyrmex* erfahren zu haben, auch wenn er enttäuscht war, dass er selbst nicht zur Klärung beigetragen, ja nicht einmal die Lösung geahnt hatte. Es machte ihn gleichzeitig auch etwas traurig, dass nun in der Unterwelt der Ameisen eine Herausforderung weniger auf ihn wartete. Mittlerweile wurden die Entdeckungen der Brandão-Gruppe von den französisch-brasilianischen Myrmekologen Jacques Delabie und Benoît Jahyny und Mitarbeitern bestätigt, und schließlich ist es kürzlich Christian Rabeling und seinen Kollegen gelungen, bei anderen *Thaumatomyrmex*-Arten ein ähnliches Beuteverhalten zu beobachten und zu fotografieren (Tafel 152). Bisher hat man keine Königinnen sondern nur Arbeiterinnen von *Thaumatomyrmex* gefunden, auch in den primitiven Nestern. Jahyny und Mitarbeiter nehmen deshalb an, dass sich

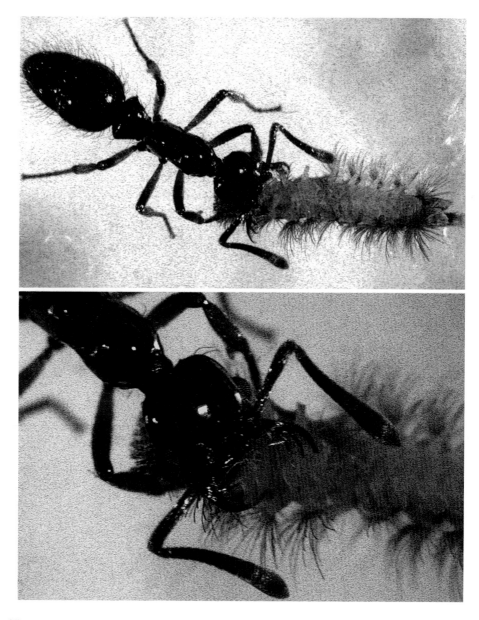

TAFEL 152. Eine *Thaumatomyrmex paludis*-Arbeiterin beim „Schälen" und fressen eines stacheligen Tausendfüßers. (Mit freundlicher Genehmigung von Christian Rabeling.)

diese Gattung möglicherweise über Gamergaten, das heißt begattete, eierlegende Arbeiterinnen, fortpflanzt, oder vielleicht sogar durch Jungfernzeugung, also parthenogenetisch über unbefruchtete Eier.

Ein anderes Rätsel, das wir vor einigen Jahren gelöst haben, betraf die Lebensweise großer, dunkler Ameisen der Gattung *Basiceros* (Tafel 153 und 154). Der

378

TAFEL 153. Ein Teil einer *Basiceros manni*-Kolonie aus Costa Rica, mit erdverkrusteten Arbeiterinnen und Larven. Die Mitglieder der tropisch amerikanischen Gattung *Basiceros* sind unter den Ameisen Meister der Tarnung. (© Bert Hölldobler.)

TAFEL 154. *Oben:* Eine junge Arbeiterin von *Basiceros manni,* die erst vor kurzem aus der Puppe geschlüpft ist; sie ist noch nicht mit einer Erdkruste bedeckt. *Unten:* Die Arbeiterinnen haben spezielle Haare, an denen sich feine Erdpartikel sammeln und festsetzen, sodass die Ameisen auf dem Waldboden, wo sie leben, fast nicht zu sehen sind. (© Bert Hölldobler.)

Kopf dieser Arbeiterinnen ist lang gestreckt, ihr Panzer kräftig und grob gebaut und ihre Körperoberfläche von einer Mischung keulenförmiger und federartiger Haare bedeckt. Sie sind, wie die *Thaumatomyrmex*, in den Regenwäldern Mittel- und Südamerikas zwar weit verbreitet, aber trotzdem hatte man bis vor kurzem nur wenige Exemplare lebend gefunden. Über ihre Lebensweise war so gut wie nichts bekannt.

Basiceros ist gar nicht so selten, wie man glaubt; diese Ameise kann sich einfach meisterhaft tarnen. Als wir 1985 in dem Naturschutzgebiet La Selva Ameisen sammelten, fanden wir heraus, wie sich Kolonien der dort ansässigen Art relativ einfach aufspüren lassen. Tatsächlich kommt die Art *Basiceros manni* ziemlich häufig vor, wie wir feststellten. Man muss nur nach den weißen Larven und den Puppen Ausschau halten, die sich deutlich von dem dunklen, faulenden Holz abheben, in dem die Ameisen ihre Nester bauen. Die Arbeiterinnen und die Königinnen sind dagegen sehr schwer zu finden, es sei denn, man weiß genau, wo man suchen muss, und beobachtet dann eingehend diese Stelle. Die Ameisen sind für das menschliche Auge und wahrscheinlich auch für andere, visuell jagende Räuber wie Vögel und Eidechsen hervorragend getarnt. Man verliert sie leicht aus den Augen, wenn sie über den Boden laufen, und sie lösen sich praktisch in Luft auf, wenn sie stehen bleiben. Dieser Eindruck entsteht zum Teil durch die außergewöhnliche Trägheit der *Basiceros manni*-Arbeiterinnen. Sie gehören zu den langsamsten Ameisen, denen wir in all den Jahren unserer Freilandarbeit jemals begegnet sind. Die Jäger bewegen sich im Zeitlupentempo, wenn sie auf der Suche nach Insekten umherkriechen, sich vorsichtig anschleichen und sie mit einem plötzlichen Zuschnappen ihrer Kiefer packen. Im Nest sind oft sämtliche Arbeiterinnen minutenlang bewegungslos und halten selbst ihre Antennen völlig still. Auf einen Beobachter, der ein ununterbrochenes, geschäftiges Treiben in den Ameisenkolonien gewohnt ist, wirkt dieses Verhalten unheimlich. Wenn man umherlaufende Arbeiterinnen stört und sie beispielsweise aufdeckt oder mit einer Pinzette berührt, erstarren sie minutenlang zur Bewegungslosigkeit, ganz anders als die meisten anderen Ameisenarten, die in Panik davonrennen.

Die *Basiceros* gehören nicht nur zu den langsamsten, sondern auch zu den schmutzigsten Ameisen. Die meisten Ameisen sind peinlich sauber. Sie bleiben häufig stehen, um ihre Beine und Antennen zu lecken und sich mit den Kämmen an ihren Beinen und den Haarbürsten an ihren Füßen zu säubern. Einige Arten wenden mehr als die Hälfte ihrer Aktivitäten zum Säubern ihrer eigenen Körper auf und einen Großteil der restlichen Zeit, um ihre Nestgenossinnen zu reinigen. Bei *Basiceros* dagegen werden nur 1 bis 3 % des Verhaltensrepertoires für die eigene

Körperpflege verwendet. Die Körper der älteren Arbeiterinnen sind mit Dreck verkrustet. Das darf man aber nicht auf Vernachlässigung und schlechte Körperpflege zurückführen, denn dieses Aussehen ist von den Ameisen beabsichtigt. Es gehört zu der Tarnungstaktik dieser Art. Wenn die Arbeiterinnen alt genug sind, um draußen auf Futtersuche zu gehen, unterscheiden sie sich kaum noch von der Erde und der Laubstreu, auf der sie sich bewegen.

Die Tarnung der *Basiceros* wird durch ihren Körperbau noch verstärkt. Eine doppelte Haarschicht auf der Körper- und Beinoberfläche erleichtert die Ansammlung feiner Partikel. Lange Haare, deren Enden gespalten und die wie Flaschenbürsten geformt sind, kratzen winzige Erdpartikel von den Wänden der Nestkammern. Darunter liegen, wie das Buschwerk im Unterwuchs eines Waldes, federartige Haare, die diese Partikel auf der Körperoberfläche festhalten (Tafel 155).

Nach unserer Rückkehr an die Harvard University gelang es uns, *Basiceros*-Kolonien erfolgreich in künstlichen Nestern zu halten, indem wir sie mit einer flugunfähigen Taufliegenmutante fütterten, die die Ameisen in ihrem üblichen Zeitlupentempo jagten. Die Arbeiterinnen hatten keine natürliche dunkle Erde zur Verfügung, die sie auf ihre Panzer hätten aufbringen können, dafür aber den feinen Staub der Gipswände und -böden, aus denen wir ihre Labornester gebaut hatten. So wurden die älteren Arbeiterinnen mit der Zeit weiß wie richtige Geisterameisen und waren damit in einer Umgebung getarnt, in der nie zuvor eine *Basiceros*-Ameise gelebt hatte.

Das genaue Gegenteil zu den verborgen lebenden Dacetinen und *Basiceros* sind Ameisen, die ihre leuchtenden Farben im Sonnenlicht zur Schau stellen. Sie folgen einer allgemeinen Regel, die sowohl an Land als auch im Meer gilt: Wenn ein Tier herrlich bunt gefärbt ist und sich nicht um Ihre Anwesenheit kümmert, ist es wahrscheinlich giftig oder aber mit Kiefern oder Stacheln bewaffnet. Auf dem Boden der Regenwälder Mittel- und Südamerikas bilden die Pfeilgiftfrösche leuchtende Farbpunkte in verschiedenen Kombinationen aus Rot, Schwarz und Blau. Die Frösche machen nur einen halbherzigen Versuch, zur Seite zu springen, wenn man sich ihnen nähert, und sie bleiben manchmal sogar sitzen, wenn man versucht, sie aufzuheben. Tun Sie es auch besser nicht! Der Schleim eines einzigen Frosches ist so giftig, dass er einen Menschen, der ihn mit der Nahrung aufnimmt, umbringen kann. Eingeborene Jäger tragen eine Spur davon auf die Spitzen ihrer Bogen- und Blasrohrpfeile auf, um damit Affen und andere größere Tiere zu lähmen.

In Australien kann man rote und schwarze Bulldoggenameisen, die über 1 cm groß sind und einen Stachel besitzen, der dem der Wespen in nichts nachsteht, aus

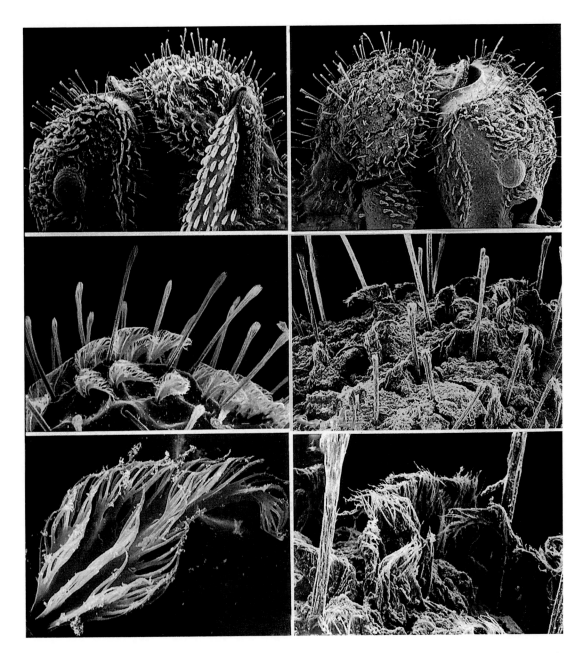

TAFEL 155. Rasterelektronische Aufnahmen, die die unterschiedlichen Haartypen zeigen, mit denen die *Basiceros*-Amei-sen die Erdpartikel sammeln und auf ihrer Oberfläche festhalten. *Linke Spalte:* Haare einer jungen *Basiceros*-Arbeiterin, *rechte Spalte:* Haare einer älteren, erdverkrusteten Arbeiterin. (© Ed Seling und Bert Hölldobler, nach Hölldobler und Wilson 1989.)

10 m Entfernung erkennen. In der Umgebung ihres Nestes sind sie furchtlos und angriffslustig, und sie können hervorragend sehen. Die Arbeiterinnen einiger Ar-ten springen menschlichen Eindringlingen regelrecht entgegen und machen dabei größere Sätze durch die Luft (Tafel 156).

TAFEL 156. Die bunt gefärbte australische Bulldoggenameise *Myrmecia*, die mehrere Zentimeter weit auf ihre Beute (hier eine Lycaenidenlarve) springen kann. (Mit freundlicher Genehmigung von Naomi Pierce.)

Einige der farbenprächtigsten und unbekümmertsten Ameisen der Welt leben auf Kuba. Sie gehören der Gattung *Leptothorax* an und waren aufgrund ihrer anatomischen Besonderheiten bis vor kurzem einer eigenen Gattung, der Gattung *Macromischa*, zugeordnet. Es gibt Dutzende von Arten auf dieser großen Insel, von denen fast alle ausschließlich dort vorkommen. Sie sind die Juwelen der Antillenfauna und es gibt sie in vielen Größen, Formen und Farben wie Gelb, Rot und Schwarz. Aber zu den beeindruckendsten gehören schlanke Arten, die im Sonnenlicht metallisch blau und grünlich glänzen. Die Arbeiterinnen suchen, häufig in Kolonnen auf offenen Flächen von Kalksteinmauern und niedrigen Pflanzen nach Futter.

Als Wilson 10 Jahre alt war, begeisterte ihn der folgende Abschnitt eines Artikels von William Mann in *National Geographic*. „Ich erinnere mich an einen Weihnachtstag in Mina Carlota, in der Sierra de Trinidad auf Kuba. Als ich versuchte, einen großen Stein umzudrehen, um zu sehen, was sich darunter verbarg, zerbrach er in der Mitte, und genau dort, mitten im Zentrum, befand sich eine 10-Pfennig-Stück-große Ansammlung leuchtender, grün metallischer Ameisen, die im Sonnenlicht glänzten. Es stellte sich heraus, dass es sich um eine unbekannte Art handelte.“

Man stelle sich das einmal vor! An einem weit entfernten Ort nach neuen Ameisenarten Ausschau zu halten, die wie lebende Edelsteine aussehen! Mann nannte die Art *Macromischa wheeleri* zu Ehren seines Doktorvaters William Morton Wheeler an der Harvard University. Dieses Bild hatte Wilson immer noch vor Augen, als er 1953 als Doktorand der Harvard University am selben Ort, in Mina Carlota, ankam, um dort Ameisen zu sammeln. Er kletterte einen steilen, bewaldeten Abhang hinauf und drehte auf der Suche nach Ameisen einen weichen Kalkstein nach dem anderen um, wie Mann es getan hatte. Einige brachen auseinander, andere zerbröselten, aber die meisten blieben intakt. Eine Zeit lang kamen keine grünen Ameisen zum Vorschein. Dann zerbrach ein Stein in zwei Hälften und legte eine 10-Pfennig-Stück-große Ansammlung metallisch glänzender Arbeiterinnen von *Leptothorax wheeleri* frei. Es gab Wilson eine besondere Befriedigung, dass er, vier Jahrzehnte später, Manns wissenschaftliche Entdeckung auf genau die gleiche Weise erlebt hatte. Es bestätigte die Kontinuität der Natur und des menschlichen Entdeckertriebes.

Weiter im Inneren der Sierra de Trinidad traf Wilson auf eine andere *Leptothorax*-Art, deren Arbeiterinnen im Sonnenlicht golden schimmerten. Die Farbe ähnelte dem Funkeln der Schildkäfer, die man in vielen Gegenden der Welt findet. Die Farbe wird – genauso wie das metallische Blau und Grün anderer Arten – höchstwahrscheinlich durch mikroskopisch kleine Rillen auf dem Körper der Ameisen erzeugt, an denen sich das Sonnenlicht bricht. Aber warum sollte sich ein so ungewöhnlicher Effekt überhaupt im Laufe der Evolution entwickelt haben? Man kann wohl davon ausgehen, dass auch diese Ameisen giftig sind und auf diese Weise Räuber abschrecken, vielleicht die *Anolis*-Eidechsen, die in ihren Lebensräumen reichlich vorhanden sind. Es gibt noch ein paar weitere Ameisenarten auf der Welt, die golden gefärbt sind. Einige *Polyrhachis*-Arten in Australien und Afrika haben auf ihren Hinterleibern eine Schicht goldener Haare, die möglicherweise auf die spitzen, dornenähnlichen Fortsätze an ihren Brustsegmenten und Taillen aufmerksam machen (Tafel 157).

Wir wollen unsere Kuriositätenschau mit den seltensten oder zumindest den am schwierigsten zu findenden Ameisen, die wir kennen, beschließen. 1985 suchte Hölldobler den Rand eines Sekundärwaldes von La Selva ab, unserem bevorzugten tropischen Forschungsgebiet. Er stocherte an einem merkwürdigen, kleinen Gebilde aus trockenem Pflanzenmaterial herum, das sich ungefähr in Brusthöhe im Blattwerk eines kleinen Baumes befand. Sofort strömten über 100 Arbeiterinnen daraus hervor, die zu einer neuen Art der Gattung *Pheidole* gehörten. Die Ameisen

TAFEL 157. Goldfarbene *Polyrhachis*-Ameise aus Afrika. Ihre auffallende Färbung könnte ein Hinweis auf ihre Wehrhaftigkeit, beispielsweise durch die hakenähnlichen „Dornen" an ihrer Taille, sein. Allerdings gibt es auch die Hypothese, dass diese spitzen und gebogenen Strukturen nicht nur zur Verteidigung, sondern im Kampf gegen Ameisen eingesetzt werden. (© Bert Hölldobler.)

TAFEL 158. Eine Rekonstruktion der einzigen bekannten Kolonie von *Pheidole nasutoides* mit Pflanzen und Tieren aus ihrer Umgebung, wo sie in La Selva, Costa Rica, gefunden wurde. Das Ameisennest wurde (in dieser hypothetischen Situation) von einem Pfeilgiftfrosch gestört, von dem man weiß, dass er sich von Ameisen ernährt. Kleine und große Arbeiterinnen schwärmen aus und laufen behende und in erratischen Schleifen über die Pflanzen. Durch diese typischen Bewegungen und ihr einzigartiges Farbmuster erinnern die großköpfigen Arbeiterkasten an Soldaten (Nasutes) der Termiten *Nasutitermes*. Einige Termitensoldatinnen, die sich auf einer Futtersuchexpedition befinden, pausieren auf einem Blatt links im Bild. (Mit freundlicher Genehmigung von Katherine Brown-Wing.)

rannten in erratischen Schleifen umher, um vom Nest abzulenken. An dieser Reaktion war an und für sich nichts Ungewöhnliches – Ameisen kommen meistens
aus ihrem Nest herausgerannt, um es zu verteidigen –, außer dass diese Arbeiterinnen Termiten der Gattung *Nasutitermes* erstaunlich ähnlich sahen. Diese Termiten
sind in den Bäumen von La Selva, wie überhaupt in den Tropen der Neuen Welt,
häufig anzutreffen. In ihren riesigen, kugelförmigen Nestern, die aus erhärtetem
Kot gebaut sind, leben Zehntausende von Arbeiterinnen. Ihre Soldatinnen werden

Nasutes genannt; sie besitzen an ihren Köpfen lange, nasenartige Verlängerungen, aus denen sie einen Strahl giftiger, klebriger Flüssigkeit spritzen. Die Nasutes schwärmen in großer Anzahl aus, wenn ihre Nestwände zerstört werden. Nur wenige Feinde bis zur Größe eines Frosches können ihren Angriffen standhalten.

Die *Pheidole*, die Hölldobler entdeckt hatte, sahen den Nasutes zwar nur auf den ersten Blick, aber immerhin täuschend genug ähnlich. Zuerst hielt Hölldobler sie tatsächlich für Termiten. Die Bewegungen der angreifenden Arbeiterinnen stimmten fast mit denen der *Nasutitermes* überein. Dazu kommt noch, dass die Färbung der *Pheidole*-Soldatinnen für Ameisen dieser Gattung einzigartig ist, aber derjenigen der Termitensoldatinnen ähnelt. Wenn unsere Interpretation stimmt, handelt es sich bei dieser Art, die wir später *Pheidole nasutoides* nannten, um den ersten bekannten Fall, bei dem eine Ameise eine Termite nachahmt. Damit schreckt sie wahrscheinlich Räuber ab, die gelernt haben, den stark bewaffneten Nasutes aus dem Weg zu gehen (Tafel 158).

In dem Jahr suchten wir während unseres restlichen Aufenthaltes in La Selva intensiv nach weiteren Kolonien von *Pheidole nasutoides*, um ihre Lebensweise näher zu untersuchen und unsere Mimikryhypothese zu überprüfen. Aber wir fanden keine mehr. Auf späteren Reisen, auf die wir manchmal alleine, manchmal gemeinsam gingen, nahmen wir die Suche nach ihnen wieder auf, aber ohne Erfolg. Dieser Fehlschlag stellt uns vor ein Rätsel und wir brennen darauf, mehr über *Pheidole nasutoides* zu erfahren. Es ist natürlich gut möglich, dass die Ameise einfach sehr selten ist und ähnlich wie die *Thaumatomyrmex* mit ihren heugabelähnlichen Mandibeln in sehr spärlichen Populationen vorkommt. Oder sie mag vielleicht in den Baumkronen hoher Bäume leben, eine Zone, die wir und andere erst noch untersuchen müssen. Vielleicht war das Nest von einem Ast weiter oben heruntergefallen. Irgendwann wird jemand die Antwort herausfinden und das Rätsel lösen. Es besteht keine Gefahr, dass die Welt der Ameisen dadurch an Faszination verliert. Bis dahin tauchen sicher andere merkwürdige Phänomene auf, die neue Generationen zu Abenteuern ins Freiland locken.

NACHWORT

WER WIRD ÜBERLEBEN?

Da die Ameisen ganz ihrer Geruchs- bzw. Geschmackswelt verhaftet sind, nehmen sie unsere menschliche Existenz gar nicht wahr. Die Realität erleben sie hauptsächlich über Sinnesorgane, die aus ihrem Panzer als Haare, Zapfen oder Platten herausragen. Ihr merkwürdig geformtes, dreiteiliges Gehirn verarbeitet im Wesentlichen Informationen aus einem Körperumfeld von wenigen Zentimetern, obgleich Arten mit gut entwickelten Facettenaugen das polarisierte Himmelslicht und visuelle Landmarken wahrnehmen und hervorragend zur Fernorientierung einsetzen. Außerdem ist ihnen, das vermuten wir, nur die Vergangenheit weniger Stunden oder Minuten bewusst, und von der Zukunft können sie sich keinerlei Vorstellung machen, obgleich wir nicht ausschließen können, dass einzelne Ameisen Erfahrungen machen und in ihrem Gehirn speichern können. So war es über mehrere 10 Mio. Jahre und so wird es immer bleiben. Diesen entscheidenden Unterschied zu uns Menschen können solch winzige Lebewesen, die in ihrem Panzer gefangen sind, niemals überwinden.

Da Ameisen in einem Mikrokosmos leben, der sich im Zentimeterbereich bewegt, werden sie von den Menschen gerne als Teil einer Miniaturwildnis betrachtet. Eine Kolonie wächst und vermehrt sich in einem Lebensraum, der aus nicht mehr als zwei Stelzwurzeln eines Baumes, aus der Rinde eines umgefallenen Baumstammes oder der Erde unter ein paar verstreuten Steinen besteht. „Richtige" Wildnis, wie wir Menschen sie betrachten, die sich über Hunderte von Kilometern erstreckt – wieder eine Sache des Wahrnehmungsmaßstabes –, ist überall bedroht. Die meisten Wälder und Savannen werden verschwinden oder bis zur Unkenntlichkeit erodieren, aber einige Ameisenkolonien werden irgendwo überleben, und sie werden weiterhin ihre vererbten Zyklen durchlaufen, als ob sie in einer unberührten Welt vor dem Auftauchen der Menschheit leben würden. Diese Superorganismen machen keine Zugeständnisse, zeigen weder Mitleid noch machen sie Ausnahmen mit Ihresgleichen und werden immer so geschickt und unnachgiebig sein, wie wir sie jetzt erleben, bis die letzte Kolonie gestorben ist. Aber daran werden wir kaum teilhaben. Ihre kleinformatigen Lebensräume werden die Ökosysteme unserer Größenordnung überdauern.

Ameisen existieren seit über 10 Mio. Generationen auf dieser Erde; uns dagegen gibt es erst seit 100 000 Generationen. Sie haben sich in den letzten 2 Mio. Jahren so gut wie gar nicht weiterentwickelt, während bei den Menschen in dieser Zeit die komplexeste und rasanteste Gehirnentwicklung in der ganzen Entwicklungsgeschichte stattgefunden hat. Über mehrere Jahrhunderte hinweg hat unsere kulturelle Entwicklung mit noch überwältigenderer Geschwindigkeit weitere Veränderungen herbeigeführt und dabei die Rate der biologischen Evolution um mehrere Größenordnungen übertroffen. Wir sind die erste Art, die globalen Einfluss ausübt, Ökosysteme verändert und zerstört und selbst das Klima weltweit beeinflusst. Das Leben auf dieser Erde würde nie durch die Aktivitäten von Ameisen oder anderen wild lebenden Tieren bedroht, unabhängig davon, wie sehr sie vorherrschten. Die Menschheit dagegen ist im Begriff, einen Großteil der Biomasse und Artenvielfalt zu zerstören; und ausgerechnet an dieser „Erfolgsrate" misst sich unsere eigene biologische Vorrangstellung.

Wenn die ganze Menschheit von der Bildfläche verschwände, würde sich der Rest, der überlebt hat, erholen und aufblühen. Das massenhafte Aussterben, wie es im Moment stattfindet, wäre beendet und die geschädigten Ökosysteme würden sich erholen und wieder ausdehnen. Verschwänden dagegen alle Ameisen, wäre der Effekt genau umgekehrt und es gäbe eine Katastrophe. Der Artenschwund würde noch mehr beschleunigt und die Landökosysteme schrumpften noch rascher, wenn diese Insekten ihre tiefgreifenden ökologischen Funktionen nicht länger erfüllen.

Die Menschheit wird ohne Frage weiterleben, genauso wie die Ameisen. Aber das Verhalten des modernen Menschen führt zu einer Verarmung der Welt; wir sind dabei, unglaublich viele Tierarten auszulöschen, und zerstören damit nachhaltig die Lebensqualität auf unserer Erde. Dieser Schaden lässt sich im Laufe der Evolution nur in Zeiträumen von mehreren Millionen Jahren wieder ganz beheben, und das auch nur dann, wenn sich die Ökosysteme regenerieren können. In der Zwischenzeit sollten wir die niederen Ameisen nicht verachten, sondern uns ein Beispiel an ihnen nehmen. Zumindest noch für einige Zeit werden sie uns helfen, die Welt nach unseren Bedürfnissen im Gleichgewicht zu halten, und sie werden uns stets daran erinnern, wie schön diese Welt war, bevor die ersten Menschen auftauchten.

ANHANG

WIE MAN AMEISEN UNTERSUCHT

Wir werden nun eine Anleitung mit einfachen Methoden zur Untersuchung von Ameisen geben, die für Studierende und all diejenigen Freilandforscher gedacht ist, die ihr Sammelmaterial schnell und ohne großen Aufwand verarbeiten müssen. Unsere Ausführungen sind sicher nicht vollständig. Besonders bei der Haltung lebender Kolonien müssen oft spezielle Methoden im Rahmen eines Forschungsprogramms entwickelt werden, die an die Bedürfnisse der entsprechenden Art angepasst sind; sie können im Material-und-Methoden-Teil der entsprechenden Fachartikel nachgelesen werden. Wir besprechen hier eine Reihe allgemeiner Methoden, die sich in unserer langjährigen Praxis bei fast allen größeren Ameisengruppen bewährt haben.

DAS SAMMELN VON AMEISEN

Ameisen sammeln kann jeder; es ist ganz einfach. Gewöhnlich heben wir Ameisen in 80-prozentigem Ethanol oder Isopropylalkohol auf; letzterer eignet sich besonders gut, weil er als vergällter Alkohol in vielen Teilen der Welt ohne Rezept erhältlich ist.

Einer etwas ungewöhnlichen, aber durchaus funktionierenden Methode bediente sich der frühere Astronom und Amateurinsektenforscher Harlow Shapley, als er Ameisen in den stärksten Alkoholika des Landes, das er besuchte, konservierte: Während er mit Stalin zu Abend aß, fixierte er eine *Lasius niger*-Arbeiterin in Wodka; dieses Exemplar befindet sich heute im Museum für vergleichende Zoologie der Harvard University. Wir benutzen am liebsten kleine, schmale Gefäße, die 55 mm lang und 8 mm breit sind. In dieser Größe lassen sich viele Gläschen auf kleinsten Raum aufbewahren und in der Hosentasche oder im Rucksack transportieren. Die Gefäße werden mit Neoprenstopfen verschlossen; so kann das Material jahrelang aufgehoben werden, ohne auszutrocknen. Für die Aufbewahrung sehr großer Ameisen nimmt man breitere Fläschchen von 55 mm Länge und 24 mm Durchmesser.

Arbeiterinnen sollte man bei jeder Gelegenheit sammeln. Findet man einzelne Ameisen bei der Futtersuche, kann man sie gemeinsam, jedoch nach Kolonie- oder Artzugehörigkeit getrennt, aufbewahren, wobei die Gläschen entsprechend beschriftet werden sollten. Falls man jedoch die Kolonie entdeckt, sollte man viele Exemplare fangen und mindestens 20 Arbeiterinnen zusammen mit 20 Königinnen, 20 Männchen und 20 Larven zusammen in einem Gefäß konservieren. In Notfällen, wenn die Gefäße knapp werden, lassen sich auch mehrere Nestserien (das heißt Mitglieder verschiedener Kolonien) in demselben Gefäß aufbewahren und die Tiere durch dichte Wattestopfen voneinander trennen. Bis zu vier Nestserien kann man auf diese Weise in einem Gefäß normaler Größe unterbringen. Anschließend versieht man die Gläschen mit Etiketten, die entweder mit einem spitzen Bleistift oder mit wasserfester Tinte zum Beispiel wie folgt beschriftet sind:

FLORIDA: Andytown, Broward Co.
16-VII-87. E. O. Wilson. Unterwuchs im Laubwald,
Nest in vermoderndem Palmenstamm.

Benutzen Sie zum Greifen der Ameisen feine, biegsame Federpinzetten. Für außergewöhnlich kleine Ameisen können Sie sehr spitze Uhrmacherpinzetten wie Dumont Nr. 5 verwenden. Für einen schnellen und reibungslosen Transfer befeuchten Sie die Spitze der Pinzette mit dem Alkohol aus dem Gefäß und berühren damit die Ameise; dadurch bleibt die Ameise lange genug an der Pinzette kleben, dass Sie sie in die Flüssigkeit in dem Sammelgefäß überführen können.

Um einen allgemeinen Überblick über eine bestimmte Gegend zu bekommen, sollten Sie so lange mit Ihrer Sammeltätigkeit fortfahren, bis Sie über mehrere Tage keine neue Art mehr gefunden haben. Sie sollten hauptsächlich tagsüber arbeiten, aber suchen Sie dieselbe Gegend auch nachts mit einer Taschen- oder Kopflampe nach rein nachtaktiven, futtersuchenden Ameisen ab. Ein guter Sammler kann innerhalb von ein bis drei Tagen praktisch eine vollständige Artenliste von einer 1 ha großen Fläche erstellen. In Lebensräumen mit dichter und komplexer Vegetation wie in den tropischen Regenwäldern braucht man jedoch viel länger und es bedarf spezieller Techniken wie dem Benebeln von Bäumen mit Insektiziden.

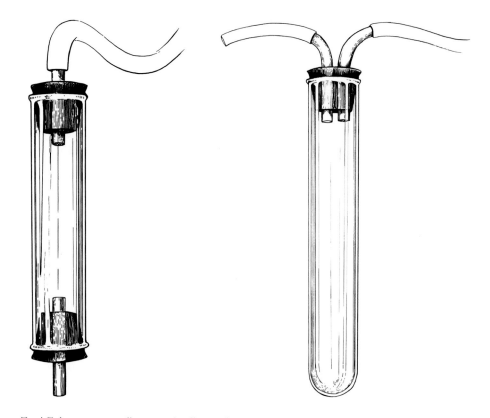

ABBILDUNG A-1. Zwei Exhaustortypen, die zum schnellen Aufsammeln von Ameisen dienen. Die Ansaugschläuche sind mit einem Gitter- oder Nylonnetz abgedeckt. (Mit freundlicher Genehmigung von Katherine Brown-Wing.)

Wenn Sie Ameisen auf Bäumen fangen wollen, streifen Sie mehrfach mit einem kräftigen Kescher durch die Zweige und Blätter. Zerbrechen Sie anschließend hohle, tote Äste an den Büschen und Bäumen. Damit finden Sie Kolonien, besonders von nachtaktiven Arten, die Sie sonst nicht so leicht entdecken. Oft lassen sich schnelle, einfache Fänge machen, indem man die bewohnten Zweige in kleine (3 bis 6 mm lange) Stücke zerschneidet und ihren Inhalt in ein Gefäß bläst. Man kann auch einen Exhaustor benutzen, um Ameisen schnell aufzusaugen, besonders wenn man gerade ein Nest aufgebrochen hat und die Bewohner in alle Richtungen davonrennen. Seien Sie vorsichtig bei der Anwendung dieser Methode, denn viele Ameisen produzieren große Mengen an Ameisensäure, Terpenoide und anderen giftigen Substanzen und Sie könnten eine Formicosis bekommen, eine schmerzhafte, wenn auch nicht tödlich verlaufende Entzündung des Rachens, der Bronchien und Lungen (Abbildung A-1).

Arbeiterinnen bodenlebender Arten sollten Sie sowohl tags- als auch nachtsüber sammeln. Bei manchen Arten, die klein sind, sich nur langsam bewegen und deshalb nur schwer zu sehen sind, muss man ganz genau hinschauen. Deshalb legen wir uns, wenn wir im Wald Ameisen sammeln, meist auf den Bauch, entfernen die losen Blätter auf 1 m² Erde und halten dann einfach für ungefähr eine halbe Stunde Ausschau nach den unauffälligsten Ameisen. Bei einer anderen Methode verwendet man etwas Thunfisch oder Kuchenkrümel als Köder und verfolgt die beladenen Arbeiterinnen auf ihrem Weg zurück bis ins Nest.

Im offenen Gelände sollten Sie nach Kraternestern und anderen möglichen Nestöffnungen Ausschau halten und dort mit einer Gartenschaufel hineinstechen, um Kolonien zu finden. Drehen Sie auf dem Boden liegende Steine und vermoderte Holzstücke um, wenn Sie nach Arten suchen, die sich auf solch geschützte Neststellen spezialisiert haben. Reißen Sie verfaulte Baumstämme und -stümpfe auseinander und schauen Sie besonders sorgfältig unter der Rinde nach, wo die kleinen, unauffälligen Arten leben. Breiten Sie ein Bodentuch aus – ein weißes Stück Stoff oder Plastikfolie von 1 bis 2 m Länge – und verteilen Sie Bodenstreu, Humus und Erde darauf. Zerbrechen Sie die verrottenden Zweige, die sich darin befinden. An den Stellen, wo die Humusschicht und die Bodenstreu ziemlich dick und gut durchfeuchtet sind, lebt ein Großteil der Ameisenfauna, die viele unauffällige und noch kaum untersuchte Arten umfasst.

Folgende Methode hat sich beim Sammeln ganzer Kolonien bewährt, die ihre Nester in kleinen, verrottenden Holzstücken und Zweigen bauen, welche auf dem Boden liegen. Heben Sie ein, sagen wir 50 cm langes Holzstück auf, halten Sie es über eine Fotolaborwanne oder einen Behälter mit vergleichbar niedrigen Seitenwänden und klopfen Sie mit einer Gartenschaufel mehrere Male dagegen, sodass ein Teil der Kolonie herausgeschüttelt wird. Kleine Holzstückchen werden zwar auch mit in die Wanne fallen, aber auf diese Weise ist es trotzdem viel einfacher, Ameisen zu finden und samt ihrer ganzen Kolonie zu fangen, als sie aus dem Holz herauszuholen.

Eine zeitaufwendigere, aber dafür gründlichere Bestandaufnahme der auf dem Erdboden lebenden Ameisen lässt sich mithilfe eines Berlese-Tullgren-Trichters erreichen, der nach dem italienischen Insektenforscher Antonio Berlese, seinem Erfinder, und dem Schweden Albert Tullgren, der ihn modifizierte und verbesserte, benannt wurde. Die einfachste Ausführung dieses Apparates besteht aus einem Trichter, der mit einem Maschendrahtgitter abgedeckt ist, auf das Erde und Laubstreu gegeben werden. Während der Trocknung des Materials, die sich durch die Wärme einer Glühbirne oder einer anderen darüberhängenden Wärmequelle beschleunigen lässt, fallen oder rutschen die Ameisen und andere Gliedertiere an den glatten Trichterwänden herunter in eine teilweise mit Alkohol gefüllte Sammelflasche, die an der Trichteröffnung befestigt ist.

DIE HERSTELLUNG VON AMEISENPRÄPARATEN FÜR DIE MUSEUMSARBEIT

Man kann Ameisen zeitlich unbegrenzt in Alkohol aufbewahren, aber für die Museumsarbeit ist es am praktischsten, wenn man von den Nestserien zum Teil genadelte Exemplare herstellt. Das ist besonders wichtig, wenn die Ameisen einem Taxonomen zur Bestimmung übergeben werden sollen. Es ist auch die beste Aufbewahrungsweise für Belegexemplare, die in Museen hinterlegt werden, um als Vergleich für Freiland- oder Laborarbeiten zu dienen (jede solche Untersuchung sollte durch Belegexemplare taxonomisch überprüfbar sein). Die Standardmethode, mit der man getrocknete Exemplare präpariert, besteht darin, jede Ameise auf die Spitze eines dünnen Dreiecks aus Kartonpapier zu kleben. Die Spitze des Papiers sollte mit der rechten Seite der Ameise abschließen und ihre Körperunterseite zwischen den Hüften der Mittel- und Hinterbeine berühren. Der Klebstofftropfen sollte so klein und so angebracht sein, dass er keine anderen Körperteile außer einem Teil der Hüften und der Körperunterseite verdeckt – dort befinden sich relativ wenige Merkmale, die von taxonomischer Bedeutung sind. Vorher sollte man mit einer Insektennadel die Breitseiten von zwei oder drei Papierdreiecken durchstechen, sodass man zwei bis drei Ameisen von einer Kolonie auf eine Nadel stecken kann. Ein rechteckiges Schildchen mit der Fundortbeschreibung wird unterhalb der Präparate angebracht, sodass die Dreiecke, wenn man das Etikett liest, nach links und die Ameisen nach hinten zeigen. Man sollte versuchen, möglichst viele verschiedene Kasten auf einer Nadel zu vereinigen: zum Beispiel eine Königin, eine Arbeiterin und ein Männchen oder eine große, mittlere und kleine Arbeiterin. Bei großen Ameisen ist es möglich, dass nur ein oder zwei Ameisen auf eine Nadel passen; und bei sehr großen Ameisen ist es manchmal am besten, wenn man mit der Insektennadel einfach mitten durch den Vorderkörper der Ameise sticht.

DIE HALTUNG VON AMEISEN

Die Haltung und Beobachtung von Ameisen im Labor ist eine relativ einfache Sache. Seit vielen Jahren benutzen wir eine billige Einrichtung, die sowohl der Massenhaltung als auch Verhaltensbeobachtungen der meisten Arten dient. Die frisch gefangene Kolonie wird ins Labor gebracht – wenn möglich mit Königin und einem Teil des natürlichen Nestmaterials – und in Plastikwannen gesetzt, die in ihren Ausmaßen an die Größe der Ameisen und die Anzahl der Arbeiterinnen in der Kolonie angepasst sind. Feuerameisenkolonien (*Solenopsis*-Arten) mit Populationen von bis zu 20 000 Tieren lassen sich zum Beispiel leicht in Wannen von 50 cm Länge, 25 cm Breite und 15 cm Höhe halten. Um die Ameisen an der Flucht zu hindern, benutzen wir verschiedenste Methoden, die von der Luftfeuchtigkeit des Raumes abhängen, in dem die Ameisen aufbewahrt werden sollen. Die Seiten der Wanne werden mit Paraffinöl, Talkumpuder oder vor allem mit Fluon (Northern Products, Inc., Woonsocket, Rhode Island), einem wasserlöslichen Polymer, eingeschmiert, das sehr sparsam im Verbrauch (man erhält eine seidenglatte Oberfläche) und sehr langlebig ist (allerdings nicht bei hoher Luftfeuchte). Man lässt die Kolonie in Reagenzgläsern von 15 cm Länge und einem inneren Durchmesser von 2,2 cm, deren unterer Abschnitt mit Wasser gefüllt ist, das mithilfe eines festen Wattestopfens im Glas zurückgehalten wird, einnisten. Zwischen Stopfen und Öffnung des Reagenzglases bleiben ungefähr 10 cm Freiraum. Dieser 10 cm lange Abschnitt wird mit Aluminiumfolie umwickelt, um ihn abzudunkeln und die Ameisen zu animieren, dort einzuziehen (was die meisten auch prompt tun). Später kann man die Folie für Verhaltensbeobachtungen entfernen; die meisten Ameisenarten gewöhnen sich gut an normale Raumbeleuchtung und führen scheinbar weiterhin ganz normal Brutpflege, Futteraustausch und andere soziale Verhaltensweisen aus. Bevor man die Kolonie einsetzt, werden die Reagenzgläser an dem einen Ende der Wanne gestapelt, sodass der Großteil der Wanne als Futterarena zur Verfügung steht. Sie können aber auch mittels Glasröhrchen und durchbohrten Gummistopfen fest mit einer Futterarena verbunden werden (Abbildung A-2).

Die Neströhrchen kann man auch in geschlossenen Plastikbehältern aufbewahren, die für waldbewohnende Arten besser geeignet sind, da sich die Luft in der Futterarena einfacher feucht halten lässt. Die folgenden Größenangaben der Behälter sind für Ameisenarten geeignet, die unterschiedlich große Arbeiterinnen besitzen:

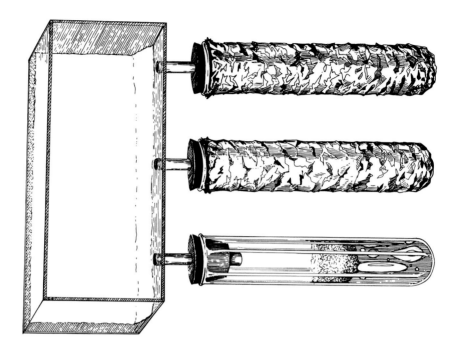

ABBILDUNG A-2. Reagenzgläser, die man zur Abdunkelung mit Alufolie umwickeln kann, eignen sich für viele Ameisen als fertige Nester und lassen sich einfach auf Freilandexkursionen mitnehmen. Die Kammern hält man mit Wasser feucht, das sich hinter einem festsitzenden, wasseraufnahmefähigen Wattepfropfen befindet, wie man im unteren Reagenzglas erkennen kann. Die einzelnen Kammern sind über dünne Glasröhrchen, die durch den Neopren- oder Korkstopfen gesteckt werden, mit einer Futterarena verbunden. (Mit freundlicher Genehmigung von Katherine Brown-Wing.)

- Sehr kleine bis kleine Arten (z. B. *Adelomyrmex*, *Cardiocondyla*, *Leptothorax*, kleine *Pheidole*-Arten und *Strumigenys*): Länge: 11 cm; Breite 8,5 cm; Höhe 6,2 cm; diese Arten lassen sich auch in kleinen, runden Petrischalen mit einem Durchmesser von 10 cm und einer Höhe von 1,5 cm halten
- Mittelgroße Arten (*Aphaenogaster*, *Dorymyrmex* und *Formica*) und kleinere Kolonien von *Camponotus*, *Messor* und *Pogonomyrmex*: Länge 17 cm; Breite 6,2 cm
- Große Arten (größere Kolonien von *Pheidole*, *Pogonomyrmex* und *Solenopsis*): Länge 45 cm; Breite 22 cm; Höhe 10 cm

Die Grundausstattung mit Reagenzgläsern lässt sich für Ameisenarten mit besonderen Nestgewohnheiten entsprechend abändern. Kolonien von baumbewohnenden Ameisen wie *Pseudomyrmex* oder *Zacryptocerus* kann man dazu bringen, sich in 10 cm langen Glasröhrchen mit einem Durchmesser von 2 bis 4 mm einzunisten; der Durchmesser hängt von der Größe der Arbeiterinnen ab. Die Reagenzgläser werden an einem Ende mit Wattestopfen verschlossen. Die Stopfen kann man

TAFEL 159. Weberameisenkolonien und auch Kolonien anderer Arten kann man in „Bäumen" aus Reagenzgläsern halten. Dabei handelt es sich um zahlreiche Glasröhrchen, die mit Klammern an Laborständen angebracht sind (*oben*). Das untere Viertel der Glasröhrchen ist mit Wasser gefüllt, das von dichten Wattestopfen am Auslaufen gehindert wird. In unseren Laborkolonien haben die Ameisen die Eingänge der Glasröhrchen verschlossen und die Nesträume mit aus Seide gesponnenen Wänden unterteilt. Nächste Seite *oben:* Die Wand, mit der ein Röhrchen verschlossen wurde, mit dem kleinen Eingangsloch. Nächste Seite *unten:* Mehrere Nestkammerwände von der Seite. (© Bert Hölldobler.)

TAFEL 159. (Fortsetzung)

feucht halten, aber in den meisten Fällen ist das nicht nötig, da baumbewohnende Ameisen häufig an trockene Nestbedingungen angepasst sind; ein kleines Gefäß mit Wasser in der Nähe reicht völlig aus. Eine Serie dieser Glasröhrchen, die jeweils eine Kolonie enthalten, wird dann auf die vorher beschriebene Weise in eine Wanne gelegt. Man kann die Reagenzgläser aber auch waagerecht in Reihen an einem Gestell oder einer Topfpflanze befestigen, um eine natürlichere Umgebung zu simulieren. Wir haben diese Methode sehr erfolgreich bei verschiedenen Ameisenarten eingesetzt, vor allem auch bei den Weberameisen (*Oecophylla*), bei denen wir das zunächst gar nicht erwartet hätten (Tafel 159). Für die Haltung von größeren Weberameisenkolonien benutzten wir einen eingetopften Zitronen- oder Feigenbaum, auf dem die Ameisen mehrere Pavillons aus Blättern und Seide bauten. Wir stellten über eine Brücke eine Verbindung zu einer großen Futterarena her, wo Futter (Insekten und Honigwasser) zur Verfügung stand (Abbildung A-3).

Kolonien der Ernteameisen (*Pogonomyrmex*) lassen sich gut in Terrarien, die halb mit Sand gefüllt sind, halten. Durch einen Trichter mit langem Auslaufrohr, das bis zum Boden der Terrariums reicht, kann regelmäßig Wasser in den Sand geschüttet und so ein abnehmender Feuchtigkeitsgradient von unten nach oben aufrechterhalten werden. Die Ameisen bauen ihre Nestkammern in den Sand. Über eine schmale Brücke aus Holz oder Pappkarton wird das Nest mit der Futterarena verbunden. (Abbildung A-4).

Kolonien kleiner pilzzüchtender Ameisen lassen sich leicht in feuchtgehaltenen Reagenzgläsern, die mit einer Futterarena verbunden sind, halten (siehe Abbildung A-2). Große Pilzzüchter wie die Blattschneiderameisen der Gattungen *Acromyrmex* und *Atta* hält man dagegen besser nach einer Methode, die von dem amerikanischen Insektenforscher Neal Weber entwickelt worden ist. Man fängt frischbegattete Königinnen oder neugegründete Kolonien im Freiland und überführt sie in eine Reihe geschlossener, durchsichtiger Plastikgefäße mit den Ausmaßen 20 × 15 × 10 cm (ganz normale Kühlschrankdosen mit durchsichtigen Seitenwänden eignen sich hervorragend). Die Gefäße werden durch Glas- oder Plastikröhren mit einem Durchmesser von 2,5 cm verbunden, sodass sich die Ameisen jederzeit von einer Kammer in die nächste begeben können. Den futtersuchenden Arbeiterinnen gibt man die Möglichkeit, frisches Pflanzenmaterial (das unter Umständen durch trockenes Getreide ergänzt wird) aus den leeren Kammern oder einer offenen Wanne einzutragen, deren Wände mit Fluon bestrichen sind oder die von einem Graben umgeben ist, der mit Wasser oder Mineralöl gefüllt ist. Während die Kolonie an Größe zunimmt, füllen die Ameisen eine

403

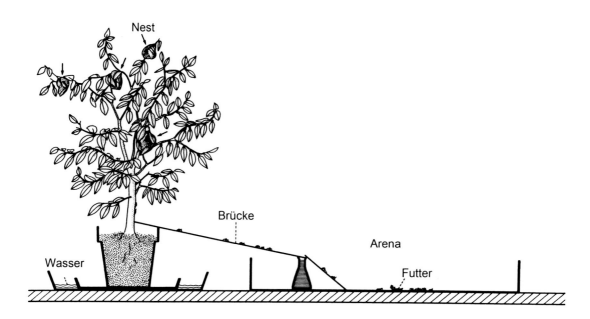

ABBILDUNG A-3. Zur Laborhaltung von größeren Kolonien der Weberameisen (*Oecophylla*) benutzten wir einen eingetopften Zitronen- oder Feigenbaum, auf dem die Ameisen mehrere Pavillons aus Blättern und Seide gebaut haben. Wir stellten über eine Brücke eine Verbindung zu einer großen Futterarena her, in der Futter (Insekten und Honigwasser) zur Verfügung stand. Mit diesem Aufbau konnten wir die komplexe Verständigung und soziale Organisation der baumbewohnenden Ameisen unter naturähnlichen Bedingungen untersuchen. (Mit freundlicher Genehmigung von Turid Hölldobler-Forsyth.)

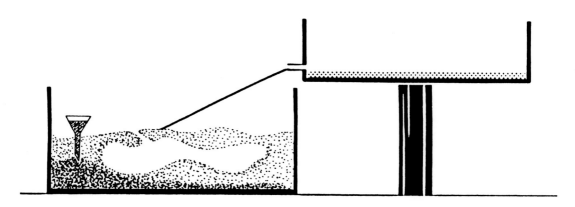

ABBILDUNG A-4. Eine größere Ernteameisenkolonie lässt sich einfach in einem Glasterrarium halten, das teilweise mit Sand gefüllt ist. Der Sand wird, zumindest in Bodennähe des Terrariums, über einen wassergefüllten Trichter durch regelmäßiges Wässern feucht gehalten. Die Ameisen bauen ihre eigenen Nestkammern im Sand und erreichen über eine dünne, hölzerne Verbindung eine Futterarena, die rechts dargestellt ist. (Mit freundlicher Genehmigung von Turid Hölldobler-Forsyth.)

ABBILDUNG A-5. Trotz ihrer großen und sehr komplexen Staaten lassen sich Blattschneiderameisen (*Atta*) sehr einfach in solchen miteinander verbundenen Kammern züchten. Die Kolonie wird mit ihrer Königin in ungefähr 15 × 20 × 10 cm großen Plastikgefäßen gehalten. Man kann den unteren Teil der Gefäße mit Tonkugeln füllen, um die Luftfeuchteregulation zu erleichtern. Die Deckel der Behälter sind mit schmalen Öffnungen versehen, die mit feinem Maschendraht abgedeckt sind, um die Luftzufuhr zu verbessern. Zu Anfang, wenn eine kleine Kolonie eingesetzt wird, kann man erst ein paar Behälter über Glasröhrchen miteinander verbinden und später, wenn die Kolonie wächst, weitere Gefäße ergänzen. Ein Behälter hat eine Trichteröffnung, die innen mit Talkumpuder bedeckt ist, damit die Ameisen nicht herauskrabbeln können. Eine biegsame Weiderute verbindet den Trichter mit der Futterarena, deren Wände mit Talkumpuder oder Fluon beschichtet sind, um ein Ausbrechen zu verhindern. In der Arena werden den Ameisen Blätter und ein Röhrchen mit Wasser geboten, das bei Bedarf als Feuchtigkeitsquelle dient. (Mit freundlicher Genehmigung von Katherine Brown-Wing.)

Kammer nach der anderen mit der charakteristischen, schwammähnlichen Masse aus verarbeitetem Pflanzensubstrat, auf der der symbiotische Pilz üppig wächst. Außer in sehr trockenen Labors muss keine Wasserquelle zur Verfügung gestellt werden, da die Ameisen die gesamte Feuchtigkeit, die sie benötigen, aus dem Pflanzenmaterial beziehen. Von den Ameisen werden die Blätter einer Vielzahl von Pflanzenarten angenommen. Im Nordosten der Vereinigten Staaten haben wir meistens Linden-, Eichen-, Ahorn- und Lilienblätter verwendet; die beiden letztgenannten wirken besonders anziehend auf die futtersuchenden Arbeiterinnen. Die Kolonien lagern das geerntete Substrat in bestimmten Kammern, die man von Zeit zu Zeit entfernen und säubern kann (Abbildung A-5).

Für detaillierte Verhaltensstudien benötigt man oft komplizierter aufgebaute künstliche Nester. Einen Nesttyp, der sich für die meisten Ameisenarten eignet, kann man wie folgt herstellen: Man gießt den Boden einer Wanne, deren Ausmaße auf die Größe der Arbeiterinnen und der Population der zu untersuchenden Kolonie, abgestimmt ist, mit einer 2 cm dicken Gipsschicht aus (der Behälter braucht für so winzige Ameisen wie die Diebsameisen nur 10 × 15 cm groß und 10 cm hoch zu sein). Sobald der Gips anfängt abzubinden, schneidet man in die Oberfläche 10 bis 20 Kammern, die ungefähr die gleiche Größe und ähnliche Proportionen wie die natürlichen Nestkammern der Kolonie besitzen, die man halten möchte. Bei einigen mittelgroßen Ameisenarten, die in vermodernden Holzstücken leben, ha-

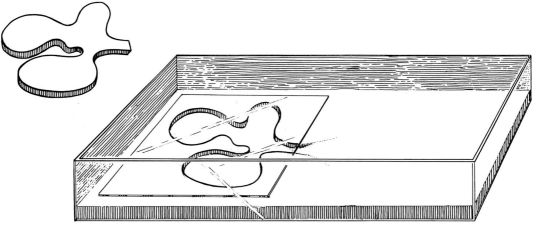

ABBILDUNG A-6. Eine Methode zur Herstellung künstlicher Nester. Man stellt eine Plastilin- oder Kunststoffform (*links*) her, die dem natürlichen Ameisennest ähnelt. Anschließend wird die Form auf den Boden der Arena gelegt, in Gips eingegossen und vorsichtig mit einer Glasplatte abgedeckt. Wenn der Gips hart geworden ist, entfernt man die Glasplatte und die Kunststoffform. Danach wird die Glasplatte als Nestabdeckung wieder aufgelegt. Die Ameisen haben durch einen schmalen Tunnel Zugang zum Nest. (Mit freundlicher Genehmigung von Katherine Brown-Wing.)

ben die Kammern normalerweise eine ovale oder runde Form von ungefähr 1 bis 4 cm Durchmesser; deshalb sollte man Kammern aushöhlen, die ungefähr 2 bis 3 cm breit und 1 cm tief sind. Die künstlichen Nestkammern werden durch 5 mm breite und tiefe Galerien miteinander verbunden und nach oben von einer rechteckigen Glasplatte dicht abgeschlossen. Zwei bis vier Galerien führen als Ausgänge von den äußersten Kammern zu der übrigen Gipsfläche, die als Futterarena dient. Man kann vermodernde Holzstückchen und Blätter aus der Umgebung des ursprünglichen Nestes in der Arena verstreuen, um die „Natürlichkeit" der kleinräumigen Laborsituation etwas zu erhöhen (Abbildung A-6, A-7 und A-8).

Ganze Staaten von *Leptothorax* oder *Temnothorax* und anderen kleinen Ameisen passen in die Nestkammer zwischen zwei Objektträgern (76 × 26 mm; Abbildung A-9).

Als Futter für unsere Ameisen im Labor verwenden wir häufig die sogenannte Bhatkar-Diät (benannt nach ihrem Erfinder Awinash Bhatkar). Sie wird nach folgendem Rezept hergestellt:

1 Ei

62 ml Honig

1 g Vitamine

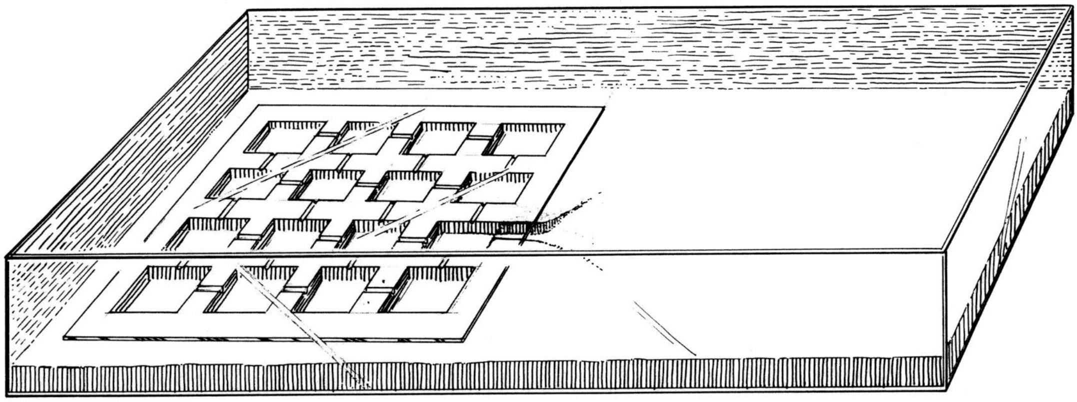

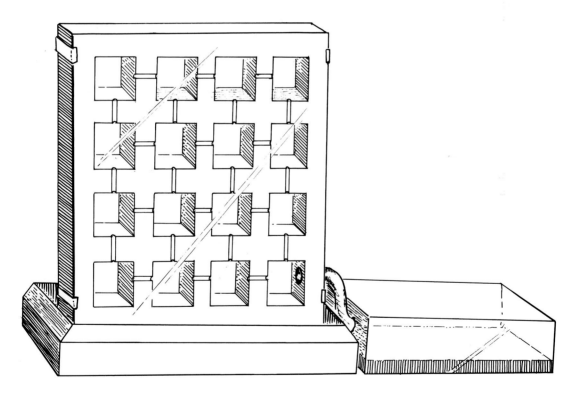

ABBILDUNG A-7. Ein ebenes Gipsnest mit einer Vielzahl von Kammern. Das Nest befindet sich im Gipsboden der Futterarena. Die einzelnen Kammern sind miteinander verbunden und mit einer Glasplatte abgedeckt. Man hält die Nestkammern feucht, indem man regelmäßig Wasser um die Glasplatte gießt. (Mit freundlicher Genehmigung von Katherine Brown-Wing.)

ABBILDUNG A-8. Zur genauen Beobachtung großer Kolonien kann man senkrechte Ameisennester mit mehreren Nestkammern herstellen. Die Seiten werden mit einer Glasplatte abgedeckt, die mit Metallklammern gehalten werden. Man hält das Nest feucht, indem man die Rinne am Fuß des Nestes mit Wasser füllt. Die Ameisen haben über eine Ausgangsröhre (*rechts*) Zugang zur Futterarena. (Mit freundlicher Genehmigung von Katherine Brown-Wing.)

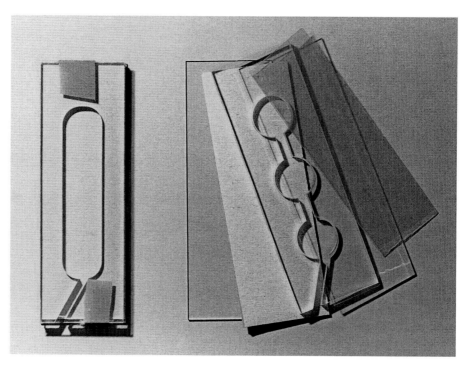

ABBILDUNG A-9. Ganze Staaten von *Leptothorax* oder *Temnothorax* und anderen kleinen Ameisen passen in die Nest-kammern zwischen zwei Objektträgern (76 × 26 mm). Die Hohlräume werden aus Pappe oder Plexiglas ausgeschnitten und so geformt, dass sie natürlichen Kammern ähneln. Die Nester werden mit einer roten Folie abgedeckt, damit sie für die Ameisen dunkel erscheinen, während sie für die Beobachter sichtbar sind. Der Boden aus Filterpapier kann, wenn nötig, mit Wasser befeuchtet werden. (Mit freundlicher Genehmigung des Archivs der Verhaltensphysiologie und Sozio-biologie, Biozentrum, Universität Würzburg.)

1 g Mineralien und Salze

5 g Agar

500 ml Wasser

Der Agar wird in 250 ml kochendem Wasser gelöst und etwas abgekühlt.

Mit einem Mixer werden die restlichen 250 ml Wasser, der Honig, die Vitamine, Mineralien und das Ei zu einer glatten Masse verrührt. Dieser Mischung fügt man unter ständigem Rühren die Agarlösung hinzu. Die Masse wird in 0,5 bis 1 cm tiefe Petrischalen gegossen und die Schalen nach dem Abkühlen im Kühlschrank aufbe-wahrt. Das Rezept reicht für vier Petrischalen mit einem Durchmesser von 15 cm und ergibt eine geleeartige Masse.

Die meisten insektenfressenden Ameisenarten gedeihen prächtig mit dieser Diät, wenn man sie dreimal wöchentlich damit füttert und ihnen zusätzlich kleine Stücke frisch getöteter Insekten wie Mehlwürmer (*Tenebrio*), Schaben (*Nauphoeta*) und Grillen in geringen Mengen anbietet. Wenn es sich bei den Ameisen um jagende Arten handelt, gedeihen sie besonders gut, wenn sie Zugang zu Fläschchen mit Taufliegen, insbesondere flugunfähigen Mutanten, haben. Alternativ kann man Taufliegen einfrieren und dann in der Futterarena für die Ameisen verstreuen.

DER TRANSPORT VON KOLONIEN

Kolonien kann man tage- oder wochenlang in Flaschen oder anderen dicht verschlossenen Behältnissen aufbewahren, vorausgesetzt, man beachtet ein paar allgemeine Regeln: Die absolut wichtigste Regel ist, dass Ameisen einen feuchten Bereich haben müssen, in den sie sich zurückziehen können. Dieser darf aber nicht tropfnass sein, sodass Ameisen von einem Wasserfilm oder Wassertropfen eingeschlossen werden können, sondern sollte eine feuchte Oberfläche haben und mit Luftfeuchte gesättigt sein. Der ideale Rückzugsort ist Teil des Nestmaterials selbst, das man direkt, am besten mit einem Teil der Kolonie, in den Behälter gibt. Ersatzweise sollte ein großes Stück feuchter aber nicht zu nasser Baumwolle oder ein Stück eines Papierhandtuchs verwendet werden. Den Rest des Behälters kann man mit Nestmaterial, locker gepackten Papierhandtüchern oder anderem neutralem Material füllen, um zu verhindern, dass die Kolonie während des Transports zu stark herumgeschleudert wird.

Die Kolonie sollte möglichst viel Platz haben und in keinem Fall mehr als 1 % des Behältervolumens einnehmen. Der Deckel des Behälters sollte dicht verschlossen sein. Man braucht keine Löcher in den Deckel zu bohren, um das Innere zu belüften, es sei denn, die Kolonie ist außergewöhnlich aktiv oder aggressiv; tatsächlich riskiert man sonst nur eine schnellere Austrocknung. Ein- oder zweimal am Tag kann man den Deckel entfernen und den Behälter zur Belüftung vorsichtig hin- und herbewegen. Die Kolonie kann mit Zuckerwassertropfen und Stücken von Insekten oder anderem Futter versorgt werden, wenn die Reise länger als ein paar Tage dauert. Wenn Ameisen zu lange in einem geschlossenen Behälter waren und wie tot aussehen, sind sie vielleicht nur durch das angesammelte CO_2 narkotisiert. Man sollte sie dann zur Erholung für ein paar Stunden frischer Luft aussetzen.

Es ist dringend zu raten, sich an die geeigneten Regierungsämter zu wenden, bevor man im Ausland lebende Ameisenkolonien sammelt, da es in vielen Ländern Ausfuhr- und Einfuhrbeschränkungen für lebende Insekten gibt. In den Vereinigten Staaten beispielsweise muss das Landwirtschaftsministerium eine Erlaubnis ausstellen, die von entsprechenden Stellen beglaubigt werden muss. Das ganze Verfahren dauert normalerweise sechs bis acht Wochen. Diese Erlaubnis muss den entsprechenden Zollbeamten bei Rückkehr in die Vereinigten Staaten vorgelegt werden. Einige seltene Ameisenarten sind vom Aussterben bedroht und sollten auf keinen Fall ohne wissenschaftliche Begründung gesammelt werden. Außerdem sollte man sich möglichst auf die heimische Ameisenfauna konzentrieren, wenn man Ameisen als reiner Liebhaber, ohne soliden Forschungshintergrund, zu Hause halten will. Aber auch in der Heimat sind bestimmte Arten vom Aussterben bedroht und deshalb geschützt. Man sollte sich unbedingt kundig machen, bevor man als Ameisenliebhaber Kolonien im Freiland sammelt. Die hügelbauenden Waldameisen sind überaus nützlich für die Ökosysteme der Wälder. Man darf sie nur für wissenschaftliche Zwecke, für die Lehre durch kompetente Personen oder für die professionelle forstliche Umsiedlung stören.

Es muss nochmals betont werden, dass eine wachsende Anzahl von Staaten die Ausfuhr von lebendem und totem Tiermaterial, darunter auch Insekten, beschränkt, sodass man unbedingt eine spezielle Ausfuhrgenehmigung braucht. Die vor Ort geltenden Vorschriften sollten immer zu Rate gezogen und beachtet werden.

LITERATUR

Beaglehole JC (1962) The „Endeavour" journal of Joseph Banks, 1768–1776, Bd 2. Halstead, Sydney

China WE (1928) A remarkable bug that lures ants to their destruction. Natural History Magazine 1:209–213

Darwin C (1992, 1858) Über die Entstehung von Arten durch natürliche Zuchtwahl oder die Erhaltung der begünstigten Rassen im Kampfe ums Dasein, 9. Aufl. Wissenschaftliche Buchgesellschaft Darmstadt (Übersetzung von On the origin of species)

Escherich K (1914–1942) Die Forstinsekten Mitteleuropas, Bd 5. Paul Parey, Berlin

Gößwald K (1964) Der Ameisenstaat. Natur und Medizin 1:18–30

Hölldobler B (1971) Recruitment behavior in *Camponotus socius* (Hym. Formicidae). Z Vgl Physiol 75(6):123–142

Hölldobler B (1973) 16 mm Film E2013, Encyclopedia Cinematographica, Göttingen, S 3–11

Hölldobler B (2009) Evolutionsbiologische Wurzeln der Ablehnung des Fremden. In: Elsner N, Fritz H-J, Gradstein R, Reitner J (Hrsg) Evolution Zufall oder Zwangsläufigkeit der Schöpfung. Wallstein, Göttingen, S 387–419

Hölldobler B, Wilson EO (1978) The multiple recruitment systems of the African weaver ant *Oecophylla longinoda* (Latreille) (Hymenoptera: Formicidae). Behav Ecol Sociobiol 3(1):19–60

Hölldobler B, Wilson EO (1989) Soil-binding pilosity and camouflage in the ants of the tribes Basicerotini and Stegomyrmecini (Hymenoptera, Formicidae). Zoomorphology 106:12–20

Hölldobler B, Wilson EO (1994) Journey to the ants. The Belknap Press of Harvard University Press, Cambridge

Hölldobler B, Wilson EO (2010) Der Superorganismus. Springer, Heidelberg

Hölldobler B, Möglich M, Maschwitz U (1974) Communication by tandem running in the ant *Camponotus sericeus*. J Comp Physiol 90(2):105–127

Liebig J, Peeters C, Hölldobler B (1999) Worker policing limits the number of reproductives in a ponerine ant. Proc R Soc Lond B 266:1865–1870

Rabeling C, Brown JM, Verhaagh M (2008) Newly discovered sister lineages sheds light on early ant evolution. Proc Natl Acad Sci 39:14913–14917

Regnier FE, Wilson EO (1971) Chemical communication and „propaganda" in slave-maker ants. Science 172:267–269

Roces F, Tautz J, Hölldobler B (1993) Stridulation in leaf-cutting ants: short-range recruitment through plant-borne vibrations. Naturwissenschaften 80(11):521–524

Schneirla TC (1956) The army ants. Annual Report of the Smithsonian Institution for 1955, S 379–406

Wheeler WM (1910) Ants: their structure, development, and behavior. Columbia University Press, New York

Wilson EO (1971) The insect societies. The Belknap Press of Harvard University Press, Cambridge

Wilson EO (1976) The organization of colony defense in the ant *Pheidole dentata* Mayr (Hymenoptera: Formicidae). Behav Ecol Sociobiol 1(1):63–82

Wilson EO (2012) The social conquest of earth. Norton, New York

SACHVERZEICHNIS